高职高专立体化教材　计算机系列

# 办公自动化案例教程——Office 2010 (微课版)(第2版)

邵　杰　主　编

张　荣　邵静岚　贾亚莉　副主编

谢　朱　丁　晓　刘　荣　参　编

清华大学出版社

北　京

## 内 容 简 介

本书为项目案例型教材，根据知识学习规律，精心设计了相应的项目和案例，并巧妙地把知识点有机地融合在案例中，以达到引人入胜、学有所成的效果，具有极强的易用性、趣味性、实用性。全书采用创新而翔实的图解标注法编写，将界面与对话框的每一步操作精确、清晰、直观地表示在图中，让每一步操作和界面都能呈现在读者眼前，使学习变得轻松简单。同时提供了案例中所有的素材和全部长达 1000 分钟的教学视频，使读者对每一个知识点的学习与操作均无障碍。

本书共分 15 章，第 1～3 章介绍了办公自动化概述、常用办公及工具软件、高效汉字输入与校对技术；第 4～6 章详细讲解了 Office 中 Word、Excel、PowerPoint 的基础应用和高级应用；第 7～15 章围绕着网络办公，办公自动化设备——打印机、数码复印机、投影机、数码相机、数码摄像机、多功能一体机、传真机、一体化速印机内容展开讲解。

本书适合作为高等院校相关专业的教材，也可供广大社会人士自学使用。



**图书在版编目(CIP)数据**

办公自动化案例教程：Office 2010：微课版 /邵杰主编. —2 版. —北京：清华大学出版社，2020.4
（2021.9重印）
高职高专立体化教材计算机系列
ISBN 978-7-302-54782-2

Ⅰ. ①办… Ⅱ. ①邵… Ⅲ. ①办公自动化—应用软件—高等职业教育—教材 Ⅳ. ①TP317.1

中国版本图书馆 CIP 数据核字(2020)第 002234 号

**责任编辑：**章忆文　李玉萍
**装帧设计：**刘孝琼
**责任校对：**李玉茹
**责任印制：**刘海龙
**出版发行：**清华大学出版社
　　网　址：http://www.tup.com.cn, http://www.wqbook.com
　　地　址：北京清华大学学研大厦 A 座　　邮　编：100084
　　社 总 机：010-62770175　　邮　购：010-62786544
　　投稿与读者服务：010-62776969, c-service@tup.tsinghua.edu.cn
　　质量反馈：010-62772015, zhiliang@tup.tsinghua.edu.cn
　　课件下载：http://www.tup.com.cn, 010-62791865
**印 装 者：**三河市铭诚印务有限公司
**经　销：**全国新华书店
**开　本：**185mm×260mm　　**印　张：**21.25　　**字　数：**510 千字
**版　次：**2014 年 5 月第 1 版　2020 年 4 月第 2 版　　**印　次：**2021 年 9月第 3 次印刷
**定　价：**58.00 元

---

产品编号：084827-01

# 前　　言

为贯彻落实《国家中长期教育改革和发展规划纲要》，以及教育部关于“十三五”规划教材建设的方针和目标，全面提升教育质量，充分发挥教材在提高人才培养质量中的基础性作用，我们在总结了多年教学经验的基础上，针对办公自动化技术的特点，采用全新的思路与编写方式，开发出这本基于案例与知识点有机融合的创新特色教材，极大地提高了教材的易学性，满足了特色化教学的需求。

本书具有如下特点。

(1) 突出教材的易用性。根据“软件学习的核心是掌握操作步骤”这一特点，用简练的文字突出操作要点，便于读者快速阅读和记忆。

(2) 注重学习的趣味性。根据本课程知识点的学习规律，精心设计了相应的案例，把知识点有机地融合在案例中，以达到引人入胜、学有所成的效果。

(3) 采用独特、翔实的图解标注法，将界面与对话框的每一步操作精确、清晰、直观地表示在图中，使每一步的操作和界面都能呈现在读者眼前，让学习变得轻松、简单。

(4) 条理清晰、循序渐进、由浅入深，并根据学习规律设计了科学的教学路径和实用的教学案例。

(5) 提供了教材案例中所有的素材，使读者对每一个知识点的学习与操作均无障碍。读者所需的教材素材可从清华大学出版社网站(http://www.tup.tsinghua.edu.cn)下载。

(6) 本书提供全部知识点的教学视频，教学视频的使用方法是通过扫描每一章各小节的名称后面的二维码，来打开视频学习本节的知识点。这就为学生自学与复习提供了全天候的宝贵资源。

(7) 免费提供“E 会学”(http://www.ehuixue.cn/)学习网站，为广大师生创建一个全覆盖的教学生态环境。在该平台上放置了 1050 分钟的本教材全部教学视频、答疑辅导视频；该平台能创建班级并显示班级列表；老师可以在平台上布置练习、设置作业、进行考试，并能进行人工批改或由系统自动批改；还可以由平台进行人数统计、课程学习统计、学生成绩统计、学生学习进度统计、学生学习效果统计；实现课程互动、学习讨论，还可以由教师发布讨论、回复讨论、查看所有讨论内容。能进行助教管理，查看助教动态；在该平台上还能发布课程公告。配套本教材的 MOOC 课程《办公自动化技术》，可在网站直接搜索“办公自动化技术”，然后注册学习(http://www.ehuixue.cn/index/Orgclist/course?cid=30640)，手机端 APP 二维码如下：

本书由邵杰任主编；张荣、邵静岚、贾亚莉任副主编；谢朱、丁晓、刘荣参编。全书由芜湖职业技术学院孙晓雷教授主审，对本书提出了许多宝贵的建议，在此表示诚挚的感谢！

本书第5、6、8、9章由邵杰编写；第1、3章由张荣编写；第4、10、11、12、13章由邵静岚编写；第2、7章由谢朱编写；第14章由贾亚莉、谢朱编写；第15章由丁晓、刘荣编写。

编写成员所在单位如下。

芜湖职业技术学院：孙晓雷、邵杰、张荣；芜湖大数据中心：邵静岚；安徽医科大学：贾亚莉、丁晓、刘荣；芜湖国际会展中心运营管理有限公司：谢朱。

由于编写水平有限，书中疏漏之处在所难免，敬请读者朋友批评指正。电子邮箱714758043@qq.com，微信 zhangping188498。

编　者

# 目　录


**学习模块 1　办公自动化概述**........................1

1.1　项目 1：办公自动化的基本概念...........2

1.1.1　任务 1：办公自动化的定义.......2

1.1.2　任务 2：办公自动化的特点与功能..............................2

1.2　项目 2：办公自动化系统的组成与未来发展趋势..........................................2

1.2.1　任务 1：办公自动化系统的组成..............................................2

1.2.2　任务 2：办公自动化的发展趋势..............................................3


## 办公软件应用篇


**学习模块 2　常用办公及工具软件**.............7

2.1　项目 1：合理管理文件............................8

2.1.1　任务 1：文件和文件夹的显示..........................................8

2.1.2　任务 2：文件和文件夹的选定..........................................10

2.1.3　任务 3：创建自己的文件夹.....10

2.1.4　任务 4：文件和文件夹的复制、移动、重命名、删除..........................................12

2.2　项目 2：图片处理软件..........................15

2.2.1　任务 1：快速美化图片.............15

2.2.2　任务 2：调整色调和裁剪图片..........................................16

2.2.3　任务 3：添加文字与旋转图片..........................................17

2.2.4　任务 4：添加边框和场景.........18

2.2.5　任务 5：抠图与合成图片.........20

2.3　项目 3：压缩软件..................................21

2.3.1　任务 1：文件压缩.....................22

2.3.2　任务 2：文件解压.....................22

2.4　项目 4：杀毒软件..................................23

2.4.1　任务 1：百度杀毒软件的使用..........................................24

2.4.2　任务 2：杀毒软件的升级.........25

**学习模块 3　高效汉字输入与校对技术**......................................27

3.1　项目 1：用搜狗输入汉字......................28

3.1.1　任务 1：整句输入汉字.............28

3.1.2　任务 2：按词输入汉字.............30

3.1.3　任务 3：学用其他功能.............31

3.2　项目 2：快速输入与校对审核.............34

3.2.1　任务 1：语音输入汉字.............34

3.2.2　任务 2：扫描方式输入汉字.....35

3.2.3　任务 3：校对与审核文稿.........37

**学习模块 4　办公文字处理**......................39

4.1　项目 1：编辑与保存技巧......................40

4.1.1　任务 1：文字的编辑技巧.........40

4.1.2　任务 2：文档保存技巧.............42

4.1.3　任务 3：文字的选定技巧.........44

4.1.4　任务 4：文字的移动、复制、删除..........................................45

4.1.5　任务 5：查找和替换..................45

4.1.6　任务 6：插入符号与撤销操作..........................................47

4.2　项目 2：排版小论文..............................48

4.2.1　任务 1：美化文字......................50

4.2.2 任务2：美化段落......51
4.2.3 任务3：添加项目符号与编号......52
4.2.4 任务4：插入脚注和尾注......53
4.2.5 任务5：插入页眉、页脚与页码......54
4.2.6 任务6：格式刷的应用......55
4.3 项目3：课表的制作......56
4.3.1 任务1：简单表格的制作......57
4.3.2 任务2：行(列)的处理......58
4.3.3 任务3：单元格的合并与拆分......60
4.3.4 任务4：斜线表头设置......61
4.3.5 任务5：表格线设置......62
4.3.6 任务6：表格底纹设置......63
4.3.7 任务7：设置表格中文字的位置......64
4.4 项目4：制作立体感的销售表和插入Excel表格......65
4.4.1 任务1：立体感表的设置......66
4.4.2 任务2：平均值函数的应用......68
4.4.3 任务3：求和函数的应用......68
4.4.4 任务4：排序销量......69
4.4.5 任务5：用图表显示销售数据......69
4.4.6 任务6：插入Excel表......71
4.4.7 任务7：绘制表格工具的使用......72
4.5 项目5：贺卡的制作......74
4.5.1 任务1：页面设置......75
4.5.2 任务2：图片的添加与处理......75
4.5.3 任务3：艺术字的添加与处理......78
4.5.4 任务4：文本框的添加与处理......80
4.5.5 任务5：设置页面边框......82
4.6 项目6：科技小报的制作......83
4.6.1 任务1：图形的插入与设置......84
4.6.2 任务2：在图形上添加文字......89
4.6.3 任务3：设置文字的边框和底纹......91
4.6.4 任务4：文本框边框线与环绕效果设置......92
4.6.5 任务5：表格中文本的竖排与设置......94
4.6.6 任务6：剪贴画的插入与处理......95
4.6.7 任务7：设置首字下沉......96
4.6.8 任务8：设置分栏......96
4.7 项目7：技巧荟萃......97
4.7.1 任务1：不规则表格修改技巧......98
4.7.2 任务2：利用标尺快速调整段落缩进......100
4.7.3 任务3：将表格转为文本......101
4.7.4 任务4：巧用邮件合并......102
4.7.5 任务5：数学公式与运算式的输入......104
4.7.6 任务6：样式的应用与修改......105
4.7.7 任务7：自动生成目录......106
4.7.8 任务8：文章的修改与审阅......107
4.7.9 任务9：设置文档中同时有纵向和横向页面......109
4.8 项目8：案例制作集锦......110
4.8.1 任务1：彩页制作......110
4.8.2 任务2：报名表制作......111
4.8.3 任务3：制作个人简历......112
4.8.4 任务4：制作产品宣传彩页......113
4.8.5 任务5：制作杂志目录......114
学习模块5 办公电子表格处理......117
5.1 项目1：数据类型与输入......118
5.1.1 任务1：输入各类数据......118

5.1.2 任务 2：设置单元格数据类型……121
5.1.3 任务 3：数据输入技巧……122
5.2 项目 2：制作简单成绩表……124
5.2.1 任务 1：调整行高列宽……124
5.2.2 任务 2：设置字符格式……126
5.2.3 任务 3：单元格的选定……126
5.2.4 任务 4：自动填充……127
5.2.5 任务 5：加密保存工作簿……129
5.2.6 任务 6：新建工作簿……130
5.2.7 任务 7：合并单元格……130
5.2.8 任务 8：表格线设置……130
5.2.9 任务 9：设置表格底纹……132
5.3 项目 3：制作能进行数据运算的成绩表……134
5.3.1 任务 1：公式与引用的概念……134
5.3.2 任务 2：平均值函数的使用……138
5.3.3 任务 3：求和函数的使用……138
5.3.4 任务 4：最大值函数的使用……139
5.3.5 任务 5：最小值函数的使用……139
5.3.6 任务 6：函数(公式)的复制……140
5.3.7 任务 7：格式刷的应用……140
5.3.8 任务 8：条件函数的使用……141
5.3.9 任务 9：不同表格间的数据引用……142
5.4 项目 4：图表应用与表格编辑……146
5.4.1 任务 1：创建图表……147
5.4.2 任务 2：美化图表……148
5.4.3 任务 3：行、列的添加、删除与设置……148
5.4.4 任务 4：修改公式……151
5.5 项目 5：数据处理与分析……152
5.5.1 任务 1：数据的特别显示……153
5.5.2 任务 2：冻结窗口查看数据……153
5.5.3 任务 3：数据排序……154
5.5.4 任务 4：数据筛选……155
5.5.5 任务 5：数据汇总……156
5.5.6 任务 6：用数据透视表分析数据……157
5.6 项目 6：工作表处理与信息保护……161
5.6.1 任务 1：工作表的改名……161
5.6.2 任务 2：复制与删除工作表……162
5.6.3 任务 3：移动与插入工作表……162
5.6.4 任务 4：保护工作表及撤销保护……163
5.6.5 任务 5：保护、撤销及自动保存工作簿……164
5.7 项目 7：实用技巧荟萃……166
5.7.1 任务 1：用合并计算汇总数据……167
5.7.2 任务 2：限制输入数据大小与标定无效数据……170
5.7.3 任务 3：给长表格每页都加表头……172
5.7.4 任务 4：自动获取字符串……172
5.7.5 任务 5：复制含公式的单元格数据……173
5.7.6 任务 6：应用艺术字、图形与去除网格线……174
5.7.7 任务 7：建立与编辑超链接……177
5.8 项目 8：实例制作集锦……178
5.8.1 任务 1：制作面试表……178
5.8.2 任务 2：制作付款单……179
5.8.3 任务 3：制作工资表……180
学习模块 6 办公演示文稿的应用……183
6.1 项目 1：利用模板制作幻灯片……184
6.1.1 任务 1：利用样本模板制作幻灯片……184
6.1.2 任务 2：利用主题制作幻灯片……185

6.1.3 任务 3：利用 Office.com 模板制作幻灯片......186
6.2 项目 2：企业介绍幻灯片的制作......188
6.2.1 任务 1：幻灯片的增加、复制、移动与删除......188
6.2.2 任务 2：文本框的复制、插入、移动与删除......189
6.2.3 任务 3：设置段落与字符格式......190
6.2.4 任务 4：设置编号与项目符号......192
6.2.5 任务 5：图片的插入与设置......193
6.2.6 任务 6：艺术字的插入与设置......196
6.2.7 任务 7：视频、音频的插入与设置......198
6.2.8 任务 8：表格、图表的插入与设置......200
6.2.9 任务 9：设置幻灯片背景......203
6.3 项目 3：教学幻灯片的制作......205
6.3.1 任务 1：图片的层次设置......205
6.3.2 任务 2：各种插入图形的设置......206
6.3.3 任务 3：图片的抠图处理与大小设置......212
6.3.4 任务 4：插入视频的剪辑与设置......213
6.3.5 任务 5：Flash 动画的插入与设置......213
6.3.6 任务 6：设置表格的线型和底纹......216
6.4 项目 4：制作含动画的幻灯片......220
6.4.1 任务 1：动画的添加......221
6.4.2 任务 2：动画的设置......222
6.5 项目 5：制作广告幻灯片......227
6.5.1 任务 1：掌握幻灯片配音技巧......228
6.5.2 任务 2：设置幻灯片的配音解说......229
6.5.3 任务 3：制作配乐解说的幻灯片......230
6.5.4 任务 4：制作自动循环播放的配音广告......230
6.5.5 任务 5：演示文稿的打包......230
6.6 项目 6：形式多样的幻灯片放映手段......232
6.6.1 任务 1：幻灯片的放映......233
6.6.2 任务 2：幻灯片切换效果的设置......233
6.6.3 任务 3：分组放映幻灯片......234
6.6.4 任务 4：实现幻灯片间的直接跳转......235
6.6.5 任务 5：在放映时用超链接打开其他文档......236
6.6.6 任务 6：幻灯片自动放映的设置......238
6.7 项目 7：个性化的通用幻灯片的设计......239

**学习模块 7 网络办公......241**

7.1 项目 1：网络资源下载......242
7.1.1 任务 1：搜索引擎的使用......242
7.1.2 任务 2：从网上下载资料......244
7.2 项目 2：QQ 的申请与使用......248
7.2.1 任务 1：QQ 的申请......249
7.2.2 任务 2：QQ 的使用......250

## 办公设备篇

**学习模块 8 打印机......257**

8.1 项目 1：激光打印机的选购、使用和维护......258
8.1.1 任务 1：激光打印机选购......258
8.1.2 任务 2：激光打印机的安装和使用......259

8.2 项目 2：激光打印机的维护与保养 ......264
8.2.1 任务 1：硒鼓的维护 ......264
8.2.2 任务 2：添加碳粉 ......265
8.2.3 任务 3：卡纸故障的排除 ......265

学习模块 9 数码复印机 ......267

9.1 项目 1：数码复印机的选购与使用 ......268
9.1.1 任务 1：数码复印机的选购 ......268
9.1.2 任务 2：数码复印机的使用 ......269
9.2 项目 2：数码复印机的维护 ......273

学习模块 10 投影机 ......275

10.1 项目 1：投影机的选购与使用 ......276
10.1.1 任务 1：投影机的选购 ......276
10.1.2 任务 2：投影机的使用 ......278
10.2 项目 2：投影机的维护与保养 ......283
10.2.1 任务 1：投影机的维护与保养 ......284
10.2.2 任务 2：更换灯泡 ......284

学习模块 11 数码相机 ......287

11.1 项目 1：数码相机的选购与使用 ......288
11.1.1 任务 1：数码相机的选购 ......288
11.1.2 任务 2：数码相机的基本使用 ......290
11.1.3 任务 3：数码相机的高级应用 ......295
11.2 项目 2：数码相机的维护与保养 ......299

学习模块 12 数码摄像机 ......301

12.1 项目 1：数码摄像机的选购与使用 ......302
12.1.1 任务 1：数码摄像机的选购 ......302
12.1.2 任务 2：数码摄像机的使用 ......303
12.1.3 任务 3：摄像技巧的运用 ......308
12.2 项目 2：数码摄像机的维护与保养 ......309

学习模块 13 多功能一体机 ......311

13.1 项目 1：多功能一体机的选购与使用 ......312
13.1.1 任务 1：多功能一体机的选购 ......312
13.1.2 任务 2：一体机的使用 ......314
13.2 项目 2：一体机的维护与保养 ......321
13.2.1 任务 1：墨粉盒的更换 ......321
13.2.2 任务 2：一体机的清洁 ......323

学习模块 14 传真机 ......325

14.1 项目 1：传真机的选购与使用 ......326
14.2 项目 2：传真机的维护与保养 ......326

学习模块 15 一体化速印机 ......327

15.1 项目 1：一体化速印机的选购与使用 ......328
15.2 项目 2：一体化速印机的维护与保养 ......328

参考文献 ......329

# 学习模块 1

# 办公自动化概述

办公自动化是信息革命的产物，也是信息社会化的重要技术保障。随着办公设备、计算机技术、通信技术、网络技术等的快速发展，为办公自动化的实现和水平的提高提供了坚实的技术支持和设备保障。同时，随着社会的发展，市场需求的旺盛，用现代化的办公自动化技术装备办公体系，完善办公功能和结构，改进办公人员信息处理方法，提高工作效率和质量，已是大势所趋。因而办公自动化作为一门综合性新兴学科，已经越来越受到人们的重视。

# 1.1 项目1：办公自动化的基本概念

## 1.1.1 任务1：办公自动化的定义

最早提出办公室自动化概念的人是美国通用汽车公司的职员D. S. 哈特，他在1936年提出了“办公室自动化”的建议和构想。20世纪70年代，麻省理工学院教授M. C. Zisman为它进行了最初的定义：办公自动化就是将计算机技术、系统科学及行为科学应用于传统的数据处理难以处理的数量庞大且结构不明确的，包括非数字型信息的办公事务处理的一项综合技术。到了20世纪90年代，办公自动化又被赋予了新的概念，即将现代办公设备与国际互联网结合起来，形成了一种全新的办公方式。这正是今天我们所说的办公自动化系统。

概括来说，办公自动化(Office Automation，OA)是以先进的科学技术，如计算机技术、通信技术、系统科学和行为科学为支柱的综合性学科，通过采用各种先进的科学技术、设备，与办公人员构建成服务于办公目标的人机信息处理系统，提高办公活动自动化的程度，最终实现提高办公效率和质量的目的。

## 1.1.2 任务2：办公自动化的特点与功能

办公自动化是信息社会化和社会信息化的重要标志之一，它具有以下特点。

(1) 办公自动化是当前国际上飞速发展的一门综合性新兴学科。

(2) 办公自动化是一个人机信息系统。

(3) 办公自动化实现了办公信息一体化处理，信息通常有以下几种主要形式：

① 文字，包括各种文件、信函、档案、手稿等。

② 语言，包括电话、声音邮件、多媒体文件等。

③ 数据，包括数据文件、报表等。

④ 图像，包括各种视频等动态图像。

⑤ 图形，包括照片、统计图表、传真图像、扫描文件等静态图形。

办公自动化系统把基于不同技术的办公设备用联网的方式连成一体，以计算机为主体将各种形式的信息组合在一个系统中，使办公室真正具有综合处理各类信息的功能。

(4) 办公自动化以提高办公效率和质量为目标。根据办公实际需要，办公自动化系统的基本功能应该包括以下几个部分：文字处理、数据处理、语音处理、图形图像处理、表格处理、通信、电子邮件收发、人事管理、综合信息管理。

# 1.2 项目2：办公自动化系统的组成与未来发展趋势

## 1.2.1 任务1：办公自动化系统的组成

办公自动化系统能把基于不同技术的办公设备用联网的方法组成一个整体，将文字、语音、数据、图像、视频处理等功能组合在一个系统中，使现代办公具有综合处理信息的功能。办公自动化系统主要由办公人员、办公信息和办公设备组成。

1)　办公人员

办公人员是办公自动化系统的核心组成要素。它包括领导、中层干部、管理决策人员、秘书等工作人员，以及系统管理员、软硬件维护人员、录入员等。

2)　办公信息

办公信息是各类办公活动的处理对象和最终获得的结果。办公实际上就是处理办公信息，这些信息对不同的办公活动提供支持与服务。

3)　办公设备

办公设备是决定办公质量与效率的物质基础。在传统的办公活动中，人们只能借助于笔、墨、纸、砚、记事本、电话等工具，而在现代化的办公系统中，办公设备包括计算机、互联网、打印机、扫描仪、电话、智能手机、传真机、复印机、投影机、数码相机、数码摄像机、数码一体机以及各类办公软件。办公自动化要求办公设备主要以现代化设备为主。

### 1.2.2　任务 2：办公自动化的发展趋势

1)　办公环境网络化

完备的办公自动化系统能把多种办公设备连成局域网，再将局域网连接到互联网，实现更大范围的数据通信和资源共享。

2)　办公操作无纸化

办公环境的网络化改变了传统的信息传递方式，不仅可以节约纸张，而且速度快、准确度高，便于将办公文档编排和复用，非常适合电子商务和电子政务的办公需要。

3)　办公服务无人化

无人办公适合那些办公流程及作业内容相对稳定、工作比较枯燥、易疲劳、易出错、劳动量大的工作场合。配置具有自动化功能的先进设备，就可以实现办公服务无人化。

4)　办公业务集成化

办公业务集成化有下面四个方面的要求：一是网络的集成，即实现不同系统下的数据传输，这是整个系统集成的基础；二是应用程序的集成，以实现不同的应用程序在同一环境下运行或同一应用程序在不同环境下运行；三是数据的集成，不仅包括相互交换数据，而且要实现数据的相互操作，以真正实现数据共享；四是界面的集成，实现不同系统下操作环境和操作界面的一致，至少是相似的。

5)　办公设备移动化

人们可通过便携式办公自动化设备，如笔记本电脑、手机通过无线上网轻而易举地与外界连接，完成信息交换、传达指令、汇报工作，实现移动办公。

6)　办公信息多媒体化

多媒体技术在办公自动化中的应用，使人们处理信息的手段和内容更加丰富，使数据、文字、图形图像、音频及视频等各种载体的信息均能使用计算机或其他办公设备获取和处理，它更加符合人们喜欢以视觉、听觉、感觉方式获取及处理信息的习惯。

7) 办公系统智能化

办公系统智能化包括手写输入、语音识别、语音合成、图形识别、文字识别、基于自然语言的人机界面、多语互译、事务处理和辅助决策的专家系统等智能设备。

# 办公软件应用篇

本篇将以实际办公案例为依托，着重介绍常用办公软件的使用技巧，突出难点解析，拓展知识。该篇综合了现代办公所必需的文件管理软件、图片处理软件、压缩软件、文字处理软件、电子表格处理软件、幻灯片处理软件、网络办公软件、网络即时通信软件的使用技巧，掌握这些软件的使用方法对于我们步入社会、适应互联网+和信息化的时代大趋势是十分重要的。熟练掌握本篇所介绍软件的应用技巧和难点，可以使你将来的工作事半功倍、得心应手、高效快捷。

# 学习模块 2

# 常用办公及工具软件

本模块学习要点：

- 文件和文件夹的创建、删除、重命名。
- 正确管理文件的方法。
- 办公图片的处理。
- 压缩软件的使用。
- 杀毒软件的使用。

本模块技能目标：

- 熟练掌握文件和文件夹的创建、删除、重命名技能。
- 了解正确管理文件的方法。
- 学会办公图片的处理。
- 会用压缩软件。
- 能用杀毒软件清除病毒。

# 2.1 项目 1：合理管理文件

## 项目剖析

**应用场景：** 文秘人员有效工作的基础是合理有序地管理好文件。我们办公时的工作资料通常是放在自己的文件夹中的，这个文件夹就是我们的工作文件夹。而做到这一点的前提是建立符合自己工作要求的文件夹结构。下面的案例就是以某人的工作文件资料管理为例，通过文件和文件夹的查看、复制、移动、删除、重命名、查找、搜索等操作来建立符合自己工作要求的文件夹结构。熟练掌握这些处理文件、查找文件的技巧，可以提高工作效率。

**设计思路与方法技巧：** 由于工作文件夹中都是我们工作中常用的重要资料，如果将其放在 C 盘，一旦 C 盘中病毒或系统崩溃，上面的资料就会丢失。如果系统没有崩溃，而又想重装系统的话，则要将 C 盘中的资料复制到其他盘上，这样虽然能够保证资料不会丢失，但操作比较烦琐且占用硬盘的空间。同时，如果重做系统的人和你沟通不及时、不充分，他就会无法复制有用的资料，甚至会误将 C 盘中的资料删除，这无疑会造成工作上的损失。为此我们以某人的工作文件资料管理为例，利用资源管理器提供的文件夹和文件夹的新建、复制、移动、删除、重命名等功能对文件进行合理的分类管理。

**设计思路与方法技巧：** 文件夹的展开与折叠；设置文件的显示图标；设置文件排列方式；创建文件夹；文件和文件夹的选定、复制、移动、重命名、删除。

## 即学即用的可视化实践环节

### 2.1.1 任务 1：文件和文件夹的显示

1. 文件夹的展开与折叠

**步骤 1** ①右击【开始】。②单击【打开 Windows 资源管理器】(见图 2.1.1)，即可启动资源管理器。

图 2.1.1

**步骤 2** 单击 Windows 文件夹前的 ▷ 可展开该文件夹，并且 Windows 文件夹前的 ▷ 变成了 ◢ 。

**步骤 3** 单击 Windows 文件夹前的 ◢ ，可将展开后的文件夹折叠。

### 2. 设置文件的显示图标

窗口中的文件可以不同方式显示，改变显示方式的方法如下。

①单击【C:\Windows】文件夹。②单击【查看】\【超大图标】，则文件和文件夹就以超大图标方式显示(见图 2.1.2)。③单击【查看】\【列表】，则文件和文件夹就以列表方式显示(见图 2.1.3)。④单击【查看】\【详细信息】，则文件和文件夹就以详细信息方式显示。在这种方式下可以看到文件的名称、大小、类型和修改时间，便于查找文件(见图 2.1.4)。

图 2.1.2

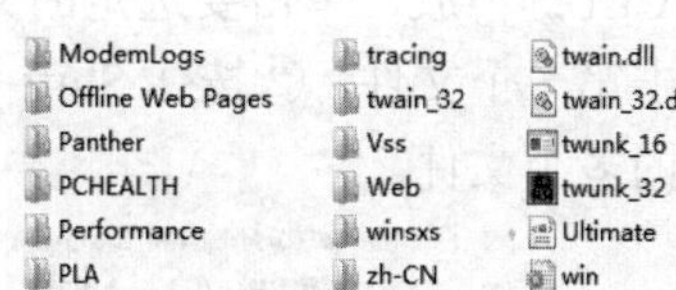


图 2.1.3

### 3. 设置文件的排列方式

如果需要在文件夹中寻找文件的话，那么就需要根据自己掌握的文件信息即文件名、大小、类型、修改日期来寻找文件。为了方便寻找，需要将文件按照所掌握的信息进行排列。

步骤 1　单击【查看】\【详细信息】(参见图 2.1.4)，则文件和文件夹就以详细信息方式显示(见图 2.1.5)。

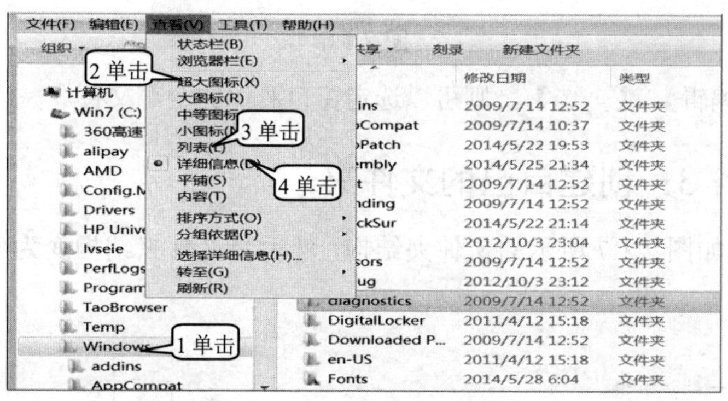


图 2.1.4

步骤 2　单击【名称】(参见图 2.1.5)，则文件将按文件名的第一个字母(A～Z)顺序排列，排列后我们就可根据字母(A～Z)顺序来快速找到文件。

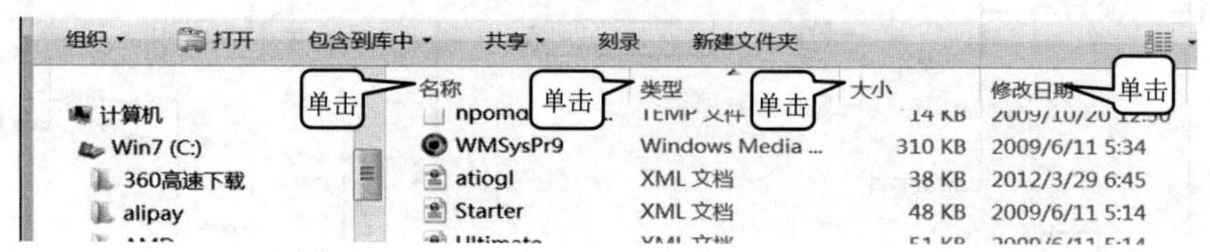


图 2.1.5

步骤 3　单击【类型】(参见图 2.1.5)，则文件将按文件类型排列，排列后我们就可根据文件类型的排列来快速找到文件。

步骤4 单击【大小】(参见图2.1.5)，则文件将按文件大小排列，排列后我们就可根据文件大小的排列来快速找到文件。

步骤5 单击【修改日期】(参见图2.1.5)，则文件将按修改时间排列，排列后我们就可根据文件的修改时间顺序来快速找到文件。

## 2.1.2 任务2：文件和文件夹的选定

(1) 按住Ctrl键不放，单击要选定的文件，则可以选定多个文件。

(2) ①单击第一个文件。②按住Shift键不放，单击最后一个文件(见图2.1.6)，则可以选定连在一起的多个文件。

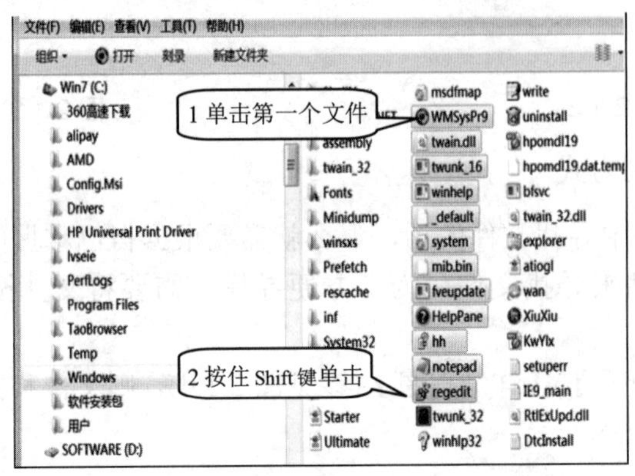


图2.1.6

(3) 单击【编辑】\【全选】，则可以选定窗口右边的全部文件。

## 2.1.3 任务3：创建自己的文件夹

在D盘创建如图2.1.7所示的文件夹结构，然后将文件夹结构变为如图2.1.8所示的结构。

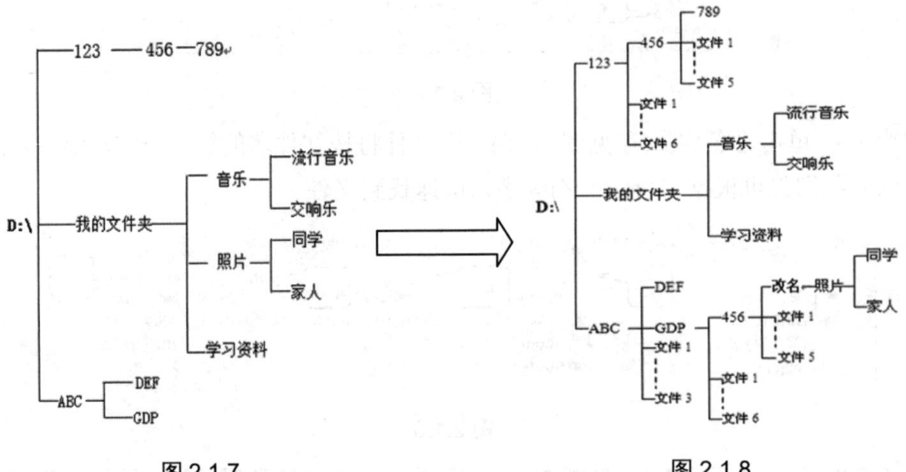


图2.1.7　　图2.1.8

步骤 1 ①单击【D:】。②单击【文件】\【新建】\【文件夹】。③输入【123】，然后按 Enter 键(见图 2.1.9)，则 D 盘中就建成了【123】文件夹。

步骤 2 ①单击【123】文件夹。②单击【文件】\【新建】\【文件夹】。③输入【456】，然后按 Enter 键(见图 2.1.10)，则【D:\123】下的【456】文件夹就建成了。

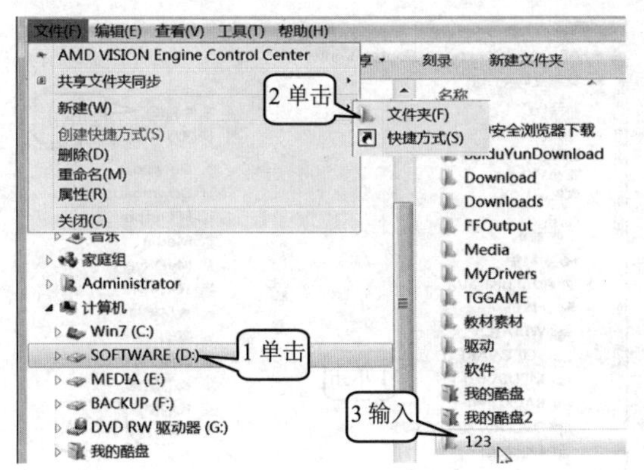


图 2.1.9

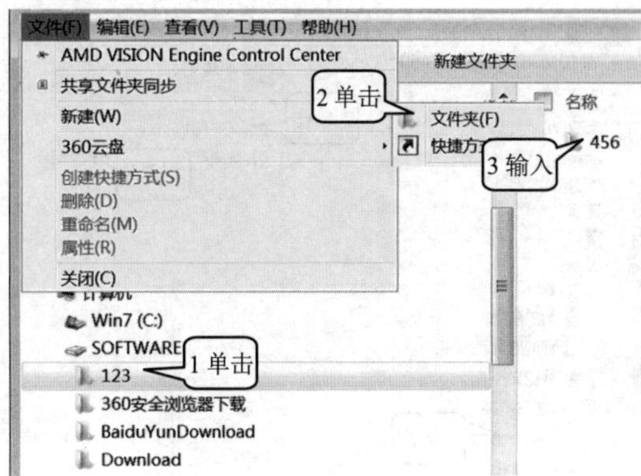


图 2.1.10

步骤 3 ①单击【456】。②单击【文件】\【新建】\【文件夹】。③输入【789】，然后按 Enter 键，则【D:\123\456】下就建成了【789】文件夹。

步骤 4 ①单击【D:】。②单击【文件】\【新建】\【文件夹】。③输入【我的文件夹】，然后按 Enter 键，则 D 盘中就建成了【我的文件夹】文件夹。

步骤 5 ①单击【我的文件夹】。②单击【文件】\【新建】\【文件夹】。③输入【音乐】，然后按 Enter 键(见图 2.1.11)，则【D:\我的文件夹】下就建成了【音乐】文件夹。

步骤 6 ①单击【我的文件夹】。②单击【文件】\【新建】\【文件夹】。③输入【学习资料】，然后按 Enter 键(见图 2.1.12)，则【D:\我的文件夹】下就建成了【学习资料】文件夹。同理，在【我的文件夹】下再建立一个【照片】文件夹。

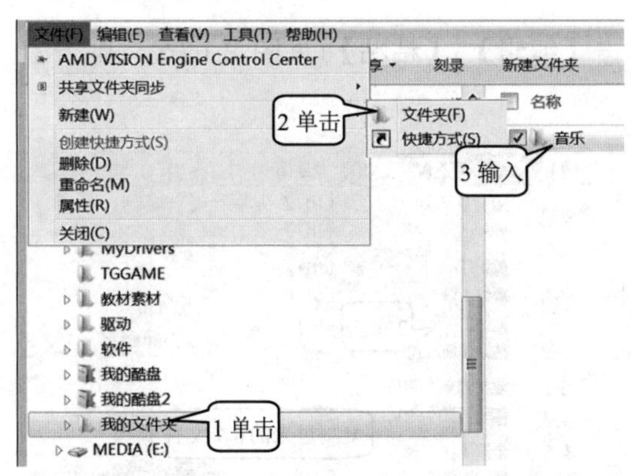


图 2.1.11

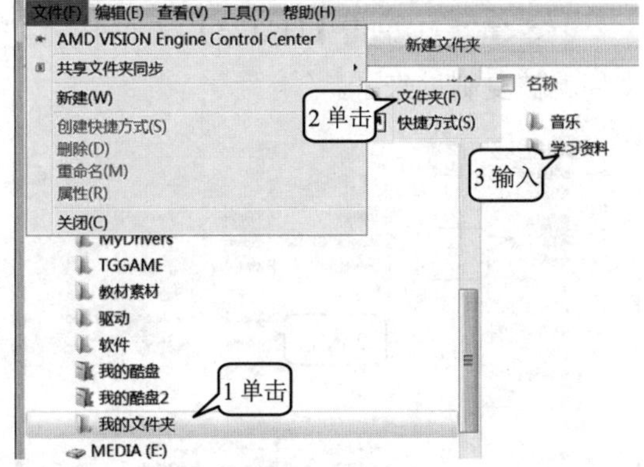


图 2.1.12

步骤 7 ①单击【音乐】。②单击【文件】\【新建】\【文件夹】。③输入【交响乐】，然后按 Enter 键(见图 2.1.13)，则【D:\我的文件夹\音乐】下就建成了【交响乐】文件夹。

步骤 8 ①单击【音乐】。②单击【文件】\【新建】\【文件夹】。③输入【流行音乐】，然后按 Enter 键，则【D:\我的文件夹\音乐】下就建成了【流行音乐】文件夹。同理，在【照片】下再建立【同学】和【家人】文件夹。

**步骤 9** ①单击【D:】。②单击【文件】\【新建】\【文件夹】。③输入【ABC】，然后按 Enter 键(见图 2.1.14)，则 D 盘中就建成了【ABC】文件夹。

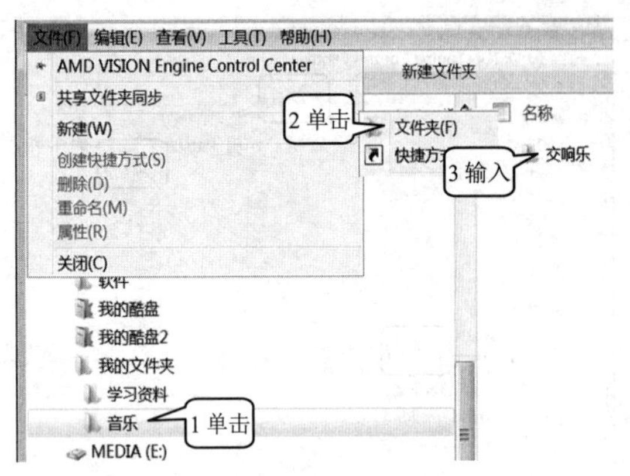


图 2.1.13

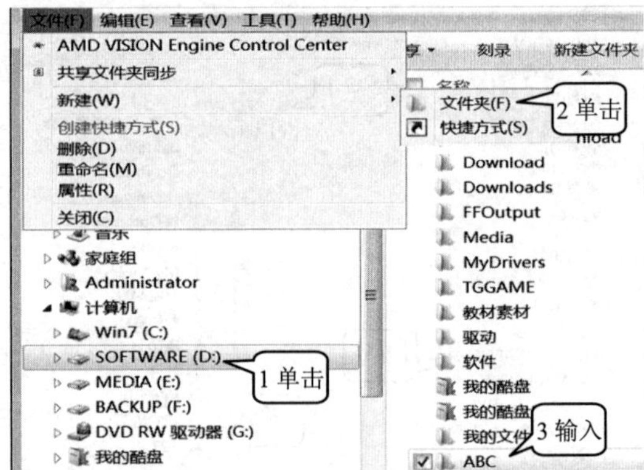


图 2.1.14

**步骤 10** ①单击【ABC】文件夹。②单击【文件】\【新建】\【文件夹】。③输入【DEF】，然后按 Enter 键，则【D:\ ABC】下的【DEF】文件夹就建成了。

**步骤 11** ①单击【ABC】文件夹。②单击【文件】\【新建】\【文件夹】。③输入【GDP】，然后按 Enter 键，则【D:\ ABC】下的【GDP】文件夹就建成了。

## 2.1.4 任务 4：文件和文件夹的复制、移动、重命名、删除

### 1. 文件和文件夹的复制

**步骤 1** ①单击【C:\Windows】文件夹。②选定 6 个文件。③单击【编辑】\【复制】(见图 2.1.15)。

**步骤 2** ①单击【D:\123】文件夹。②单击【编辑】\【粘贴】(见图 2.1.16)，则 6 个文件就被复制过来了。

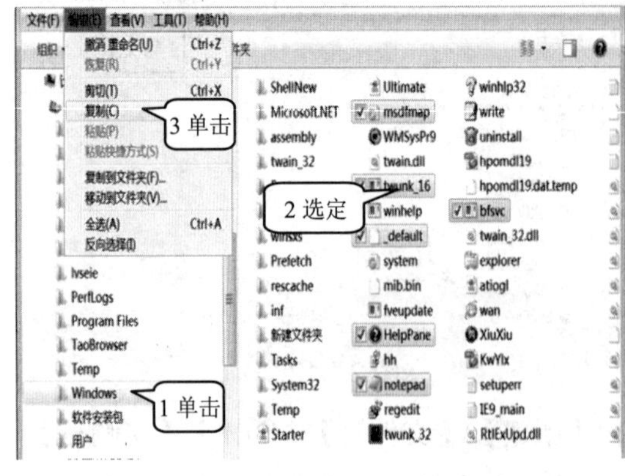


图 2.1.15

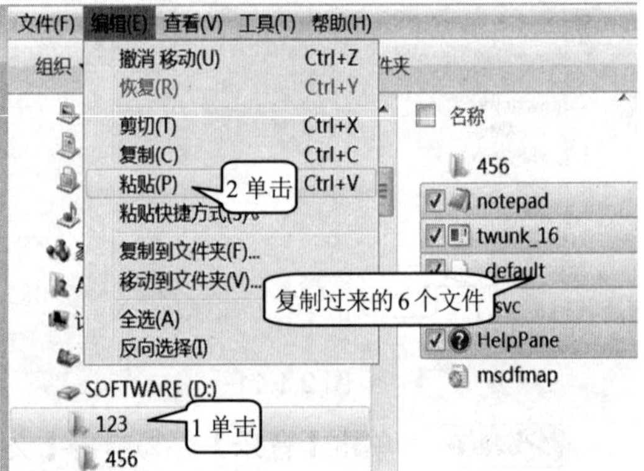


图 2.1.16

步骤 3 ①单击【D:\123】文件夹。②单击选定 5 个文件。③单击【编辑】\【复制】。

步骤 4 ①单击【D:\123\456】文件夹。②单击【编辑】\【粘贴】(见图 2.1.17)，则 5 个文件就被复制过来了。

步骤 5 ①单击【D:\123】文件夹。②选定【123】下面的所有文件和文件夹。③单击【编辑】\【复制】(见图 2.1.18)。

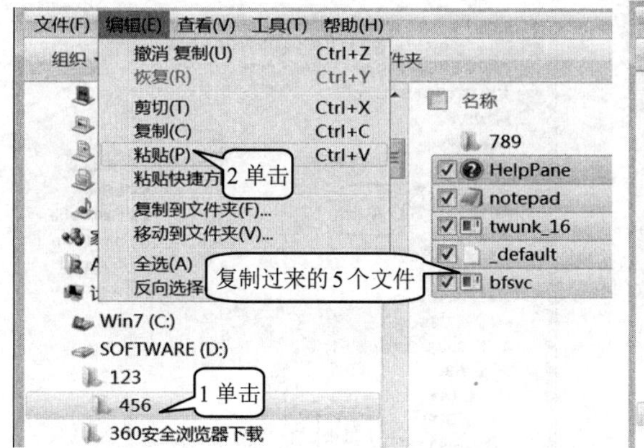


图 2.1.17

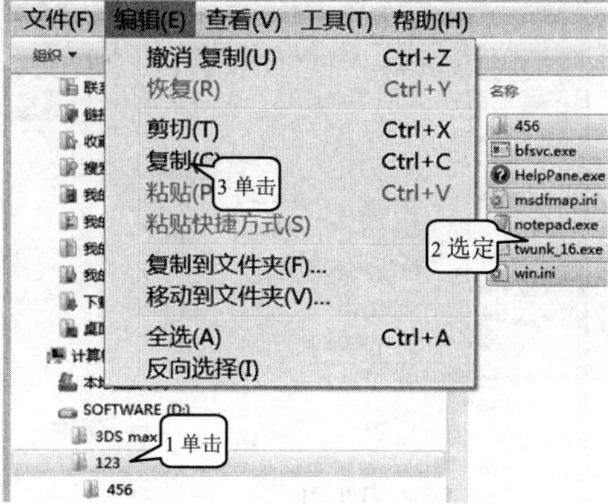


图 2.1.18

步骤 6 ①单击【D:\ABC\GDP】文件夹。②单击【编辑】\【粘贴】(见图 2.1.19)，则【123】下的所有文件和文件夹就被复制过来了。

步骤 7 ①单击【D:\ABC\GDP\456】文件夹。②选定 3 个文件。③单击【编辑】\【复制】。

步骤 8 ①单击【D:\ABC】文件夹。②单击【编辑】\【粘贴】，则 3 个文件就被复制过来了。

## 2. 文件和文件夹的移动

步骤 1 ①单击【D:\我的文件夹】文件夹。②单击【照片】。③单击【编辑】\【剪切】(见图 2.1.20)。

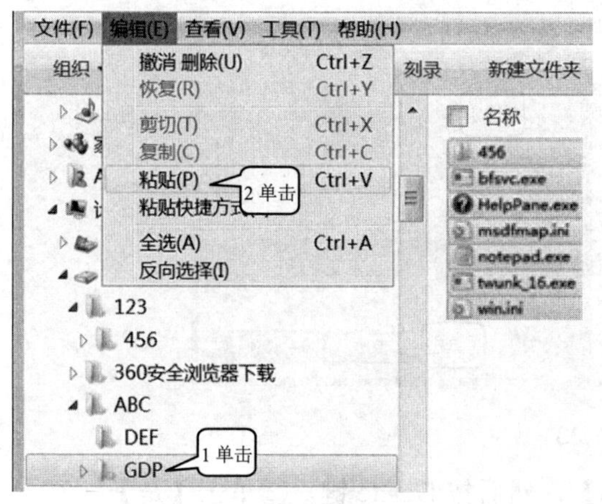


图 2.1.19

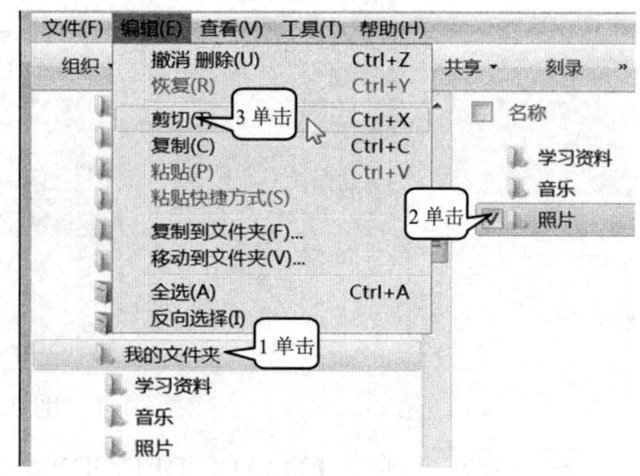


图 2.1.20

步骤 2 ①单击【D:\ABC\DEF\GDP\456\789】文件夹。②单击【编辑】\【粘贴】(见图 2.1.21)，则文件夹就被移动过来了。

3. 文件和文件夹的重命名

步骤 1 ①单击【D:\ABC\DEF\GDP\456】文件夹。②单击【789】。③单击【文件】\【重命名】(见图 2.1.22)。

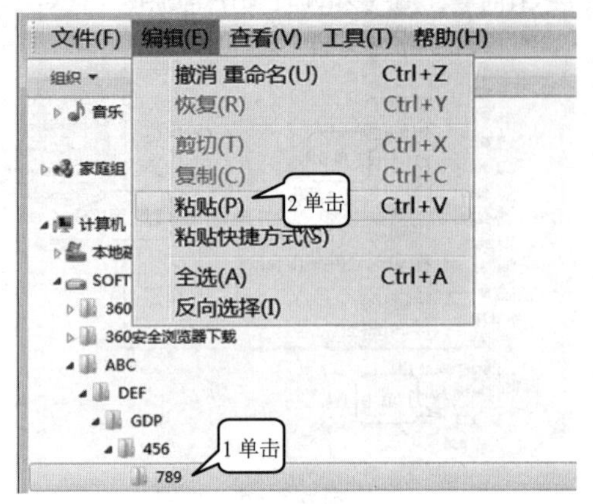


图 2.1.21

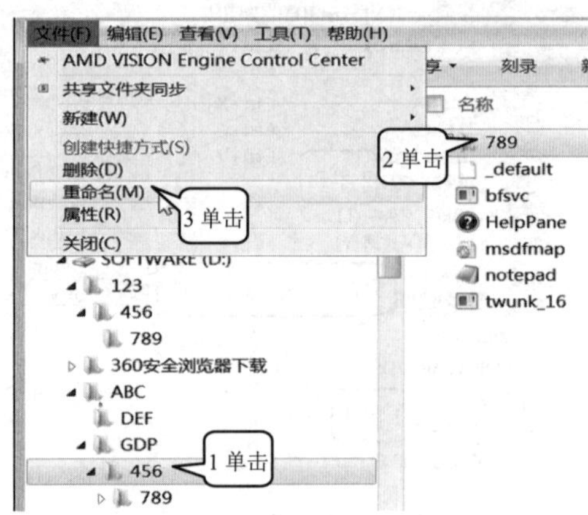


图 2.1.22

步骤 2 输入新文件名【改名】，然后按 Enter 键。

步骤 3 ①单击【D:\ABC\DEF\GDP\456】的某个文件。②单击【文件】\【重命名】。

步骤 4 输入新文件名【时钟】，然后按 Enter 键。

4. 文件和文件夹的删除

步骤 1 ①单击【D:\ABC\DEF\ 456】文件夹。②选定 3 个文件，然后按 Delete 键。③单击【是】(见图 2.1.23)。

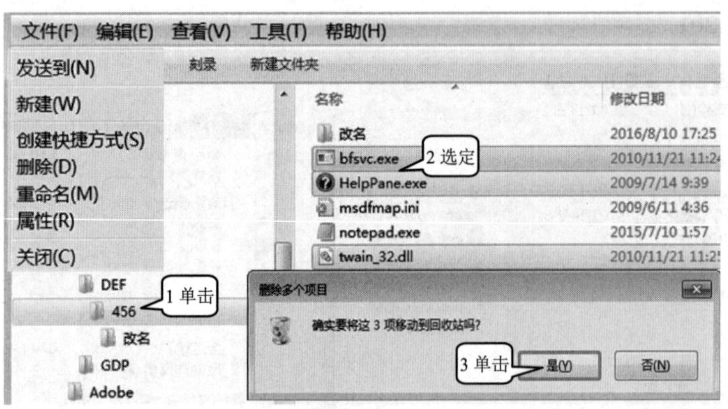


图 2.1.23

步骤 2 ①单击【D:\ABC\DEF\GDP\456】，然后按 Delete 键。②单击【是】。

# 2.2 项目 2：图片处理软件

## 项目剖析

**应用场景：** 随着数码相机、手机的普及，单位的各种政治活动、商务活动、娱乐活动以及技术资料等信息，往往都需要通过数码相机、手机拍摄成数码照片以电子档形式保存。因此，用数码相机或者手机拍摄和记录相关活动和资料，已经是十分普遍的做法了。当然，有些图片资料除了存档之外，还需要放在网站上展示。因此对图片的浏览、选择与处理也是文秘人员日常要做的工作。

**设计思路与方法技巧：** 浏览、选择与处理图片通常是通过相应的软件来完成的，本节将以“美图秀秀”为例介绍图片处理的常见技巧，如调整图片色调、裁剪图片、旋转图片，在图片上添加文字、边框和场景等。“美图秀秀”在 360 安全卫士中的 360 软件管家和百度卫士中的软件管理中可以一键下载安装。

**应用到的相关知识点：** 快速美化图片；调整图片色调；裁剪图片；在图片上添加文字；旋转图片；给图片添加边框和场景；抠图；合成图片。

## 即学即用的可视化实践环节

### 2.2.1 任务 1：快速美化图片

**步骤 1** 双击桌面上的【美图秀秀】图标，打开该软件主界面(见图 2.2.1)。

图 2.2.1

**步骤 2** ①单击【打开】，出现如图 2.2.1 所示的【打开一张图片】对话框。②单击

【教材素材】\【图片】，则文件夹中的图片将在右边窗口中显示。③单击【人物 16】。④单击【打开】。⑤单击【否】(见图 2.2.1)，出现图 2.2.2。

**步骤 3** 单击图 2.2.2 左侧的【一键美化】，即可快速将图片的色彩调整美化。

图 2.2.2

## 2.2.2 任务 2：调整色调和裁剪图片

**步骤 1** ① 单击【调色】。②拖动【青-红】滑块，调节图片颜色偏红或偏青。③拖动【紫-绿】滑块，调节图片颜色偏紫或偏绿。④拖动【黄-蓝】滑块，调节图片颜色偏黄或偏蓝(见图 2.2.3)。

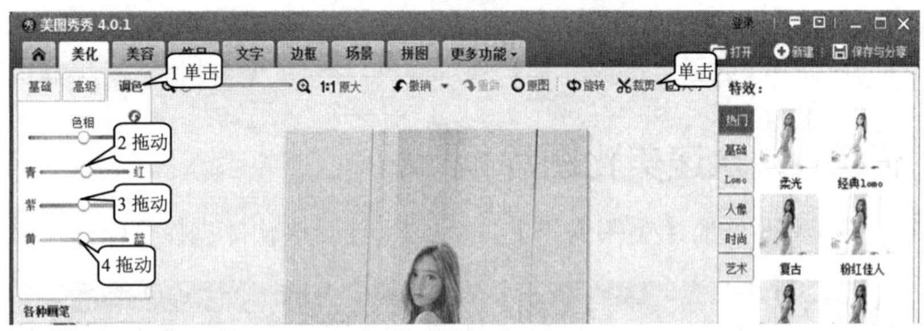


图 2.2.3

**步骤 2** 单击图 2.2.3 中的【裁剪】按钮 裁剪，出现图 2.2.4。

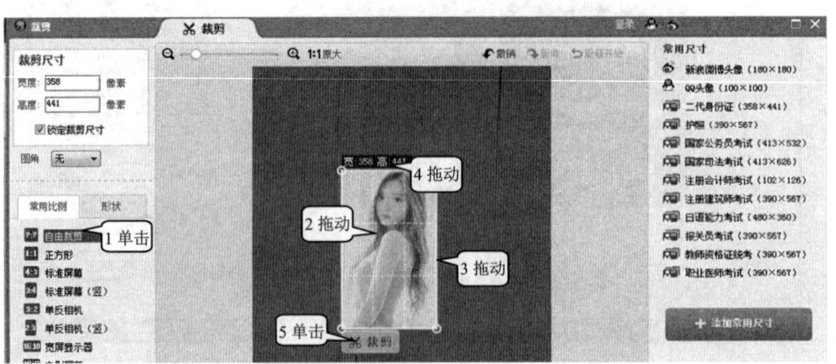


图 2.2.4

**步骤 3** ①单击【自由裁剪】。②拖动裁剪框到需要的位置。③拖动纵向边框线，改变裁剪框宽度。④拖动横向边框线，改变裁剪框高度。⑤单击【裁剪】(见图 2.2.4)，结果见图 2.2.5。

图 2.2.5

步骤 4 ①单击【保存】，出现图 2.2.5 所示的【保存与分享】对话框。②单击【更改】，可以修改文件的保存路径。③输入文件名。④单击【保存】(见图 2.2.5)，即可将裁剪后的图片保存起来。

## 2.2.3 任务 3：添加文字与旋转图片

步骤 1 ①单击【文字】。②单击【输入文字】，出现图 2.2.6 所示的【文字编辑框】对话框。③输入文字。④单击选择字体。⑤拖动【字号】滑块改变大小，拖动【旋转】滑块旋转文字。⑥单击颜色。⑦单击【高级设置】。⑧勾选【阴影】复选框。⑨单击【网络流行语】。⑩单击【女神】(见图 2.2.6)。

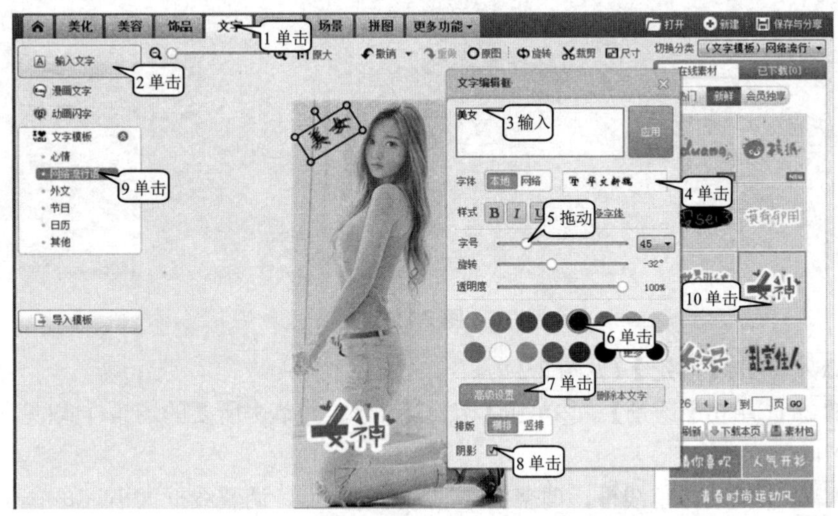


图 2.2.6

步骤2 单击图2.2.6中的【旋转】按钮 旋转，出现图2.2.7。

步骤3 ①单击【向左旋转】，将图片左转。②单击【向右旋转】，将图片右转。③单击【左右翻转】，将图片左右翻转。④单击【上下翻转】，可将图片上下翻转。⑤拖动【任意旋转】滑块，可任意改变图片的旋转角度。⑥单击【完成旋转】(见图2.2.7)。

图 2.2.7

## 2.2.4 任务4：添加边框和场景

步骤1 ①单击【边框】。②单击【轻松边框】。③单击所要的边框样式(见图2.2.8)，出现图2.2.9。

图 2.2.8

步骤2 单击【确定】(见图2.2.9)。

步骤3 ①单击【场景】。②单击【节日场景】。③单击所要的场景样式(见图2.2.10)，出现图2.2.11。

步骤4 ①拖动白色线框，调整位置。②拖动控点，调整线框大小。③单击【左右翻转】。④单击【确定】(见图2.2.11)。

图 2.2.9

图 2.2.10

图 2.2.11

## 2.2.5 任务5：抠图与合成图片

步骤1 打开【教材素材】\【图片】\【人物7.jpg】文件。

步骤2 ①单击【美化】。②单击【抠图笔】。③单击【手动抠图】(见图 2.2.12)，出现图 2.2.13。

图 2.2.12

图 2.2.13

步骤3 ①拖动滑块放大图片，这样便于抠图。②在抠图起点单击。③沿着要抠的图形的边缘移动鼠标，并在图形边界有弧度或有转折的地方单击，注意图中有小圆点的地方就是单击鼠标的位置。单击的点越多，抠出的图就越精细。④由于放大以后画面会显示不全，所以要拖动图 2.2.13 中的白框来使放大的抠图区域在图片上移动，以便于抠图。⑤单击鼠标。⑥单击鼠标。⑦单击鼠标，最后回到起点单击鼠标，结束抠图。这样虚线包围的部分就是抠出的图形，并且还有多个控点出现，这些控点就是单击鼠标时形成的。⑧拖动控点可以改变控点的位置，这样便可修正抠图的精细程度。⑨单击【完成抠图】(见图 2.2.13)，出现图 2.2.14。

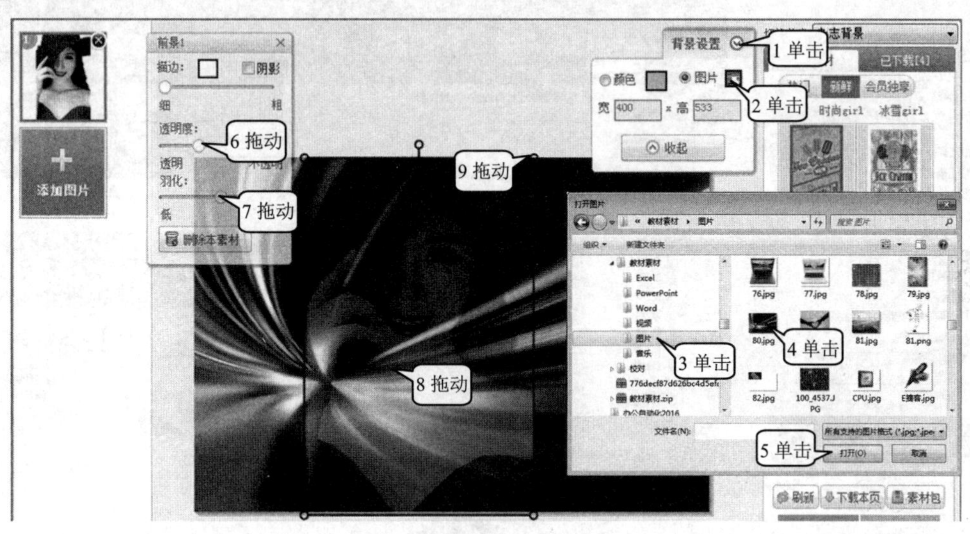


图 2.2.14

步骤4 ①单击【背景设置】。②单击【图片】，出现图 2.2.14 所示的【打开图片】对话框。③单击【教材素材】\【图片】。④单击【80.jpg】。⑤单击【打开】按钮。⑥拖动【透明度】滑块，改变抠出图片的透明度。⑦拖动【羽化】滑块，改变羽化程度，以使图片边缘柔和。⑧拖动图片，改变在背景中的位置。⑨拖动控点，改变图片大小。

## 2.3 项目 3：压缩软件

### 项目剖析

应用场景：现代办公中我们常常会遇到压缩文件。不论是从网上下载的相关资料，还是相关单位送来的资料，往往都是以压缩文件的形式提供的。同时为了便于文件的传送，我们自己的文件也需要进行压缩。因此，掌握文件的压缩与文件的解压缩是日常办公所必备的技能。

设计思路与方法技巧：本节以好压为例介绍文件压缩、文件解压的方法。

应用到的相关知识点：文件压缩；文件解压。

## 即学即用的可视化实践环节

## 2.3.1 任务 1：文件压缩

步骤 1 单击【开始】\【所有程序】\【好压】\【好压】(见图 2.3.1)，出现好压主界面，见图 2.3.2。

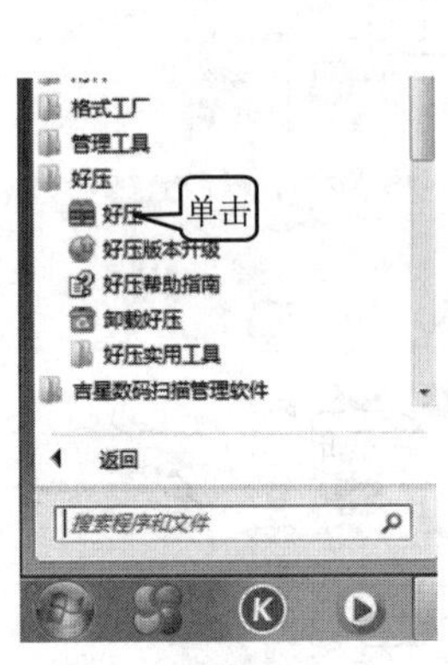


图 2.3.1

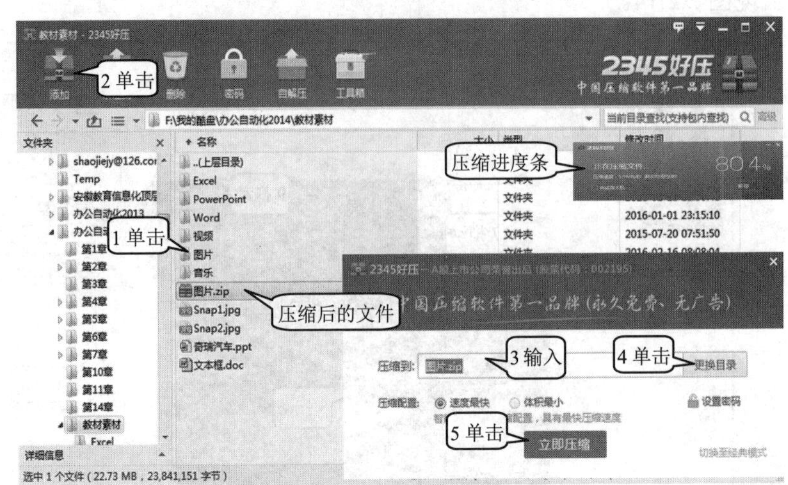


图 2.3.2

步骤 2 ①单击需要压缩的文件夹【教材素材】\【图片】。②单击【添加】，出现如图 2.3.2 所示的 2345 好压对话框。③输入压缩文件名。④单击【更换目录】，可以改变压缩后文件的存放位置，否则压缩文件就放在原目录下。⑤单击【立即压缩】(见图 2.3.2)，就会出现图 2.3.2 所示的压缩进度条，最终就会形成一个压缩文件。

## 2.3.2 任务 2：文件解压

### 1. 在好压界面中解压压缩文件

①单击需要解压的文件【图片.zip】。②单击【解压到】，出现图 2.3.3 所示的 2345 好压对话框。③单击【更换目录】按钮，可以改变解压缩后文件的存放位置，否则解压缩文件就放在原目录下。④单击【立即解压】按钮(见图 2.3.3)，就会出现图 2.3.3 所示的解压缩进度条，最终就会形成一个解压缩文件(夹)。

### 2. 在资源管理器中直接解压文件

①右击【图片.zip】压缩文件。②单击【解压到】，出现图 2.3.4 所示的 2345 好压对话框。③单击【更换目录】按钮，可以改变解压缩后文件的存放位置，否则解压缩文件就放在原目录下。④单击【立即解压】，就会出现图 2.3.4 所示的解压缩进度条，最终就会形成一个解压缩文件(夹)。

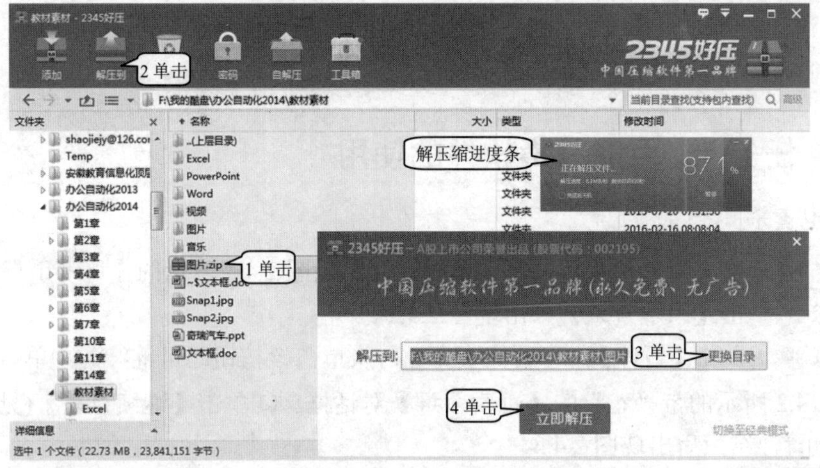


图 2.3.3

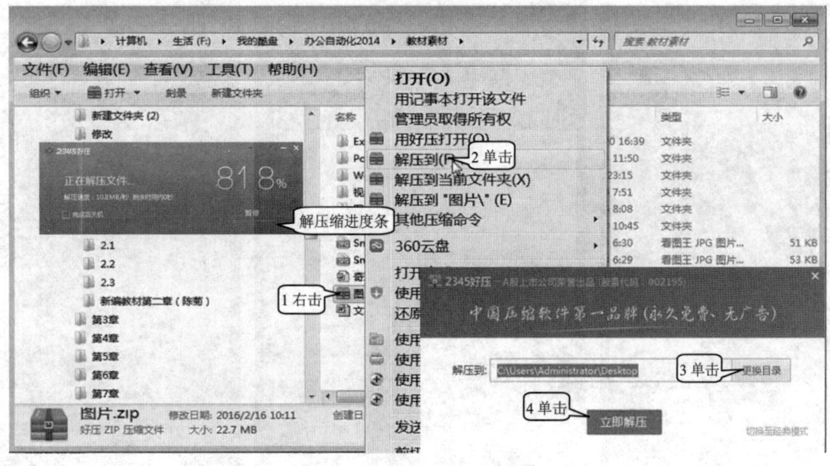


图 2.3.4

## 2.4 项目 4：杀毒软件

### 项目剖析

**应用场景：**由于网络的普及性和便利性，办公活动已经离不开网络。只有当办公计算机与网络连接时，我们才能在网上查阅资料、交换信息，并进行各项办公和商务活动。而网络是病毒传播主要的渠道，如果我们的计算机没有做好防护，很可能就会使计算机系统崩溃、资料丢失、信息被盗取。所以作为办公人员，必须十分重视自己办公计算机的安全性。

**设计思路与方法技巧：**使用杀毒软件，可以保证办公计算机系统和信息的安全。本项目以百度杀毒软件为例，介绍百度杀毒软件的闪电查杀、全盘扫描和自定义扫描等基本使用技巧以及杀毒软件的升级。

**应用到的相关知识点：**快速扫描杀毒；全盘扫描杀毒；自定义扫描杀毒；杀毒软件的升级。

**即学即用的可视化实践环节**

## 2.4.1 任务 1：百度杀毒软件的使用

### 1. 闪电查杀

步骤 1 双击桌面上的【百度杀毒】图标，出现图 2.4.1 所示的【百度杀毒】主界面。

步骤 2 单击【闪电查杀】，出现图 2.4.2。

步骤 3 ①单击【暂停】，可暂停查毒，再次单击该按钮即可继续。②单击【停止】，会出现图 2.4.2 所示的带“？”的【百度杀毒】对话框。③单击【继续查杀】(见图 2.4.2)，又可继续查毒，结束后出现图 2.4.3。

步骤 4 单击【完成】(见图 2.4.3)。

图 2.4.1

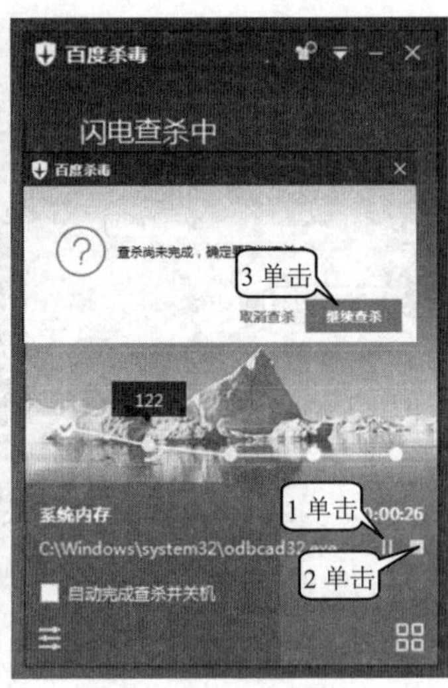


图 2.4.2

图 2.4.3

### 2. 全盘扫描

步骤 1 ①单击箭头按钮 >，找到【全盘查杀】。②单击【全盘查杀】(见图 2.4.4)，出现图 2.4.5。

步骤 2 ①单击【暂停】，可暂停查毒，再次单击该按钮即可继续。②单击【停止】按钮，会出现图 2.4.5 所示的带“？”的【百度杀毒】对话框。③单击【继续查杀】(见图 2.4.5)，又可继续查毒，结束后出现图 2.4.6。

步骤 3 单击【完成】(见图 2.4.6)。

### 3. 自定义扫描

步骤 1 ①单击箭头按钮 >，找到【自定义查杀】。②单击【自定义查杀】(见图 2.4.7)，出现图 2.4.8。

步骤 2 ①单击要查杀的盘。②单击【开始查杀】(见图 2.4.8)，出现图 2.4.9。

图 2.4.4

图 2.4.5

图 2.4.6

图 2.4.7

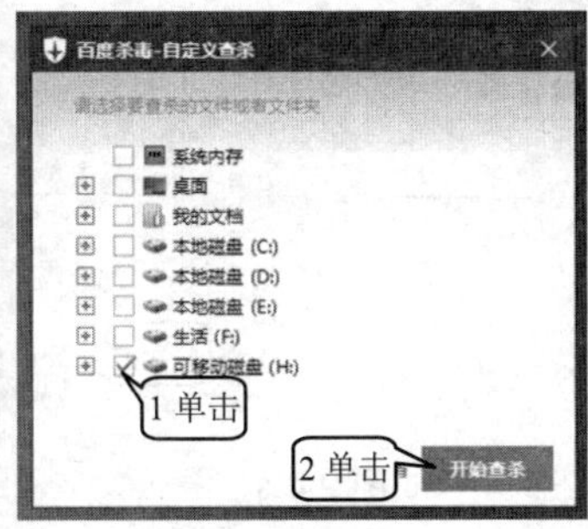


图 2.4.8

图 2.4.9

**步骤 3** ①单击【暂停】，可暂停查毒，再次单击该按钮即可继续。②单击【停止】，会出现图 2.4.9 所示的带“？”的【百度杀毒】对话框。③单击【继续查杀】(见图 2.4.9)，又可继续查毒，结束后出现图 2.4.10。

**步骤 4** 单击【完成】(见图 2.4.10)。

## 2.4.2　任务 2：杀毒软件的升级

**步骤 1** ①单击【菜单】按钮。②单击【设置中心】(见图 2.4.11)，出现图 2.4.12 所示的【百度杀毒-设置中心】对话框。

**步骤 2** ①单击【引擎设置】。②勾选【自动升级到最新病毒库】。③勾选【升级完成后弹窗提醒】。④单击【确定】(见图 2.4.12)。

图 2.4.10

图 2.4.11

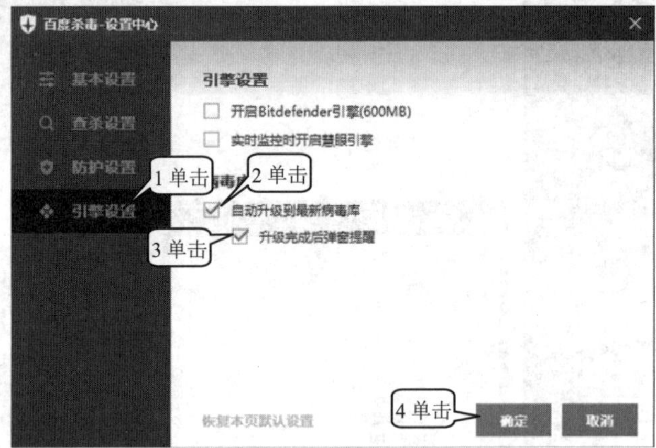


图 2.4.12

# 学习模块 3

# 高效汉字输入与校对技术

本模块学习要点：

- 搜狗输入法的整句、二字词、三字词、多字词的输入。
- 语音输入法。
- 手写输入法。
- 文字识别语音合成。

本模块技能目标：

- 熟练掌握搜狗输入法的整句、二字词、三字词、多字词的输入技能。
- 会用语音输入法。
- 了解手写输入法。
- 掌握文字识别语音合成技术的应用。

# 3.1 项目 1：用搜狗输入汉字

## 项目剖析

**应用场景：**在科技日益发展的今天，输入法已经成为我们与计算机交互的重要工具。搜狗拼音输入法作为一款为互联网而生的新一代中文智能拼音输入法，特别适合一般人群使用。它可以不间断地输入整句话的拼音，大大提高了输入的效率。此外，它还提供了其他许多功能，比如自学习和自定义词。通过使用这两种功能，该输入法可以在与人的交流过程中不断学习其专业术语和用词习惯，从而成为得心应手的工具。

**设计思路与方法技巧：**熟悉搜狗拼音输入法拼音输入完后修改拼音、增加拼音的方法，以及中英文切换输入、模糊音输入、手写模式输入等功能。全面掌握和应用搜狗输入法的各项功能，以应对不同条件下的输入需求，提高汉字输入的速度和正确率。

**应用到的相关知识点：**在输入完后修改转换结果、修改拼音、增加拼音；中英文切换输入；自定义短语；快速输入人名；模糊音输入；手写模式输入；输入其他符号。

## 即学即用的可视化实践环节

### 3.1.1 任务 1：整句输入汉字

第一次使用搜狗拼音输入法，只要按照下面的步骤，就可以轻松地掌握基本操作。

#### 1. 打开搜狗拼音输入法

①单击【输入法】。②单击【中文(简体)-搜狗拼音输入法】(见图 3.1.1)，出现图 3.1.2 所示搜狗拼音输入法的状态条，表示输入法已经打开。

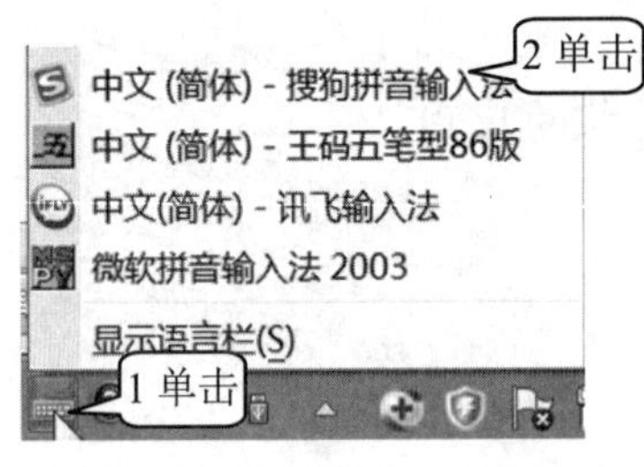


图 3.1.1

图 3.1.2

#### 2. 整句输入汉字

**步骤 1** 单击中英文标点(见图 3.1.2)，使其变为中文标点状态，结果见图 3.1.3。

**步骤 2** 连续输入一句话的拼音。例如输入这样一句话“大家喜欢和他打篮球”，在连续输入拼音的过程中，会看到图 3.1.4。在图中的输入窗口中，上面是输入的拼音，下面是根据拼音转换成的汉字，输入法会一边接收输入的拼音，一边将拼音根据语义转为汉字。这种转换过程是不断变化的，直到输入一个标点符号为止。输入标点符号的目的是告诉输入法软件，本句的拼音已经输入完毕，可以进行拼音到汉字的转换处理了。

步骤3 一句话输入完以后，再输入一个标点符号，则图 3.1.4 上面的文字就被放到文档中了。

图 3.1.3　　图 3.1.4

步骤4 再输入下一个句子的拼音。

该输入法就是连续输入一句话的拼音，然后它将以标点符号为一句话的结束点，并根据这句话的拼音，分析其语义后将其转换为汉字。

### 3. 在输入完后修改转换结果

搜狗拼音输入法的大多数自动转换都是正确的，但这种正确性并不是100%的，错误是不可避免的。对于那些错误的转换结果，可以在输入整句话之后进行修改。以上面例子为例，我们继续操作，在完整句子拼音输入完之后，将【他】修改成【她】。可以按键盘上的左、右方向键，将光标移动到【ta】前，见图 3.1.5，则输入法会把【ta】的同音字列在后面供用户选择，这里我们要【她】，所以按键盘上的【3】键，然后按空格键即可。如果下面的候选字中没有你所要的字，则可以按键盘上的 【，】或【。】键翻页寻找。

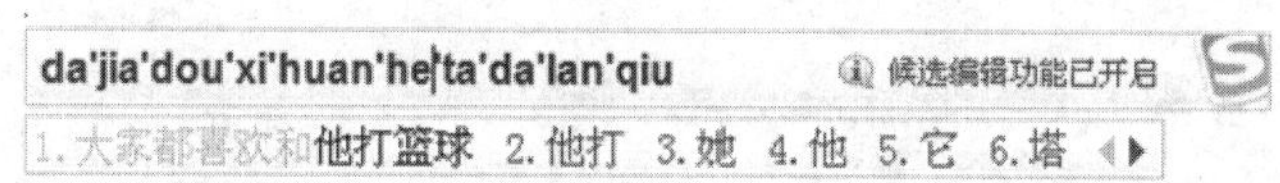


图 3.1.5

### 4. 在输入完后修改拼音

在输入一句话的拼音时，如果拼音输错的话，就会造成转换的汉字不正确，见图 3.1.6。这时只要用键盘上的方向键将光标移到错的拼音处修改即可。在图 3.1.6 中我们将光标移到了【ji】后，并补上了【a】，结果见图 3.1.7，然后按空格键即可。

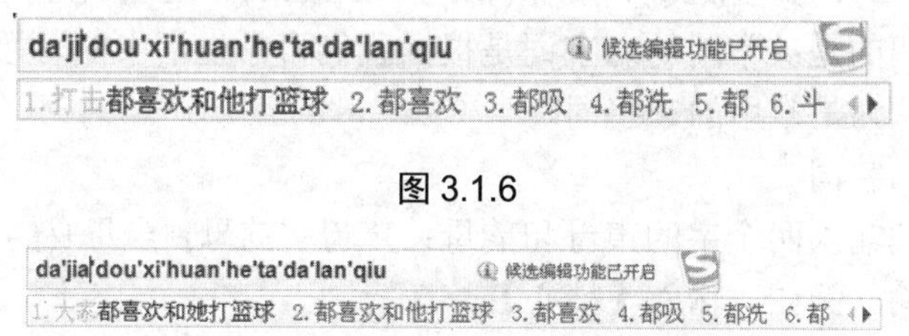


图 3.1.6



图 3.1.7

### 5. 在输入完后增加拼音

在输入一句话的拼音时，如果某个字的拼音输漏，也会造成转换的汉字不正确，见图 3.1.8。这时只要用键盘上的方向键将光标移到输漏的拼音处，再补输漏掉的拼音即可。

在图 3.1.8 中我们将光标移到了【dou】后，并补上了【xi】，结果见图 3.1.9。然后按空格键即可。

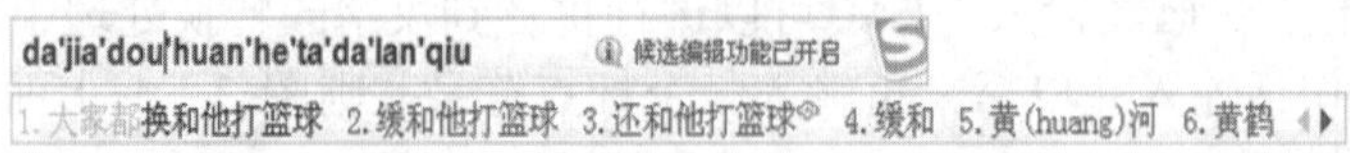


图 3.1.8

图 3.1.9

需要特别说明的是：在输入一句话的拼音时，有些字可以只输声母不输韵母。至于哪些字可以这样做由自己定，但只输声母不输韵母的字越多，准确率就越低。

## 3.1.2 任务 2：按词输入汉字

搜狗拼音输入法也可以以词为单位输入汉字。

### 1. 二字词的输入

我们把二字词的输入情况分为两种。

1) 常用的二字词

方法是输入两个字的声母：声母+声母。例如，输入【我们】。

步骤1 输入【WM】，出现图 3.1.10。

图 3.1.10

步骤2 按空格键。

同样，大家(DJ)、同志(TZH)、形式(XSH)、黑板(HB)、活动(HD)、电脑(DN)、朋友(PY)、新年(XN)、事情(SHQ)、事业(SHY)、发展(FZH)、感动(GD)、今天(JT)、环境(HJ)、承认(CHR)、需要(XY)、知道(ZHD)、安全(AQ)、规律(GL)、比较(BJ)，这些词也同输入【我们】一样进行操作。需要说明的是：常用的二字词是根据我们日常生活中的习惯确定的，生活中用得多的词，就可以认为是常用的二字词。

2) 不常用的二字词

方法是不完整地输入两个字的声母和韵母：声母+(韵母)+声母+(韵母)，其中每个字的韵母都可以省略不输。例如，输入【精心】。

步骤1 输入【jing xin】，出现图 3.1.11。

步骤2 按【2】键。

省略韵母可以让我们少敲击几个键，提高输入速度。同时解决了我们有些字韵母读不准和不清楚的难题。但省略的结果会使重码词增多，有时反而影响输入速度。

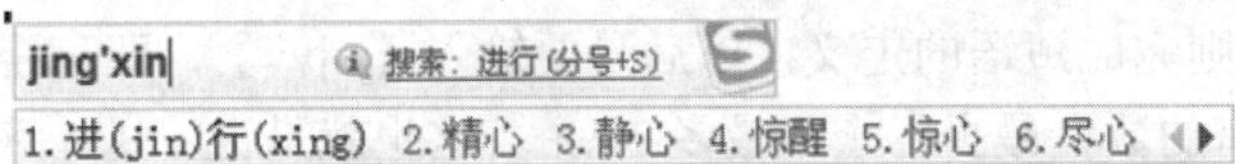


图 3.1.11

### 2. 三字以上的词的输入

方法是输入三个字的声母：声母+声母+声母。例如，输入【计算机】。

步骤1 输入【jsj】，出现图 3.1.12。

步骤2 按空格键。

如果下面的候选词中没有你所要的词，则可以按键盘上的 【，】或【。】键翻页查找。

### 3. 四字以上的词的输入

方法是输入每个字的声母：声母+声母+声母+声母+……例如：输入【雾里看花】。

步骤1 输入【WLKH】，出现图 3.1.13。

步骤2 按空格键。

图 3.1.12

图 3.1.13

## 3.1.3 任务 3：学用其他功能

### 1. 中英文切换输入

输入法默认是按一下 Shift 键就切换到英文输入状态，再按一下 Shift 键就会返回中文状态。用鼠标单击状态栏上面的“中”字图标也可以切换。

除了用 Shift 键切换以外，搜狗输入法也支持回车输入英文，这样在输入较短的英文时能省去切换到英文状态下的麻烦。

具体使用方法是：输入英文【word】，见图 3.1.14，直接敲回车即可输入 word。

### 2. 自定义短语

自定义短语是指用指定的字符串来代替输入的词、短句、人名、产品名称。

步骤1 输入【WO】，并将鼠标指针指到 WO 上，则会出现【添加短语】，见图 3.1.15。

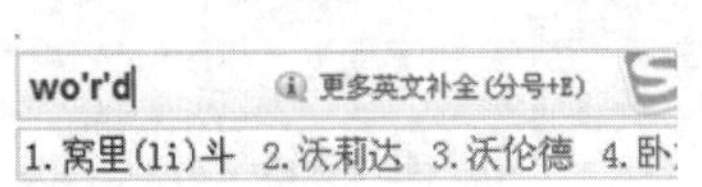


图 3.1.14

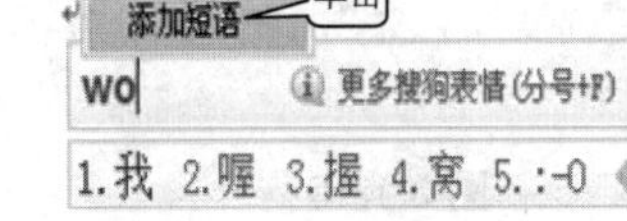


图 3.1.15

步骤2 单击【添加短语】(见图 3.1.15)，出现图 3.1.16。

步骤3 ①输入短语【计算机应用基础】。②输入字符串【jsjyy】。③单击【确定】

按钮(见图 3.1.16)，则完成短语的定义，以后只要输入【jsjyy】，即可得到【计算机应用基础】。自定义字符串的数量最少 1 个，最多 21 个，这也就是说，【计算机应用基础】还可以用 1 个字符代替。读者可以自定义用 【J】来代替【计算机应用基础】。

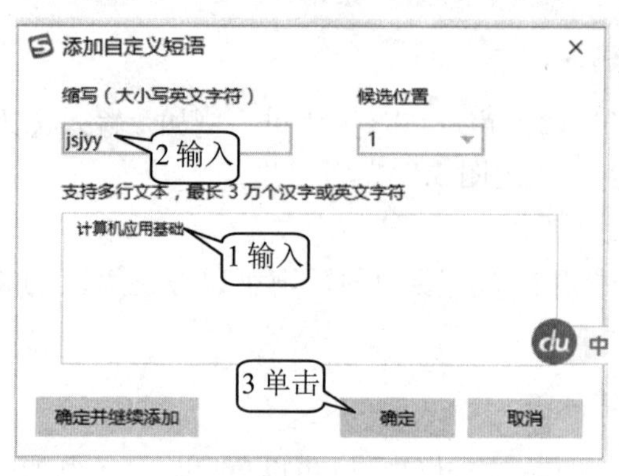


图 3.1.16

### 3. 自学习

搜狗拼音输入法有自学习功能，学习能力强，学习速度快，同时可以像编辑自造词那样来编辑自学习的词语。所谓的自学习，就是由输入法自己学习。比如，当输入一句话的拼音经过转换后，有些地方转换得不正确时，我们可以像前面那样修改转换不对的字，当我们下一次再输入同样一段拼音的话，输入法就记住了你刚才所做的修改，这一次转换就不会出错了。比如，我们输入【suimujingmaiqunguanjue】时，会出现图 3.1.17。经过重新选择同音字后就得到了图 3.1.18 所示的【岁暮景迈群光绝】，当我们第二次输入同样的拼音时，无须选择同音字，就会得到正确的短语词【岁暮景迈群光绝】。

图 3.1.17　　图 3.1.18

### 4. 快速输入人名

输入人名的拼音时，搜狗输入法识别人名的可能性很大，在候选词中会有人名出现，见图 3.1.19。这就是人名智能组词给出的其中一个人名，并且输入框有【更多人名(分号+R)】的提示，如果提供的人名选项不是你想要的，那么此时可以按分号+R 组合键，进入人名组词模式，见图 3.1.20，选择想要的人名。

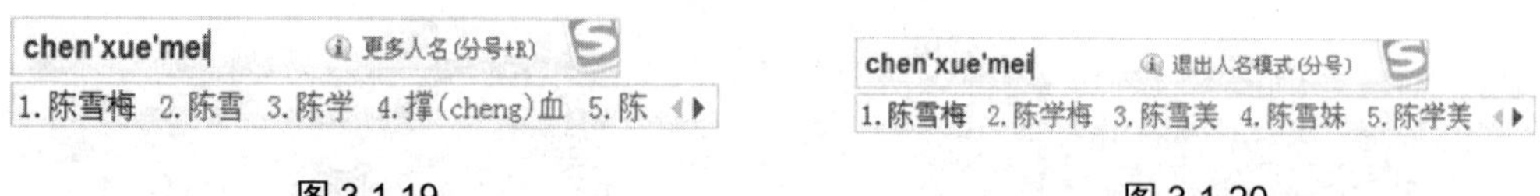


图 3.1.19　　图 3.1.20

搜狗拼音输入法的人名智能组词模式，并非搜集整个中国的人名库，而是用智能分析计算出合适的人名得出结果，可组出的人名逾十亿。

### 5. 模糊音输入

模糊音是专为对某些音节容易混淆的人所设计的。例如当你想输入【使】，又分不清 sh 和 s 的读音，错误地输入【si】时，则也可以出来【使】，见图 3.1.21。

搜狗支持的模糊音如下。

- 声母模糊音：s 和 sh，c 和 ch，z 和 zh，l 和 n，f 和 h，r 和 l。
- 韵母模糊音：an 和 ang，en 和 eng，in 和 ing，ian 和 iang，uan 和 uang。

这就是说在输入这些声母或韵母时，当你读不准时，可以不加以区分。

### 6. 手写模式输入

当输入不会读的字，又嫌笔画模式不好用时，可以使用手写模式。使用手写模式的方法如下。

步骤 1　按【U】键，出现图 3.1.22。

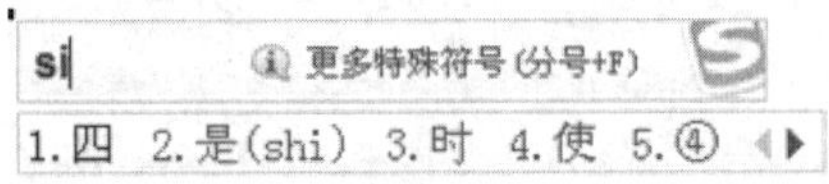


图 3.1.21

图 3.1.22

步骤 2　单击【打开手写输入】(见图 3.1.22)，出现图 3.1.23。

步骤 3　拖动鼠标，写出文字(见图 3.1.23)。

步骤 4　在图 3.1.23 中双击鼠标，即可完成输入(或者单击右侧候选框中形似的字)。

### 7. 输入其他符号

搜狗拼音输入法还可以通过软键盘输入数字序号、数学符号、特殊符号等，方法如下。

步骤 1　①右击搜狗输入法。②单击【软键盘】\【数学符号】 (见图 3.1.24)，出现图 3.1.25。

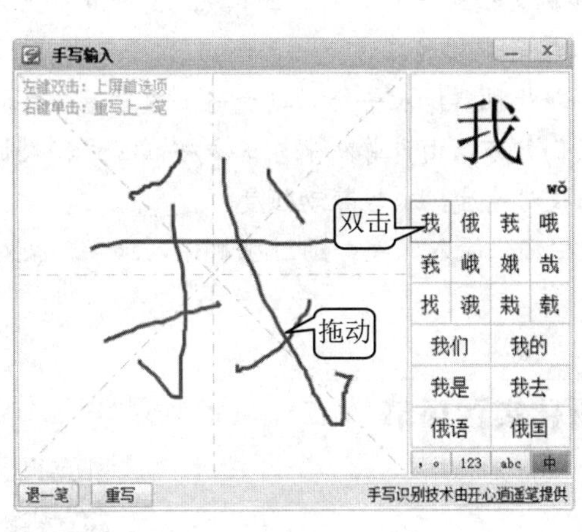


图 3.1.23

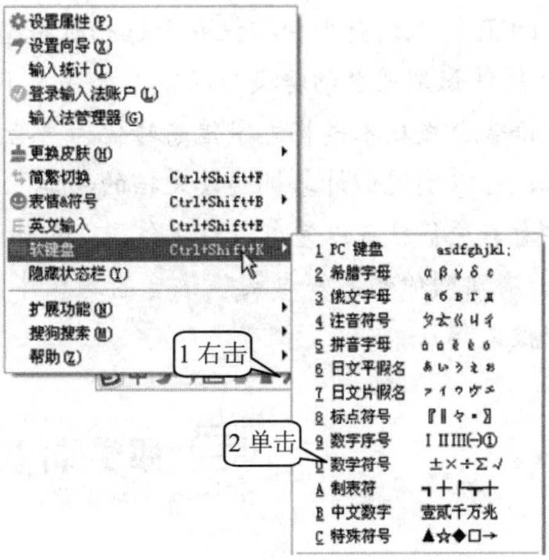

图 3.1.24

步骤 2　单击图 3.1.25 中相应的符号，即可完成输入，单击图 3.1.3 中的软键盘，即可关闭软键盘。

图 3.1.25

## 3.2 项目2：快速输入与校对审核

### 项目剖析

**应用场景：** 汉字输入是文秘人员的主要工作之一，文秘人员汉字输入的工作量和劳动强度均很大，提高输入速度、减轻劳动强度无疑是文秘人员所期望的。随着网络技术和软件技术的发展，我们可以利用语音输入技术、OCR输入技术将文字输入计算机，它们的输入速度远远超出人们手工输入的速度，是高效、快捷、方便的输入方法。但是这两种技术的识别正确率不是百分之百，需要对一些识别错误的地方进行适当的、少量的修改。当文秘人员在输入完文稿后，要对输入的内容进行校对，这是一项比较费时、费力的工作。而利用语音合成技术，就可以通过联网的计算机，将文稿朗读出来，这样我们一边听朗读，一边对照原稿即可实现校对的目的。

**设计思路与方法技巧：** 语音输入技术是利用网络的云技术将我们朗读的声音通过网络传送给远方的高性能计算机，由它将声音识别并转换成文字信息，再通过网络送回到我们的计算机，从而完成文字的输入，其输入速度基本上和人的朗读速度相同。

OCR输入则是用扫描仪或手机相机将整页的印刷文稿或者表格输入计算机，由计算机上的OCR软件识别并自动转换为汉字，替代人工输入汉字和表格的工作。

语音合成技术是将文字信息转化为声音信息，即让机器像人一样开口说话。通过语音合成技术，可以实现由计算机朗读文档的功能。这样我们就可以由计算机来朗读文档，而文秘人员只要看着原稿就可以完成校对工作了，能大大提高校对速度，减轻劳动强度。

**应用到的相关知识点：** 语音输入汉字；通过扫描仪输入汉字；通过手机输入汉字；校对与审核文稿。

### 即学即用的可视化实践环节

### 3.2.1 任务1：语音输入汉字

讯飞输入法是全球首款基于“云计算”方式实现的集智能语音输入、连续手写输入、拼音输入、笔画输入为一体的输入法，被网友评价为“目前最好用的输入法”。该输入法可以在 360 安全卫士软件管家中下载到。也可以到相应的软件下载网站下载，安装后就可以正常使用了。语音输入的方法如下。

步骤 1 将麦克风插入计算机，并且调整好麦克风的音量。

步骤 2 确保网络是连通的，打开讯飞输入法，见图 3.2.1。

步骤 3 单击【语音输入】，这时会弹出一个如图 3.2.1 所示的面板，并且在窗口中显示说话声音的大小。

图 3.2.1

步骤 4 对着麦克风朗读，则计算机就会将声音转换成汉字显示在屏幕上。

## 3.2.2 任务 2：扫描方式输入汉字

### 1. 通过扫描仪输入汉字

对于打印在纸上的印刷体文字，最好采用扫描输入方式。即先用扫描仪把纸上的文字扫描成图片文件，然后用相应的文字识别软件将扫描的图片文件中的文字识别出来，变成可以在 Word 等文字编辑软件中进行修改和编辑的电子文档，这种输入方式识别文字速度非常快。通常，当我们购买扫描仪时，就会获赠相应的文字识别软件。下面我们就以吉星数字扫描仪及赠送的相应的文字识别软件为例，介绍扫描输入文字的方法。

步骤 1 首先用数字扫描仪或者是普通扫描仪，将纸质文稿扫描成图片文件，保存在计算机上。

步骤 2 打开扫描仪赠送的文字识别软件，见图 3.2.2。

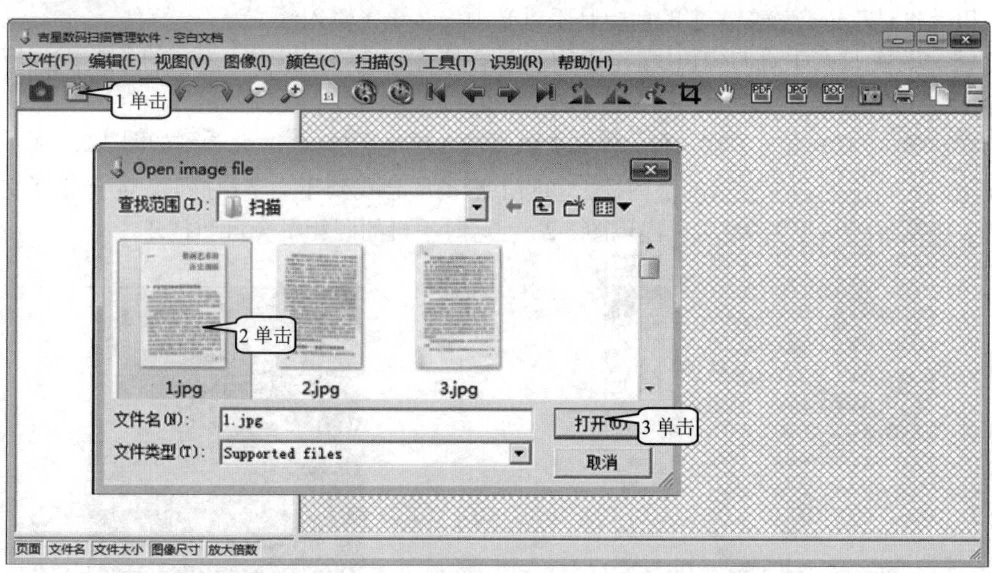


图 3.2.2

步骤 3 ①单击【打开】，出现图 3.2.2 所示的选择图片文件对话框。②单击扫描产生的图片文件。③单击【打开】，出现图 3.2.3。

步骤 4 单击【识别】\【中英文识别】(见图 3.2.3)，经过十秒之后，在窗口的下方就会出现对应的这张图片上的文字信息。这样就完成了这张纸质文稿的文字输入，将这些文字信息复制到文字编辑软件中，就可以对它进行编辑了。

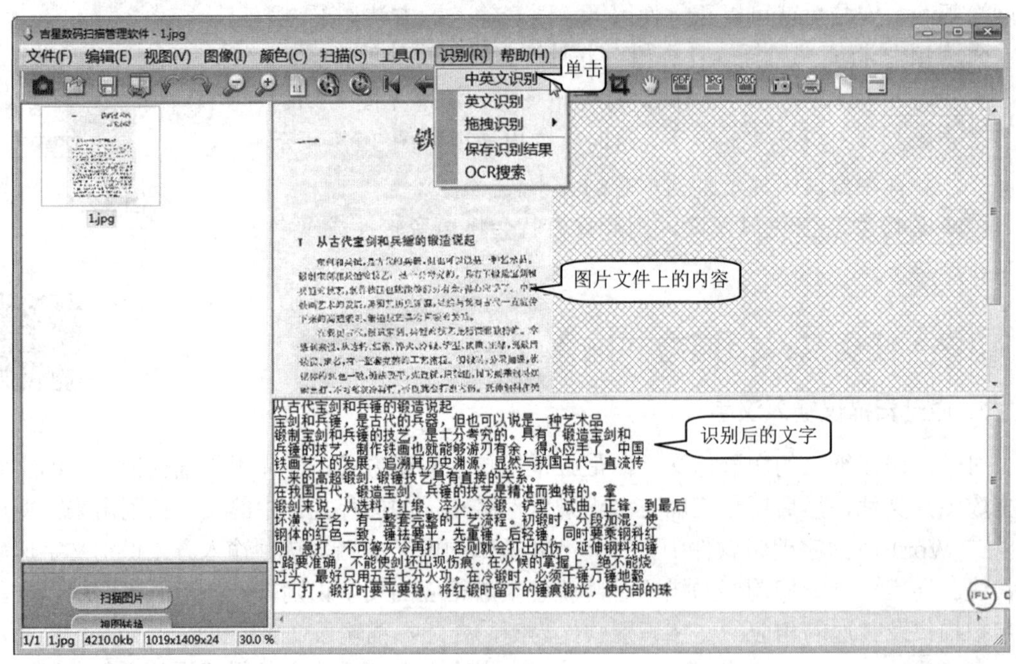


图 3.2.3

## 2. 通过手机输入汉字

用手机进行语音输入汉字的前提是手机必须安装讯飞输入法。

**步骤 1** 打开手机的微信(或者是 QQ，或者是备忘录等可以输入汉字的各类 App 应用程序)。

**步骤 2** ①单击文本输入框。②单击讯飞输入法小图标，会看到如图 3.2.4 所示的讯飞输入法自带的各种应用的小图标。③向上滑动屏幕找到【文字扫描】。④单击【文字扫描】小图标(见图 3.2.4)，出现图 3.2.5，这时手机的照相机会自动打开。

图 3.2.4

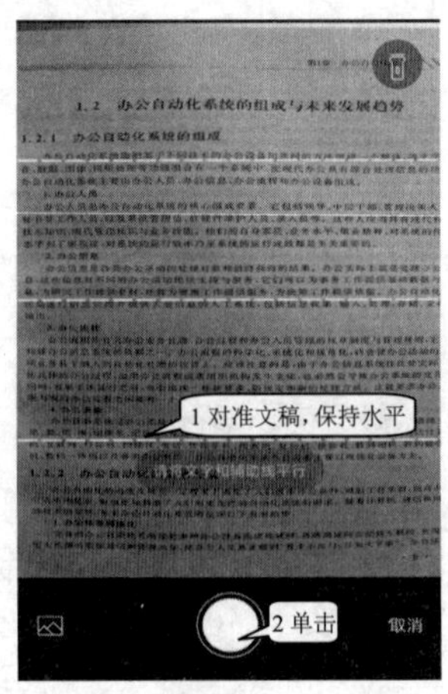


图 3.2.5

**步骤 3** ①将手机对准要扫描识别的文字，注意将屏幕上的虚线与拍的文字保持在一条水平线上。②单击手机拍照按钮，将文字画面照下来(见图 3.2.5)，结果见图 3.2.6。

**步骤 4** ①拖动图中的四个拐角点，使得图片保持为矩形。或者让这个矩形框住你要识别的文字部分。②单击【识别】(见图 3.2.6)，则图片中的文字就被识别成了电子档，见图 3.2.7。

**步骤 5** 单击【发送】(见图 3.2.7)，出现图 3.2.8。这样就可将识别出的电子档发送到 QQ 或微信。

图 3.2.6

扫描结果

1.2 办公自动化系统的组成与未来发展趋势
1.2.1 办公自动化系统的组成
办公自动化系统能把基于不同技术的办公设备用连网的方法组成一个整体,将文字、语
音、数据、图像、视频处理等功能组合在一个系统中,使现代办公具有综合处理信息的功能。
办公自动化系统主要由办公人员、办公信息、办公流程和办公设备组成。
1.办公人员
办公人员是办公自动化系统的核心组成要素。它包括领导、中层干部、管理决策人员、
秘书等工作人员,以及系统管理员、软硬件维护人员、录入员等。这些人应当具有现代科学
技术知识、现代管理知识与业务技能。他们的自身素质、业务水平、敬业精神、对系统的使用
水平和了解程度,对系统的运行效率乃至系统的运行成败都是至关重要的。
2.办公信息
办公信息是各类办公活动的处理对象和最终获得的结果。办公实际上就是处理办公信
息,这些信息对不同的办公活动提供支持与服务,它们可以为事务工作提供基础数据与信
息,为研究工作提供素材,还能为管理工作提供服务,为决策工作提供依据。办公自动化系

复制　单击　发送

图 3.2.7

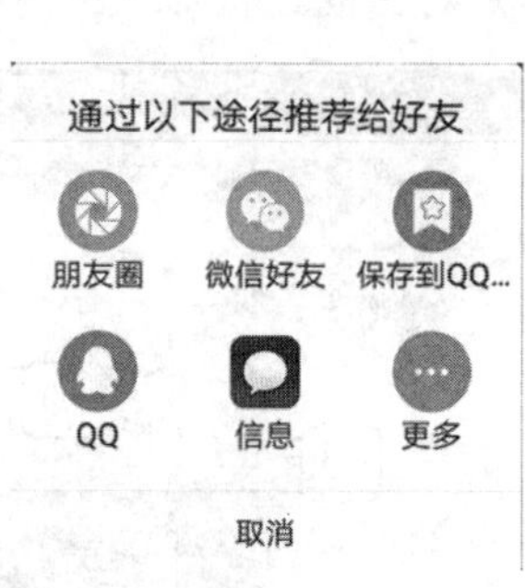


图 3.2.8

## 3.2.3 任务 3：校对与审核文稿

语音合成技术又称文语转换(Text to Speech)技术。语音合成技术解决的主要问题是将文字信息转化为声音信息，即让机器像人一样开口说话。通过语音合成技术，可以实现由计算机朗读文档的功能。这样文秘人员只要看着原稿就可完成文稿的校对。文秘人员通过听计算机的朗读来发现稿件中的问题，然后进行修改，从而达到审核稿件的目的。这里所介绍的是 WPS 2019 所带的语音合成功能。WPS 2019 是一个免费下载的软件，可以从各大网站上下载，需要强调的是：语音合成功能要求计算机处于联网状态。

**步骤 1** 打开 WPS 2019，见图 3.2.9。

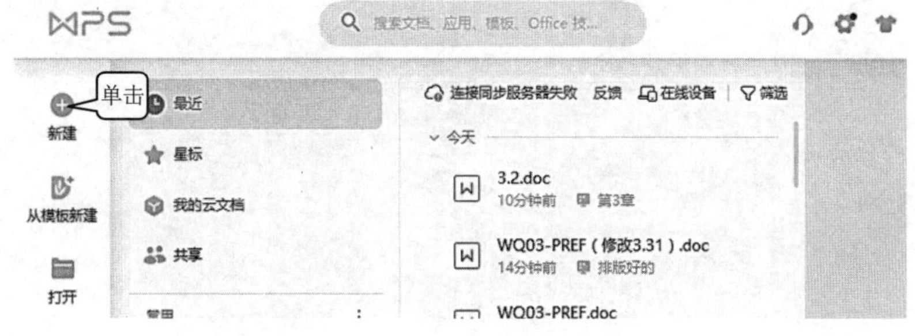


图 3.2.9

**步骤 2** 单击【新建】(见图 3.2.9)，出现图 3.2.10。

图 3.2.10

步骤 3 单击【文字】选项卡(见图 3.2.10)，在 WPS 中打开一篇文章，见图 3.2.11。

步骤 4 ①单击【特色应用】选项卡。②单击【朗读】。③单击【全文朗读】，即可开始朗读整篇文章(见图 3.2.11)。

如果单击【选中朗读】，就可以朗读选中的部分；如果单击【输出语音】，就可以将朗读的音频文件输出；如果单击【显示工具栏】，就可以在朗读时出现如图 3.2.11 所示的【朗读】对话框。

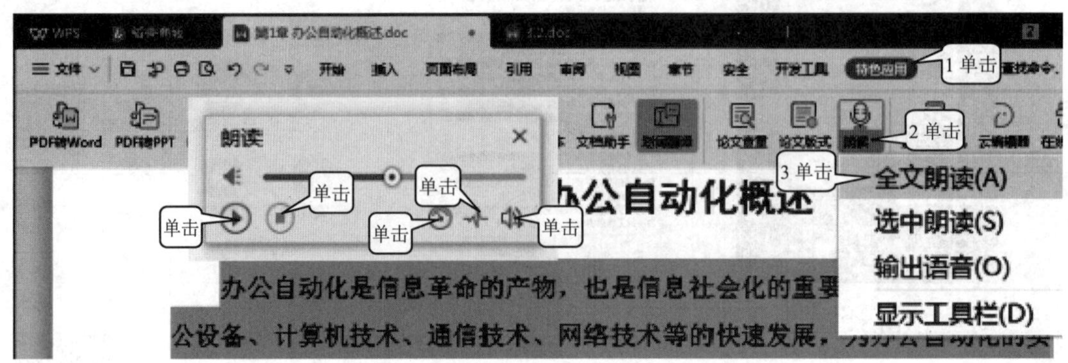


图 3.2.11

在图 3.2.11 所示的【朗读】对话框中，单击【播放】按钮，可以开始播放朗读的声音；单击【停止】按钮，则停止朗读；单击【语速】按钮，可以调整朗读的语速；单击【语调】按钮，可以调整朗读的语调；单击【音量】按钮，可以调整朗读的音量。

# 学习模块 4

# 办公文字处理

本模块学习要点：

- 文字的各种编辑方法。
- 表格的制作技能和技巧。
- 图片、图形和文本框的插入与编辑。

本模块技能目标：

- 熟练掌握文字的各种编辑方法。
- 熟练掌握表格的制作技能和技巧。
- 学会图片、图形、文本框的插入和编辑技巧。
- 综合应用图片、文本框、图形、表格来编辑各种应用文档。

# 4.1 项目1：编辑与保存技巧

## 项目剖析

**应用场景：** 进行文本编辑有多种方法，也有一些技巧，选择一种效率高的方法或使用一些技巧会加快文档编辑速度。例如，有时在我们的工作中会由于各种各样的原因突然断电，如果在断电之前没有保存文档，则我们前面输入的文字就会全部丢失。另外，有时可能会因急于去做其他事情而忘记保存刚刚输入的文字就关闭了计算机，那么刚刚输入的文字就没有被保存下来。

**设计思路与方法技巧：** 为了将上述应用场景所产生的忘记保存和由于客观原因不能保存造成的损失降到最低，可以通过启用定时保存功能，让 Word 每隔一分钟就自动保存一次，这样就会使各种原因造成的文字丢失，只限于最后一分钟输入的内容。如果输入的文档是不公开的，为了防止没有权限的人阅读文档，应该将文档进行加密保存，只有知道密码的人才能打开或是修改文档。

在对文档进行修改时，如果不想破坏原稿的话，请不要用【保存】命令，因为【保存】命令会将原稿覆盖掉，而应该用【另存为】命令将修改后的稿件换一个文件名保存起来。为了方便区别原稿和修改稿，通常另存为时采用的文件名是原文件名后面加1~2个字符。这样如果对修改稿不满意的话，以后还可以启用原稿。

**应用到的相关知识点：** 将一行分为两行和将两行并为一行；整行水平与垂直移动；整段的垂直移动；加密保存文档；保存文档的修改稿；定时保存与恢复文档；文字与段落的选定；文字的复制、移动、删除、查找；插入符号。

## 即学即用的可视化实践环节

### 4.1.1 任务1：文字的编辑技巧

1. 输入下面的文字

奇瑞汽车股份有限公司成立于1997年1月8日，注册资本41亿元。公司以打造“国际品牌”为战略目标，经过十五年的创新发展，现已成为国内最大的集汽车整车、动力总成和关键零部件的研发、试制、生产和销售为一体的自主品牌汽车制造企业，以及中国最大的乘用车出口企业。

目前，公司已具备年产90万辆整车、90万台套发动机及80万台变速箱的生产能力，建立了A00、A0、A、B、SUV五大乘用车产品平台，上市产品覆盖十一大系列共二十一款车型。

奇瑞以“安全、节能、环保”为产品发展目标，先后通过ISO 9001、德国莱茵公司ISO/TS 16949等国际质量体系认证。

2013 年，奇瑞累计销量突破 400 万辆，连续 12 年蝉联中国自主品牌乘用车年度销量第一位；产品远销 80 余个国家和地区，累计出口已超过 80 万辆，并连续 10 年成为中国最大的乘用车出口企业。

### 2. 将一行断为两行

我们在修改文章的时候，如果遇到要将一行文字从某句话开始另起一个段落，就需要把这一行切断为两行，其操作如下。

步骤 1　在断点处单击(见图 4.1.1)，将插入点定位在断点处。

步骤 2　按 Enter 键，结果见图 4.1.2。

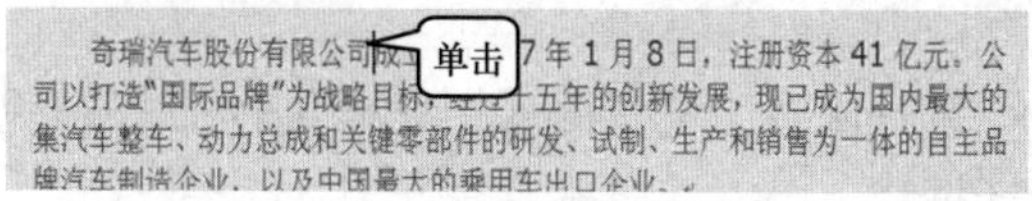

图 4.1.1

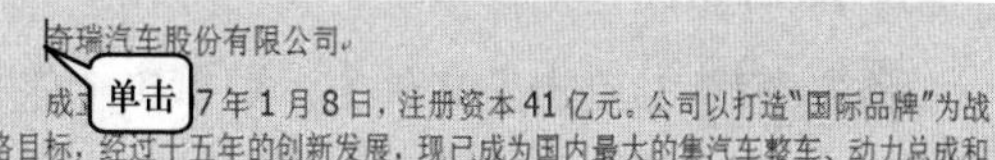


图 4.1.2

### 3. 整行水平移动

我们在调整文章标题的时候，往往需要把标题放在中间，或者是偏左、偏右的位置，这就需要将标题在水平方向左右移动，这样的操作就是整行水平移动。方法如下。

步骤 1　在行首单击(见图 4.1.2)，将插入点定位在行首。

步骤 2　按空格键右移，结果见图 4.1.3；按退格键(Backspace)左移，结果见图 4.1.4。

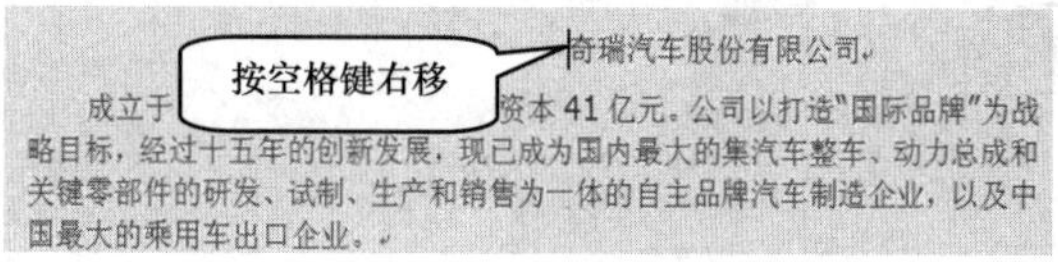

图 4.1.3

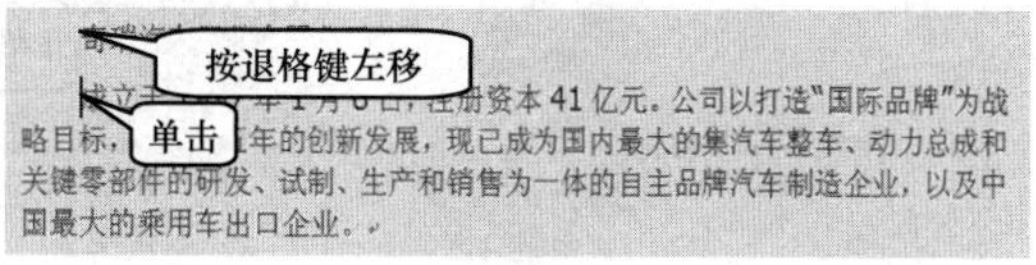

图 4.1.4

### 4. 将两行并为一行

我们在修改文章的时候，如果遇到需要将下面一行并到上面一行，或者是将下面一个段落合并到上面一个段落时，就需要将两行并为一行。其操作如下。

步骤 1　在需并行的行首单击(见图 4.1.4)。

步骤 2　按退格键 1～$n$ 次，直到这行并到上行为止，结果参见图 4.1.1。

### 5. 整段垂直移动

在排版时，有时需要将一段前空若干行，或者是将一段前面的空行消除，这就是我们所说的整段垂直移动。操作步骤如下。

步骤 1　在段首单击(见图 4.1.4)，将插入点定位在段首。

步骤 2　按 Enter 键，则整段下移，结果见图 4.1.5；按退格键，则整段上移。

### 6. 在任意位置输入文字

通常在有文字的地方输入文字很简单，只需要在输入处单击定位插入点，就可以输入文字了。但是，要在空白地方的任意一处输入文字，就需要在该处双击，才能定位插入点，然后输入文字。

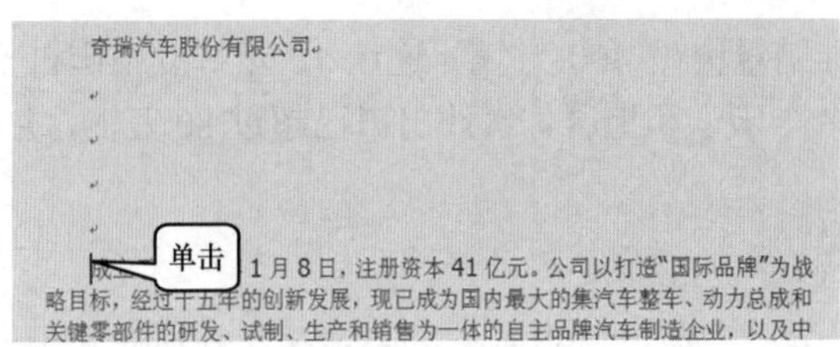

图 4.1.5

## 4.1.2 任务 2：文档保存技巧

### 1. 加密保存

步骤 1 ①单击【文件】。②单击【保护文档(权限)】。③单击【用密码进行加密】(见图 4.1.6)，出现图 4.1.7 所示的【加密文档】对话框。

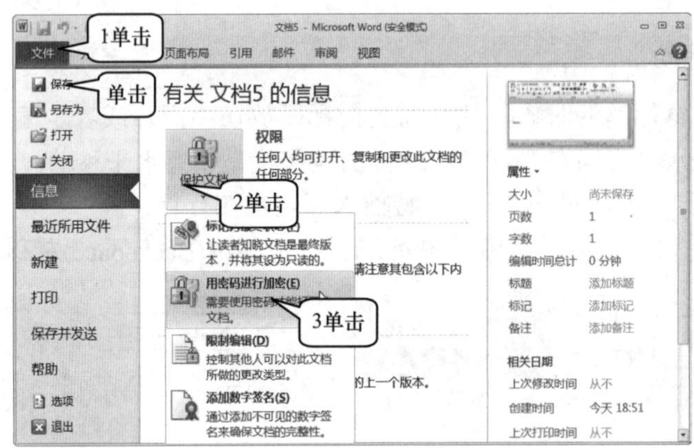

图 4.1.6

步骤 2 ①输入密码。②单击【确定】(见图 4.1.7)，出现图 4.1.8。

步骤 3 ①输入密码。②单击【确定】(见图 4.1.8)。

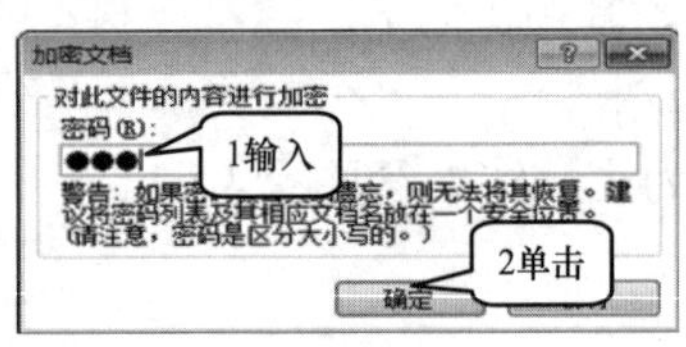

图 4.1.7

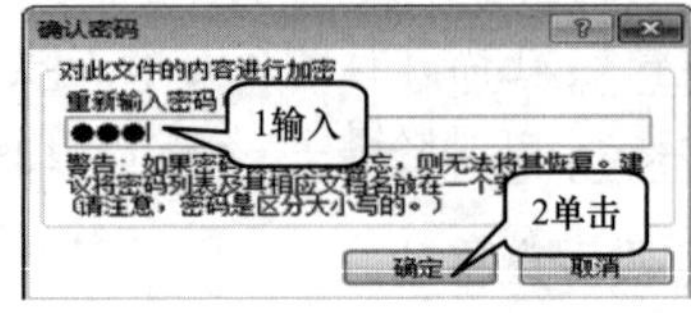

图 4.1.8

步骤 4 单击【保存】(见图 4.1.6)，这样密码就被保存到文件中了，以后打开它时就必须输入密码。

### 2. 保存文档的修改稿(副本)

在对文档进行修改后，为了不破坏原稿，需保留原稿以备它用，这时就要把修改稿换名保存，方法如下。

①单击【文件】\【另存为】。②单击选择文件夹。③输入【奇瑞汽车副本】。④单击【保存】(见图 4.1.9)。

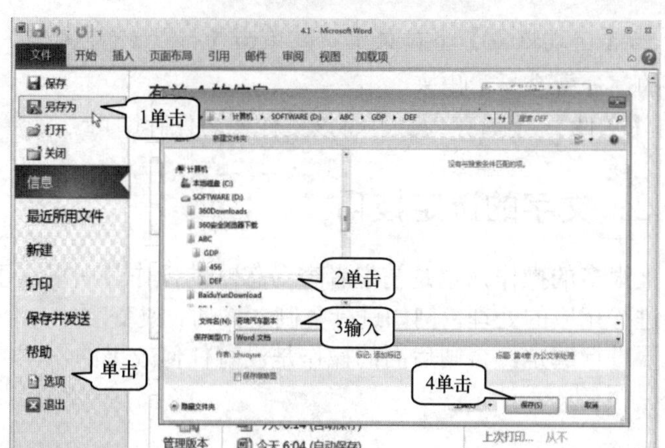


图 4.1.9

### 3. 定时保存与恢复文档

步骤1 单击【文件】\【选项】(见图 4.1.9)，出现如图 4.1.10 所示的【Word 选项】对话框。

图 4.1.10

步骤2 ①单击【保存】。②输入【1】。③单击【确定】(见图 4.1.10)。这样 Word 每隔 1 分钟就自动保存一次文件。

如果由于各种各样的原因突然断电，我们在断电之前没有保存文档或者忘记保存已经输入的部分文字而关闭了计算机，再重新开机后可按照下述方法恢复没有保存的内容。

步骤1 打开先前没有保存的文件，会出现图 4.1.11，从图中可以看出打开的窗口中左侧增加了【文档恢复】窗格。按照下面的操作方法可以恢复未保存的部分。

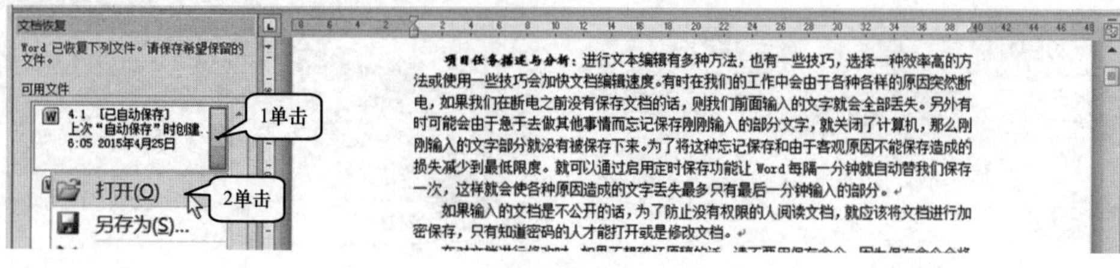


图 4.1.11

**步骤2** ①单击【自动恢复】下拉菜单。②单击【打开】(见图 4.1.11)，这样在先前输入而没有被保存的部分就会显示出来。

**步骤3** 单击【文件】\【另存为】，将该文件换名保存即可。

## 4.1.3 任务 3：文字的选定技巧

选定是一个用处很多的操作，也是初学者容易忽略的操作，所以这里要强调的是：我们要对某一段文字进行相应的处理，例如进行复制、移动、改变字体、改变颜色等操作时，千万不要忘记首先要进行选定，否则后面的操作是没有任何效果的。

### 1. 行的选定

**步骤1** ①在要选定的字上拖动鼠标，可以选定几个字。②在行首单击(见图 4.1.12)，可以选定一行。

**步骤2** 在行首垂直方向拖动(见图 4.1.13)，可以选定几行。

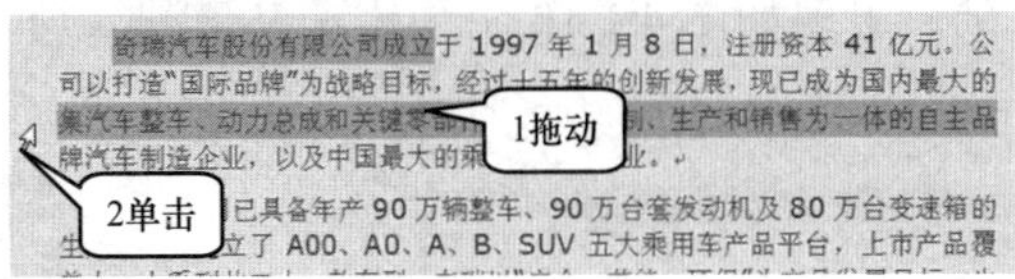


图 4.1.12

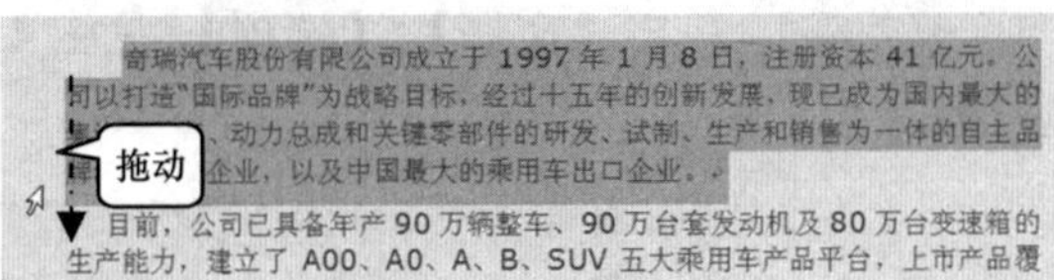


图 4.1.13

### 2. 段落的概念

当我们输入文字到行尾的时候，Word 会自动换行。当我们输入完一个段落的文字，而段落的最后一行文字又没有到行尾的话，就需要按 Enter 键强制换行，另起一行，开始下一个段落的输入。那么我们把从开始输入到按 Enter 键之间的所有的文字叫作一个段落。

### 3. 选定段落

将鼠标指针移到段落左边，使其变为空心箭头，再双击(见图 4.1.14)，就可以选定整个段落。

### 4. 选定一段长文字

①在要选定的第一行单击，以定位插入点。②拖动滚动条找到要选定的最后一行，按住 Shift 键，单击最后一行的最后一个字(见图 4.1.15)，这样就可以选定很长一段文字，选定的文字可以跨越几十行或几十页。

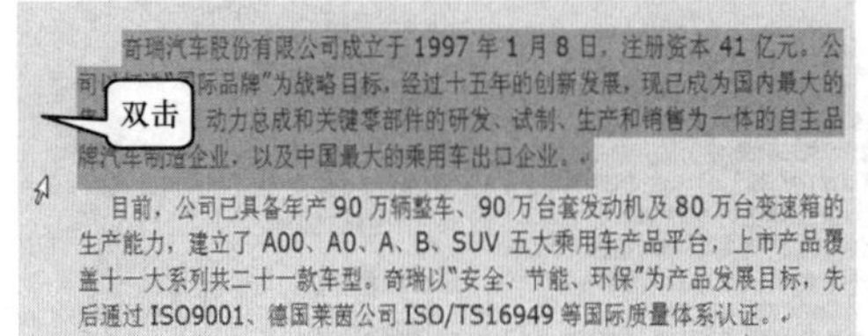


图 4.1.14

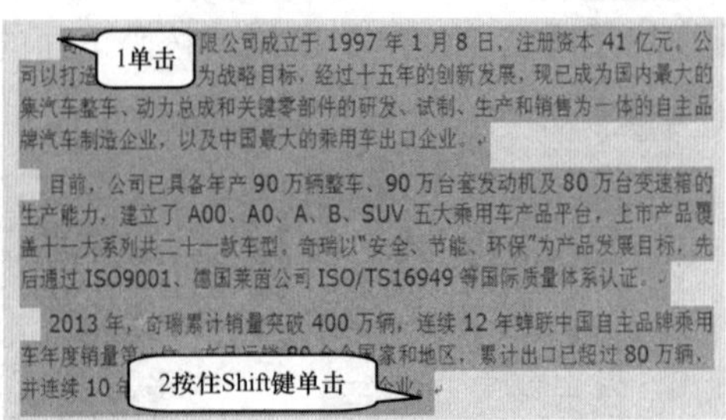


图 4.1.15

### 5. 选定全文

按 Ctrl+A 组合键，即可选定全部文档。

## 4.1.4 任务 4：文字的移动、复制、删除

### 1. 文字的移动

①选定要移动的文字。②拖动选定的文字到目的地，然后松开鼠标(见图 4.1.16)，结果见图 4.1.17。

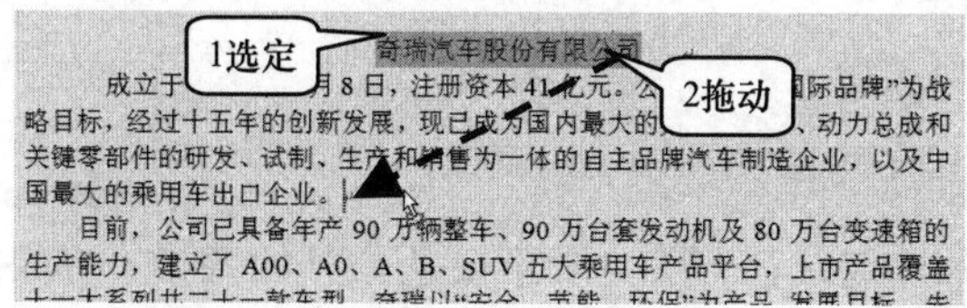


图 4.1.16

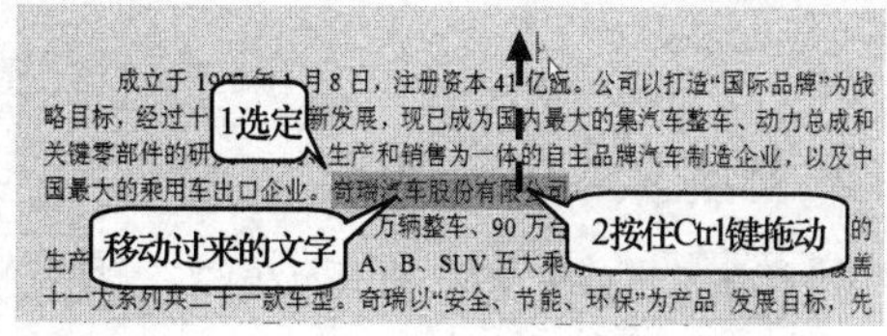


图 4.1.17

### 2. 文字的复制

①选定要复制的文字。②按住 Ctrl 键，拖动选定的文字到目的地，然后松开鼠标(见图 4.1.17)，结果见图 4.1.18。

### 3. 删除文字

选定要删除的文字，然后按 Delete 键(见图 4.1.18)。

奇瑞汽车股份有限公司

成立于 1997 年 1 月 8 日，注册资本 41 亿元。公司以打造"国际品牌"为战略目标，经过十五年的创新发展，现已成为国内最大的集汽车整车、动力总成和关键零部件的研发、试制、生产和销售为一体的自主品牌汽车制造企业，以及中国最大的乘用车出口企业。奇瑞汽车股份有限公司

选定

目前，公司已具备年产 90 万辆整车、90 万台套发动……万台变速箱的生产能力，建立了 A00、A0、A、B、SUV 五大乘用车产品平台，上市产品覆盖

图 4.1.18

## 4.1.5 任务 5：查找和替换

对于一个几十页长的文档，要想在里面查找某个词，通常的办法是把这个文档看一遍，但是这样是很费时间的，因为我们不知道这个词是在文档的什么位置。这时就希望计算机能帮我们快速地找到这个词，并标记出所找的词。【查找】命令就是满足这个需求的一个十分有用的命令。查找文字的操作方法如下。

### 1. 查找

**步骤 1** ①单击【编辑】\【查找】。②输入要查找的词【奇瑞】(见图 4.1.19)，则文章中所有的【奇瑞】都被标注出来，见图 4.1.19。

**步骤 2** 单击【导航】窗格中的【关闭】按钮，即可取消所有的标注(见图 4.1.19)。

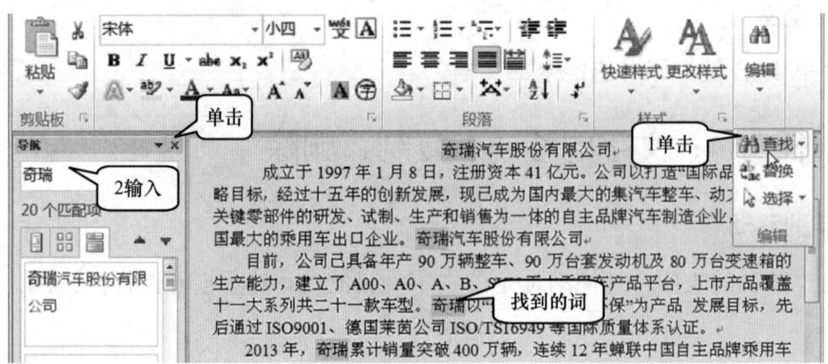


图 4.1.19

## 2. 替换

步骤1 ①在文章的开头单击，把插入点定位在开头，表示要从头开始替换。如果插入点定位在中间，就表示从文章的中间开始替换。②单击【编辑】\【替换】，出现【查找和替换】对话框。③输入要查找的词【奇瑞】。④输入要替换的词【奇瑞汽车股份有限公司】。⑤单击【查找下一处】，这时会快速跳到要找的词所在的位置，并且将找到的词加以标注。⑥单击【替换】(见图 4.1.20)，这样就把找到的【奇瑞】替换成了【奇瑞汽车股份有限公司】。

步骤2 再次单击【查找下一处】，就可以在文章中继续寻找同样的词。再次单击【替换】按钮，会把找到的第二个【奇瑞】替换为【奇瑞汽车股份有限公司】，直到查到文章的结尾，屏幕上会出现一个提示，见图 4.1.20，表示已经替换完了。单击图 4.1.20 中的【确定】完成替换。如果单击【全部替换】的话，那么它就会一次性地将所有的【奇瑞】替换成【奇瑞汽车股份有限公司】。

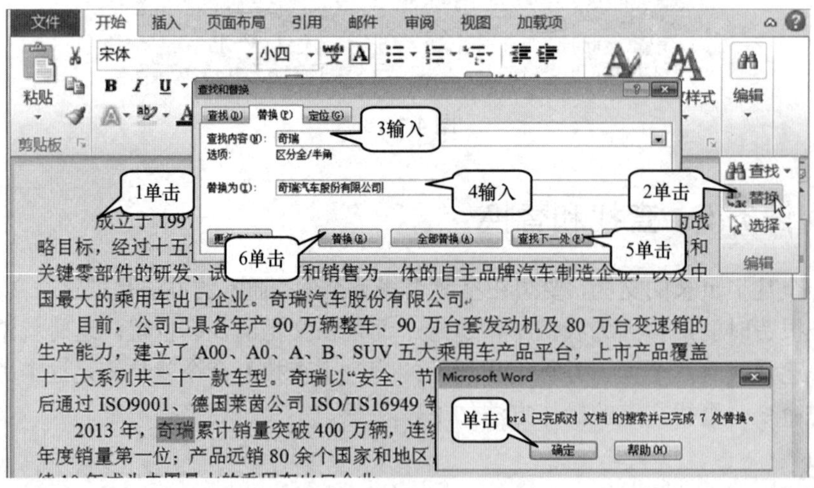


图 4.1.20

## 4.1.6 任务 6：插入符号与撤销操作

### 1. 插入符号

①在要插入符号的位置单击。②单击【插入】。③单击【符号】。④单击【其他符号】，出现图 4.1.21 所示的【符号】对话框。⑤单击选择符号类型。⑥单击选择所要的符号。⑦单击【插入】。⑧单击【取消】(见图 4.1.21)。

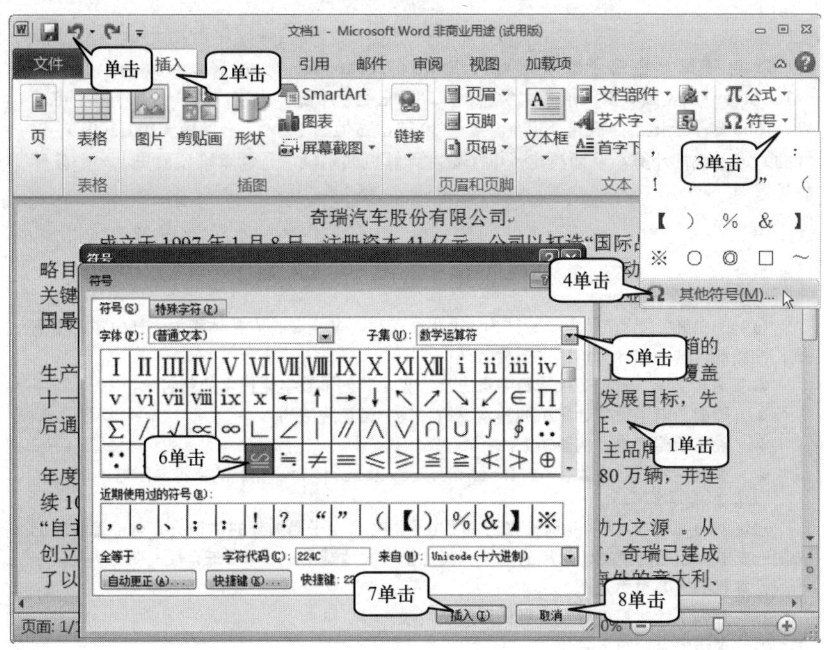


图 4.1.21

### 2. 撤销操作

当我们在进行各种操作时，可能会发生一些错误。例如：我们刚刚把一句话移动位置，在移动完之后，发现这样移动并不好，想要废除刚才所做的移动操作。这时我们就需要用到撤销操作，方法是：单击【撤销】按钮 (参见图 4.1.21)。

### 思考与联想

1. 输入法中能不能插入符号？
2. 加密保存文档在什么情况下使用？
3. 如何取消加密文档的密码？

### 拓展练习

扫描二维码，打开案例，制作出与案例相同的文档。

## 4.2 项目2：排版小论文

计算机应用基础

# 计算机发展与应用综述

1946年第一台电子数字计算机ENIAC(electronic numerical integrator and calculator)由美国宾夕法尼亚大学研制成功。它是一个庞然大物，用了18000多个电子管、1500多个继电器、耗电150kW，重量30吨，占地约150M²。它使用（10011001）₂这样的二进制进行计算，从而奠定了电子数字计算机的基础，是计算机发展史上一个重要的里程碑。

至今70多年，根据计算机所使用的电子器件，可将计算机的发展划分为4个时代。

第一代计算机

(1946--1958年)使用电子管作为主要电子器件，其主要特点是体积大、耗电多、重量重、性能低。这一代计算机的主要贡献是：

- 确立了模拟量可变换成数字量进行计算，开创了数字化技术的新时代；
- 形成了电子数字计算机的基本结构：冯·诺依曼结构；
- 确定了程序设计的基本方法；
- 首创使用阴极射线管CRT(cathode. ray tube)作为计算机的字符显示器。

第二代计算机

(1958--1964年)使用晶体管作为主要电子器件，由于晶体管的体积只有电子管的二十分之一左右，因此而使得计算机的体积和耗电量大大地减小。成本降低，性能明显提高，这一代计算机的主要贡献是：

1. 开创了计算机处理文字和图形的新阶段；
2. 高级语言已投入使用；
3. 开始有了通用机和专用机之分；
4. 开始使用鼠标作为输入设备。

第三代计算机

(1965—1971年)使用小规模集成电路SSI(small scale integration)和中规模集成电路MSI(medium scale integration)作为主要电子器件。由于集成电路可以把几十个乃至上千个晶体管[1]做在一个很小的芯片上，因此这一时期的计算机电路变得更加复杂，而相对的元件体积也有了几十倍甚至上千倍地减小。而且这种集成电路所消耗的功率也比晶体管更小，由这种集成电路构成的计算机运算能力有了很大的提高，而它的体积却大大地减少，消耗的能量也更少。这一代计算机的主要贡献是：

运算速度已达到100万次/秒以上；

操作系统更完善；

序列机的推出，较好地解决了“硬件不断更新，而软件相对稳定”的矛盾；

机器可根据其性能分成巨型机、大型机、中型机和小型机。

第四代计算机

(20世纪70年代初至今)使用大规模集成电路LSI(large scale integration)和超大规模集成电路VLSI(very large scale integration)作为主要电子器件。在这种超大规模集成电路上面，制作了几千万甚至上亿个晶体管。这样就使得它的电路极为复杂。因此它的运算能力也极为强大，正是由于这种高技术的集成电路的应用，才使得今天我们可以人人用得

[1]晶体管（transistor）是一种固体半导体器件。

计算机应用基础

上计算机，使计算机成为我们生活、工作、学习必不可少的工具。

作为第四代计算机的典型代表——微型计算机应运而生。

1971年Intel公司使用大规模集成电路率先推出微处理器4004，成为计算机发展史上一个新的里程碑，宣布第四代计算机问世。从此，计算机进入一个崭新的发展时期，涌现出采用LSI、VLSI构成的各种不同规模、性能各异的新型计算机。

计算机的分类

一般不特别说明，计算机指的是数字电子计算机。数字电子计算机又可以按照不同要求进行划分。

**按设计目的划分**

通用计算机：用于解决各类问题而设计的计算机。通用计算机既可以进行科学计算、工程计算，又可用于数据处理和工业控制等。它是一种用途广泛、结构复杂的计算机。

专用计算机：为某种特定目的而设计的计算机，例如用于数控机床、轧钢控制、银行存款等的计算机。专用计算机针对性强、效率高、结构比通用计算机简单。

**按用途划分**

科学计算工程计算计算机：专门用于科学计算工程计算的计算机。

工业控制计算机：主要用于生产过程控制和监测的计算机。

数据计算机：主要用于数据处理，如统计报表、预测和统计、办公事务处理等。

**按大小划分**

巨型计算机：规模大、速度快的计算机。目前巨型机的运算速度已达万亿次/秒。主要用于大型科学与工程计算，如天气预报、地质勘探、航空航天等。

小型计算机：规模较大、速度较快的计算机。主要用于一般科学计算、事务处理等。

微型计算机：体积较小的计算机，如个人计算机、笔记本计算机、掌上计算机等。

[i]

[i] 计算机应用　　2012.10

## 项目剖析

**应用场景：** 日常文秘工作中常常要对一些文件、论文以及各种类型的文稿进行排版。熟练使用相应的知识排版各种类型的文稿，是文秘人员以及其他管理与工程技术人员经常要做的工作。熟练掌握论文排版中所要用到的知识，才可以胜任日常的文稿排版工作。

**设计思路与方法技巧：** 在上面的小论文排版中应用到了设置字符格式、设置段落格式、上标字、下标字、项目符号与编号、脚注和尾注、页眉页脚以及格式刷等操作。上述知识点的综合应用可快速地排版出符合论文格式的文档。特别是论文格式中必须要有的上标字、下标字、项目符号与编号、脚注和尾注、页眉页脚，这些也是我们实际工作中使用频率很高的一些操作。

**应用到的相关知识点：** 设置字符格式、设置段落格式、上标字、下标字、项目符号与编号、脚注和尾注、页眉页脚以及格式刷。

## 即学即用的可视化实践环节

## 4.2.1 任务 1：美化文字

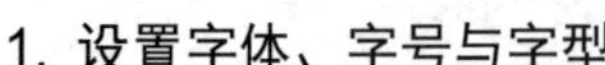

### 1. 设置字体、字号与字型

步骤1 打开【教材素材】\【Word】\【计算机】文件。

步骤2 ①选定【计算机发展与应用综述】。②单击选择【华文彩云】。③单击【加粗】。④单击选择【小二】。⑤单击【居中】(见图 4.2.1)。

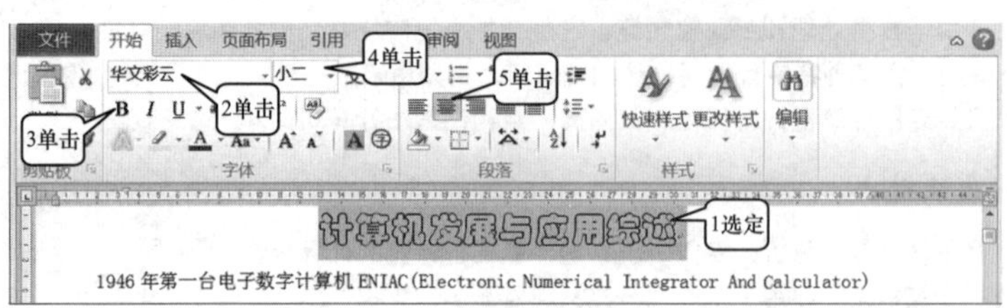


图 4.2.1

### 2. 设置颜色、着重号、空心、阴影与删除线

①选定【第一代计算机】。②单击按钮，出现图 4.2.2 所示的【字体】对话框。③单击选择【华文新魏】。④单击选择【四号】。⑤单击选择【蓝色】。⑥单击选择着重号。⑦勾选【删除线】。⑧勾选【阴影】。⑨勾选【空心】。⑩单击【确定】，结果见图 4.2.2。将【第二代计算机】、【第三代计算机】、【第四代计算机】也做同样设置。

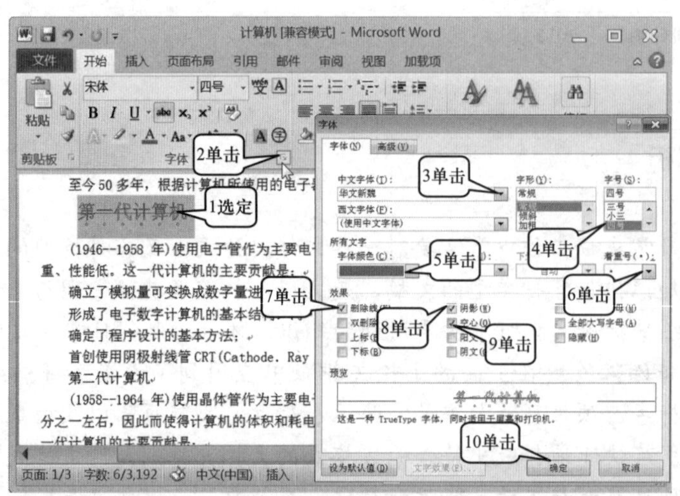


图 4.2.2

### 3. 设置上标与下标效果

步骤1 ①选定【2】。②单击【上标】按钮。③选定【2】。④单击【下标】按钮(见图 4.2.3)，这样就可得到【150m$^2$】和【(10011001)$_2$】。

**步骤 2** 如果要去除上标、下标的话，只需要选定上标、下标字，然后再次单击【上标】、【下标】按钮即可。

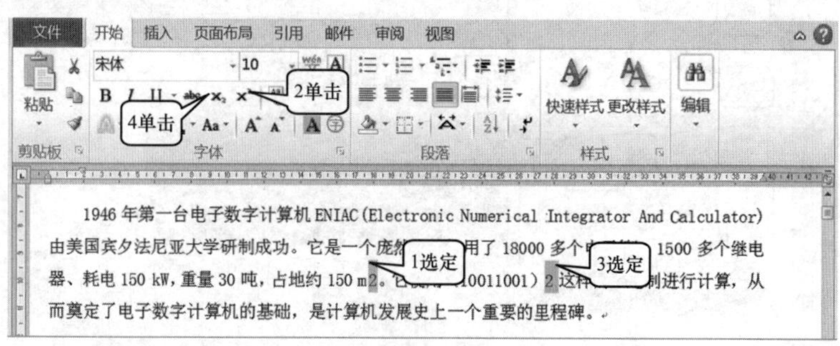


图 4.2.3

## 知识拓展卡片

在图 4.2.2【字体】对话框中还可以设置字间距、字的宽窄以及文字的上下位置，方法如下。

(1) 设置字间距：①单击【高级】选项卡。②单击【间距】下拉按钮，选择加宽。③在左侧的【磅值】框中输入数值。

(2) 设置字的宽窄：单击【缩放】下拉按钮，选择要缩放的百分比。

(3) 设置字符的上下位置：①单击【位置】下拉按钮，选择提升或降低。②在左侧的【磅值】框中输入数值。

## 4.2.2 任务 2：美化段落

**步骤 1** ①选定第一段。②单击【左对齐】。③单击【行距】。④选择【1.0】(见图 4.2.4)。

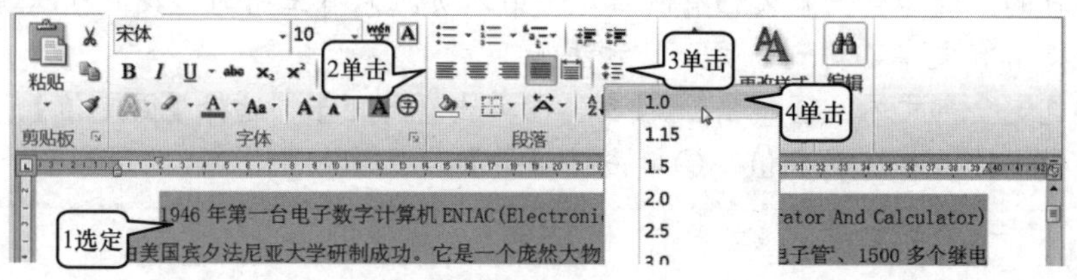


图 4.2.4

**步骤 2** ①单击按钮，出现图 4.2.5 所示的【段落】对话框。②输入【2】，设置段落的左缩进。③输入【2】，设置段落的右缩进。④输入【2】，设置段落的首行缩进。⑤输入【2】，设置段落与前一段的距离。⑥输入【2】，设置段落与后一段的距离。⑦单击选择【单倍行距】。⑧单击【确定】(见图 4.2.5)。

**步骤 3** 选定标题【计算机发展与应用综述】。

**步骤 4** 单击【居中】按钮(见图 4.2.4)，结果见图 4.2.5。

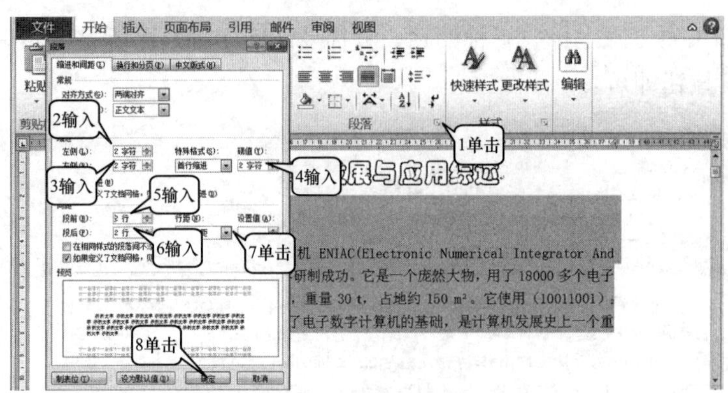


图 4.2.5

## 知识拓展卡片

在上述操作中，我们设置的参数基本上都是 2。实际上，在图 4.2.5 的【段落】对话框中可以根据需要随意设置段前距、段后距、左缩进、右缩进，方法如下。

1) 设置段前距

在【段前】框中输入段前要空出的行数。

2) 设置段后距

在【段后】框中输入段后要空出的行数。

3) 设置左缩进

在【左侧】框中输入要缩进的字符数。

4) 设置右缩进

在【右侧】框中输入要缩进的字符数。

5) 设置任意大小的行距

①单击【行距】，选择【固定值】。②在【设置值】中输入数值。

在【段落】对话框中对行距调整，可以改变每页所排列的文字行数，以达到节约纸张的目的。例如当一篇文档有两页，而第二页上只有三行时，我们可以通过改变行距来使得所有文字都排到一页上，方法如下。

①选定全部文本。②单击按钮。③单击【行距】，选择【固定值】。④在【设置值】框中输入相应的数值。⑤单击【确定】。

## 4.2.3 任务 3：添加项目符号与编号

**步骤1** ①选定 4 段文字。②单击【项目符号】。③单击选择一种项目符号(见图 4.2.6)，结果见图 4.2.6。

**步骤2** 如果需要其他项目符号，可单击图 4.2.6 中的【定义新项目符号】，然后在弹出的对话框中选择其他项目符号。

**步骤3** ①选定 4 段文字。②单击【编号】。③单击选择一种编号(见图 4.2.7)，结果见图 4.2.7。

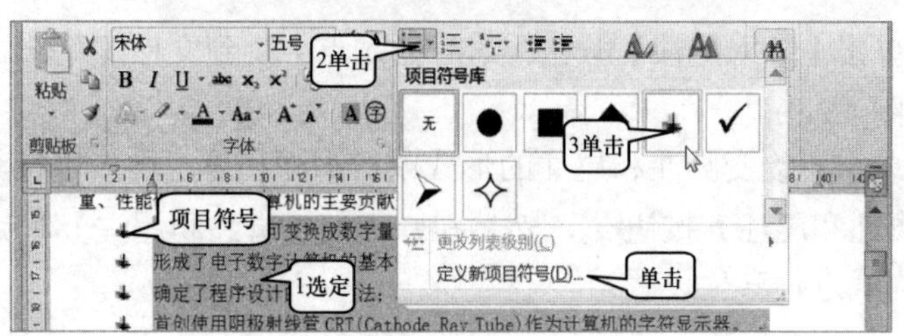


图 4.2.6

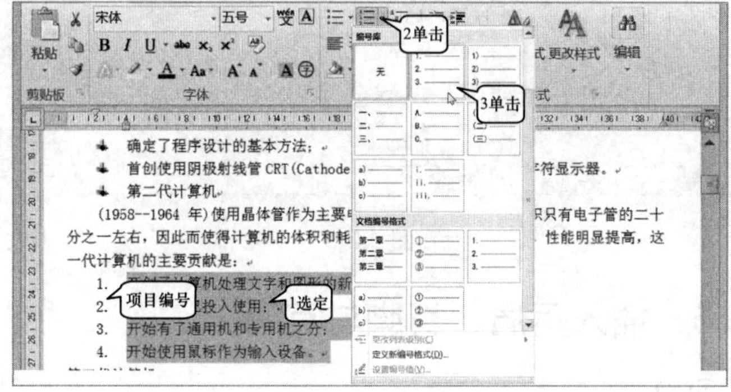


图 4.2.7

**知识拓展卡片**

如果需要其他项目符号，可单击图 4.2.7 中的【定义新编号格式】，然后在弹出的对话框中，①单击【符号】按钮。②选择一种项目符号。③单击【确定】。④单击【确定】。

## 4.2.4　任务 4：插入脚注和尾注

**步骤 1**　①单击【引用】。②选定第 1 页中倒数第 8 行的【晶体管】。③单击【插入脚注】按钮，这时插入点会跳到本页的底部。④在页的底部输入脚注内容(见图 4.2.8)，这时【晶体管】右上角就会出现一个上标字【1】，当鼠标指向【1】时就会出现在脚注中输入的内容，见图 4.2.8。

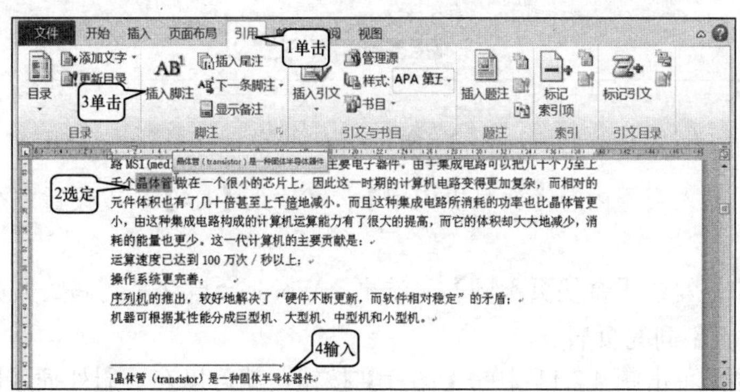


图 4.2.8

步骤2 ①单击【插入尾注】按钮，这时插入点会跳到文档的尾部。②在文档的尾部输入尾注内容(见图 4.2.9)。

步骤3 如果需要改变脚注和尾注的形式或对脚注和尾注样式进行其他设置，可单击图 4.2.9 中的【脚注和尾注】按钮，然后在弹出的【脚注和尾注】对话框中改变脚注和尾注的形式或对样式进行其他设置。

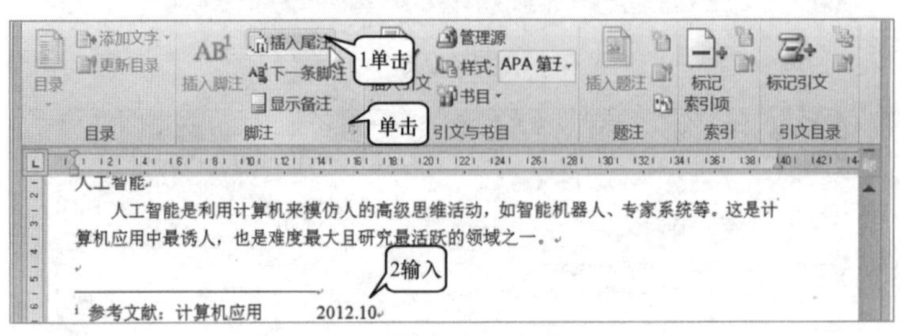


图 4.2.9

## 4.2.5 任务 5：插入页眉、页脚与页码

### 1. 插入页眉、页脚

步骤1 ①单击【插入】。②单击【页眉】。③单击【空白】(见图 4.2.10)，出现图 4.2.11。

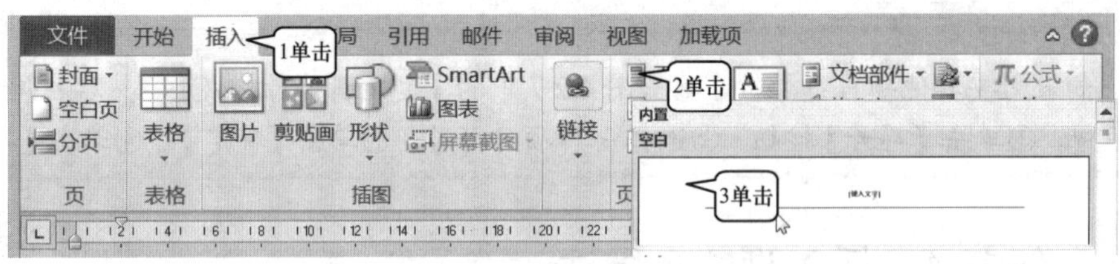


图 4.2.10

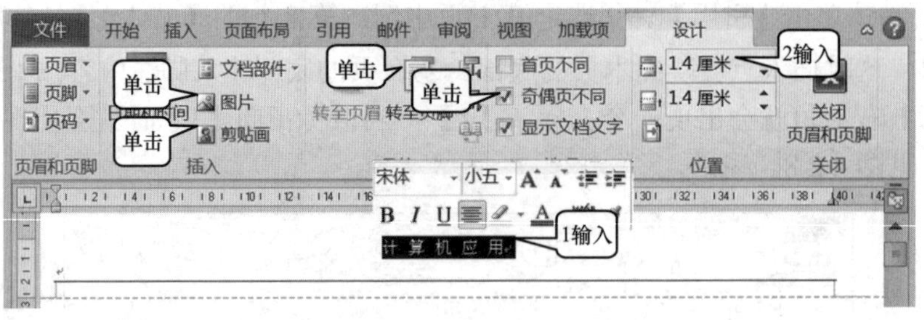


图 4.2.11

步骤2 ①输入页眉内容【计算机应用】。②输入【1.4】，以设置顶端页眉区域的高度(见图 4.2.11)。

步骤3 如果勾选【奇偶页不同】复选框，Word 会自动跳到偶数页页眉处，可以在此处输入与奇数页不同的页眉。

步骤4 如果单击图 4.2.11 中的【图片】按钮，就可以在页眉处插入图片。

步骤5 如果单击图 4.2.11 中的【剪贴画】按钮，就可以在页眉处插入剪贴画。

步骤 6 如果要设置页眉字符格式，可先选定页眉中的字符，然后将鼠标指针停留在选定的字符上，就会出现图 4.2.11 中的字符设置工具，这样就可以设置字符格式了。

步骤 7 单击【转至页脚】按钮(见图 4.2.11)，Word 会自动跳到页脚处，见图 4.2.12。

步骤 8 ①输入【计算机应用论文】。②单击【日期和时间】，出现图 4.2.12 所示的【日期和时间】对话框。③单击选择所要的日期样式。④单击【确定】，则日期被插入页脚。⑤输入【1.4】，以设置页脚区域的高度(见图 4.2.12)。

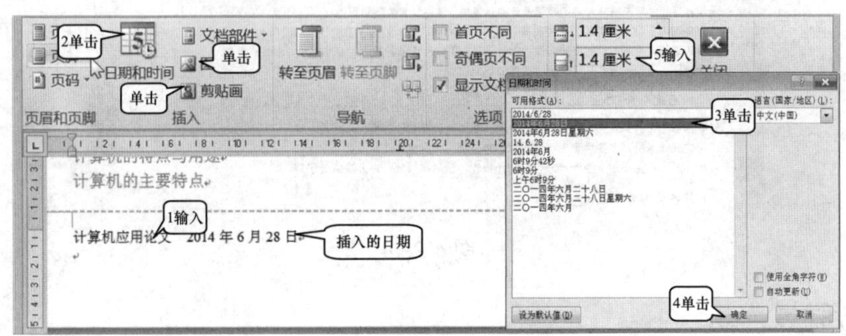


图 4.2.12

步骤 9 如果单击图 4.2.12 中的【图片】按钮，就可以在页脚处插入图片。

步骤 10 如果单击图 4.2.12 中的【剪贴画】按钮，就可以在页脚处插入剪贴画。

步骤 11 如果要设置页脚字符格式，可先选定页脚中的字符，然后将鼠标指针停留在选定的字符上，就会出现图 4.2.11 中的字符设置工具，这样就可以设置字符格式了。

2. 插入页码

①单击【页码】按钮。②单击【页面底端】。③拖动滚动条，找到【加粗显示的数字 3】。④单击【加粗显示的数字 3】(见图 4.2.13)。由于此刻我们是在页脚编辑状态，所以可按图 4.2.13 界面所示进行插入。如果看不到这个界面的话，可单击【插入】\【页码】来完成页码的插入。

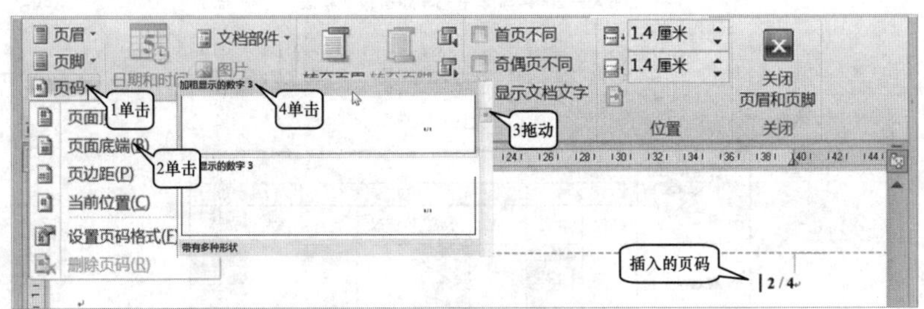


图 4.2.13

## 4.2.6 任务 6：格式刷的应用

步骤 1 将【按设计目的划分】设为华文新魏、小四、加粗。

步骤 2 ①选定【按设计目的划分】。②双击工具栏中的【格式刷】。③在【按用途划分】上拖动。④在【按大小划分】上拖动(见图 4.2.14)，则拖动后的文字格式就被设为新魏、小四、加粗了。用同样的方法，将【第二代计算机】、【第三代计算机】、【第四代计算机】这几个小标题都设置成同【第一代计算机】小标题一样的格式。

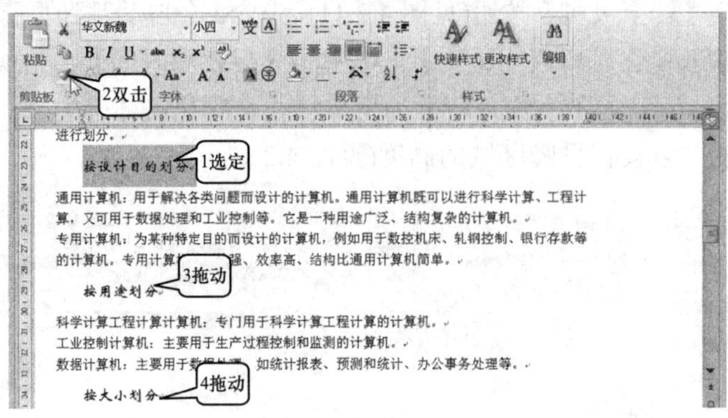


图 4.2.14

## 思考与联想

1. 如何设置大于A4纸尺寸的字？
2. 如何通过段落设置来排版古诗词？
3. 如何将照片作为项目符号？

## 拓展练习

扫描二维码，打开案例，制作出与案例相同的文档。

# 4.3 项目3：课表的制作

××××工程技术学院

200×—200×学年第一学期班级课程表

说明：

（1）主院南楼为1号教学楼，北楼为2号教学楼，计算机中心为3号楼，计算机中心正前方楼为4号楼，东院南教学楼为5号楼，东院北教学楼为6号楼。

（2）本课程表自　　年　　月　　日起实施。

______系______级______班　辅导员______人数______

| 课程/教室/节次/星期 | 上午 | | | | 下午 | | | |
|---|---|---|---|---|---|---|---|---|
| | 1—2节 | | 3—4节 | | 5—6节 | | 7—8节 | |
| | 课程 | 教室 | 课程 | 教室 | 课程 | 教室 | 课程 | 教室 |
| 星期一 | | | | | | | | |
| 星期二 | | | | | | | | |
| 星期三 | | | | | | | | |
| 星期四 | | | | | | | | |
| 星期五 | | | | | | | | |

## 项目剖析

**应用场景：** 表格在日常工作中被大量运用，因为很多问题通过表格可以更加简明直观地说明。用表格描述比用文字描述更为简明、精确、直观。所以日常工作中，往往表格的应用更受人们的欢迎。除了在文档中使用表格来说明问题之外，在日常办公中还会有大量的表格需要填写和制作，例如课表、申请表、工作表、统计表、财务报表、设备账务表、个人简历表、采购表、销售表，等等。掌握表格的制作以及制作技巧，可以为工作带来很大的方便。

**设计思路与方法技巧：** 上述表格是由三部分构成的，第一部分是文字部分；第二部分是一个 1×10 的表格；第三部分是一个 12 ×10 的表格。制作流程应该是先将文字部分输入并设置好。然后生成一个 1×10 的表格。并对其表格线进行设置，只保留部分单元格的下线。接着制作一个 9×7 的表格，再给表格增加行和列，最终使表格成为 12×10 的表格(该表格也可直接生成)。通过拆分单元格和合并单元格来调整单元格的大小，设置表格线和底纹。最后再加上斜线表头，输入、设置表格内的文字，从而完成整个表格的制作。

**应用到的相关知识点：** 上面的表格制作实例用到了简单表格的生成、表格线的设置、底纹的设置、单元格的拆分与合并、行列的删除与增加，以及斜线表头的设置等。掌握这些操作技巧便可以胜任日常的办公表格制作。

## 即学即用的可视化实践环节

### 4.3.1　任务 1：简单表格的制作

**步骤 1** ①输入表格上半部分的内容并进行排版，内容为：××××工程技术学院(黑体、小三)。200×—200×学年第一学期班级课程表(黑体、小三)。说明：(1)主院南楼为 1 号教学楼，北楼为 2 号教学楼，计算机中心为 3 号楼，计算机中心正前方楼为 4 号楼，东院南教学楼为 5 号楼，东院北教学楼为 6 号楼。(2)本课程表自　　年　　月　　日起实施(宋体、5 号)。②单击【插入】。③单击【表格】。④横向拖动鼠标到第 10 格，插入 1×10 表格(见图 4.3.1)。

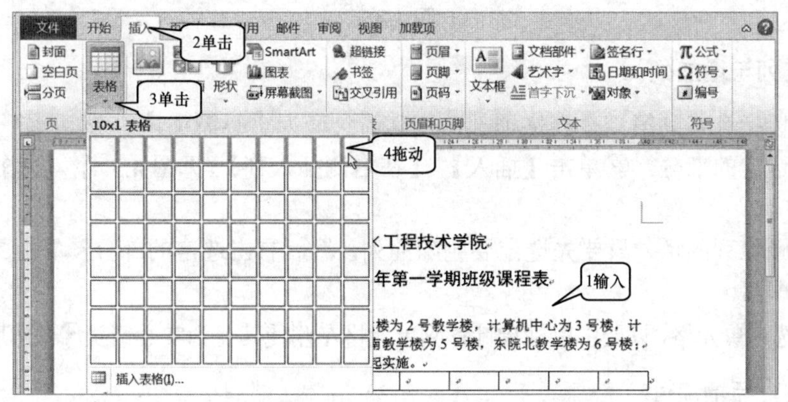


图 4.3.1

步骤 2 ①在表中输入图 4.3.3 所示的文字【系】、【级】、【班】、【辅导员】、【人数】。②单击【插入】。③在表格下面单击，并按 Enter 键。④单击【表格】。⑤单击【插入表格】，出现图 4.3.2 所示的【插入表格】对话框。⑥输入【7】。⑦输入【9】。⑧单击【确定】，则插入了第二个 9×7 的表格。

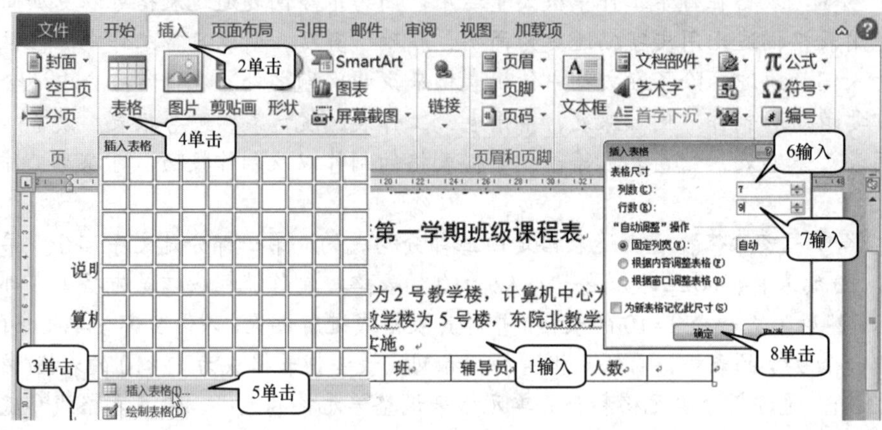


图 4.3.2

## 4.3.2 任务 2：行(列)的处理

### 1. 手动调整行(列)大小

将鼠标指针指到表格线上，使其变为双箭头，然后拖动鼠标调整线的位置即列宽(见图 4.3.3)，调整的结果见图 4.3.3。

另外，在图 4.3.3 中拖动标尺上的【移动表格列】滑块也可调整列宽；拖动标尺上的【移动表格行】滑块也可以调整行高。

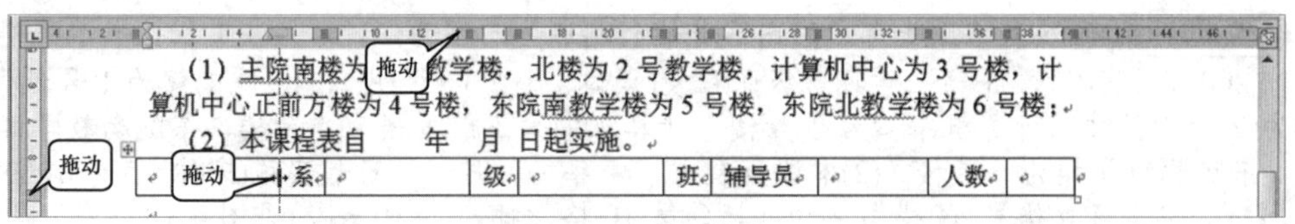


图 4.3.3

### 2. 选定列与增加列

①将鼠标指针移到第二个表格顶部，使其箭头变为实心箭头，然后水平拖动选定 3 列。②右击选定的部分。③单击【插入】\【在右侧插入列】(见图 4.3.4)，会增加 3 列，结果见图 4.3.5。

如果要删除列的话，只要先选定要删除的列，然后右击选定的部分，单击图 4.3.4 中的【删除列】即可。

如果要选定单元格，只要将鼠标指针移到单元格左侧使其变为实心箭头，然后单击即可。

### 3. 选定行与增加行

①将鼠标指针移到第二个表格左侧，使其箭头变为空心箭头，然后拖动选定 3 行。

②右击选定的部分。③单击【插入】\【在下方插入行】(见图 4.3.5)，就会增加 3 行。

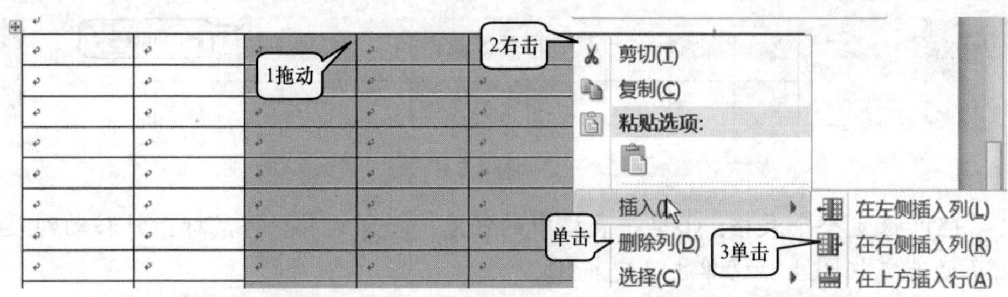


图 4.3.4

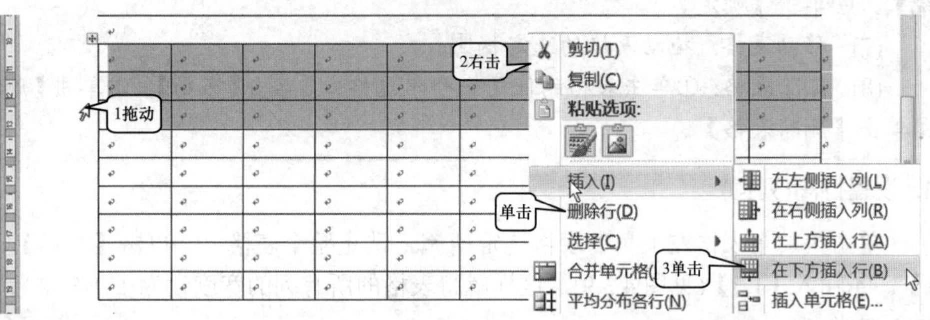


图 4.3.5

如果要删除行，只需要先选定要删除的行，然后右击选定的部分，单击图 4.3.5 中的【删除行】即可。

## 知识拓展卡片

(1) 选定多个单元格：在要选定的单元格上拖动就可以选定多个单元格。

(2) 选定多个离散的单元格：按住 Ctrl 键，在要选定的几个单元格上拖动(见图 4.3.6)。

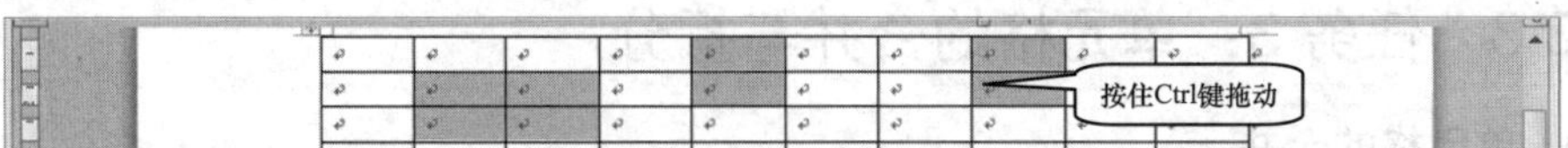


图 4.3.6

(3) 选定离散的几行：按住 Ctrl 键，在要选定的几行的左侧拖动(见图 4.3.7)。

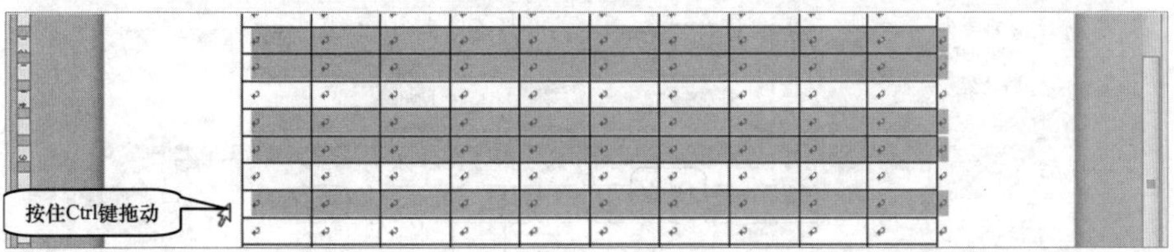


图 4.3.7

(4) 选定离散的几列：按住 Ctrl 键，在要选定的几列的顶端拖动(见图 4.3.8)。

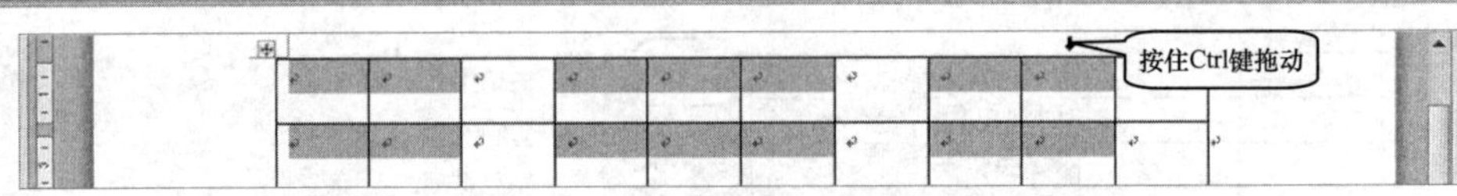


图 4.3.8

(5) 选定整个表格：①单击表格中的任意一个单元格，将鼠标指针移动到表格左上角的选定柄⊞上。②单击选定柄⊞。

(6) 让文字环绕表格：①右击表格的选定柄⊞。②单击【表格属性】。③单击【环绕】。④单击【确定】。

(7) 移动表格：拖动表格的选定柄⊞。

(8) 删除表格：①单击表格的任意一个单元格。②单击【布局】。③单击【删除】。④单击【删除表格】。

### 4. 设置行高(列宽)

① 单击第二个表格左上角的表格选定柄⊞，选定整个表格。②单击【布局】。③输入【1】。④输入【1.5】(见图 4.3.9)，这样就将表格的所有列的宽度设为了 1.5 厘米、行高设为了 1 厘米。

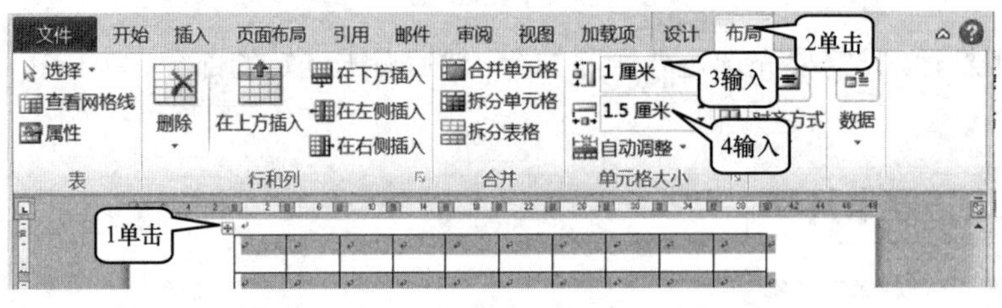


图 4.3.9

如果需要单独对某几行几列设置，可以先选定几行几列，然后按上述方法进行设置。

## 4.3.3 任务 3：单元格的合并与拆分

### 1. 单元格的合并

步骤 1 ①选定左上角的四个单元格。②单击【合并单元格】(见图 4.3.10)，则左上角四个单元格就合为了一个单元格，结果见图 4.3.11。

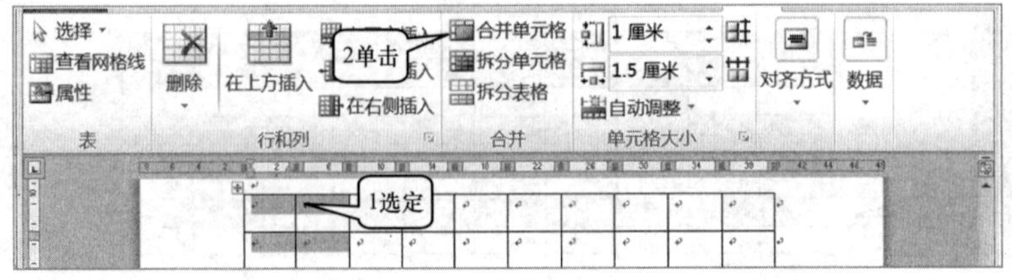


图 4.3.10

步骤 2 将左侧的其他单元格每 4 个为一组选定，做同样的合并，结果见图 4.3.11。

再参照图 4.3.11 将需要合并的所有单元格合并。

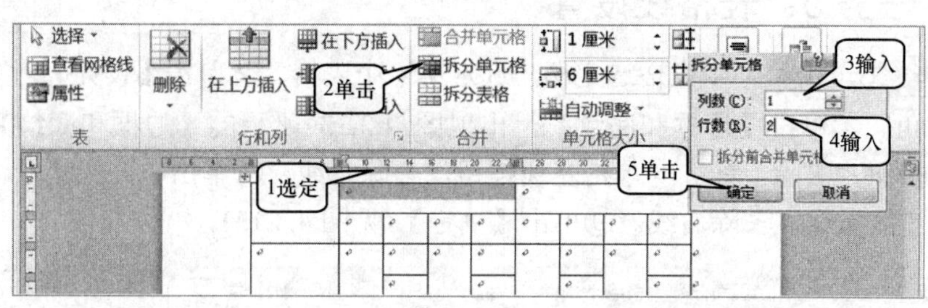


图 4.3.11

### 2. 单元格的拆分

**步骤 1** ①选定第二个表格最上面的单元格。②单击【拆分单元格】，出现图 4.3.11 所示的【拆分单元格】对话框。③输入【1】。④输入【2】。⑤单击【确定】(见图 4.3.11)，则选定的单元格就被分为 1 列 2 行。

**步骤 2** 将该单元格右侧的单元格做同样的拆分，结果见图 4.3.11。

**步骤 3** 将上一步拆分为两行后的两个单元格下面的部分再拆分为 1 行两列，最终结果见图 4.3.11。

**知识拓展卡片**

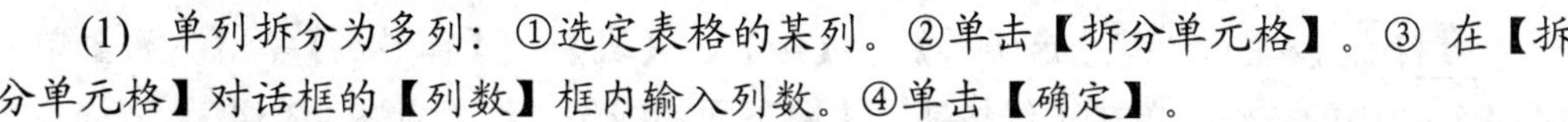

(1) 单列拆分为多列：①选定表格的某列。②单击【拆分单元格】。③ 在【拆分单元格】对话框的【列数】框内输入列数。④单击【确定】。

(2) 单行拆分为多行：①选定表格的某行。②单击【拆分单元格】。③在【拆分单元格】对话框的【行数】框内输入行数。④单击【确定】。

(3) 多行多列拆分为多行多列：①选定几行几列。②单击【拆分单元格】。③在【拆分单元格】对话框的【列数】框内输入列数。④在【拆分单元格】对话框的【行数】框内输入行数。⑤单击【确定】。

## 4.3.4 任务 4：斜线表头设置

①选定第二个表格左上角的单元格。②单击【设计】。③单击【边框】右侧三角。④单击【斜下框线】(见图 4.3.12)。

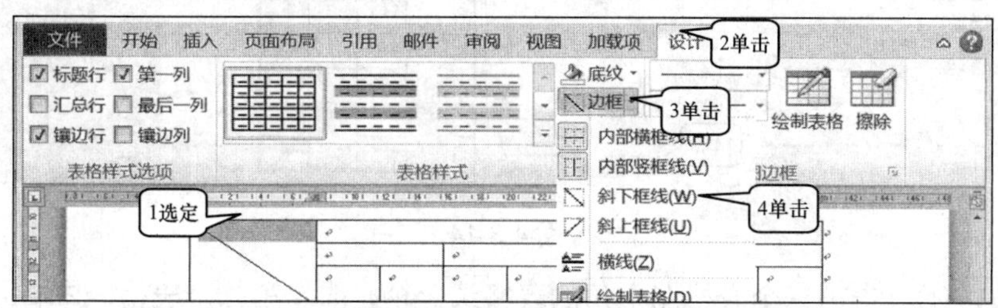


图 4.3.12

## 4.3.5 任务 5：表格线设置

**步骤1** ①单击第一个表格选定柄，选定第一个表格。②单击【设计】。③单击【边框】右侧三角。④单击【边框和底纹】，出现图 4.3.13 所示的【边框和底纹】对话框。⑤单击上线按钮，去除上线。⑥单击左线按钮，去除左线。⑦单击中间线按钮，去除中间线。⑧单击右线按钮，去除右线。⑨单击【确定】(见图 4.3.13)。

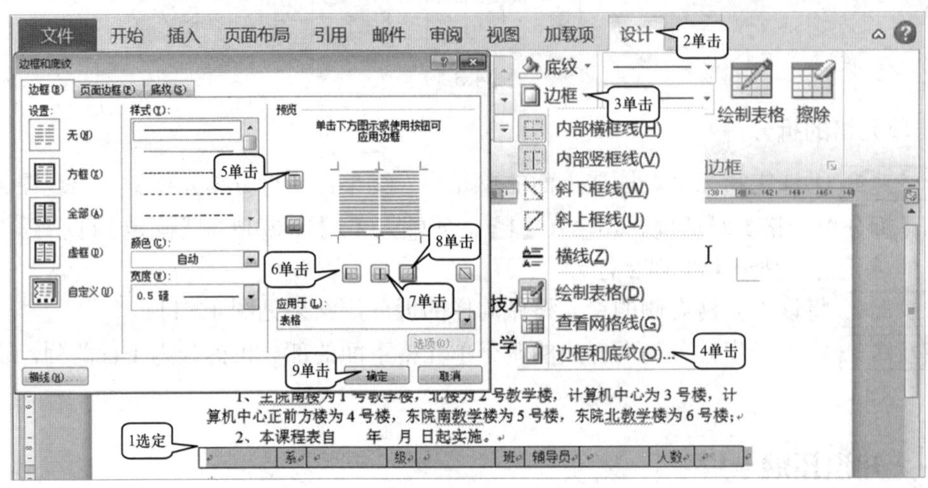


图 4.3.13

**步骤2** 按住 Ctrl 键选定【系】、【级】、【班】、【辅导员】、【人数】单元格，按图 4.3.13 中的方法，单击下线按钮，去除下面的线条，结果见图 4.3.14。

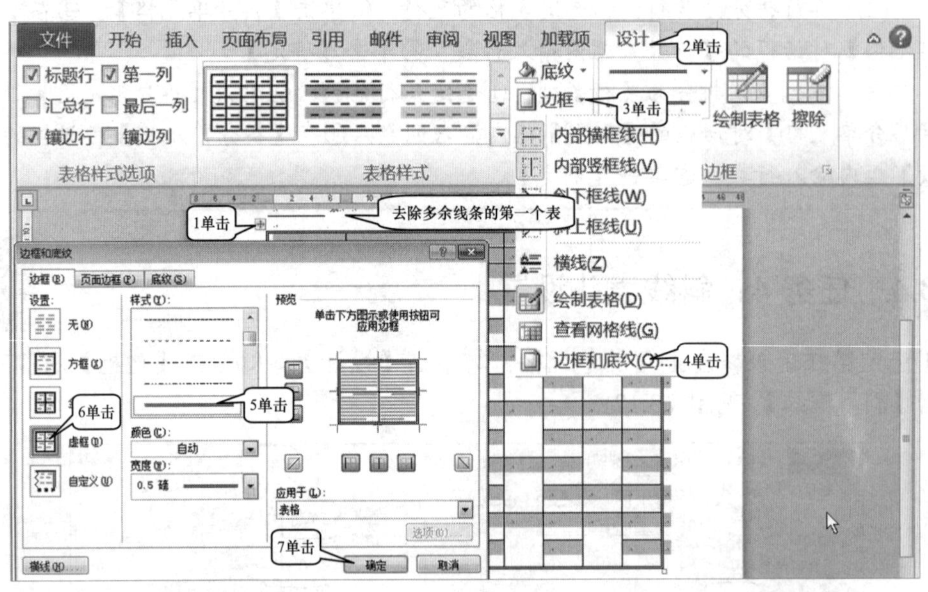


图 4.3.14

**步骤3** ①单击第二个表格左上角的表格选定柄，选定第二个表格。②单击【设计】。③单击【边框】右侧三角。④单击【边框和底纹】，出现图 4.3.14 所示的【边框和底纹】

对话框。⑤单击选择双细线。⑥单击【虚框】按钮。⑦单击【确定】(见图 4.3.14)，结果见图 4.3.14。

**知识拓展卡片**

(1) 图 4.3.14 中表格线的设置是有顺序的。第一步是选择线型；第二步是选择颜色；第三步是选择宽度；第四步是单击相应的按钮。需要注意的是，按钮第一次被单击时是去除原有的线条，第二次被单击时是加上已经设置好颜色、线型、宽度的线条。

(2) 在图 4.3.14 所示的【边框和底纹】对话框中，单击【颜色】右侧的三角，可以设置线的颜色；单击【宽度】右侧的三角，可以设置线的粗细，这样就可以将选定的单元格的线型、粗细和颜色进行设置。

(3) 在图 4.3.14 所示的【边框和底纹】对话框中，单击【自定义】按钮，就可以将选定的单元格或者是选定的单元格区域中的每根线都单独进行颜色、线型和粗细设置；可以将表格或选定的单元格区域的每根外框线、内部的竖线和内部横线进行不同的设置。

## 4.3.6 任务 6：表格底纹设置

步骤 1 ①按住 Ctrl 键拖动选定各列。②单击【设计】。③单击【底纹】右侧的三角。④单击【其他颜色】，出现图 4.3.15 所示的【颜色】对话框。⑤单击一种颜色。⑥单击【确定】(见图 4.3.15)。

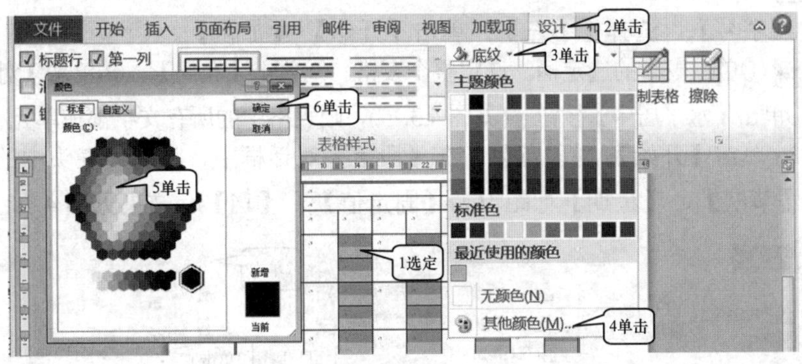


图 4.3.15

步骤 2 在相应的单元格输入文字。

**知识拓展卡片**

除了上述设置的单元格单色背景之外，还可以通过【边框和底纹】对话框，将单元格背景设置为由彩色线条组成的纹路，设置方法如下。

(1) 单击图 4.3.14 中的【边框和底纹】，出现图 4.3.16 所示的【边框和底纹】对话框。

(2) ①单击【底纹】。②单击【填充】右侧的三角，选择一种颜色。③单击【样式】右侧的三角，选择一种样式。④单击【颜色】右侧的三角，选择一种样式的颜色。⑤单击【确定】(见图 4.3.16)。

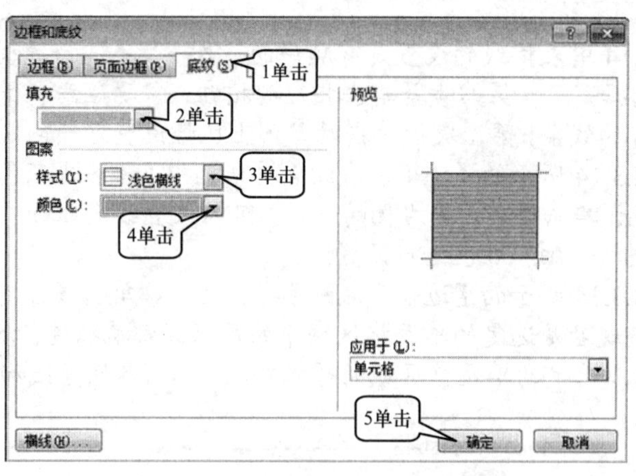


图 4.3.16

## 4.3.7 任务 7：设置表格中文字的位置

步骤1 选定【星期一】～【星期五】；单击【开始】\【字体】，选择【隶书】；单击【开始】\【字号】，选择【小三】；单击【开始】\【加粗】。

步骤2 ①单击表格的选定柄，选定整个表格。②单击【布局】。③单击【对齐方式】下面的三角。④单击【水平居中】按钮(见图 4.3.17)，则表格中的所有文字都在单元格的中间了。

步骤3 单击【开始】\【段落】，在【段落】对话框中，将斜线表头中的【课程】、【教室】、【节次】、【星期】行距设为【固定值】、【14】。结果见图 4.3.17。

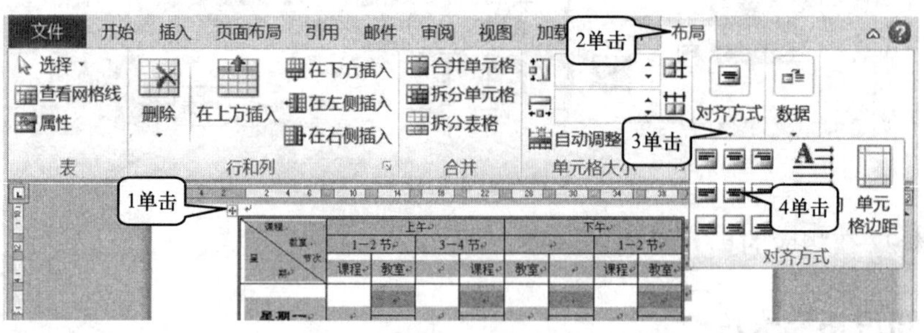


图 4.3.17

## 思考与联想

1. 如何制作双斜线表头？
2. 如何套用已设定好的表格样式？
3. 如何制作只有竖线没有横线的表格？

## 拓展练习

扫描二维码，打开案例，制作出与案例相同的文档。

## 4.4　项目 4：制作立体感的销售表和插入 Excel 表格

| 销售表 | 华东 | 华西 | 华南 | 华北 | 合计 |
|---|---|---|---|---|---|
| 奇瑞 A1 | 820 | 585 | 494 | 389 | 2288 |
| 奇瑞 A3 | 820 | 589 | 197 | 369 | 1975 |
| 奇瑞 G6 | 750 | 687 | 183 | 290 | 1910 |
| 奇瑞 E5 | 740 | 282 | 794 | 86 | 1902 |
| 奇瑞 A6 | 800 | 293 | 198 | 594 | 1885 |
| 奇瑞 E3 | 880 | 379 | 387 | 191 | 1837 |
| 奇瑞瑞虎 3 | 780 | 189 | 590 | 188 | 1747 |
| 艾瑞泽 7 | 660 | 391 | 396 | 293 | 1740 |
| 奇瑞旗云 3 | 850 | 269 | 288 | 280 | 1687 |
| 奇瑞 A5 | 600 | 179 | 187 | 477 | 1443 |
| 平均销量 | 770 | 384.3 | 371.4 | 315.7 | |

## 项目剖析

**应用场景：** 前面已经较为简单地介绍了表格的线条和底纹设置。灵活应用表格的底纹、线型、颜色，可以设计出美观实用的表格。不同颜色、不同底纹、不同线条的表格是实际工作、职场应用中必须用到的，掌握和创新丰富多样的表格设计，会给我们的工作带来更多的好处。

**设计思路与方法技巧：** 上面是具有立体感的表格，其实现的方法是将底纹设为灰色。将一行的上线设为白色，下线设为较粗的深灰色，从而形成立体效果。灵活应用不同的线条和底纹可以使表格更具观赏性，更容易吸引人的注意力。表格中除了有文字外，还有公式。表格中的平均分和总分单元格中应用了公式，其数值是由公式计算得到的，通过应用平均值、求和函数来得到相应单元格中的计算数据。公式的应用会使表格具有计算功能，这就大大减轻了某些表格中数据需要人工计算并填入的劳动强度。为了使数据易于阅读，还对数据进行了可视化。为使表格数据计算更具有灵活性，则在 Word 中引入了 Excel 表，从而使得表格成了一个活的表格。

**应用到的相关知识点：** 表格的底纹、线型、颜色设置，应用平均值、求和函数计算表格数据。引入 Excel 表格是实时进行计算，当改变表格中数据时，单元格中的数据会自动实时更新。应用排序功能和图表功能来显示数据，可以更明显地看出表格中数据的规律。对于复杂的表格，使用 Word 提供的绘制表格工具，十分方便、自由地画出各种各样的规则和不规则的复杂表格。

## 即学即用的可视化实践环节

### 4.4.1 任务 1：立体感表的设置

**步骤 1** 单击【表格】，单击【插入表格】；在出现的【插入表格】对话框中输入行数 12 列数 6，单击【确定】，生成一个 12×6 的表格，见图 4.4.1。

**步骤 2** ①单击表格选定柄，选定表格。②单击【设计】。③单击【底纹】右侧的三角。④单击选择白色, 背景 1 , 深色 25%。⑤输入图 4.4.1 中所示的表格内容(见图 4.4.1) 。

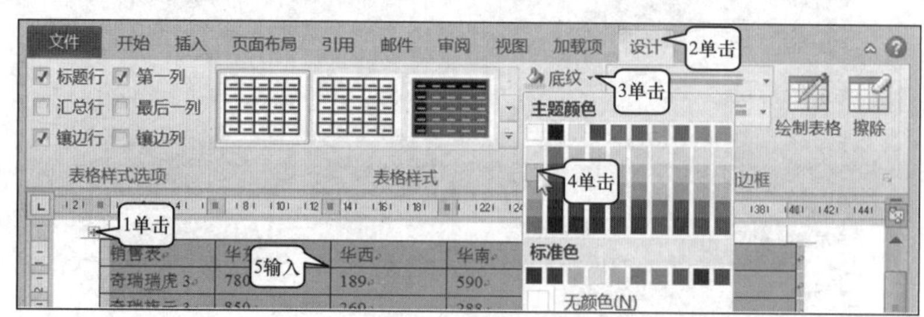


图 4.4.1

**步骤 3** ①选定 2～12 行。②单击【布局】。③输入【0.8】(见图 4.4.2)，同理，再将第 1 行高度设为 1.2 厘米。

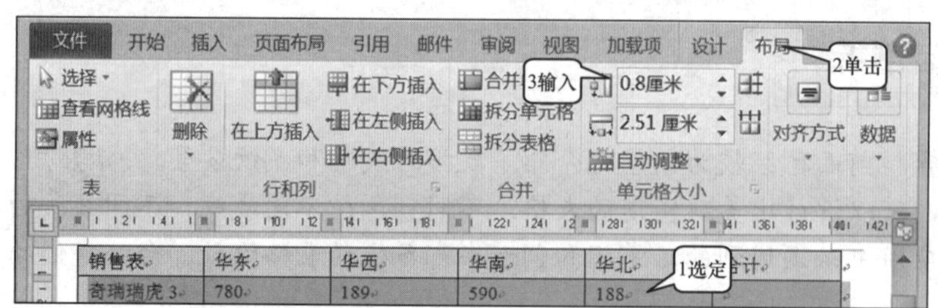


图 4.4.2

**步骤 4** 将第 1 行的【华东】、【华西】、【华南】、【华北】、【合计】设为华文彩云、小四、深蓝。

**步骤 5** 将【销售表】设为华文新魏、小二、加粗。

**步骤 6** 将【奇瑞瑞虎 3】、【奇瑞旗云 3】、【艾瑞泽 7】、【奇瑞 A1】、【奇瑞 E5】、【奇瑞 A5】、【奇瑞 G6】、【奇瑞 A6】、【奇瑞 E3】、【奇瑞 A3】、【平均销量】设为楷体、五号、深红；数字设为深绿、宋体。

**步骤 7** ①单击表格选定柄，选定整张表。②单击【边框】右侧的三角。③单击【无框线】(见图 4.4.3)。

**步骤 8** ①选定第 1 行。②单击选择【实线】。③单击选择【1.5】。④单击选择【白色】。⑤单击【边框】右侧的三角。⑥单击【下框线】(见图 4.4.4)。

**步骤 9** ①按住 Ctrl 键，选定第 3、5、7、9、11 行。②单击【边框】(见图 4.4.5)，

则选定行的下框线都被设成了白色、1.5 磅，见图 4.4.5。

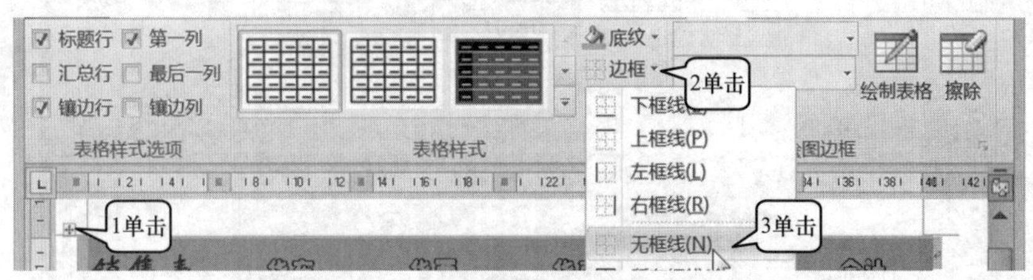


图 4.4.3

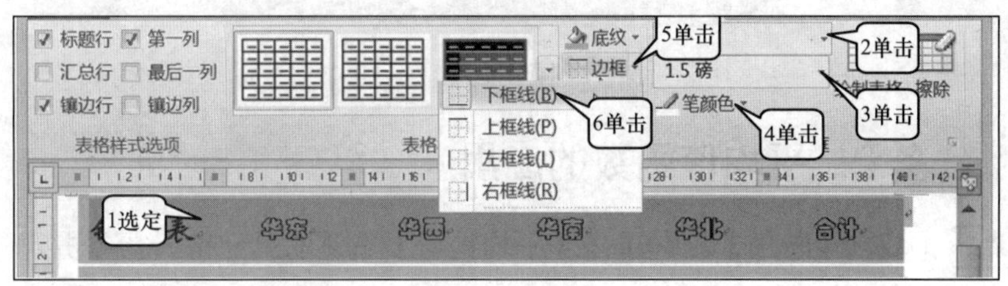


图 4.4.4

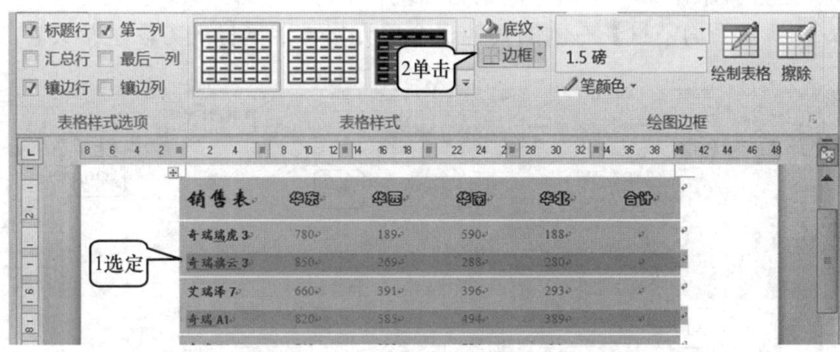


图 4.4.5

步骤 10 ①选定第 2 行。②单击选择白色, 背景 1, 深色 50%。③单击选择【3.0 磅】。④单击【边框】右侧的三角。⑤单击【下框线】(见图 4.4.6)。

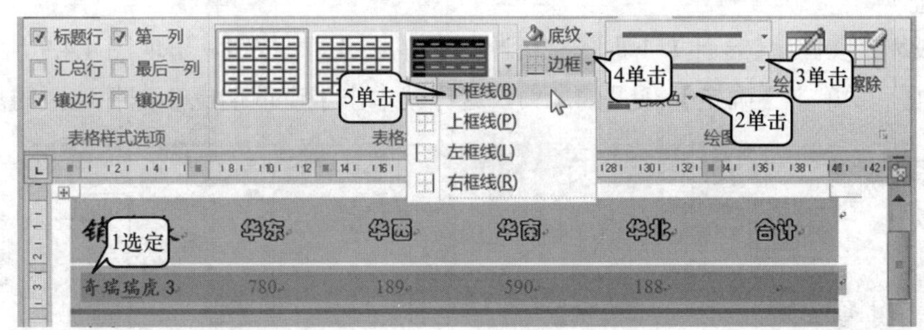


图 4.4.6

步骤 11 ①选定第 4、6、8、10、12 行。②单击【边框】(见图 4.4.7)，则选定行的下框线都被设成了 3.0 磅、深色 50%。

步骤 12 将销售表单元格设为绿色底纹，左右竖线设为粗细双线、绿色。

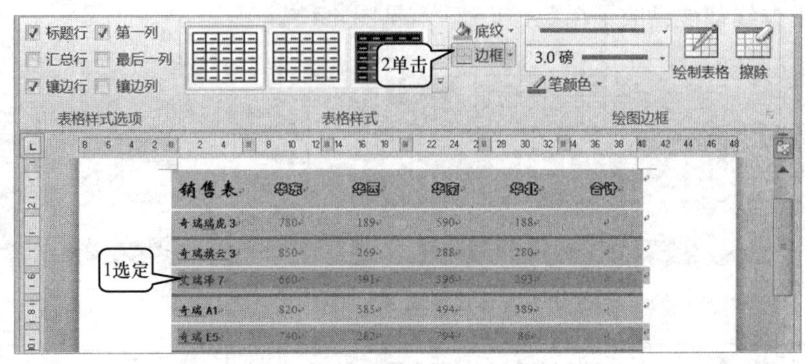


图 4.4.7

## 4.4.2 任务 2：平均值函数的应用

步骤1 ①单击【布局】。②单击【平均销量】右侧的单元格。③单击 公式 按钮，出现图 4.4.8 所示的【公式】对话框。④输入【=AVERAGE (ABOVE)】。⑤单击【确定】(见图 4.4.8)。这样就求出了华东地区的销售平均值。

步骤2 将【平均销量】右侧的其他 3 个单元格按照同样的方法进行设置。

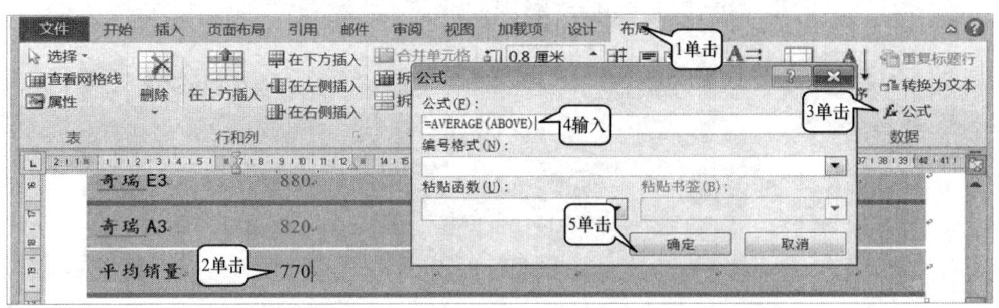


图 4.4.8

## 4.4.3 任务 3：求和函数的应用

步骤1 ①单击【合计】下面的单元格。②单击 公式 按钮，出现图 4.4.9 所示的【公式】对话框。③单击【确定】(见图 4.4.9)。这样就求出了奇瑞瑞虎 3 在各地区的总销量。

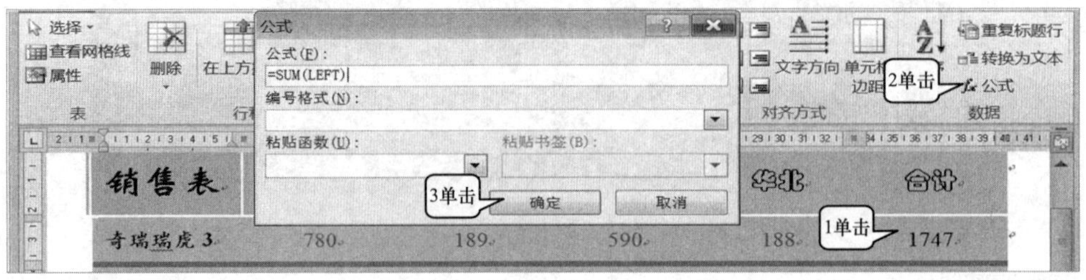


图 4.4.9

步骤2 将【合计】下面的其他 10 个单元格按照同样的方法进行设置，结果见图 4.4.10。

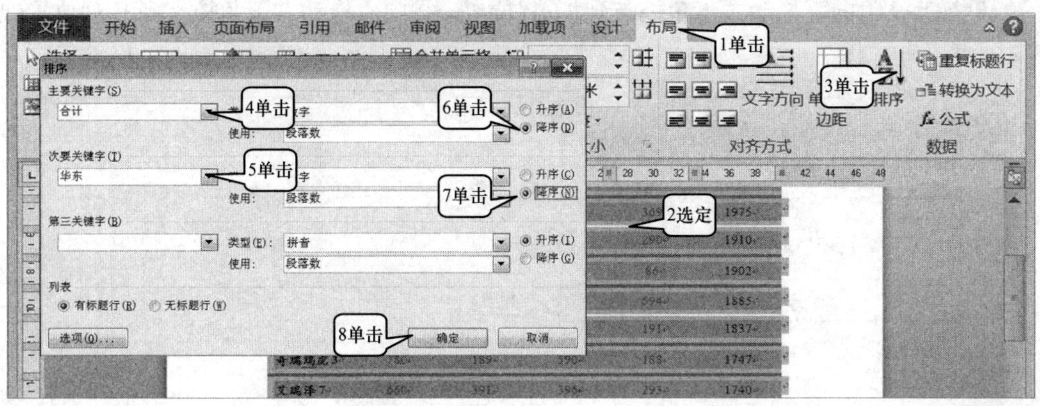


图 4.4.10

## 4.4.4 任务 4：排序销量

①单击【布局】。②选定第 1～11 行。③单击【排序】，会出现如图 4.4.10 所示的【排序】对话框。④单击选择【合计】，表示各种车型将按合计量进行排序。⑤单击选择【华东】。⑥单击【降序】。⑦单击【降序】，表示当合计量一样时，则按华东的销量大小排序。⑧单击【确定】(见图 4.4.10)，最终表格就会按合计销量的大小排序车型，合计值相同的车型，则按华东的销量大小排序。

## 4.4.5 任务 5：用图表显示销售数据

步骤 1 ①在表中单击。②单击【插入】。③单击【图表】。④单击选择图表样式。⑤单击【确定】(见图 4.4.11)，就会打开 Excel 界面，见图 4.4.12。

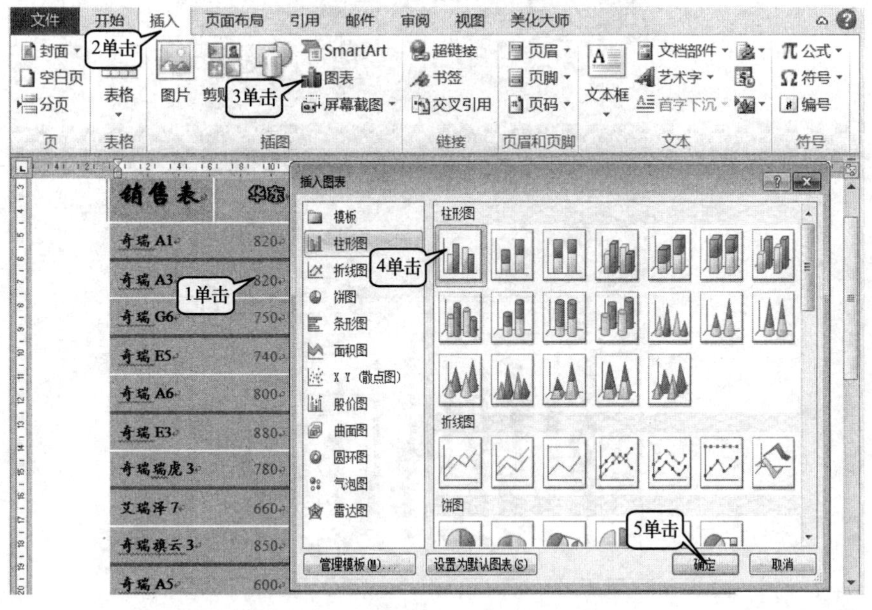


图 4.4.11

步骤2 ①向下拖动右下角控点到 11 行位置。②向右拖动右下角控点到 E 列位置(见图 4.4.12)。

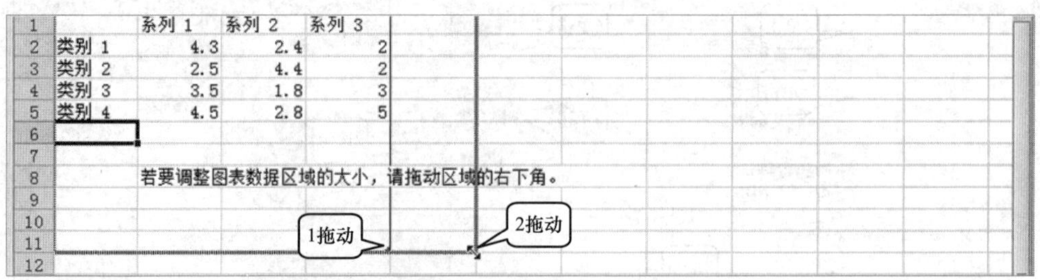

| | | 系列 1 | 系列 2 | 系列 3 |
|---|---|---|---|---|
| 1 | | 系列 1 | 系列 2 | 系列 3 |
| 2 | 类别 1 | 4.3 | 2.4 | 2 |
| 3 | 类别 2 | 2.5 | 4.4 | 2 |
| 4 | 类别 3 | 3.5 | 1.8 | 3 |
| 5 | 类别 4 | 4.5 | 2.8 | 5 |



图 4.4.12

步骤3 将 Word 表格中的第 1～11 行、第 1～5 列数据复制到 Excel 的 A1:E11 区域，结果见图 4.4.13。

| 销售表 | 华东 | 华西 | 华南 | 华北 |
|---|---|---|---|---|
| 奇瑞A1 | 820 | 585 | 494 | 389 |
| 奇瑞A3 | 820 | 589 | 197 | 369 |
| 奇瑞G6 | 750 | 687 | 183 | 290 |
| 奇瑞E5 | 740 | 282 | 794 | 86 |
| 奇瑞A6 | 800 | 293 | 198 | 594 |
| 奇瑞E3 | 880 | 379 | 387 | 191 |
| 奇瑞瑞虎3 | 780 | 189 | 590 | 188 |
| 艾瑞泽7 | 660 | 391 | 396 | 293 |
| 奇瑞揽云3 | 850 | 269 | 288 | 280 |

将Word中的表格数据复制过来

图 4.4.13

步骤4 关闭 Excel，即可在 Word 表格下面得到根据表格数据绘制的图表，见图 4.4.14。

| 销售表 | 华东 | 华西 | 华南 | 华北 | 合计 |
|---|---|---|---|---|---|
| 奇瑞 A1 | 820 | 585 | 494 | 389 | 2288 |
| 奇瑞 A3 | 820 | 589 | 197 | 369 | 1975 |
| 奇瑞 G6 | 750 | 687 | 183 | 290 | 1910 |
| 奇瑞 E5 | 740 | 282 | 794 | 86 | 1902 |
| 奇瑞 A6 | 800 | 293 | 198 | 594 | 1885 |
| 奇瑞 E3 | 880 | 379 | 387 | 191 | 1837 |
| 奇瑞瑞虎 3 | 780 | 189 | 590 | 188 | 1747 |
| 艾瑞泽 7 | 660 | 391 | 396 | 293 | 1740 |
| 奇瑞揽云 3 | 850 | 269 | 288 | 280 | 1687 |
| 奇瑞 A5 | 600 | 179 | 187 | 477 | 1443 |
| 平均销量 | 770 | 384.3 | 371.4 | 315.7 | |

图 4.4.14

## 4.4.6　任务 6：插入 Excel 表

步骤 1　在 Excel 中打开【教材素材】\【Excel】\【汽车销售报表】文件，见图 4.4.15。

步骤 2　①选定整个表格。②按 Ctrl+C 快捷键，复制表格(见图 4.4.15)。

汽车销售报表

| 地区/品名 | 华东 | 华北 | 华南 | 华中 | 东北 | 西北 | 西南 | 合计 |
|---|---|---|---|---|---|---|---|---|
| 奇瑞瑞虎3 | [illegible] | 989 | 550 | 339 | [illegible] | [illegible] | [illegible] | [illegible]148 |
| 奇瑞旗云 | 663 | 565 | 662 | [illegible] | [illegible] | [illegible] | [illegible] | [illegible]005 |
| 奇瑞QQ6 | 365 | 666 | 325 | 123 | 354 | 587 | 845 | 3265 |
| 奇瑞A1 | 654 | 989 | 662 | 634 | 662 | 354 | 662 | 4617 |

1选定

2按Ctrl+C快捷键

图 4.4.15

步骤 3　新建一个 Word 文档。

步骤 4　①单击【插入】。②单击【表格】。③单击【Excel 电子表格】(见图 4.4.16)，出现如图 4.4.17 所示的 Excel 界面。

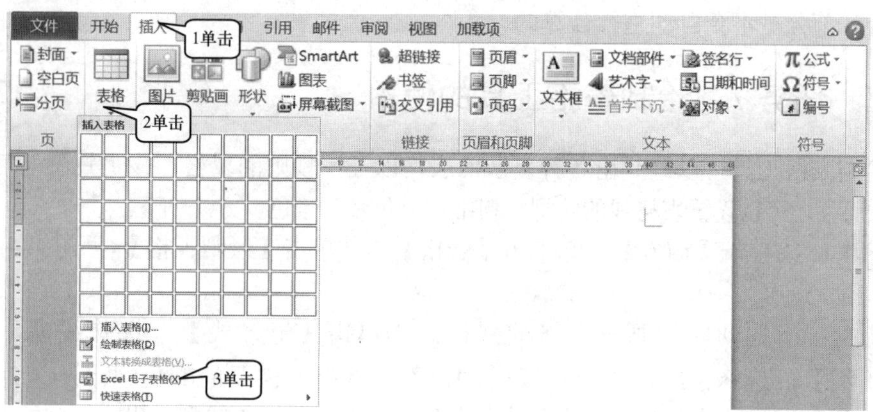


图 4.4.16

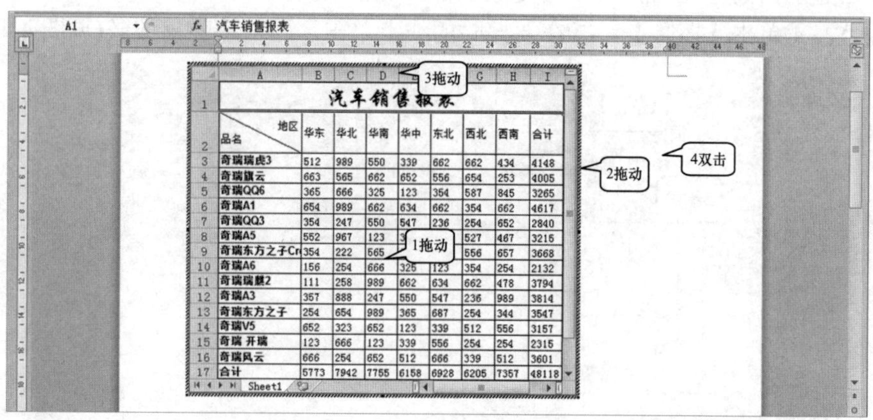


汽车销售报表

| 地区/品名 | 华东 | 华北 | 华南 | 华中 | 东北 | 西北 | 西南 | 合计 |
|---|---|---|---|---|---|---|---|---|
| 奇瑞瑞虎3 | 512 | 989 | 550 | 339 | 662 | 662 | 434 | 4148 |
| 奇瑞旗云 | 663 | 565 | 662 | 652 | 556 | 654 | 253 | 4005 |
| 奇瑞QQ6 | 365 | 666 | 325 | 123 | 354 | 587 | 845 | 3265 |
| 奇瑞A1 | 654 | 989 | 662 | 634 | 662 | 354 | 662 | 4617 |
| 奇瑞QQ3 | 354 | 247 | 550 | 547 | 236 | 254 | 652 | 2840 |
| 奇瑞A5 | 552 | 967 | 123 | [illegible] | [illegible] | 527 | 467 | 3215 |
| 奇瑞东方之子Cr | 354 | 222 | 565 | [illegible] | [illegible] | 556 | 657 | 3668 |
| 奇瑞A6 | 156 | 254 | 666 | 325 | 123 | 354 | 254 | 2132 |
| 奇瑞瑞麒2 | 111 | 258 | 989 | 662 | 634 | 662 | 478 | 3794 |
| 奇瑞A3 | 357 | 888 | 247 | 550 | 547 | 236 | 989 | 3814 |
| 奇瑞东方之子 | 254 | 654 | 989 | 365 | 687 | 254 | 344 | 3547 |
| 奇瑞V5 | 652 | 323 | 652 | 123 | 339 | 512 | 556 | 3157 |
| 奇瑞 开瑞 | 123 | 666 | 123 | 339 | 556 | 254 | 254 | 2315 |
| 奇瑞风云 | 666 | 254 | 652 | 512 | 666 | 339 | 512 | 3601 |
| 合计 | 5773 | 7942 | 7755 | 6158 | 6928 | 6205 | 7357 | 48118 |

图 4.4.17

步骤 5　按 Ctrl+V 快捷键，将上面复制的表格粘贴过来，见图 4.4.17。

步骤 6　①拖动表格的下边线控制点，使表格下半部分能够全部显示。②拖动表格右侧的控制点，使表格右侧部分能够全部显示。③拖动表格的列分界线，调整表格列宽，调整后的最终结果如图 4.4.17 所示。④在表格外双击，就可以退出 Excel，回到图 4.4.16 所示的 Word 状态(见图 4.4.17)。

步骤 7 要想对表格中的数据进行修改，双击图 4.4.18 中的 Word 表格，这样就会进入图 4.4.17 所示的 Excel 状态，在这里可以对数据进行修改。

汽车销售报表

| 地区 / 品名 | 华东 | 华北 | 华南 | [illegible] | 北 | 西北 | 西南 | 合计 |
|---|---|---|---|---|---|---|---|---|
| 奇瑞瑞虎3 | 512 | 989 | 550 | 339 | 662 | 662 | 434 | 4148 |
| 奇瑞旗云 | 663 | 565 | 662 | 652 | 556 | 654 | 253 | 4005 |
| 奇瑞QQ6 | 365 | 666 | 325 | 123 | 354 | 587 | 845 | 3265 |
| 奇瑞A1 | 654 | 989 | 662 | 634 | 662 | 354 | 662 | 4617 |



图 4.4.18

在 Word 中插入 Excel 表格的优点是：表中有函数或公式(如插入表格中的合计项)，则在对表格数据进行修改时，合计项会自动进行重新计算。而在 Word 中，如修改表格中其他数据，合计部分是不会自动进行计算的。

## 4.4.7 任务 7：绘制表格工具的使用

用绘制表格工具可以绘制出各种复杂的表格以及不规则的表格。该工具不但可以绘制表格线，而且还可以设置表格线的线型、粗细、颜色及背景色，方法如下。

步骤 1 ①单击【插入】。②单击【表格】。③单击【绘制表格】(见图 4.4.19)，出现图 4.4.20。

步骤 2 ①拖动鼠标画出表格的外框。②单击【笔样式】，选择线型。③单击【笔画粗细】，选择粗细。④单击【笔颜色】，选择所需要的颜色(见图 4.4.20)。

步骤 3 ①紧贴外框线，拖动可画出由图 4.4.20 设置好的线型、粗细、颜色的其他线条。②单击左上角的单元格。③单击【底纹】，选择所需要的颜色，则单元格就被填充了相应的颜色。④单击【擦除】。⑤在要擦除的线上单击，即可擦除该线条(见图 4.4.21)。

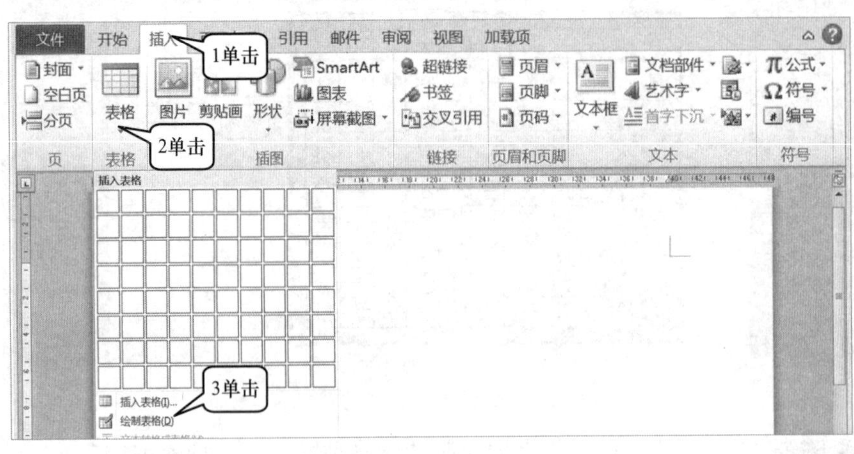


图 4.4.19

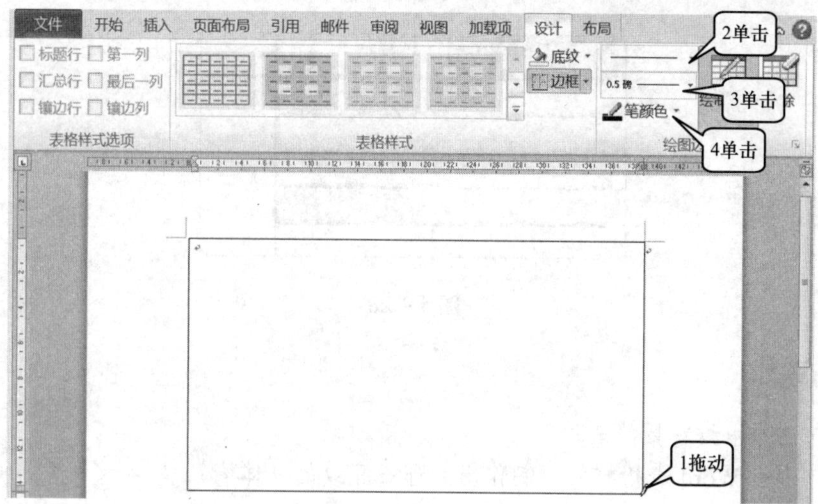


图 4.4.20

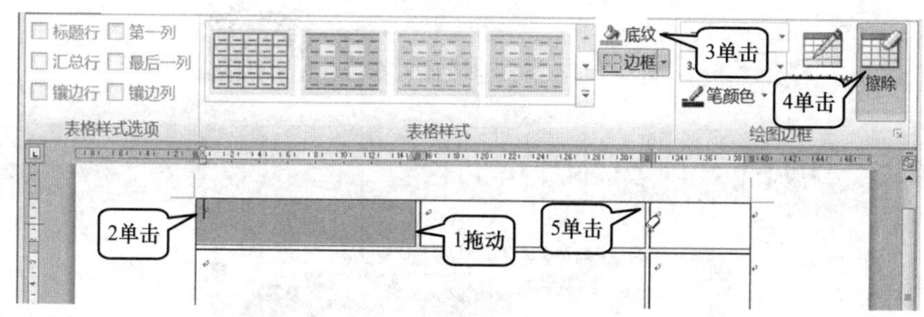


图 4.4.21

**步骤4** 单击【擦除】，取消擦除工具。

**步骤5** 单击图 4.4.21 中的【绘制表格】，画出图 4.4.22 所示的表格线。

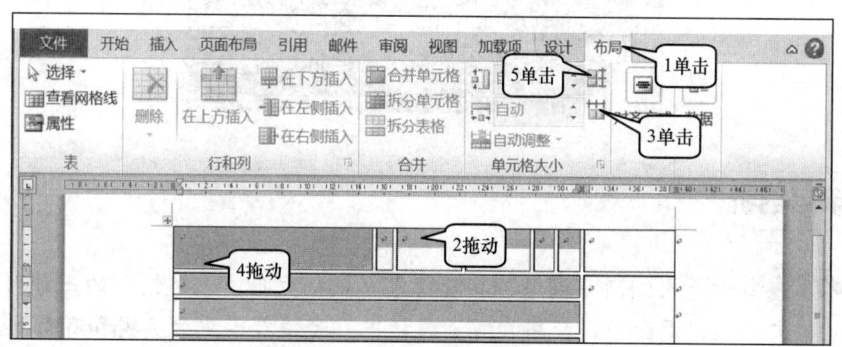


图 4.4.22

**步骤6** 再次单击图 4.4.21 中的【绘制表格】按钮，取消绘制表格工具。

**步骤7** ①单击【布局】。②拖动选定图 4.4.22 中的 5 列。③单击【分布列】按钮，则选定的 5 列的列宽就被设为一样了。④拖动选定图中的 5 行。⑤单击【分布行】，则选定的 5 行的行高就被设为一致了(见图 4.4.22)，结果见图 4.4.23。

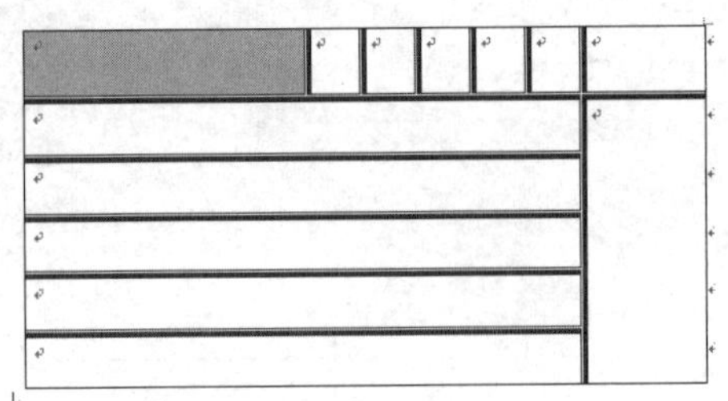

图 4.4.23

### 思考与联想

1. 如何制作木纹背景的表格?
2. 如何套用 Word 表格样式，制作出大理石底纹的立体表?

### 拓展练习

扫描二维码，打开案例，制作出与案例相同的文档。

## 4.5 项目 5：贺卡的制作

### 项目剖析

**应用场景：** 贺卡是人们新年过节、相互祝愿、祝福生日、表达情意的一种形式，将艺术字、图片、文本框、页面边框应用在贺卡设计中，会使贺卡更为美观和有新意。

**设计思路与方法技巧：** 上述贺卡是在一个自定义的 21 cm×15 cm 的纸张上制作的，其中插入了图片，并对其进行了调整；通过对添加的艺术字形状、大小、样式、立体效果进行设置，使得艺术字更为美观；通过对文本框大小、边框线透明效果的设置，使文字部分得以浮现在图片上。设置的页面边框则给贺卡增添了一个好看的外框。

**应用到的相关知识点：** 纸张的方向、大小、页边距设置；艺术字形状、大小、样式、立体效果的设置；文本框大小、边框线透明效果的设置；图片大小、样式、立体效果的设置，页面边框的使用。

## 即学即用的可视化实践环节

### 4.5.1 任务 1：页面设置

步骤 1 打开 Word，得到一个空白文档。

步骤 2 ①单击【页面布局】。②单击【纸张大小】。③单击【其他页面大小】(见图 4.5.1)，出现如图 4.5.2 所示的【页面设置】对话框。

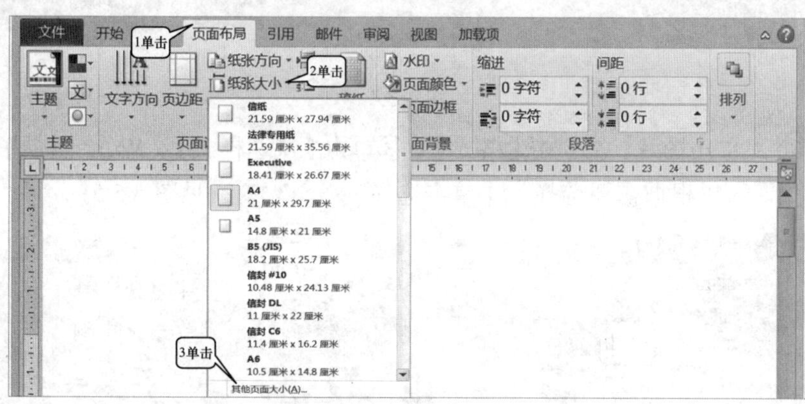


图 4.5.1

步骤 3 ①单击【纸张】。②单击选择【自定义大小】。③输入宽度【21】。④输入高度【15】。⑤单击【页边距】 (见图 4.5.2)，出现图 4.5.3 所示的【页面设置】对话框。

步骤 4 ①输入上【1】。②输入左【1】。③输入下【1】。④输入右【1】。⑤单击【横向】。⑥单击【确定】(见图 4.5.3)。

图 4.5.2

图 4.5.3

### 4.5.2 任务 2：图片的添加与处理

步骤 1 ①单击【插入】。②单击【图片】，出现如图 4.5.4 所示的【插入图片】

对话框。③单击选择【教材素材】\【图片】文件夹。④双击【87】。⑤拖动图片的控点，将图片调整到与页边距纸张一样大小(见图 4.5.4)。

图 4.5.4

步骤 2 ①单击图片。②单击【格式】。③单击【快速样式】，Word 提供了 23 种【快速样式】效果，可以根据需要选择。④单击选择剪裁对角线，白色(见图 4.5.5)。

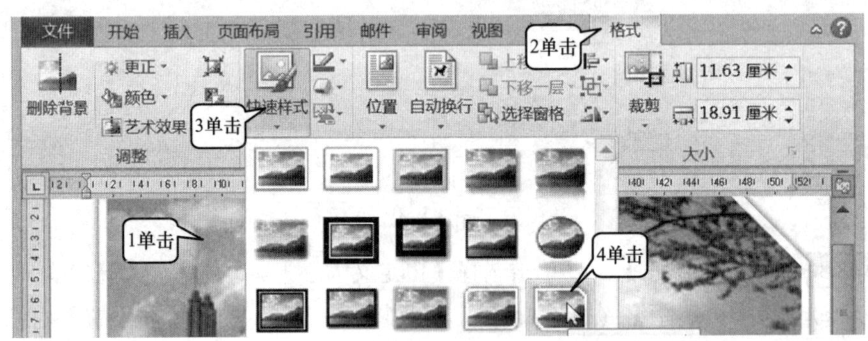


图 4.5.5

步骤 3 ①单击【图片效果】。②单击【发光】。③单击选择红色，18 pt 发光，强调文字颜色 2。Word 提供了 24 种图片的【发光】效果，可以根据需要选择(见图 4.5.6)，还可以单击【其他亮色】来设置其他的发光颜色。

步骤 4 ①单击【图片效果】按钮。②单击【棱台】。③单击【三维选项】，出现图 4.5.7 所示的【设置图片格式】对话框。④单击选择【角度】，Word 提供了 12 种图片的立体化效果，可以根据需要选择。⑤输入【20】。⑥输入【12】。⑦单击【关闭】(见图 4.5.7)。

**知识拓展卡片**

(1) 单击图 4.5.6 中的【更正】按钮，可以设置图片的锐化和柔化效果、亮度和对比度效果。

(2) 单击图 4.5.6 中的【颜色】按钮，可以设置图片的各种偏色效果。

(3) 单击图 4.5.6 中的【艺术效果】，可以设置图片的各种【马赛克】、【虚化】等艺术效果。

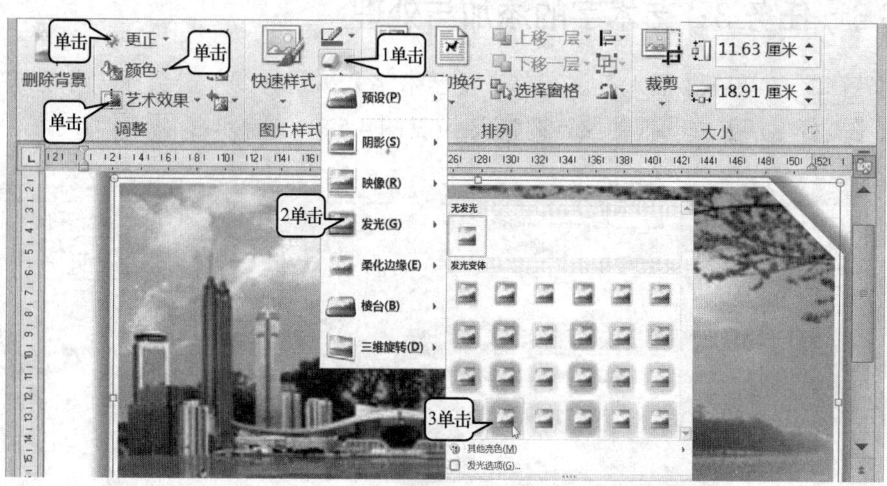


图 4.5.6

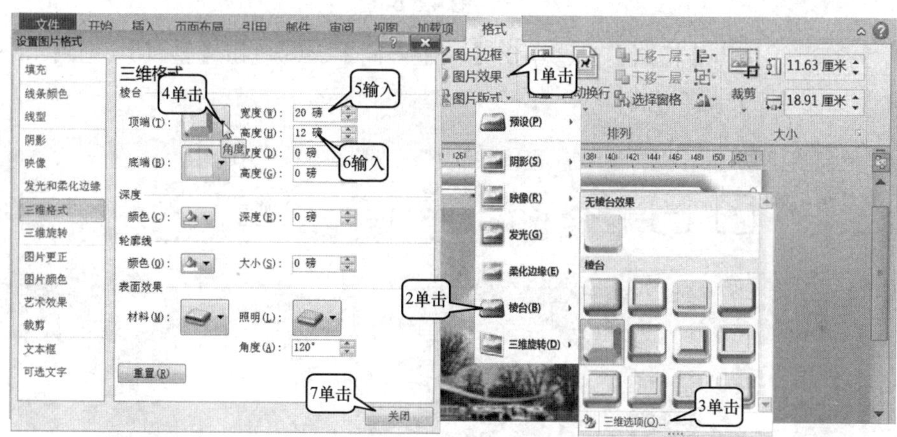


图 4.5.7

(4)　在图 4.5.7 中，①单击【图片效果】。②单击【预设】，可以设置各种立体及阴影预设效果。

(5)　在图 4.5.7 中，①单击【图片效果】。②单击【阴影】，可以设置图片的多种阴影效果，并且可以使用不同的颜色作为阴影。

(6)　在图 4.5.7 中，①单击【图片效果】。②单击【映像】，可以设置图片的多种倒影效果。

(7)　在图 4.5.7 中，①单击【图片效果】。②单击【柔化边缘】，可以设置图片的各种柔化效果，还可以设置柔化边缘的颜色。

(8)　在图 4.5.7 中，①单击图片。②单击【裁剪】，然后拖动图片上的控点，可以将图片的一部分裁剪掉。再次单击【裁剪】按钮，就可以取消裁剪状态。

(9)　在图 4.5.7 中，单击【自动换行】，可以设置图片与文字的位置关系。如设置成【四周环绕】、【紧密环绕】、【衬于文字下方】、【浮于文字上方】、【嵌入型】。

## 4.5.3 任务 3：艺术字的添加与处理

步骤 1 ①单击【插入】。②单击【艺术字】按钮。③单击选择一种艺术字样式。④输入【美好生活】。⑤拖动控点调整大小(见图 4.5.8)。

图 4.5.8

步骤 2 ①单击【格式】。②单击【文字方向】。③单击【垂直】(见图 4.5.9)，则艺术字就会如图 4.5.9 一样竖排。

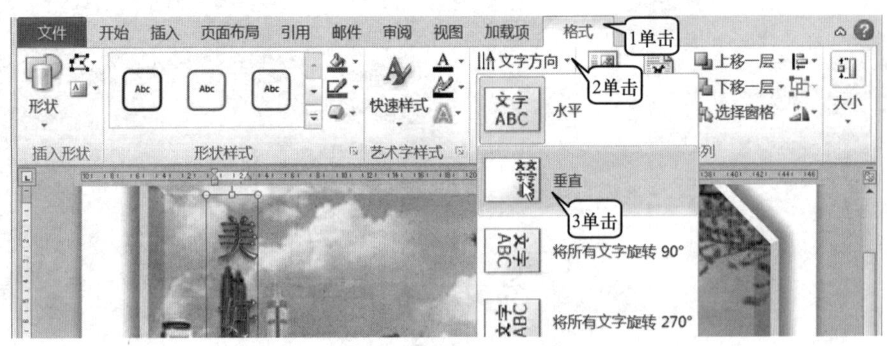


图 4.5.9

步骤 3 ①单击【开始】。②单击选定【美好生活】。③单击选择【华文行楷】。④单击选择【48】(见图 4.5.10)。

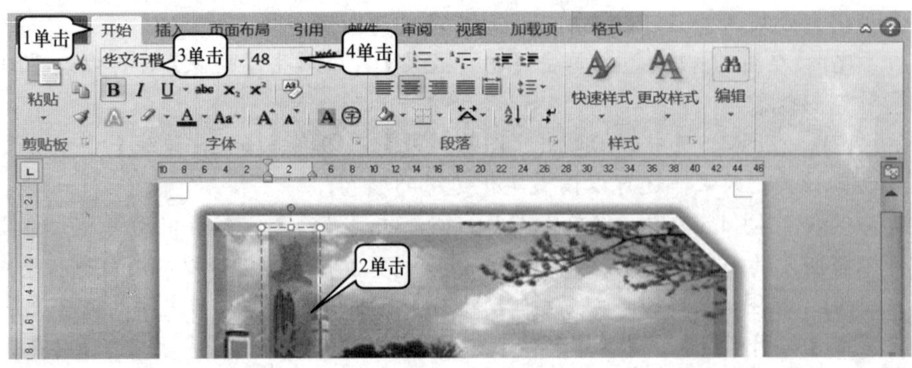


图 4.5.10

**步骤 4** ①单击【格式】。②单击【文字轮廓】，选择红色。③单击【文字效果】。④单击【棱台】。⑤单击【角度】(见图 4.5.11)。

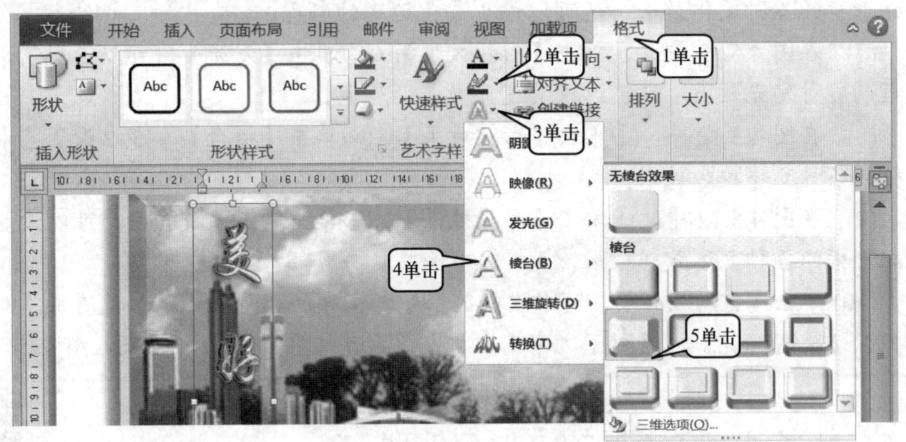


图 4.5.11

**步骤 5** ①单击【文字效果】。②单击【三维旋转】。③单击【右透视】。④输入【11】。⑤输入【2】，设置艺术字框的大小(见图 4.5.12)。

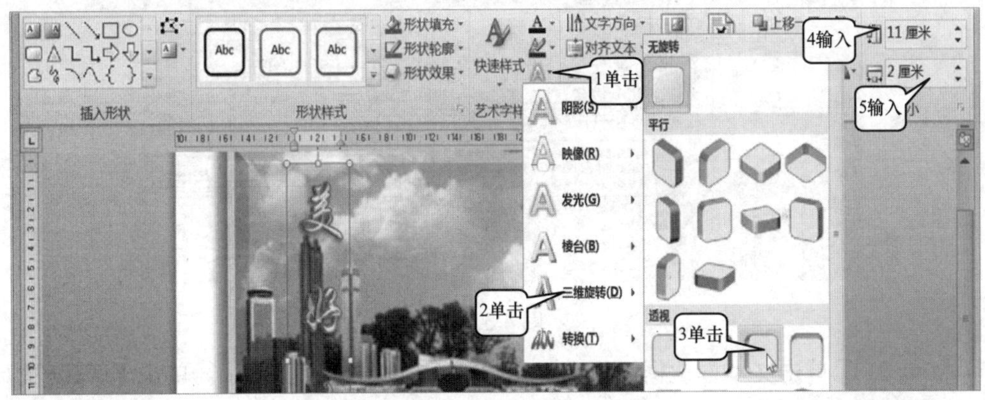


图 4.5.12

## 知识拓展卡片

(1) 单击图 4.5.12 中的【形状填充】，可以设置艺术字矩形框的填充色。

(2) 单击图 4.5.12 中的【形状轮廓】，可以设置艺术字矩形框的线型、粗细、颜色。

(3) 在图 4.5.12 中，①单击【形状效果】。②单击【预设】，可以设置艺术字矩形框的各种立体及阴影预设效果。

(4) 在图 4.5.12 中，①单击【形状效果】。②单击【阴影】，可以设置艺术字矩形框的多种阴影效果，并且可以使用不同的颜色作为阴影。

(5) 在图 4.5.12 中，①单击【形状效果】。②单击【映像】，可以设置艺术字矩形框的多种倒影效果。

(6) 在图 4.5.12 中，①单击【形状效果】。②单击【柔化边缘】，可以设置艺术字矩形框的各种柔化效果，还可以设置柔化边缘的颜色。

(7) 在图 4.5.12 中，①单击【形状效果】。②单击【发光】，可以设置艺术字矩形框的各种发光效果，还可以设置发光效果的颜色。

(8) 在图 4.5.12 中，①单击【形状效果】。②单击【棱台】，可以设置艺术字矩形框的各种立体棱台效果。

(9) 在图 4.5.12 中，①单击【形状效果】。②单击【三维旋转】，可以设置艺术字矩形框的各种立体旋转效果。

(10) 单击【自动换行】，可以设置艺术字与文字的位置关系，如设置成【四周环绕】、【紧密环绕】、【衬于文字下方】、【浮于文字上方】、【嵌入型】。

## 4.5.4 任务 4：文本框的添加与处理

步骤 1 ①单击【插入】。②单击【文本框】。③单击选择【简单文本框】。④输入框内文字，见图 4.5.13。

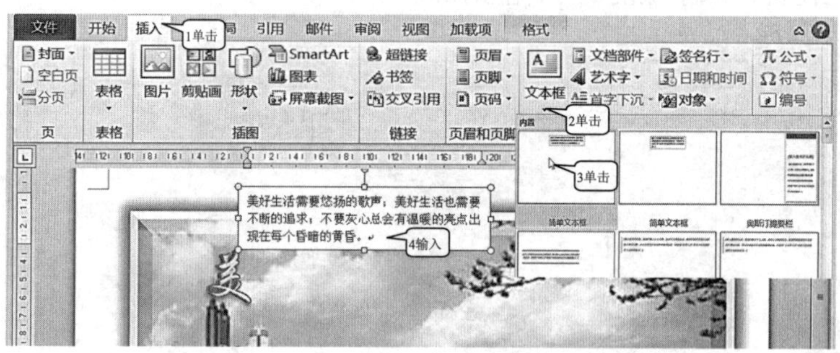


图 4.5.13

步骤 2 ①单击文本框边框线，选定文本框。②单击【格式】。③单击【形状轮廓】。④单击【无轮廓】(见图 4.5.14)，以去除文本框的边框线。

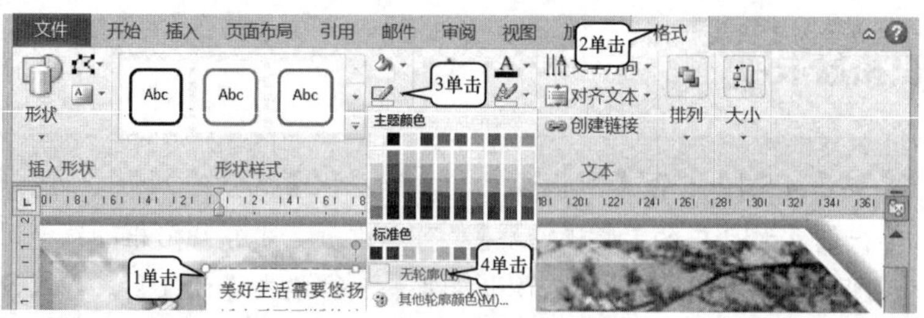


图 4.5.14

步骤 3 ①单击【开始】。②拖动边框线，调整文本框位置。③拖动边框线上的控点，调整文本框大小。④选定框内文字。⑤单击工具栏上的相应按钮，将文本框设为华文彩云、22、加粗。⑥单击【字体颜色】，选择白色。⑦单击【文字效果】。⑧单击【发光】。⑨单击选择红色，18 pt 发光，强调文字颜色 2(见图 4.5.15)。

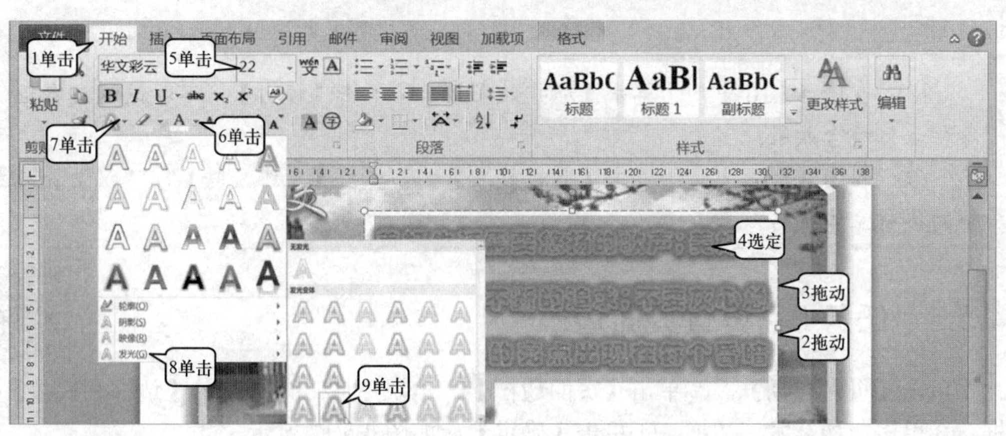


图 4.5.15

**步骤 4** ①单击【格式】。②单击选中文本框。③单击【形状填充】。④单击【无填充颜色】(见图 4.5.16)，将文本框设为透明。

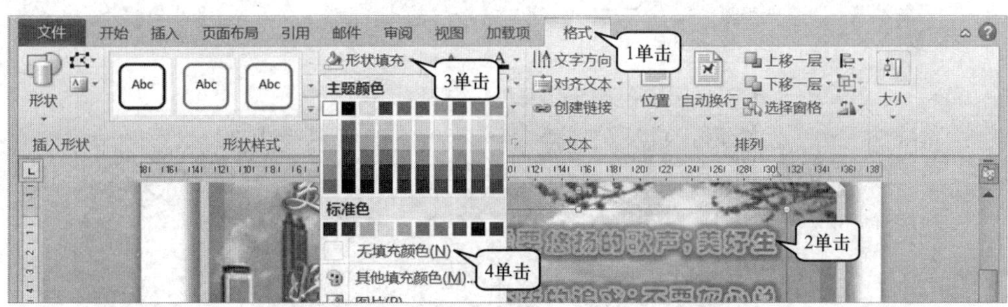


图 4.5.16

## 知识拓展卡片

(1) 单击图 4.5.16 中的【形状填充】，可以设置文本框的填充色。

(2) 单击图 4.5.16 中的【形状轮廓】，可以设置文本框的线型、粗细、颜色。

(3) 在图 4.5.16 中，①单击【形状效果】。②单击【预设】，可以设置文本框的各种立体及阴影预设效果。

(4) 在图 4.5.16 中，①单击【形状效果】。②单击【阴影】，可以设置文本框的多种阴影效果，并且可以使用不同的颜色作为阴影。

(5) 在图 4.5.16 中，①单击【形状效果】。②单击【映像】，可以设置文本框的多种倒影效果。

(6) 在图 4.5.16 中，①单击【形状效果】。②单击【柔化边缘】，可以设置文本框的各种柔化效果，还可以设置柔化边缘的颜色。

(7) 在图 4.5.16 中，①单击【形状效果】。②单击【发光】，可以设置文本框的各种发光效果，还可以设置发光效果的颜色。

(8) 在图 4.5.16 中，①单击【形状效果】。②单击【棱台】，可以设置文本框的各种立体棱台效果。

(9) 在图 4.5.16 中，①单击【形状效果】。②单击【三维旋转】，可以设置文本框的各种立体旋转效果。

## 4.5.5 任务 5：设置页面边框

①单击【页面布局】。②单击【页面边框】，出现图 4.5.17 所示的【边框和底纹】对话框。③单击一种艺术型边框。④单击【确定】，如图 4.5.17 所示。

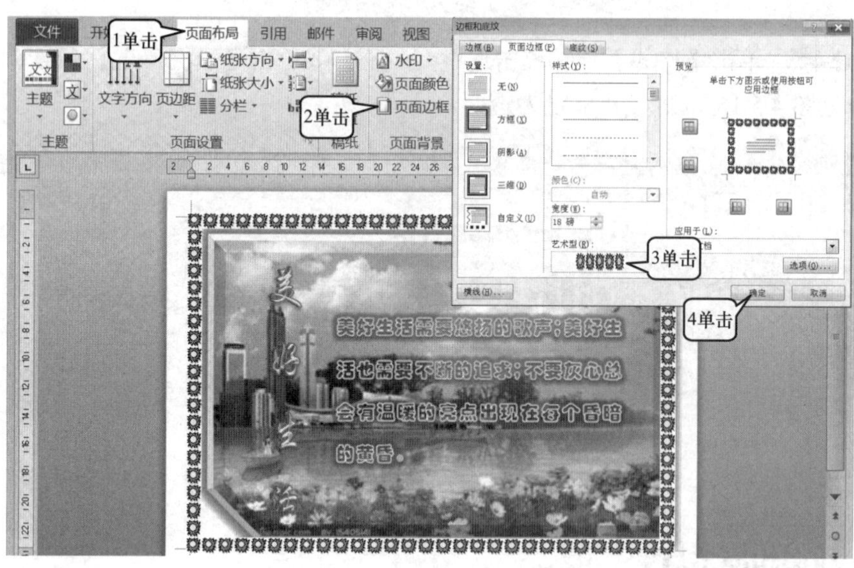


图 4.5.17

### 思考与联想

1. 如何制作名片？
2. 如何制作会议邀请函？

### 拓展练习

扫描二维码，打开案例，制作出与案例相同的文档。

# 4.6　项目 6：科技小报的制作

计算机报

中国计算机报编辑部　计算机协会主办

| CPU | 硬盘 | 内存 | 显示器 |
| --- | --- | --- | --- |
| 键盘 | 鼠标 | 显卡 | 主板 |

中央处理器(英文 Central Processing Unit，CPU)是一台计算机的运算核心和控制核心。CPU、内部存储器和输入/输出设备是电子计算机三大核心部件。其功能主要是解释计算机指令以及处理计算机软件中的数据。CPU 由运算器、控制器和寄存器及实现它们之间联系的数据、控制及状态的总线构成。

硬　盘

硬盘（港台称之为硬碟，英文名：Hard Disk Drive 简称 HDD 全名 温彻斯特式硬盘）是电脑主要的存储媒介之一，由一个或者多个铝制或者玻璃制的碟片组成，是电脑主要的存储媒介之一，由一个或者多个铝制或者玻璃制的碟片组成。

主板，又叫主机板、系统板或母板;它安装在机箱内，是微机最基本的也是最重要的部件之一。主板一般为矩形电路板，上面安装了组成计算机的主要电路系统，一般有 BIOS 芯片、I/O 控制芯片、键盘和面板控制开关接口、指示灯插接件、扩充插槽、主板及插卡的直流电源供电接插件等）。

内存与显示器

内存是计算机中重要的部件之一，它是与 CPU 进行沟通的桥梁。计算机中所有程序的运行都是在内存中进行的，因此内存的性能对计算机的影响非常大。内存(Memory)也被称为内存储器，其作用是用于暂时存放 CPU 中的运算数据，以及与硬盘等外部存储器交换的数据。只要计算机在运行中，CPU 就会把需要运算的数据调到内存中进行运算，当运算完成后 CPU 再将结果传送出来，内存的运行也决定了计算机的稳定运行。内存是由内存芯片、电路板、金手指等部分组成的。

显卡

显卡全称显示接口卡（Video card，Graphics card），又称为显示适配器（Video adapter），显示器配置卡简称为显卡，是个人电脑最基本组成部分之一。显卡的用途是将计算机系统所需要的显示信息进行转换驱动并向显示器提供行扫描信号，控制显示器的正确显示，是连接显示器和个人电脑主板的重要元件，是“人机对话”的重要设备之一。显卡作为电脑主机里的一个重要组成部分，承担输出显示图形的任务，对于从事专业图形设计的人来说显卡非常重要。

## 项目剖析

**应用场景：** 在实际工作中，往往要对文档进行形式多样、色彩丰富、样式活泼的排版。为了使文档更为美观，我们必须在排版文档时将表格、图片、文本框、边框、艺术字、底纹、绘图、分栏等元素应用到文档中，通过这些元素来装饰版面，以使文档更为美观、吸引眼球。通过灵活应用 Word 中的这些元素，就可以制作出如上图所示的小报、彩页广告、宣传册等不同用途的文档。

**设计思路与方法技巧：** 在上述小报文档中，我们应用绘图工具绘制了需要的图形，插入了与文档相对应的图片和剪贴画，这样就使得文档的排版图文并茂，凸显其生动活泼的风格。加入表格与文本框则使文字板块布局方便灵活。通过对表格、文本框的线型颜色、底纹的设置，可使表格更好地发挥作用。上述计算机报的报头部分是一个 1×1 的表格，并且四周设置了不同的表格线。下面两行是文本框和绘制的矩形，并添加了底纹、图案和文字。右侧是添加文字的一个立体矩形。报头下面是添加底纹的 4×2 的表格。中央处理器部分添加项目符号，并且插入了设置环绕效果的图片。主板介绍部分则是一个设置了底纹、边框线、环绕效果的文本框。而硬盘、内存与显示器标题部分是加了底纹、边框线的自选图形。显示器介绍部分是一个设置了底纹、边框线 1×1 的表格，并且表格的文字采用了竖排的形式。内存介绍部分则是简单地使用了底纹和剪贴画环绕的形式。显卡介绍部分进行分栏排版，并且将标题采用了绘制图形和环绕方式放在分栏文字中。

**应用到的相关知识点：** 图形的插入与设置、图形上文字的添加、设置文字的边框和底纹、文本框边框线与环绕效果设置、表格中文本的竖排与设置、剪贴画的插入与处理、设置分栏效果、设置首字下沉。

## 即学即用的可视化实践环节

## 4.6.1 任务1：图形的插入与设置

### 1. 绘制图形

①单击【插入】。②单击【形状】。③单击【星与旗帜 】\【】。④拖动鼠标，画出图形。⑤单击【形状】。⑥单击【星与旗帜】\【】。⑦拖动鼠标，画出图形。⑧单击【形状】。⑨单击【矩形】\【】。⑩拖动鼠标，画出图形(见图 4.6.1)。

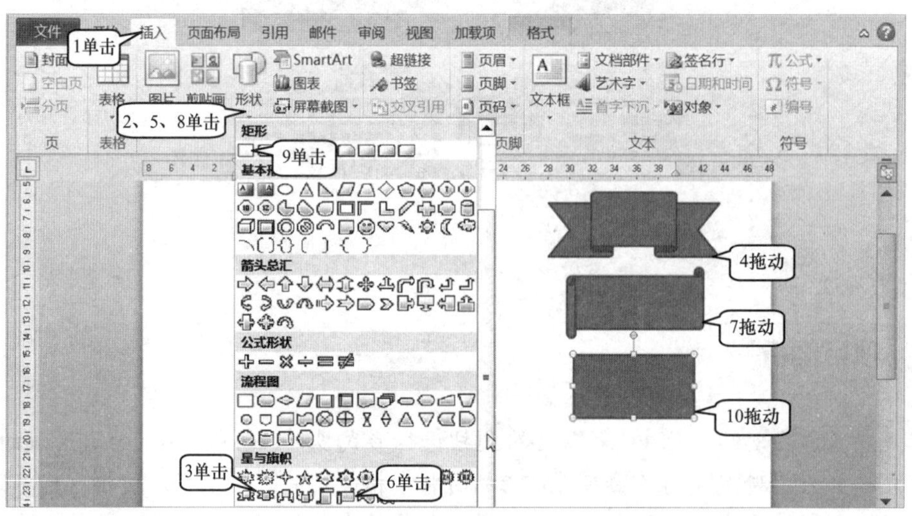


图 4.6.1

### 2. 设置图形大小

**步骤1** ①单击横卷形图形。②单击【格式】。③输入【1.4】。④输入【7】(见图 4.6.2)，如果看不到图中的输入框，请将窗口横向拉大，直到出现图中的输入框。

**步骤2** 将上凸带形也做同样的设置。

**步骤3** 按住 Ctrl 键拖动矩形，再复制出一个矩形。将两个矩形大小分别设为 0.7×6 厘米和 3.2×2.7 厘米，结果如图 4.6.2 所示。

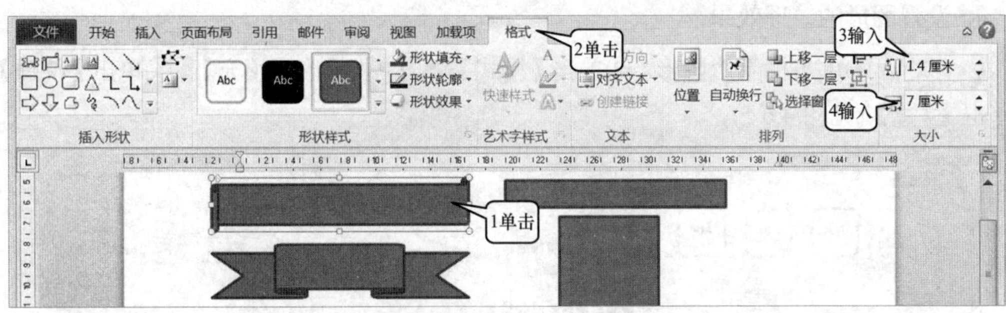


图 4.6.2

### 3. 设置图形的发光效果与渐变色

步骤 1 ①单击选中上凸带形。②单击【格式】。③单击【形状轮廓】，选择橙色, 强调文字颜色 6，淡色 40%。④单击【形状效果】，选择【发光】\ 橄榄色，11 pt 发光，强调文字颜色 3(见图 4.6.3)。

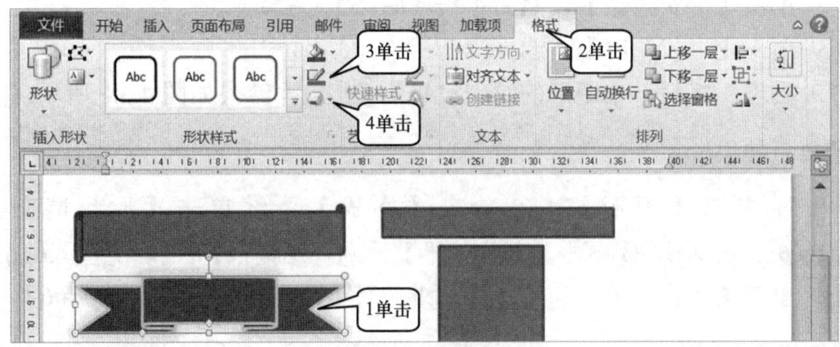


图 4.6.3

步骤 2 ①单击【形状填充】。②单击【渐变】。③单击【其他渐变】，出现图 4.6.4 所示的【设置形状格式】对话框。④单击【渐变填充】。⑤单击【预设颜色】。⑥单击彩虹出岫。⑦ 单击【关闭】(见图 4.6.4)，将上凸带形填充成彩虹出岫效果，见图 4.6.4。

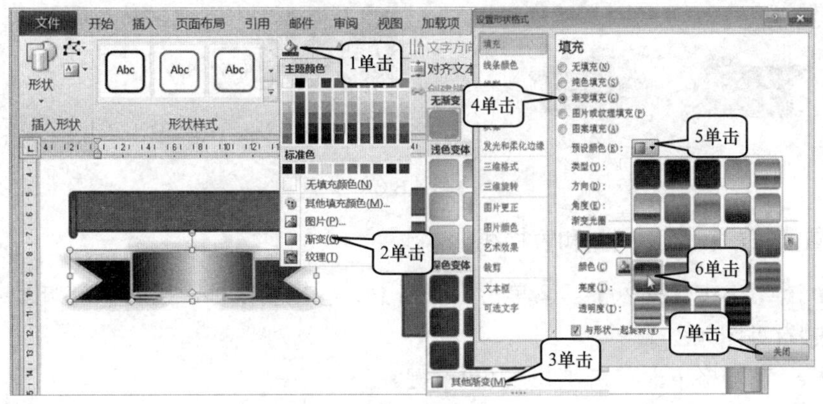


图 4.6.4

4. 设置图形的纹理效果

步骤1 ①单击横卷形图形。②单击【格式】。③单击【形状填充】。④单击【纹理】。⑤单击【水滴】(见图 4.6.5)。

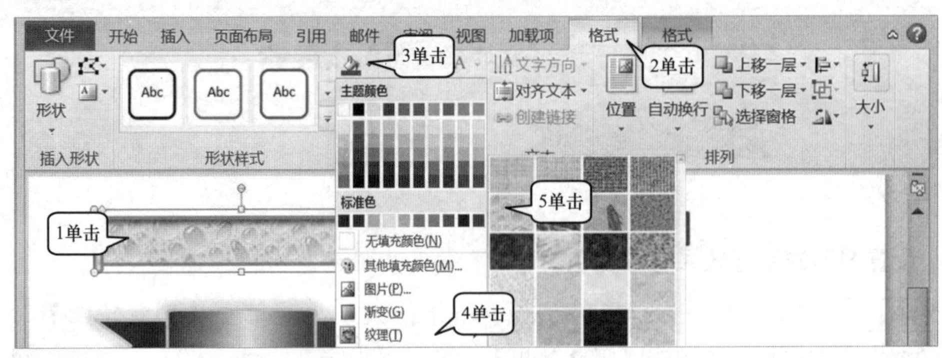


图 4.6.5

步骤2 单击【形状效果】，然后单击【阴影】\ 内部上方。

步骤3 单击【形状轮廓】，选择浅蓝。

步骤4 同理，将另一个矩形的纹理设置为编织物，结果如图 4.6.6 所示。

5. 设置单色效果

步骤1 ①单击【矩形】。②单击【格式】。③单击【形状填充】，选择橙色, 强调文字颜色 6 , 深色 50%。④单击【形状效果】，选择【棱台】\ 凸起(见图 4.6.6)。

步骤2 单击【形状效果】，选择【三维旋转】\ 左透视，结果如图 4.6.6 所示。

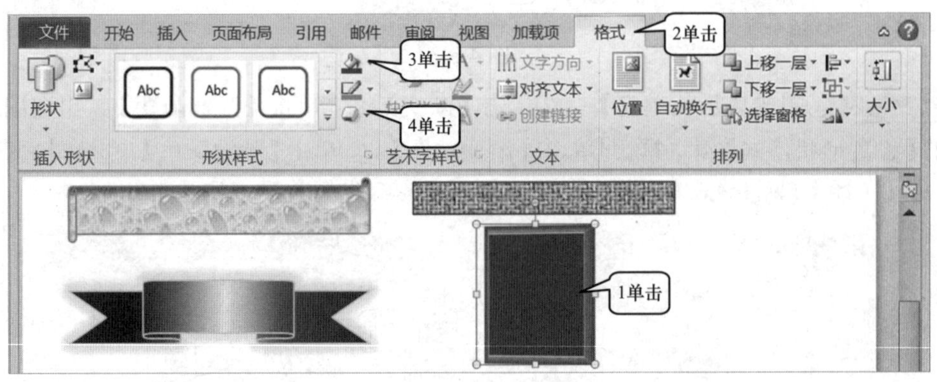


图 4.6.6

6. 设置表格的行高、列宽和表格线

步骤1 ①单击【插入】。②单击【表格】。③拖动鼠标，插入一个如图 4.6.7 所示的 4×2 的表格(见图 4.6.7)。

步骤2 在表格下面单击，并按 Enter 键。

步骤3 同理，再插入一个 1×1 表格，结果如图 4.6.7 所示，然后拖动选定柄将其放到 4×2 表格的上方。

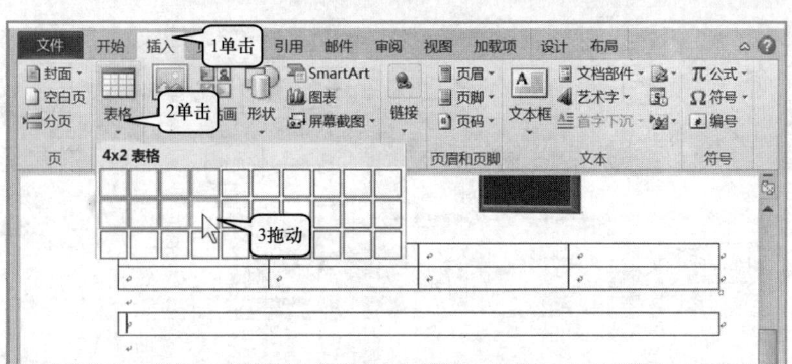


图 4.6.7

步骤 4 ①单击 1×1 表格的选定柄。②单击【布局】。③输入行高【3.5】。④输入列宽【15】(见图 4.6.8)。

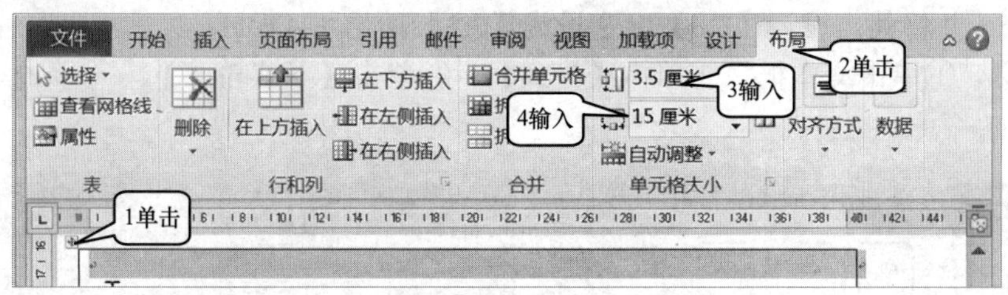


图 4.6.8

步骤 5 同理，单击 4×2 表格的选定柄，然后将其行高设为【0.5】，列宽设为【3.7】。

步骤 6 ①单击 1×1 表格的选定柄。②单击【设计】。③单击选择单波浪线型。④单击选择【1.5 磅】。⑤单击选择紫色。⑥单击【边框】。⑦单击【上框线】(见图 4.6.9)。

步骤 7 同理，将表格的两根竖线设为双波浪线、紫色；将表格的下线设为螺纹线、绿色，结果如图 4.6.9 所示。

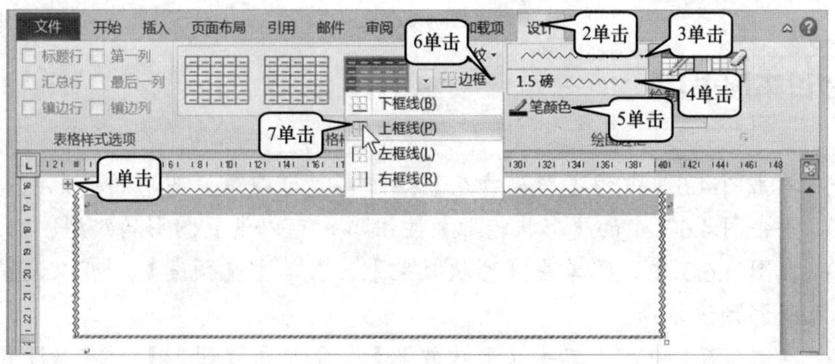


图 4.6.9

步骤 8 将 4×2 表格的底纹设为橙色, 强调文字颜色 6，表格线为黄色、点画线、1.5 磅。

步骤 9 在 1×1 表内单击，插入艺术字【计算机报】。

步骤 10 ①单击艺术字。②单击【格式】。③输入【3】。④输入【8】。⑤单击【文字效果】。⑥单击【映像】。⑦单击紧密映像，接触(见图 4.6.10)。

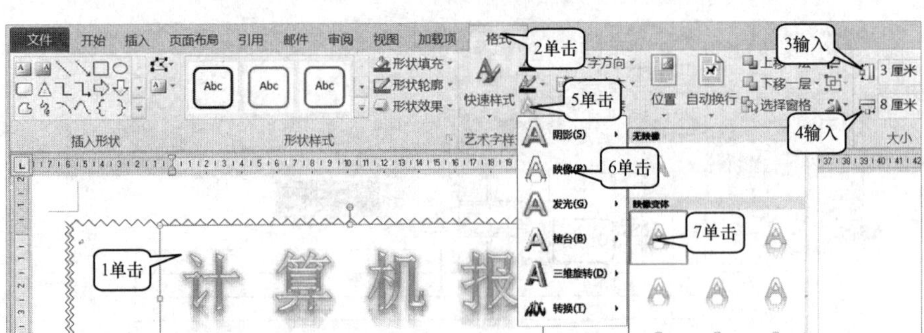


图 4.6.10

步骤11 单击【文字效果】，然后单击【发光】\橄榄色，5 pt 发光，强调文字颜色 3。

步骤12 单击【文字效果】，然后单击【棱台】\圆。

步骤13 在 1×1 表内插入一个文本框，在文本框内输入【中国计算机报编辑部计算机协会主办】，并将其高设为【0.8】，宽设为【7.1】，见图 4.6.11。

步骤14 ①单击文本框。②单击【格式】。③单击【形状轮廓】。④单击【无轮廓】(见图 4.6.11)。

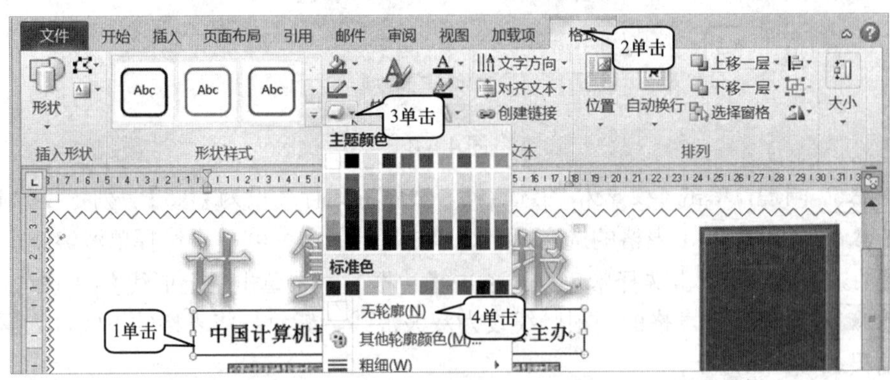


图 4.6.11

## 知识拓展卡片

(1) 单击图 4.6.3 中的【形状填充】按钮，可以设置图形的填充色。

(2) 单击图 4.6.3 中的【形状轮廓】按钮，可以设置图形的线型、粗细、颜色。

(3) 在图 4.6.3 中，①单击【形状效果】。②单击【预设】，可以设置图形的各种立体及阴影预设效果。

(4) 在图 4.6.3 中，①单击【形状效果】。②单击【阴影】，可以设置图形的多种阴影效果，并且可以使用不同的颜色作为阴影。

(5) 在图 4.6.3 中，①单击【形状效果】。②单击【映像】，可以设置图形的多种倒影效果。

(6) 在图 4.6.3 中，①单击【形状效果】。②单击【柔化边缘】，可以设置图形的各种柔化效果，还可以设置柔化边缘的颜色。

(7) 在图 4.6.3 中，①单击【形状效果】。②单击【发光】，可以设置图形的各种发光效果，还可以设置发光效果的颜色。

(8) 在图 4.6.3 中，①单击【形状效果】。②单击【棱台】，可以设置图形的各种立体棱台效果。

(9) 在图 4.6.3 中，①单击【形状效果】。②单击【三维旋转】，可以设置图形的各种立体旋转效果。

(10) 单击【自动换行】，可以设置图形与文字的位置关系，如设置成【四周环绕】、【紧密环绕】、【衬于文字下方】、【浮于文字上方】、【嵌入型】。

(11) 在图 4.6.11 中，只画出了几个图形，实际上通过【形状】按钮是能画出几十种图形的。

(12) 在图 4.6.11 中，同样可以通过【形状填充】按钮、【形状轮廓】按钮、【形状效果】按钮对文本框进行各种效果的设置。

## 4.6.2 任务 2：在图形上添加文字

步骤1 ①右击矩形。②单击【添加文字】。③输入【JI SUAN JI BAO】，然后选定它。④单击选择【华文彩云】。⑤单击选择【五号】。⑥单击选择黄色(见图 4.6.12)。

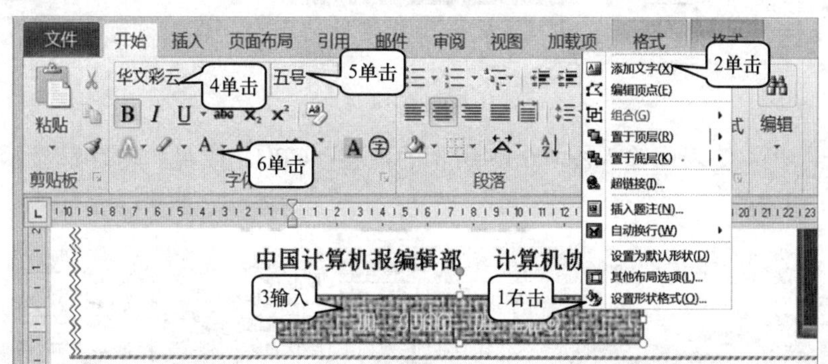


图 4.6.12

步骤2 同理，在另一个矩形上添加图 4.6.13 所示的文字，并将文字设为华文隶书、五号、白色。

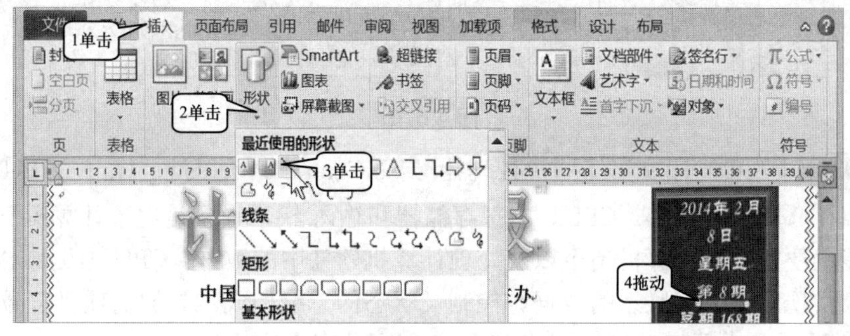


图 4.6.13

步骤3 ①单击【插入】。②单击【形状】。③单击选择直线。④拖动鼠标画出直线(见图 4.6.13)。

步骤4 ①单击【格式】。②单击【形状轮廓】。③单击【粗细】。④单击【其他线条】，出现如图 4.6.14 所示的【设置形状格式】对话框。⑤单击【复合类型】。⑥单击选择三线。⑦单击【关闭】(见图 4.6.14)，这样上面所画的横线就被设为了【三线】。

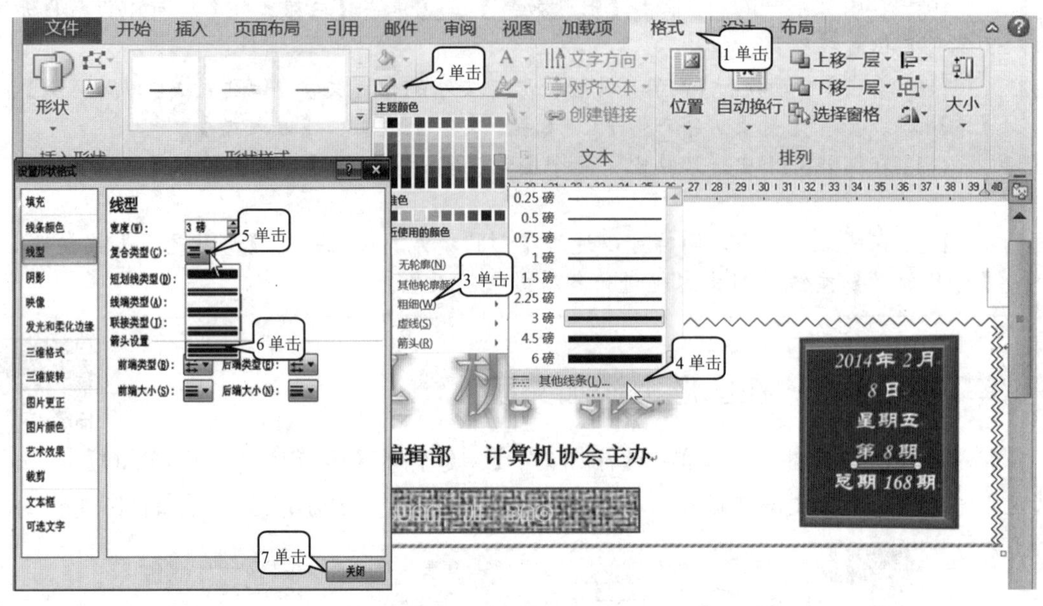


图 4.6.14

步骤5 在 4×2 表中输入图 4.6.15 所示的内容：CPU、硬盘、内存、显示器、键盘、鼠标、显卡、主板。

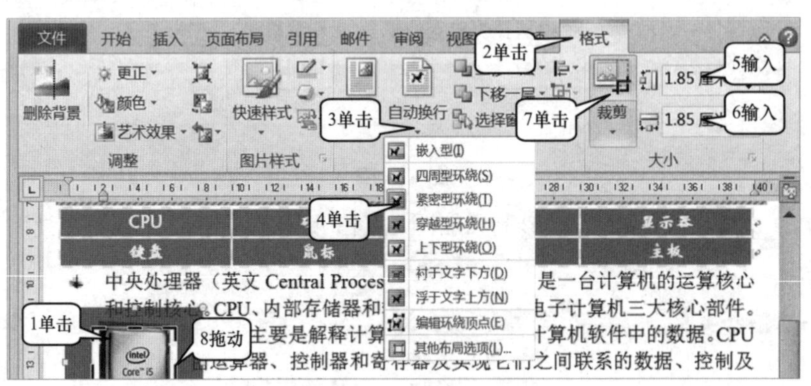


图 4.6.15

步骤6 输入第一段文字【中央处理器(英文 Central Processing Unit，CPU)是一台计算机的运算核心和控制核心。CPU、内部存储器和输入/输出设备是电子计算机三大核心部件。其功能主要是解释计算机指令以及处理计算机软件中的数据。CPU 由运算器、控制器和寄存器及实现它们之间联系的数据、控制及状态的总线构成。】加上项目符号。

步骤7 插入【教材素材】\【图片】\【CPU 图片】文件。

**步骤 8** ①单击插入的图片。②单击【格式】。③单击【自动换行】。④单击【紧密型环绕】。⑤输入【1.85】。⑥输入【1.85】。⑦单击【裁剪】按钮。⑧拖动图片的裁剪边线，将图片的白色部分裁去(见图 4.6.15)。

## 4.6.3 任务 3：设置文字的边框和底纹

**步骤 1** ①右击横卷形图形。②单击【添加文字】。③输入【硬盘】，并将其设为华文新魏、三号、红色。

**步骤 2** ①输入文字【硬盘(港台称之为硬碟，英文名：Hard Disk Drive，简称 HDD。全名：温彻斯特式硬盘)是电脑主要的存储媒介之一，由一个或者多个铝制或者玻璃制的碟片组成，是电脑主要的存储媒介之一，由一个或者多个铝制或者玻璃制的碟片组成。】设为宋体、五号。②选定输入的文字。③单击【底纹】，选择橙色。④单击【边框和底纹】。⑤单击【边框和底纹】，弹出图 4.6.16 所示的【边框和底纹】对话框。⑥单击选择点画线。⑦单击选择【紫色】。⑧单击选择【1.5 磅】。⑨单击【底纹】(见图 4.6.16)，出现图 4.6.17。

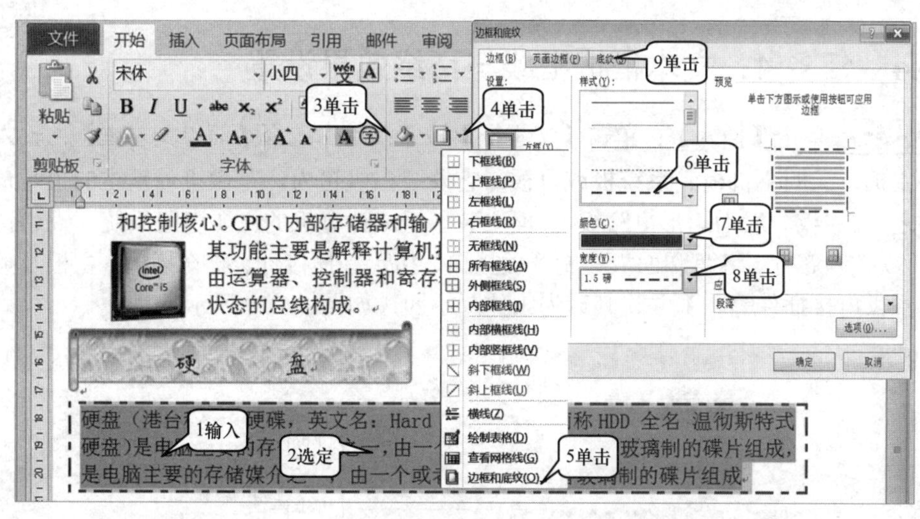


图 4.6.16

**步骤 3** ①单击选择【橙色】。②单击【确定】(见图 4.6.17)。

### 知识拓展卡片

(1) 在图 4.6.17 所示的【边框和底纹】对话框中，单击【样式】，可以选择各种样式的底纹；单击【颜色】，可以设置不同的底纹颜色。通过上述设置，可以给文字加各种不同样式、不同颜色的底纹。

(2) 在图 4.6.18 所示的【边框和底纹】对话框中，单击【阴影】，可以给文字加带阴影的边框；单击【三维】，可以给文字加三维边框。

(3) 在图 4.6.18 所示的【边框和底纹】对话框中：①单击【自定义】。②单击选择线型。③单击选择颜色。④单击选择粗细。⑤单击相应的按钮，可以单独设置某个边框线的颜色和线型以及粗细。通过这种方法，可以将每个边框线设置为不同的颜色、线型和粗细。

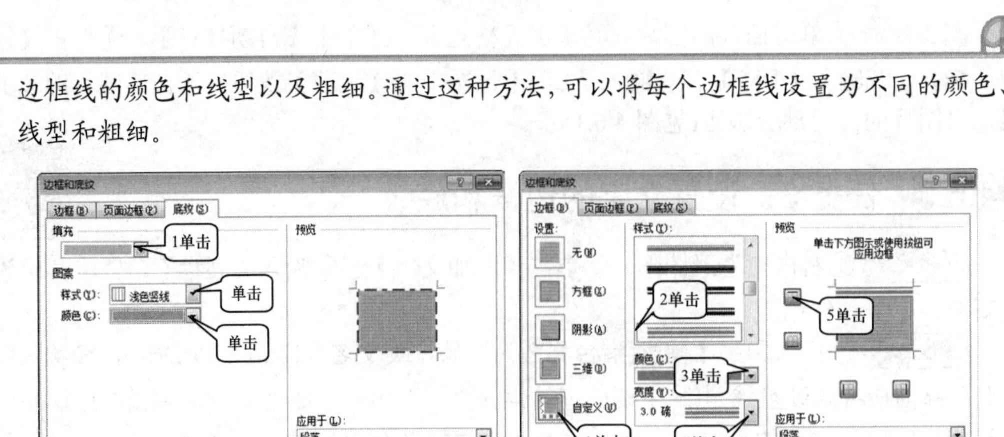


图 4.6.17　　　　图 4.6.18

## 4.6.4 任务 4：文本框边框线与环绕效果设置

**步骤 1** 单击【插入】；单击【文本框】按钮；单击选择【简单文本框】；输入框内文字【主板，又叫主机板、系统板或母板；它安装在机箱内，是微机最基本的也是最重要的部件之一。主板一般为矩形电路板，上面安装了组成计算机的主要电路系统，一般有 BIOS 芯片、I/O 控制芯片、键盘和面板控制开关接口、指示灯插接件、扩充插槽、主板及插卡的直流电源供电接插件等。】并将其设为宋体、小四，如图 4.6.19 所示。

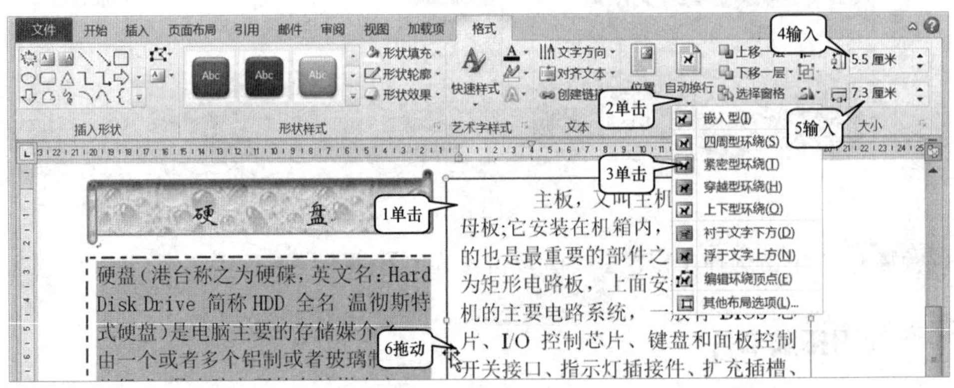


图 4.6.19

**步骤 2** ①单击选中文本框。②单击【自动换行】。③单击【紧密型环绕】。④输入【5.5】。⑤输入【7.3】。⑥拖动文本框的边线，将其移到图 4.6.19 所示的位置。

**步骤 3** 单击【插入】；单击【形状】按钮；单击【星与旗帜】\✸；拖动鼠标画出图形。

**步骤 4** ①拖动图形到图 4.6.20 所示的位置。②单击【其他】。③单击强烈效果 - 橄榄色，强调颜色 3(见图 4.6.20)。

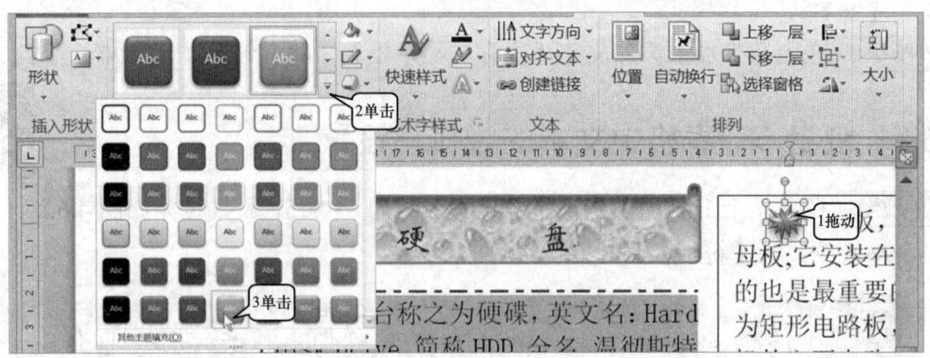


图 4.6.20

步骤5 ①单击选中文本框。②单击【形状轮廓】按钮。③单击【粗细】。④单击【3磅】。⑤单击【形状轮廓】按钮。⑥单击【粗细】。⑦单击【其他线条】，出现如图 4.6.21 所示的【设置形状格式】对话框。⑧单击【复合类型】按钮。⑨单击选择由粗到细。⑩单击【关闭】(见图 4.6.21)。

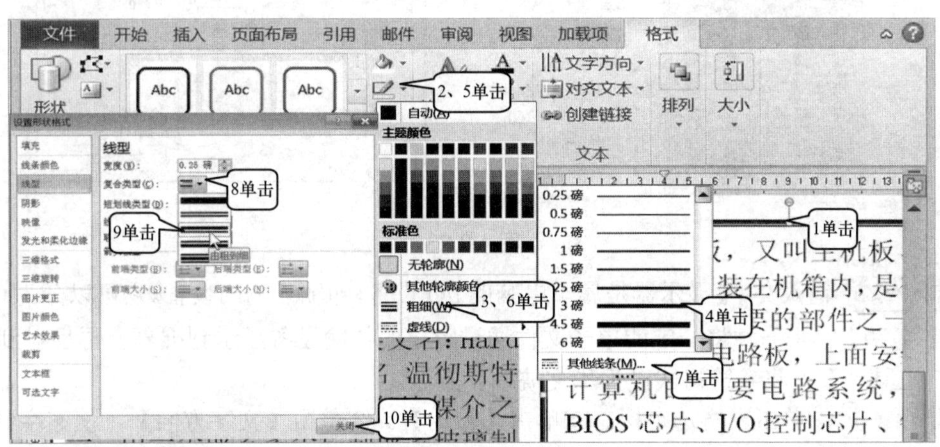


图 4.6.21

步骤6 ①单击【形状效果】按钮。②单击【发光】。③单击紫色，8 pt 发光，强调文字颜色 4，结果如图 4.6.22 所示。

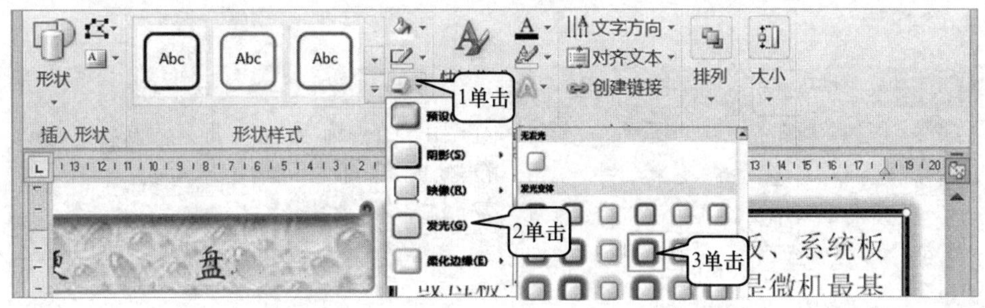


图 4.6.22

步骤7 打开【段落】对话框，单击【行距】，选择【固定值】，在右侧的【设置值】

框中输入【20】。

步骤 8 在上凸带形上添加文字【内存与显示器】，将其设为华文行楷、小四。

## 4.6.5 任务 5：表格中文本的竖排与设置

步骤 1 插入一个 1×1 的表格，并将其大小设为 6×4.25，表线设为如图 4.6.23 所示的样式，表格底纹设为【粉红】。

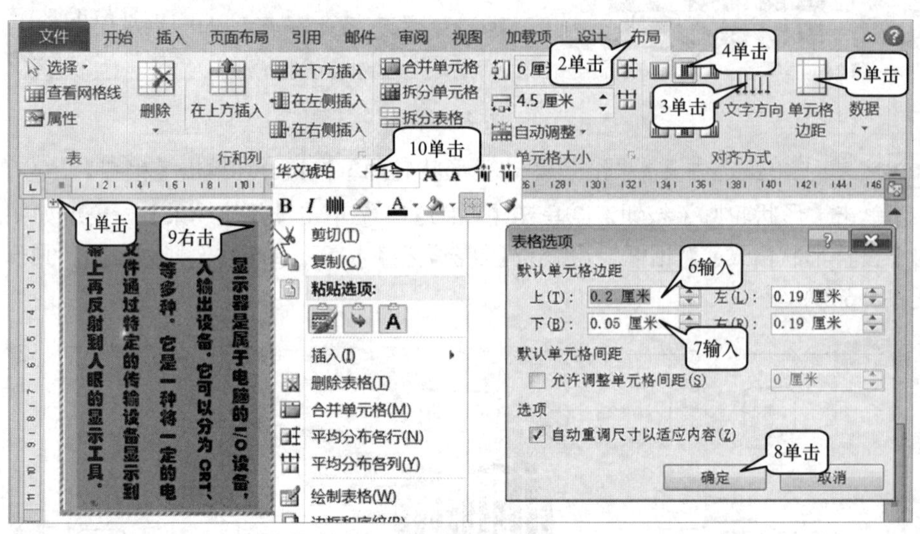


图 4.6.23

步骤 2 输入文字【显示器是属于电脑的 I/O 设备，即输入输出设备。它可以分为 CRT、LCD 等多种。它是一种将一定的电子文件通过特定的传输设备显示到屏幕上再反射到人眼的显示工具。】，将字符格式设为华文琥珀、五号。

步骤 3 ①单击表格选定柄。②单击【布局】。③单击【文字方向】，使文字竖排。④单击【中部两端对齐】。⑤单击【单元格边距】，出现图 4.6.23 所示的【表格选项】对话框。⑥输入【0.2】。⑦输入【0.05】。⑧单击【确定】。⑨右击表格。⑩单击选择【华文琥珀】(见图 4.6.23)。

步骤 4 ①单击【开始】。②单击【文字效果】按钮。③单击 填充 - 白色，轮廓 - 强调文字颜色 1，(见图 4.6.24)。

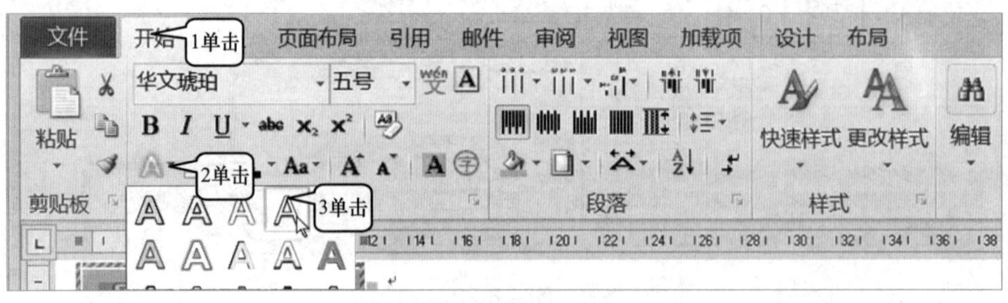


图 4.6.24

## 4.6.6 任务 6：剪贴画的插入与处理

步骤1 ①在要输入文字处双击定位插入点。②输入文字【内存是计算机中重要的部件之一，它是与 CPU 进行沟通的桥梁。计算机中所有程序的运行都是在内存中进行的，因此内存的性能对计算机的影响非常大。内存(Memory)也被称为内存储器，其作用是用于暂时存储 CPU 中的运算数据，以及与硬盘等外部存储器交换的数据。只要计算机在运行中，CPU 就会把需要运算的数据调到内存中进行运算，当运算完成后 CPU 再将结果传送出来，内存的运行也决定了计算机的稳定运行。内存是由内存芯片、电路板、金手指等部分组成的。】。③单击【插入】。④单击【剪贴画】。⑤单击【搜索】。⑥拖动滚动条，找到剪贴画。⑦单击剪贴画，如图 4.6.25 所示。

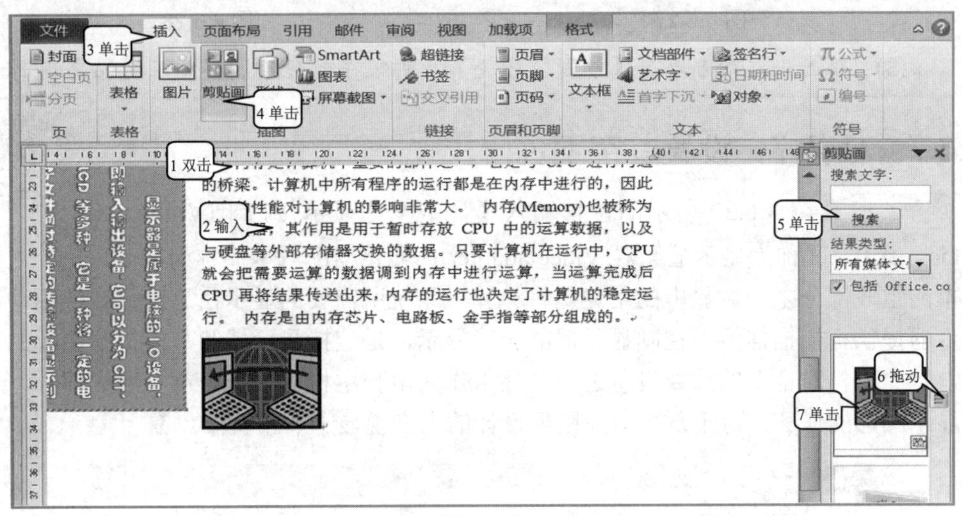


图 4.6.25

步骤2 将文字的底纹设为图 4.6.26 所示的黄色。

步骤3 ①单击剪贴画。②单击【格式】。③单击【自动换行】按钮。④单击【四周型环绕】。⑤拖动剪贴画到合适的位置。⑥输入【4】。⑦输入【3.44】(见图 4.6.26)，设置好剪贴画的大小，结果如图 4.6.26 所示。

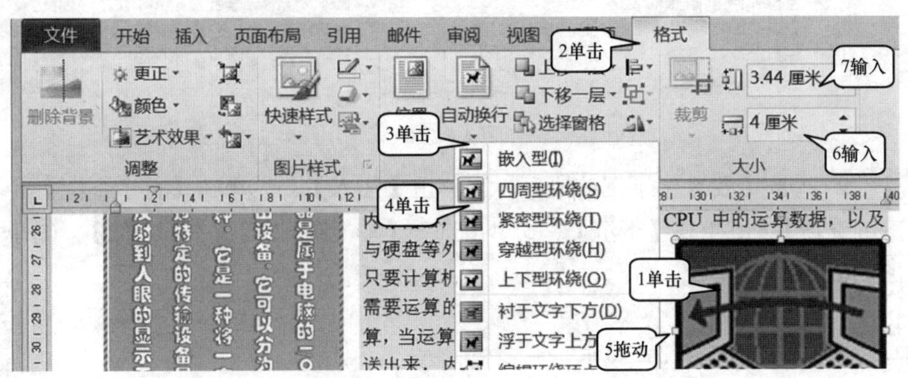


图 4.6.26

**知识拓展卡片**

(1) 在图 4.6.26 中单击【浮于文字上方】，则效果如图 4.6.27 所示。

(2) 在图 4.6.26 中单击【嵌入型】，则效果如图 4.6.28 所示。

图 4.6.27

图 4.6.28

(3) 在图 4.6.26 中单击【紧密型环绕】，则文字就会紧密环绕在剪贴画周围。

## 4.6.7 任务 7：设置首字下沉

**步骤 1** 在图 4.6.29 所示的位置输入【显卡全称显示接口卡(Video card, Graphics card)，又称为显示适配器(Video adapter)，显示器配置卡简称为显卡，是个人电脑最基本的组成部分之一。显卡的用途是将计算机系统所需要的显示信息进行转换驱动，并向显示器提供行扫描信号，控制显示器的正确显示，是连接显示器和个人电脑主板的重要元件，是“人机对话”的重要设备之一。显卡作为电脑主机里的一个重要组成部分，承担输出显示图形的任务，对于从事专业图形设计的人来说显卡非常重要。】

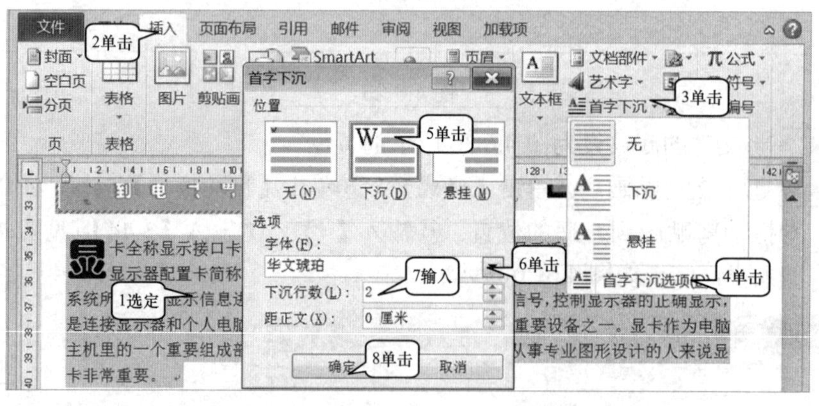


图 4.6.29

**步骤 2** ①选定要首字下沉的段落。②单击【插入】。③单击【首字下沉】。④单击【首字下沉选项】。⑤单击【下沉】。⑥单击选择【华文琥珀】。⑦输入【2】。⑧单击【确定】(见图 4.6.29)。

## 4.6.8 任务 8：设置分栏

**步骤 1** ①选定要分栏的段落。②单击【页面布局】。③单击【分栏】。④单击【两栏】，如图 4.6.30 所示。

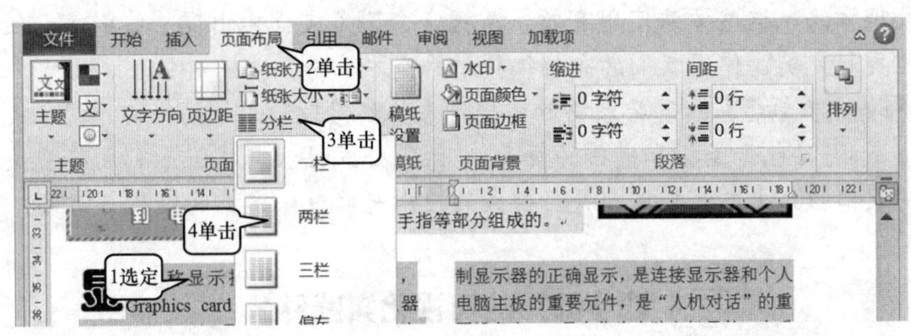


图 4.6.30

步骤 2　单击【插入】，单击【形状】按钮，单击【星与旗帜】\【 】，拖动鼠标画出图形。

步骤 3　单击【格式】；单击【形状样式】中的【其他】按钮，单击强烈效果 - 橄榄色，强调颜色 3。在【大小】框中，将高度设为 2.8，宽度设为 2.8。

步骤 4　在图形上添加文字【显卡】，并设为华文行楷、二号、紫色。

步骤 5　拖动图形到 4.6 节开头案例图形所示的位置。

步骤 6　将显卡部分文字的底纹设为橙色，强调文字颜色 6，淡色 80%。

步骤 7　单击【页面布局】，单击【页面边框】按钮，出现【边框和底纹】对话框。

步骤 8　在【边框和底纹】对话框的【艺术型】中，单击选择一种艺术型边框，单击【确定】，结果如 4.6 节开头案例图形所示。

### 思考与联想

1. 如何制作 A3 大小双版面的报纸？
2. 如何制作 A3 大小的标准考卷？

### 拓展练习

扫描二维码，打开案例，制作出与案例相同的文档。

## 4.7　项目 7：技巧荟萃

### 项目剖析

**应用场景：** 在实际处理文档过程中，常常会遇到一些棘手的问题，比如复杂表格和不规则表格的修改，如何标明文档中哪些地方做了修改以及对修改的认可和不认可；在同一个文档中同时包含有竖排和横排的页面，数学公式的排版，制作发给多个不同单位、不同人的通知，去除表格线以利于对表格内的文字进行重新编辑排版等。掌握这些功能的使用，会给我们实际工作带来更多的方便。

**设计思路与方法技巧：**本节将汇集实际处理文档过程中常见的一些棘手的问题，并给出具体的处理方法，这些方法实用有效。掌握它会避免文档中出现一些瑕疵，使得经我们处理的文档更趋完美，体现我们的文档编辑水平高人一筹。

**应用到的相关知识点：**复杂表格和不规则表格的修改；文档的修订，同一文档中设置两种页面形式(同时包含竖排和横排的页面)；数学公式插入与排版；利用标尺快速调整段落缩进；将表格转为文本；邮件合并；样式的应用与修改；文章的修改与审阅。

**即学即用的可视化实践环节**

## 4.7.1 任务 1：不规则表格修改技巧

### 1. 插入与删除行

**步骤 1** 打开【教材素材】\【Word】\【设备表】文件。

**步骤 2** ①拖动选定两行。②单击【表格工具】\【布局】。③单击【在上方插入】(见图 4.7.1)，结果见图 4.7.2。这里需要注意的是不能单击【在下方插入】，否则会破坏表格的结构。图 4.7.3 就是单击【在下方插入】的结果。

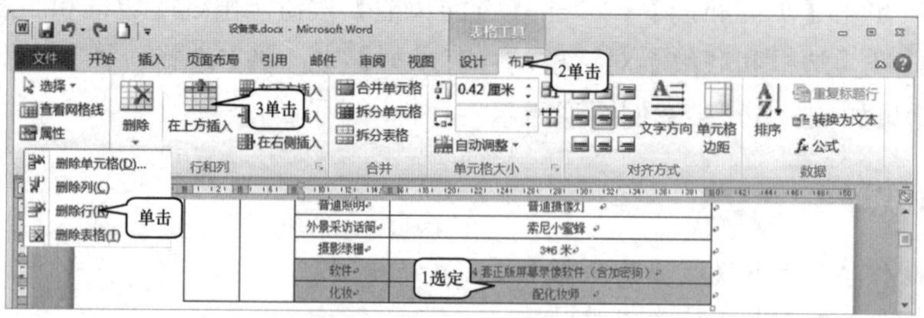


图 4.7.1

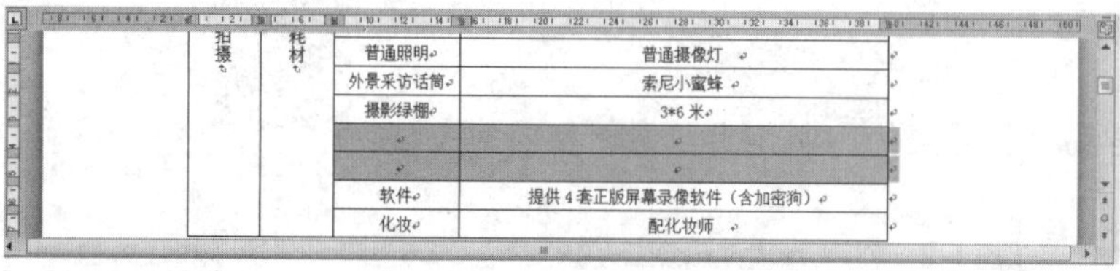

图 4.7.2

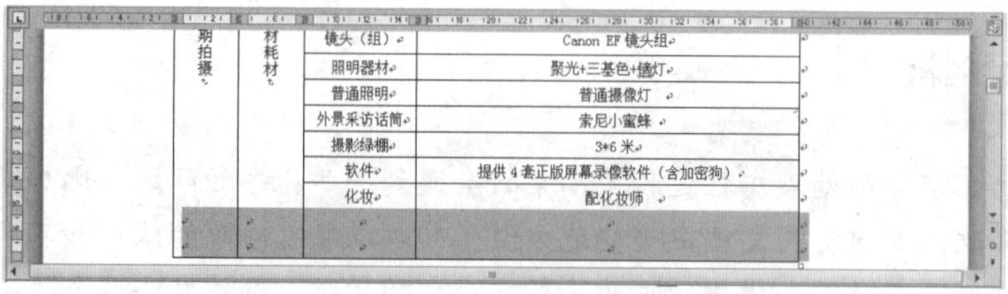

图 4.7.3

步骤3 如果要删除行的话，只要单击图 4.7.1 中的【删除】\【删除行】即可。

2. 删除列

步骤1 打开【教材素材】\【Excel】\【设备表】文件。

步骤2 ①拖动选定 1 列。②单击【表格工具】\【布局】。③单击【删除】\【删除单元格】，出现图 4.7.4 所示的【删除单元格】对话框。④单击【确定】(见图 4.7.4)，结果见图 4.7.5。这里需要注意的是不能单击【删除列】，否则会破坏表格的结构。

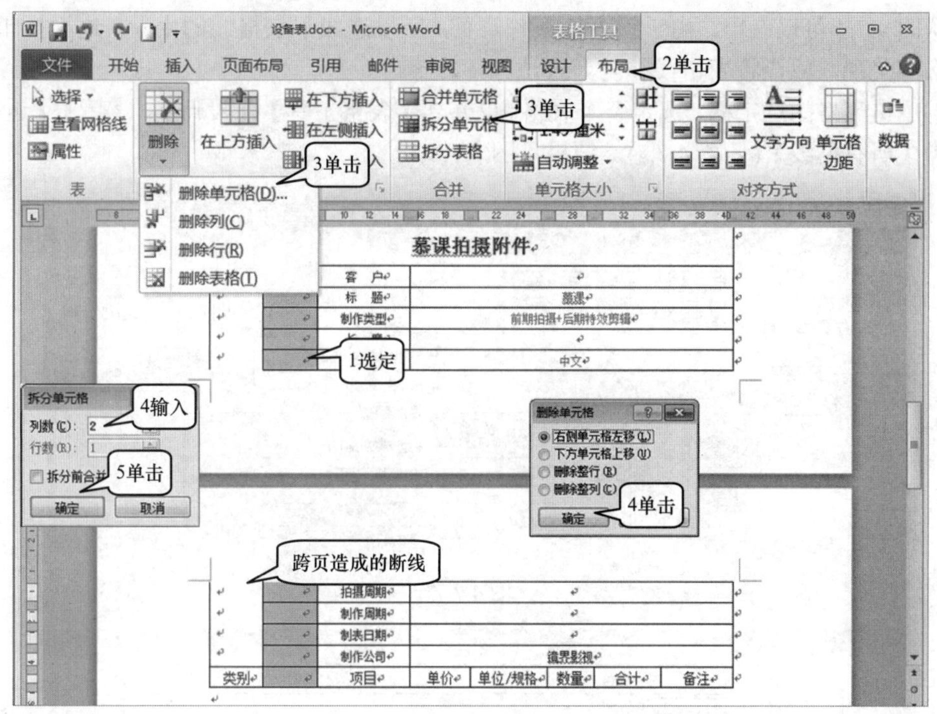


图 4.7.4

步骤3 向左边拖动表格线，即可复原表格，如图 4.7.5 所示。

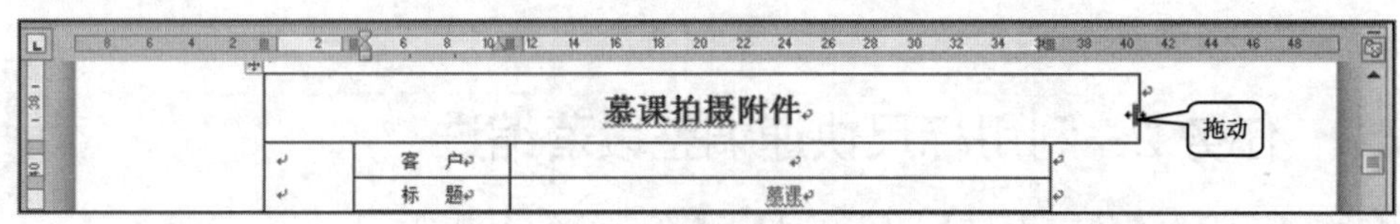


图 4.7.5

3. 插入列

步骤1 打开【教材素材】\【Excel】\【设备表】文件。

步骤2 ①拖动选定 1 列。②单击【表格工具】\【布局】。③单击【拆分单元格】，出现图 4.7.4 所示的【拆分单元格】对话框。④输入【2】。⑤单击【确定】(见图 4.7.4)，结果见图 4.7.6。这里需要注意的是不能单击【在左侧插入】或【在右侧插入】，否则会破坏表格的结构。

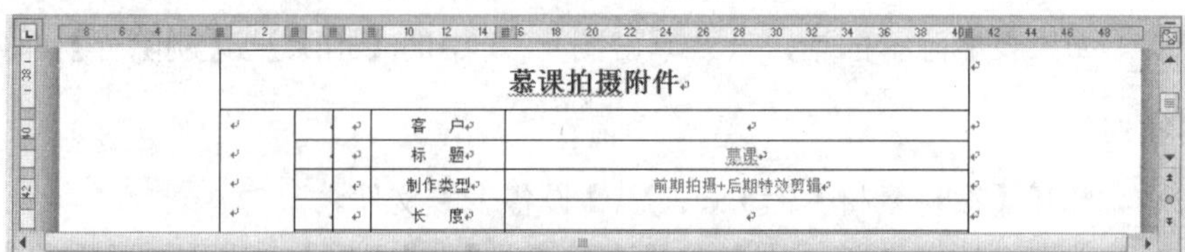


图 4.7.6

### 4. 残缺表线的修补

从图 4.7.4 可以看出，由于该表格横跨两页，所以造成了表格线的中断，这样打印出来的表格不美观，应该将表格线补全。方法如下。

①单击表格的选定柄，选定整个表格。②单击【表格工具】\【设计】。③单击【边框】。④单击【所有框线】(见图 4.7.7)，结果见图 4.7.8。

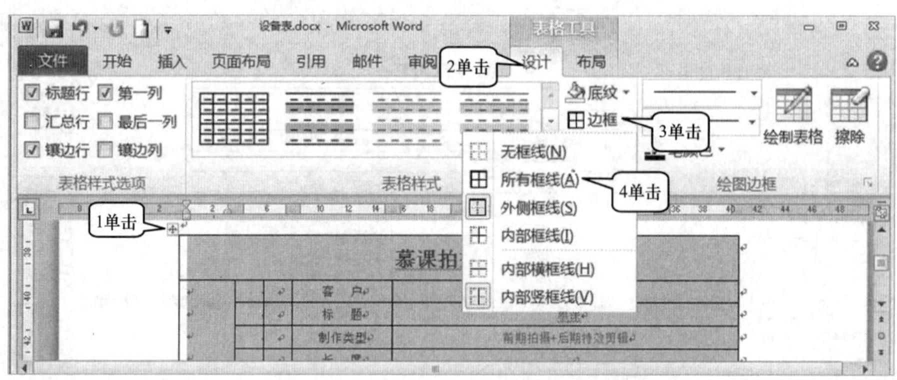


图 4.7.7

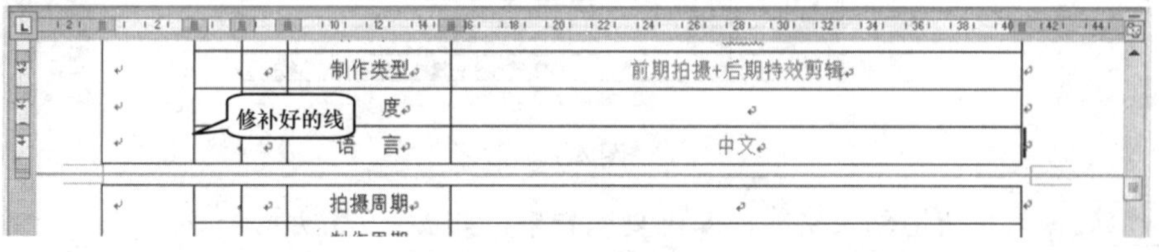


图 4.7.8

## 4.7.2 任务 2：利用标尺快速调整段落缩进

步骤 1 打开【教材素材】\【Word】\【奇瑞介绍】文件。

步骤 2 ①单击【视图】。②单击勾选【标尺】(见图 4.7.9)，即可显示标尺，如果标尺已经显示，这一步就不用做了。

图 4.7.9

步骤3 ①选定要设置的段落。②拖动【首行缩进】标志，改变第 1 行的位置。③拖动【左缩进标志】，可以改变段落的左缩进距离。④拖动【右缩进标志】(见图 4.7.10)，可以改变段落的右缩进距离。

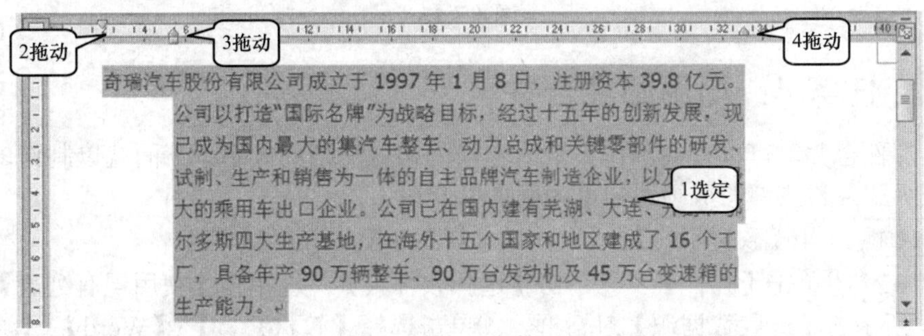


图 4.7.10

## 4.7.3 任务 3：将表格转为文本

如果希望表格中的文本取出放入文档进行编辑，就需要将表格线和单元格去除。

步骤1 打开【教材素材】\【Word】\【销售表】文件。

步骤2 ①单击表格的选定柄，选定整个表格。②单击【表格工具】\【布局】。③单击【转换为文本】，出现图 4.7.11 所示的【表格转换成文本】对话框。④单击选择【制表符】。⑤单击【确定】(见图 4.7.11)，结果见图 4.7.12。图中的文字是没有表格单元格约束的，可以随意进行编辑处理。

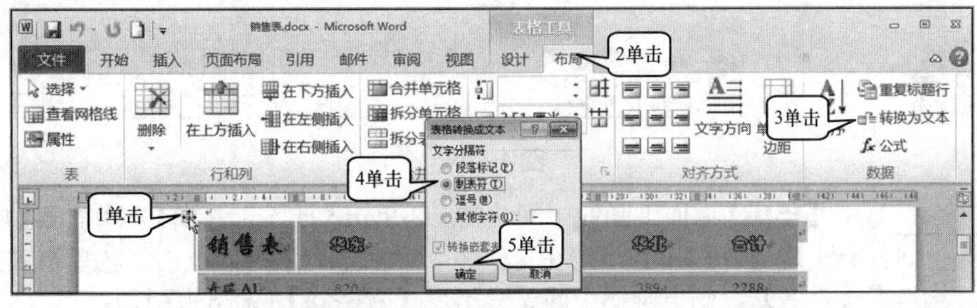


图 4.7.11

| 销售表 | 华东 | 华西 | 华南 | 华北 | 合计 |
|---|---|---|---|---|---|
| 奇瑞 A1 | 820 | 585 | 494 | 389 | 2288 |
| 奇瑞 A3 | 820 | 589 | 197 | 369 | 1975 |
| 奇瑞 G6 | 750 | 687 | 183 | 290 | 1910 |
| 奇瑞 E5 | 740 | 282 | 794 | 86 | 1902 |

图 4.7.12

步骤3 打开【教材素材】\【Excel】\【奇瑞】文件，然后复制该表格。

步骤4 打开 Word。

步骤5 ①在空白处右击鼠标。②单击 A (见图 4.7.13)，结果见图 4.7.13。这个从 Excel 粘贴过来的表格，已经没有表格线和单元格了，能够进行相应编辑。

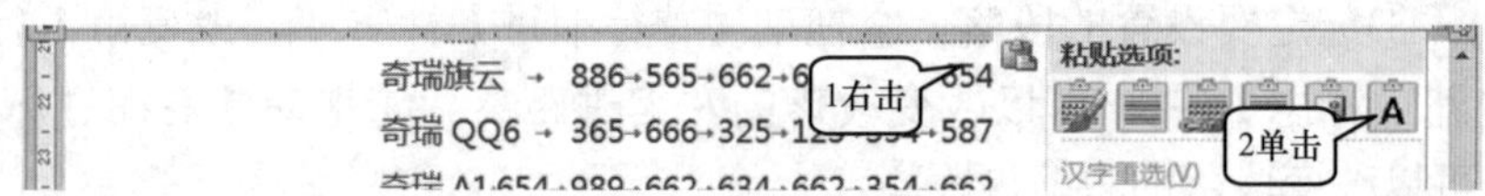


图 4.7.13

## 4.7.4 任务 4：巧用邮件合并

利用邮件合并，可以提高制作大量内容极为相似文档的效率。下面就以制作多个包含姓名、班级和各科成绩的成绩通知单为例加以介绍。

步骤1 打开【教材素材】\【Word】\【通知书(主文档)】文件。

步骤2 ①单击【邮件】。②单击【选择收件人】。③单击【使用现有列表】，出现图 4.7.14 所示的【选取数据源】对话框。④单击选择【教材素材】\【Word】\【通知书的数据源成绩表】，该表就是一个在 Word 中制作的成绩表。⑤单击【打开】(见图 4.7.14)，结果见图 4.7.15。

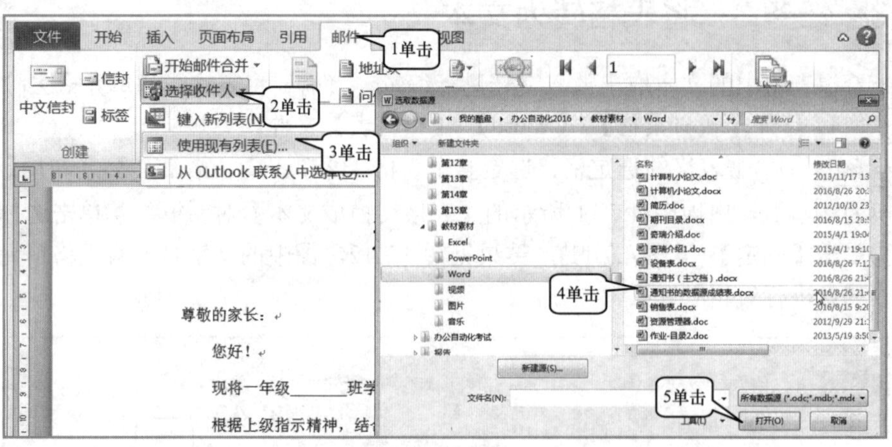


图 4.7.14

步骤3 ①在【年级】后面下画线中间单击。②单击【插入合并域】。③单击【班级】，则下画线中间就会出现【«班级»】。④在【学生】后面下画线中间单击。⑤单击【插入合并域】。⑥单击【姓名】，则下画线中间就会出现【«姓名»】(见图 4.7.15)。

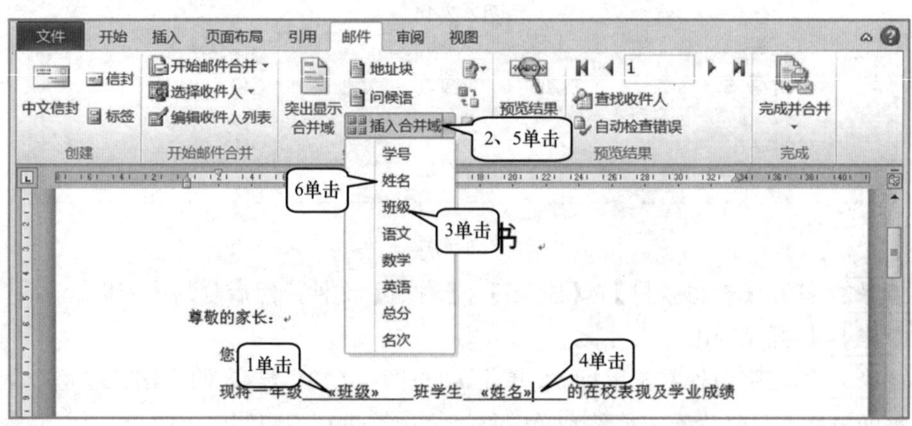


图 4.7.15

步骤 4 ①单击【语文】成绩单元格。②单击【插入合并域】。③单击【语文】，则单元格内出现【«语文»】。④单击【英语】成绩单元格。⑤单击【插入合并域】。⑥单击【英语】，则单元格内出现【«英语»】。⑦单击【数学】成绩单元格。⑧单击【插入合并域】。⑨单击【数学】，则单元格内出现【«数学»】(见图 4.7.16)。

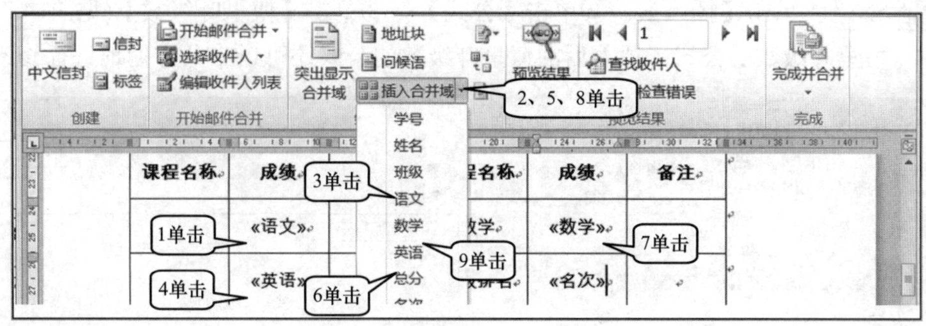


图 4.7.16

步骤 5 单击【名次】成绩单元格，单击【插入合并域】，单击【名次】，则单元格内出现【«名次»】。

步骤 6 ①单击【完成并合并】。②单击【编辑单个文档】，出现图 4.7.17 所示的【合并到新文档】对话框。③单击【确定】(见图 4.7.17)，最终 Word 就会根据数据源表将每个学生的姓名、班级和各科成绩都填入通知中，制作成 8 个发给不同学生的通知，见图 4.7.18。

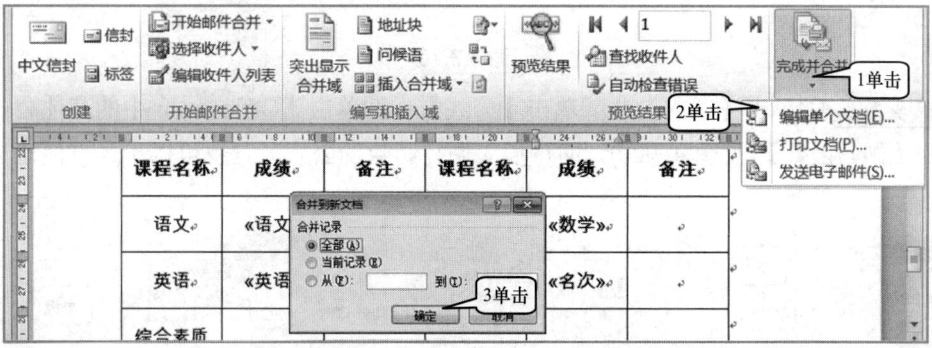

图 4.7.17

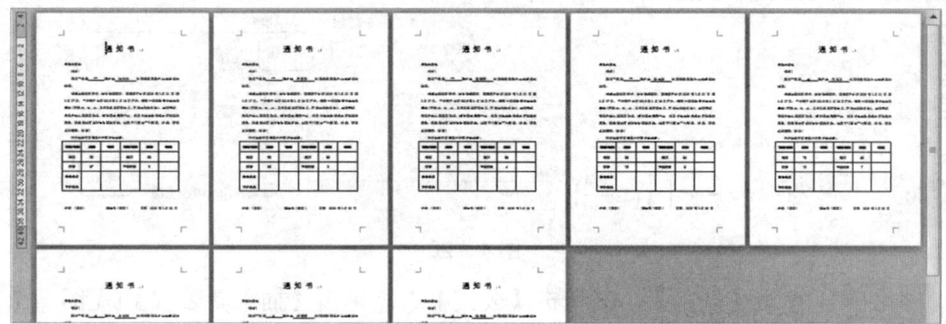

图 4.7.18

## 4.7.5 任务 5：数学公式与运算式的输入

Word 中自带了许多数学公式模板，所以数学公式的输入十分方便，只要将数学公式的模板插入到文档中，并进行简单的修改，就可以得到所需要的数学公式和运算式。

**步骤 1** ①单击【插入】。②单击【公式】。③单击【傅里叶级数】(见图 4.7.19)，即可插入傅里叶级数的公式。插入后的傅里叶级数的公式还可以十分方便地进行修改。

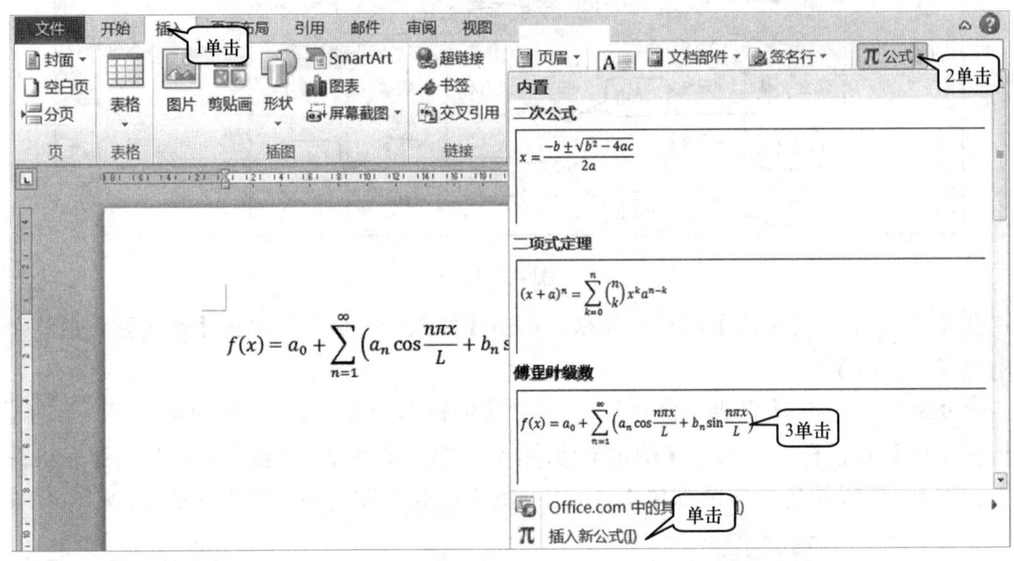


图 4.7.19

**步骤 2** ①单击【插入】。②单击【公式】。③单击【Office.com 中的其他公式】。④单击【伽马函数】(见图 4.7.20)，即可插入伽马函数的公式，它也可以十分方便地进行修改。

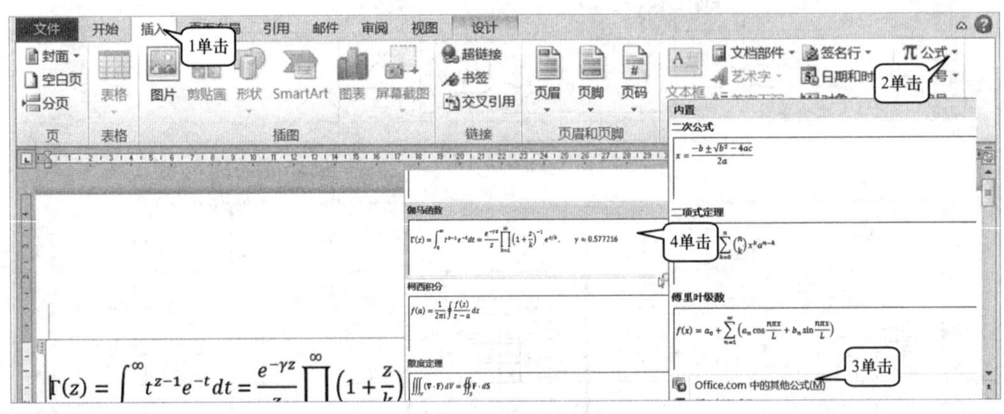


图 4.7.20

**步骤 3** ①单击【插入】。②单击【公式】。③单击【插入新公式】(见图 4.7.19)，出现图 4.7.21。

**步骤 4** ①单击【分数】按钮，选择【微分】，即可插入一个微分式模板，输入相应的字母。②单击【+】，插入加号。③单击【根式】，选择【带次数的根式】，即可插入一个带次数的根式模板，输入相应的字母，然后插入一个减号。④单击【积分】，选择【积分】，即可插入一个积分模板，输入相应的字母，然后插入一个加号。⑤单击【大型运算符】，选择【求和】，即可插入一个求和公式模板，输入相应的字母，然后插入一个加号。⑥单击【上下标】按钮，选择【下标】，即可插入可以输入上下标字母的模板，输入相应的字符，然后插入一个加号。⑦单击【极限和对数】按钮，选择【极限示例】，即可插入极限示例模板(见图 4.7.21)。

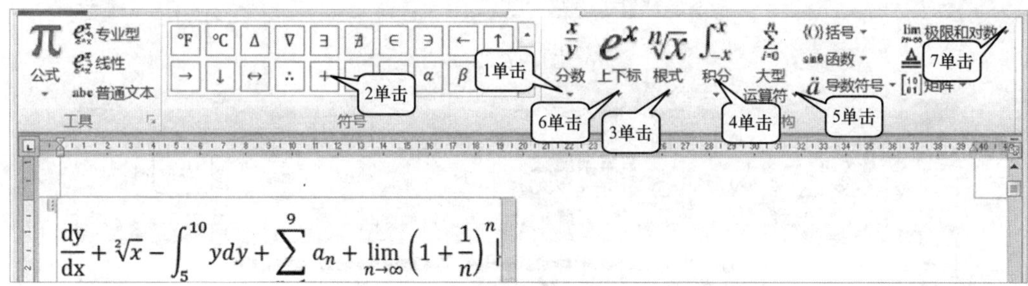


图 4.7.21

## 4.7.6　任务 6：样式的应用与修改

样式是一种预先设置好的一组格式参数的集合。把字符的格式、段落的格式参数事先设置好，并给这些参数的集合起一个名称，即样式名。当希望某段文字具有某种样式所包含的字符格式和段落格式信息时，不必去一项项设置这段文字的字符格式和段落格式。只要选中这段文字，然后单击某个样式名，就可以把该样式包含的字符格式和段落格式的设置信息传递到选中的文字上。通过这种方式就可以快速地设置段落或者文字的格式。

### 1. 建立新样式

**步骤1** 打开【教材素材】\【Word】\【计算机】文件。

**步骤2** 选定一个段落，并设置好段落格式、字符格式和项目符号。这样被选定的段落就被设置好了。为了将这种设置能够快速地用于设置其他段落以提高效率，要将这种设置作为一种样式保存起来。

**步骤3** ①选定已设置好的段落。②单击【文字效果】右边的倒三角按钮。③单击【填充-红色】，这样被选定的段落就被设置了一种效果。④单击【其他】按钮。⑤单击【将所选内容保存为新快速样式】，出现图 4.7.22 所示的【根据格式设置创建新样式】对话框。⑥输入样式名称【发光】。⑦单击【确定】(见图 4.7.22)，则新的名为【发光】的样式就新建好了。

### 2. 应用样式

①选定要应用样式的文字。②单击【样式】中的 按钮，找到【发光】样式。③单击【发光】样式(见图 4.7.23)，则选定的文字就立刻被设置成上面新样式所具有的字符格式、段落格式、项目符号和文本效果，结果见图 4.7.23。

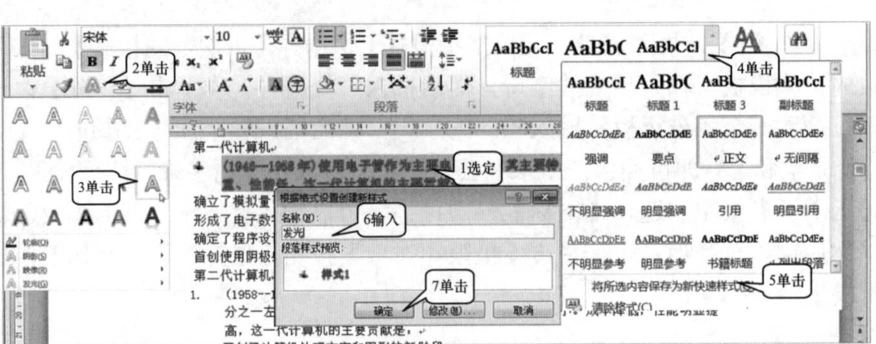


图 4.7.22

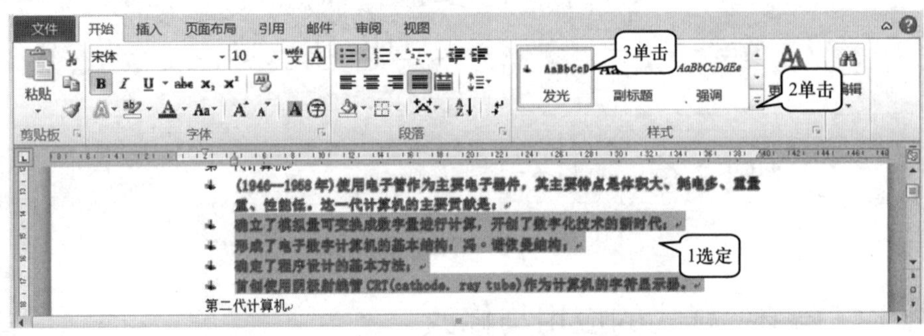


图 4.7.23

### 3. 修改样式

**步骤 1** ①右击【标题】样式名。②单击【修改】，出现图 4.7.24 所示的【修改样式】对话框。③单击选择【宋体】。④单击选择【二号】。⑤单击【左对齐】。⑥单击【确定】(见图 4.7.24)。

**步骤 2** 同理，再将标题 1 样式修改为宋体、三号、左对齐；将标题 2 样式修改为宋体、四号、左对齐。

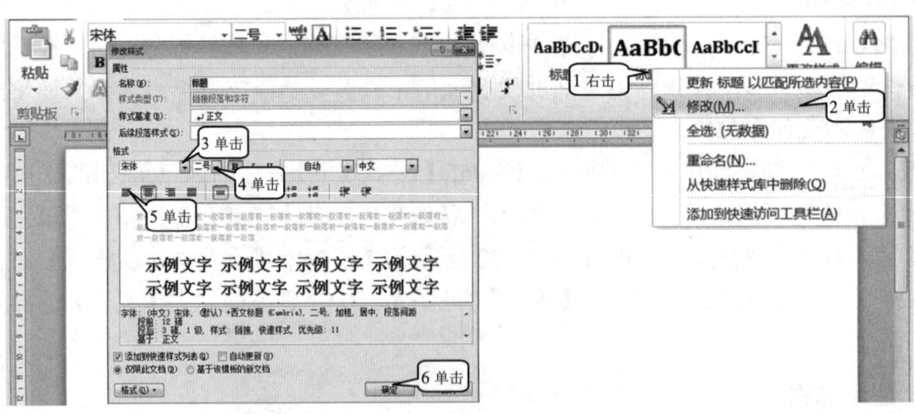


图 4.7.24

## 4.7.7 任务 7：自动生成目录

利用 Word 提供的自动生成目录的功能，可以自动生成目录。前提是只要将文档中的各级标题相应的样式设置好，具体操作如下。

步骤1 打开【教材素材】\【Word】\【办公自动化】文件。

步骤2 ①选定一级标题。②单击【其他】按钮，单击选择【标题】。③选定二级标题。④单击【其他】按钮，单击选择【标题 1】。⑤选定三级标题。⑥单击【其他】按钮，单击选择【标题 2】(见图 4.7.25)。

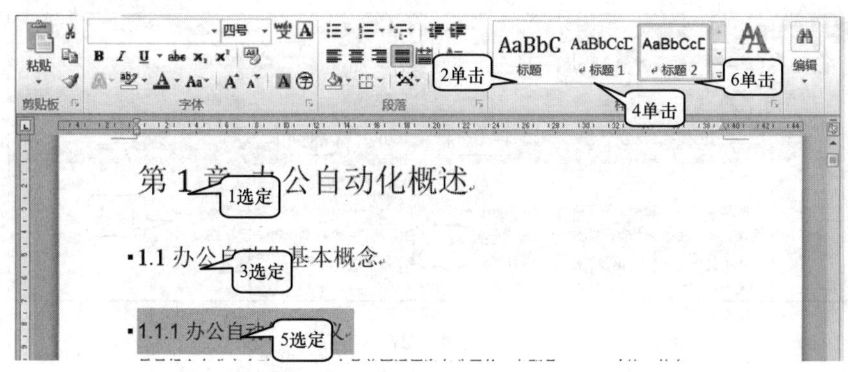


图 4.7.25

步骤3 按照上述方法将所有一、二、三级标题都应用对应的样式。

步骤4 在文章的开头单击鼠标，将插入点定位在文章的开头。

步骤5 ①单击【引用】。②单击【目录】按钮。③单击【自动目录 1】(见图 4.7.26)，即可在文章的开头自动生成目录，见图 4.7.26。

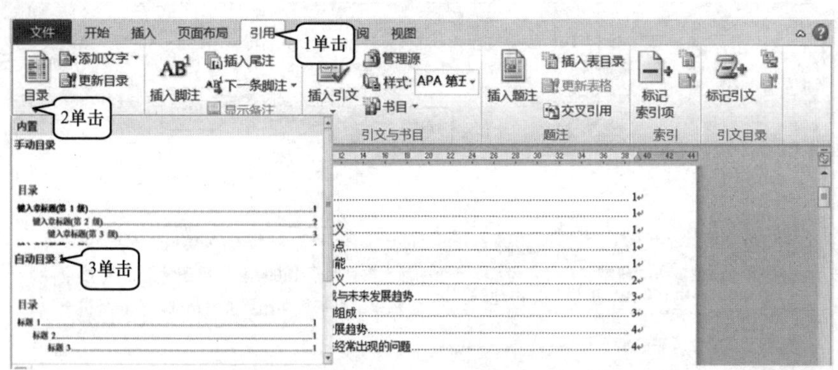


图 4.7.26

## 4.7.8 任务 8：文章的修改与审阅

为了在文章修改时能使原作者清楚地知道修改者哪些地方做了删除，哪些地方做了改写，哪些地方插入了文字，以便最后由原作者确认所做的修改，那么就可以在文章修改时让其处于【审阅修订】状态，这样对文章任何地方的修改都可以明确地在文档中体现。原作者通过相应的操作就可确定对修改认可或不认可。

步骤1 打开【教材素材】\【Word】\【计算机小论文】文件。

步骤2 ①单击【审阅】。②单击【修订】。③单击【修订】，使文档处于审阅修订状态。④删除【(electronic numerical integrator and calculator)】，这些文字并没有被从屏幕上去除，而是变成红色，中间加了一根删除线，表示该文字已被修改者删除。⑤插入【虽然】，则该文字红色显示，并加有下画线，表示是插入的文字。⑥选定【计算机】，然后输入【电脑】，即将【计算机】改为【电脑】，结果【计算机】变成了红色，并且加了删除线，后面增加了红色的【电脑】并加了下画线，表示【计算机】被删除，【电脑】是新增加的(见图 4.7.27)。

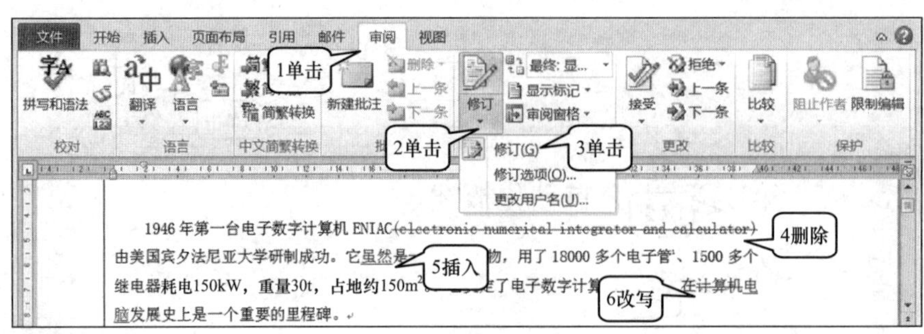


图 4.7.27

步骤3 单击【文件】\【另存为】，用【计算机小论文修改】名保存。

步骤4 打开【计算机小论文修改】文件。

步骤5 ①单击【审阅】。②单击【(electronic numerical integrator and calculator)】。③单击【接受】按钮。④单击【接受并移到下一条】，则【(electronic numerical integrator and calculator)】被删除，并会自动选定下一个字符【虽然】(见图 4.7.28)。

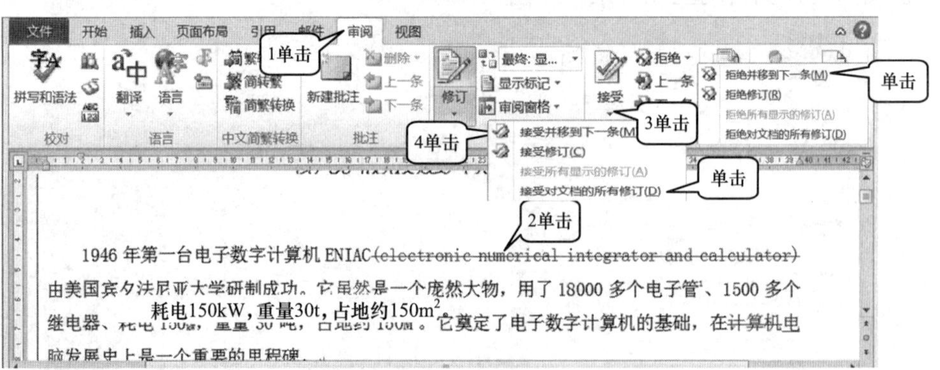


图 4.7.28

步骤6 再次单击【接受】\【接受并移到下一条】，则【虽然】就会变成黑色，并且没有了下画线，表示审阅者接受了插入的这个词。然后会自动选定下一个字符【计算机电脑】。

步骤7 再次单击【接受】\【接受并移到下一条】，则字符【计算机】被删除，【电脑】变成黑色并且没有了下画线，表示接受了将【计算机】改写为【电脑】。

步骤8 如果在图 4.7.28 中单击【拒绝】\【拒绝并移到下一条】，则表示不接受修改。即如果原来是删除的话，则删除文字上的删除线取消，颜色转为黑色，恢复正常；如果原来是插入的话，则插入的字符消失；如果原来是改写的话，则改写的字符消失，原来的字符由红色变为黑色，删除线消除，恢复原状。

**步骤 9** 如果不想一条条进行判断的话，可以直接在图 4.7.28 中单击【接受】\【接受对文档的所有修订】，那么会一次性将所有的删除、改写和插入都加以确认。

## 4.7.9　任务 9：设置文档中同时有纵向和横向页面

**步骤 1** 打开【教材素材】\【Word】\【计算机小论文】文件。

**步骤 2** ①在第一页的最后单击。②单击【页面布局】。③单击【分隔符】。④单击【下一页】(见图 4.7.29)，则插入点会自动跳到下一页的第一行行首，见图 4.7.30。

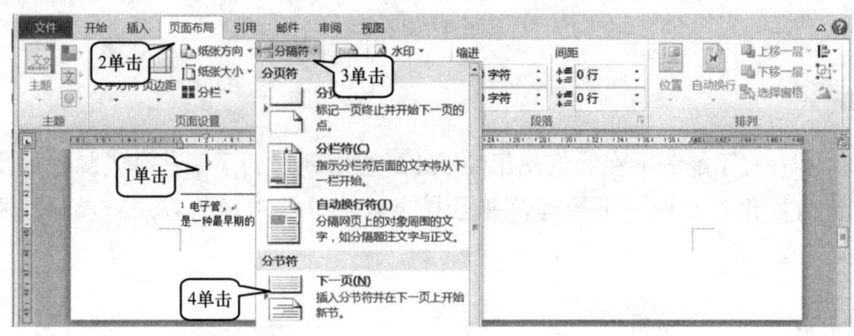


图 4.7.29

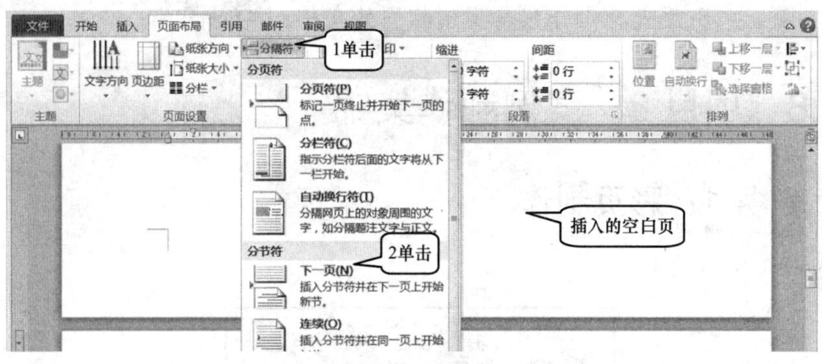


图 4.7.30

**步骤 3** ①单击【分隔符】。②单击【下一页】(见图 4.7.30)，则会在第一页和第二页之间插入一个新的空白页，见图 4.7.30。

**步骤 4** ①在插入的新空白页上单击。②单击【纸张方向】按钮。③单击【横向】(见图 4.7.31)，则该页纸将横向排列，在横向排列的纸上将【报名表】内容复制过来，最终缩小显示比例后的结果如图 4.7.32 所示。

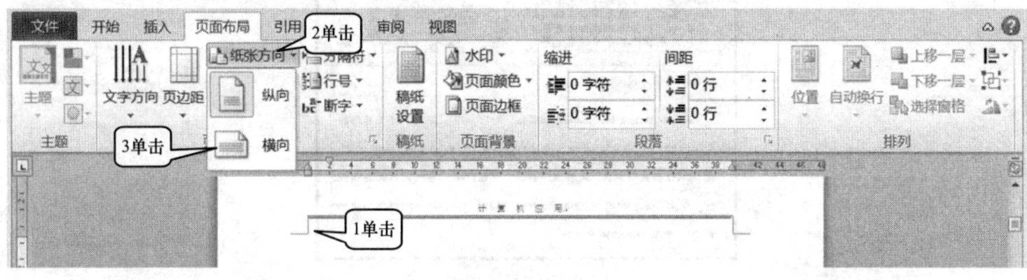


图 4.7.31

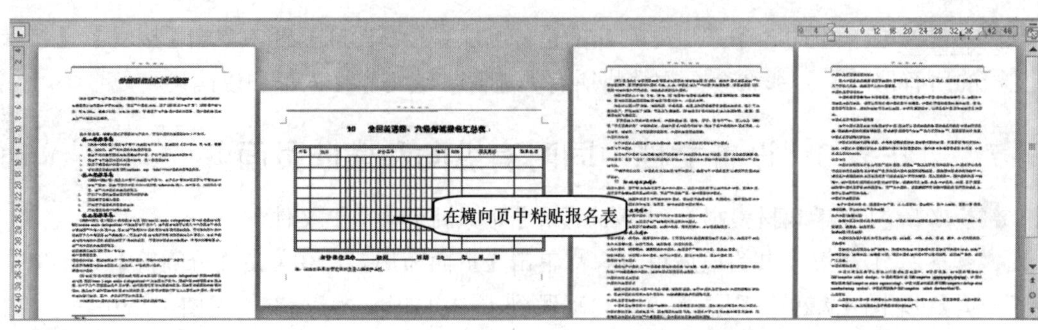


图 4.7.32

## 思考与联想

1. 向你周围的人了解一下在我们使用 Word 过程中还遇到了哪些令人棘手的操作难题。

2. 将上述的操作难点做一下梳理，并且提出解决这些难题的方法。或通过百度找到解决这些难题的方法。

## 拓展练习

扫描二维码，打开案例，制作出与案例相同的文档。

# 4.8 项目 8：案例制作集锦

## 4.8.1 任务 1：彩页制作

制作图 4.8.1 所示的彩页。

图 4.8.1

高职高专立体化教材 计算机系列

## 项目剖析

**应用场景：** 为了提高学习古诗词的兴趣，我们将古诗词的原文、注释、翻译和剖析结合图片、艺术字、表格、边框和底纹的综合应用排版成一个彩页，供学习者阅读。这样可以提高阅读者的阅读兴趣，提高学习效率。

**设计思路与方法技巧：** 该彩页左上角是插入的图片，图片右侧的是艺术字，下方为用绘图工具绘制的两条线型不同的直线。注解、韵译、评析三部分等内容分别放在三个 1×1 的表格中。而且表格的每一根线都做了不同的设置。诗的内容部分是一个花边图案，图案的内部被设为白色。诗的文字部分则放在一个文本框中，且文本框覆盖在花边图片之上。

**应用到的相关知识点：** 图片的插入与设置、艺术字的插入与设置、表格插入与设置、边框和底纹的设置。

## 即学即用的可视化实践环节

制作图 4.8.1 所示的彩页的具体方法及步骤，请扫描二维码阅读。

## 4.8.2 任务 2：报名表制作

制作图 4.8.2 所示的报名表。

**20　　全国英语四、六级考试报名汇总表**

**主管单位盖章_______　级别__________　日期　20______年____月____日**

| 序号 | 姓名 | 身份证号 | 性别 | 年龄 | 所属系部 | 联系电话 |
|---|---|---|---|---|---|---|
| | | | | | | |
| | | | | | | |
| | | | | | | |
| | | | | | | |
| | | | | | | |
| | | | | | | |
| | | | | | | |
| | | | | | | |
| | | | | | | |

注：此表由各系主管教学的负责人签字并上报。

图 4.8.2

## 项目剖析

**应用场景：** 报名表是我们在报考等级考试、组织各种活动、上报各种考证信息、组织各类会议、举办各类培训班所必须使用到的文档，掌握这类表格的制作技巧会使自己的工作更为方便有效。

**设计思路与方法技巧：** 报名表上半部分表头为文字，表头的横线部分是先单击下画线按钮 U，然后按空格键获得。表身部分为一个 7×10 的表格，表格的 18 位身份证这一栏的制作是采用选定身份证号所在列的 9 行，然后用【拆分单元格】将选定的 9 行拆分为 9 行 18 列。

**应用到的相关知识点：** 表格的插入、行高列宽的设置、表格线的设置、表格中字符对齐方式的设置、多个单元格的同时拆分。

## 即学即用的可视化实践环节

制作图 4.8.2 所示的报名表的具体方法及步骤，请扫描二维码阅读。

## 4.8.3 任务 3：制作个人简历

制作图 4.8.3 所示的个人简历。

个 人 简 历

| 姓 名 | | 性 别 | | 出生年月 | | 照片 | |
|---|---|---|---|---|---|---|---|
| 学 历 | | 民 族 | | 培养方式 | | | |
| 籍 贯 | | | | 政治面貌 | | | |
| 住 址 | | | | 邮 编 | | | |
| 通信地址 | | | | 电 话 | | | |
| 个人简历 | | | | | | | |
| 开始时间 | 结束时间 | 单 位 | | 职 务 | | 证明人 | |
| | | | | | | | |
| | | | | | | | |
| | | | | | | | |
| 在校期间主要课程 | | | | | | | |
| 课 程 | 成 绩 | 课 程 | 成 绩 | 课 程 | 成 绩 | 课 程 | 成 绩 |
| | | | | | | | |
| | | | | | | | |
| | | | | | | | |
| | | | | | | | |
| | | | | | | | |
| 专业技能 | | | | | | | |
| 个人特长 | | | | | | | |
| 求职意向 | | | | | | | |
| 院系意见 | | | | | | | |
| 学校意见 | | | | | | | |

图 4.8.3

## 项目剖析

**应用场景：** 个人简历表是应聘或招聘人才最常用的表格，个人简历表的样式非常多，内容也各不相同，这里我们仅以最常用的一种形式的个人简历表加以介绍，通过这个表格的制作学习，可以举一反三，设计和制作出更多其他形式的满足要求的个人简历。

**设计思路与方法技巧：** 观察这个表格，可以看出它是一个 22×8 的经过单元格合并和表格线设置而获得的表格。所以我们先制作一个 22×8 的表格，然后将其行、列的大小进行设置。再根据需要将相应的单元格加以合并。其中的表格线和底纹设置比较简单。

**应用到的相关知识点：** 表格的插入、行高列宽的设置、表格底纹和线型的设置、表格中字符对齐方式的设置、单元格的合并与拆分。

## 即学即用的可视化实践环节

制作图 4.8.3 所示的个人简历表的具体方法及步骤，请扫描二维码阅读。

## 4.8.4 任务 4：制作产品宣传彩页

制作图 4.8.4 所示的产品宣传彩页。

图 4.8.4

## 项目剖析

**应用场景：** 宣传彩页是各单位、企业进行政治、商业宣传常用的文档，把各种图片、图形、艺术字、文本框、表格、剪贴画进行设置和合理应用到文档中，便可制作出各种酷炫、美观、实用的宣传彩页。

**设计思路与方法技巧：** 这个宣传页最上方是一组艺术字，并且对艺术字设置了轮廓和填充效果以及倒影效果。艺术字的外框则设置了发光效果、三维立体效果。艺术字的右边插入了剪贴画，艺术字的下方也用了剪贴画作为分割线。分割线下面是一个表格，表格套用了 Word 提供的样式，并且把表格设置成了与文字环绕的效果。表格左侧的文字则设置了首字下沉。插入的图片设置了三维效果、发光效果、阴影效果、倒影效果。图片右侧插入了图形，并且在图形中放入了文字，同时给文字设置了底纹效果，还对文字的行距做了设置。图片下方的艺术字设置了轮廓效果和填充效果，并且把艺术字设置成菱形和倒影。最下方的文本框设置了纹理填充效果、立体边框效果、发光效果。

**应用到的相关知识点：** 图片、图形、艺术字、文本框、表格的高级设置，页面边框设置。

## 即学即用的可视化实践环节

制作图 4.8.4 所示的产品宣传彩页的具体方法及步骤，请扫描二维码阅读。

## 4.8.5 任务 5：制作杂志目录

制作图 4.8.5 所示的杂志目录。

目　　录　Contents

刊首寄语

心系表身 共创辉煌

财政：十九大特刊


聚焦十九大……李萍 1
青春献祖国 颂歌唱给党……王庆 5
十月抒怀……张久文 7
党是我心中的一面旗帜……赵信 8
富民强国是党的根本宗旨……邵杰 10


人物春秋


路漫漫其修远兮……陈日农 13


中部动态


弘扬徽商精神振兴中部……林有朋 14
评建进行时……万至用 16


诗海泛舟


聚威尼斯沉醉……杨丽 17
偶然……闵红 18
忧患……李柏英 20
崛起的大国……宦金明 22
秋叶的述说……毛金文 23
大潮浪涌……金丕梅 25


漫步人生


一步一人生……马云 27
拾起人生的脚步……胡静 30


图 4.8.5

## 项目剖析

**应用场景：** 图书杂志都需要目录，特别是杂志目录需要有一定的活泼性，排版出一个图文并茂的活泼的目录是吸引读者阅读的一个辅助手段，一个好的目录有助于读者进入文章阅读。

**设计思路与方法技巧：** 杂志目录的栏目部分是用绘图工具绘制的矩形，去除矩形的边框线，内部填充了渐变色，并添加了文字。图中上面两个标题是从灰色渐变到白色，下面三个标题则是从白色渐变到灰色，制作时注意每种样式只要做一个即可，其他的由于大小都一致，所以只要复制一下就可以了。栏目部分大小的设定方法是在【格式】功能区中输入宽度和高度。目录部分则是采用设置制表位，然后在制表位前加前导符的方法制作的。左上角为插入的图片，并利用图片工具栏的裁剪工具进行了一定的裁剪。外框部分也是一个绘制的矩形，并将其衬于文字下方。左下角为一个设置了边框线的文本框。

**应用到的相关知识点：** 设置制表位、在制表位前加前导符、图形的插入与设置、图片的插入与设置。

## 即学即用的可视化实践环节

制作图 4.8.5 所示的杂志目录的具体方法及步骤，请扫描二维码阅读。

# 学习模块 5

# 办公电子表格处理

本模块学习要点：

- Excel 的功能、特点及界面组成。
- 工作簿、工作表、单元格等概念。
- 工作表的移动、改名、复制、粘贴和删除。
- 各类数据的输入方法、单元格数据类型的设置和自动填充。
- 编辑和美化工作表。
- 公式和函数的应用。
- 工作表数据处理。
- 分析数据、图表及数据透视表。

本模块技能目标：

- 掌握工作簿、工作表、单元格等概念。
- 掌握工作表的移动、改名、复制、粘贴和删除。
- 熟悉各类数据的输入方法、单元格数据类型的设置和自动填充。
- 可快速对工作表进行编辑和美化。
- 掌握公式和常用函数的应用。
- 学会对工作表数据进行处理。
- 能分析数据和制作图表及数据透视表。

# 5.1 项目1：数据类型与输入

## 项目剖析

**应用场景：** Excel的基本工作平台是工作表，它类似于人们日常工作中的表格，表格由一个个相互连在一起的单元格组成，其中单元格用于输入数据。在单元格输入数据的过程中，常常会遇到一些棘手的问题，比如输入的数据包含数字、文本、日期和时间等多种类型，如何对齐单元格的内容，如何改变数字的显示方式，如何在一个单元格中显示多行内容等。掌握这些数据的输入技巧，会提升工作效率。当我们利用Excel记录身份证号码、邮编、电话号码等数据时，会发现这些数据的后几位会全部变成0，这样一来就会产生严重的数据错误。本节给出了Excel数据输入过程中常见问题的解决办法和技巧，掌握这些方法和技巧，可以避免数据处理过程中的错误，提高输入的效率。

**设计思路与方法技巧：** 熟记单元格数字、文本、公式、函数、日期和时间、分数、负数的输入方法和单元格数据类型的设置，以及在单元格内输入多行内容的方法。

**应用到的相关知识点：** 数字、文本、公式、函数、日期和时间、分数、负数的输入方法；单元格数据类型的设置；强制换行；自动换行；在单元格内输入多行字符；改变数字的显示方式。

## 即学即用的可视化实践环节

### 5.1.1 任务1：输入各类数据

启动时，Excel会自动给出一个工作簿，这个工作簿里面有三个工作表。一个工作簿可由一个或多个工作表组成。工作簿中的工作表是可以添加或删除的。一个工作簿最多只能允许添加255个工作表。每个工作表默认的名称是Sheet 1、Sheet 2、Sheet3……Sheet n。

工作表是由1048576行和16384列构成的一个表格。其中行号是由上而下按1到1048576进行编号的，而列号则由左到右采用字母A、B、C……AA、AB、AC进行编号。工作表不仅是一个庞大的由线条组成的表格，而且是一个具有强大计算功能的表格，表格中的内容可以是数字、字符、日期、时间、数学运算式、函数等。

在单元格中可以输入多种类型的数据，包括数字、文本、公式、函数、日期和时间等，在工作表中输入数据是一种基本的操作，有些数据的输入要用特殊的方法，Excel的数据不仅可以从键盘直接输入，也可以自动输入，输入时还可以检查其正确性。向单元格中输入数据，先要选中输入数据的单元格，再输入数字、文字或其他符号。输入过程中发现有错误，可用Backspace键删除，按Enter键完成输入。若要取消，可直接按Esc键。Excel中各种类型数据的输入方法是有差别的，所以掌握各种类型数据的输入方法是使用Excel的基本要求。

### 1. 可作为数字使用的字符

在 Excel 中，数字只可以为下列字符：0 、1、2、3、4、5、6、7、8、9、+、-、(、)、/、$、%。Excel 将忽略数字前面的正号(+)，并将单个英文句点视作小数点。所有其他数字与非数字的组合均看作文本。如 38878A、889K 均被 Excel 看作文本。而文本是不能作为数据进行运算的。例如，在 A1 单元格里面输入【38878A】，在 B1 单元格里面输入【358】，而在 C1 单元格里输入公式【=A1+B1】(见图 5.1.1)，则 Excel 将给出错误提示(见图 5.1.2)。其原因是公式中的第一项不是数据，而是文本。文本和数据是无法相加得出结果的。

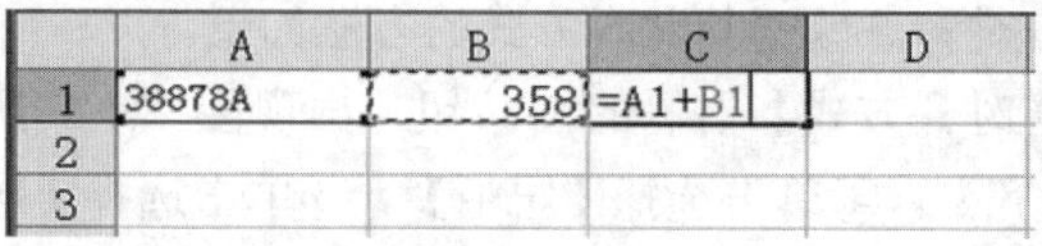

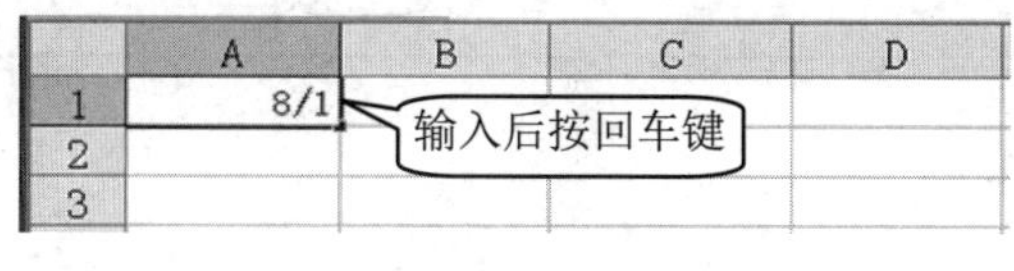


图 5.1.1

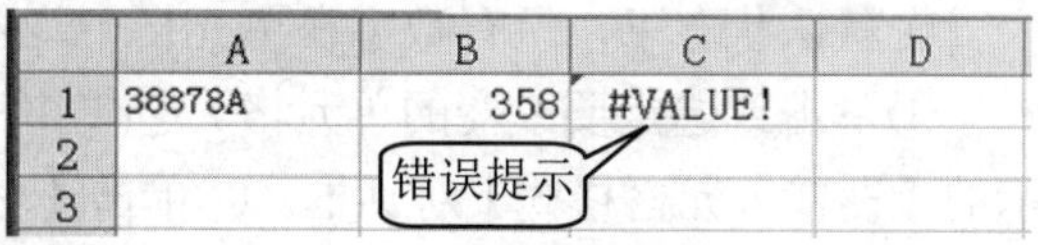

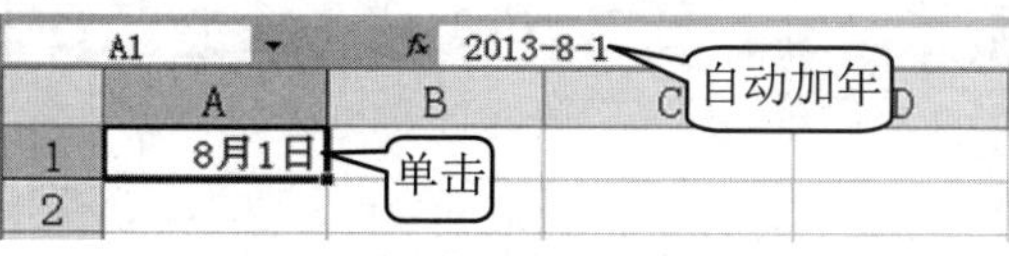


图 5.1.2

### 2. 日期的输入

Excel 对于日期和时间的输入非常灵活，有多种输入形式。对于中国用户来说，输入日期时，可在年、月、日之间用“/”或“-”连接。例如，要输入 2013 年 8 月 1 日，可输入 2013/8/1 或 2013-8-1。为了避免产生错误，在输入日期时年份不要用两位数表示，应该用四位数。如果只输入了月和日，Excel 就会自动取计算机内部时钟的年份作为该单元格日期数据的年份。例如输入【8/1】，如图 5.1.3 所示，计算机时钟的年份为 2013 年，那么该单元格实际的值是 2013-8-1。当单击这个单元格时，就可在编辑栏中看到【2013-8-1】，如图 5.1.4 所示。

图 5.1.3

图 5.1.4

### 3. 在单元格内输入多行内容

在单元格中，当输入到单元格行尾要换行时，应按 Alt + Enter 组合键来换行。注意不要按 Enter 键换行，因为按 Enter 键后将会跳到下一个单元格进行输入，而不是换行。

### 4. 单元格中的身份证、邮编、电话号码的输入

要在输入数字前加上一个英文的单引号，即【‘+数字】，系统将把后面输入的内容当作字符处理。例如要输入身份证号：340202198808081018，则必须这样输入：【‘340202198808081018】。

### 5. 公式的输入

先单击要输入公式的单元格，然后按【=】键，再输入运算式。

### 6. 修改单元格中的内容

双击要修改的单元格，即可修改单元格中的内容。

### 7. 输入分数

为避免将输入的分数视作日期，要在分数前输入 0 和空格，如输入【0 空格 1/2】，结果就为 1/2。

### 8. 输入负数

在负数前输入减号【-】，或将其置于括号【( )】中。如输入【-88】、【(88)】。

### 9. 对齐单元格中的内容

在默认状态下，所有数字在单元格中均右对齐。改变其对齐方式的方法如下。

①单击或选定要改变的单元格。②单击【对齐方式】右侧的按钮，出现图 5.1.5 所示的【设置单元格格式】对话框。③单击【对齐】。④单击选择【居中】。⑤单击选择【居中】。⑥单击【确定】(见图 5.1.5)。

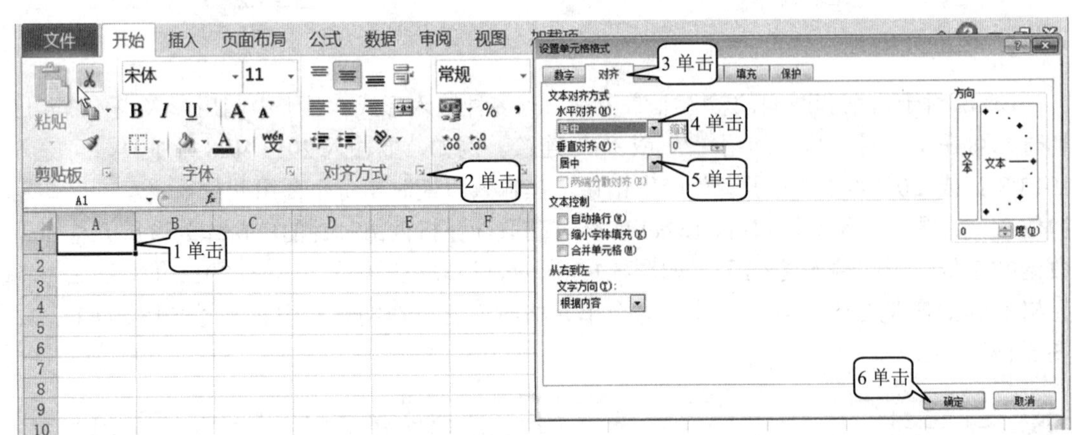


图 5.1.5

### 10. 数字显示方式的改变

**步骤1** ①单击或选定要改变的单元格。②单击【对齐方式】右侧的按钮，出现图 5.1.5 所示的【设置单元格格式】对话框(参见图 5.1.5)。

**步骤2** ①单击【数字】选项卡。②单击选择【货币】。③单击选择【$】。④单击【确定】(见图 5.1.6)。这样设定后，当我们在选定的单元格里面输入数字时，就会自动加上$符号。

### 11. 自定义数字格式

如果单元格使用默认的【常规】数字格式，Excel 会将数字显示为整数、小数，而当数字长度超出单元格宽度时以科学记数法表示(如显示为 7.89E+08)。采用【常规】格式的单元格，输入数字允许的长度为 11 位，其中包括小数点和类似【E】和【+】这样的字符。如果要输入并显示多于 11 位的数字，可自定义数字的格式。例如，要让 878788887798767 这个数完整地显示，设置方法如下。

**步骤1** 单击或选定要改变的单元格；单击【对齐方式】右侧的按钮，出现图 5.1.7 所示的【设置单元格格式】对话框。

步骤 2 ①单击【数字】选项卡。②单击选择【数值】。③单击【确定】(见图 5.1.7)。这样原来单元格显示的内容就会从 8.788E+14 变成 878788887798767.00。

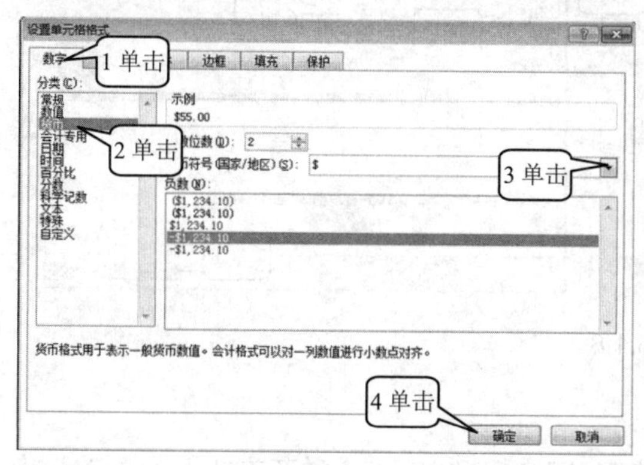


图 5.1.6

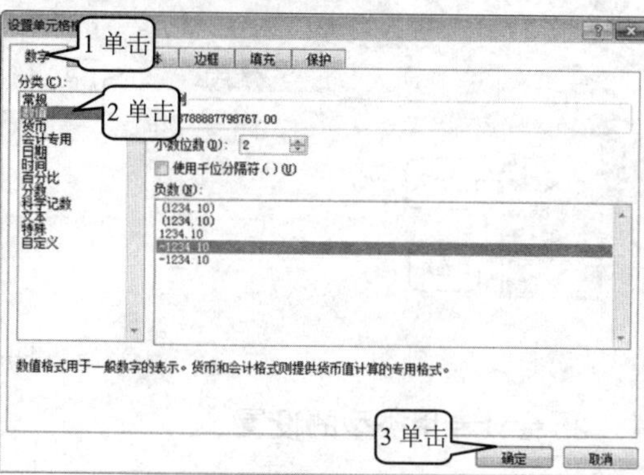


图 5.1.7

### 12. 15 位限制

无论显示的数字的位数如何，Excel 都只保留 15 位的数字精度。如果数字长度超出了 15 位，Excel 则会将多余的数字位转换为零(0)。

例如，输入【123456789101112131415】，则单元格显示为【123456789101112000000】。

### 13. 时间数据的输入

时间数据由时、分、秒组成。输入时，时、分、秒之间用冒号分隔，如 9:45:30 表示 9 点 45 分 30 秒，如 9:45，表示 9 点 45 分。

### 14. 十二小时制和二十四小时制

如果要输入十二小时制的时间，在时间后输入一个空格，然后输入 AM 或 PM(也可输入 A 或 P)，用来表示上午或下午。否则，Excel 将以二十四小时制计算时间。例如，如果输入【3:00】而不是【3:00 PM】，将被视为上午 3:00 保存。

### 15. 有关输入文本的说明

在 Excel 中，文本可以是数字、空格和非数字字符的组合。如 Excel 将下列数据项视作文本：10AA109、127AXY、12-976 和 208 4675。

## 5.1.2 任务 2：设置单元格数据类型

### 1. 数值类型的设置

①在 A1:A6 中输入【88858】。②拖动选定 A2:A6。③单击【对齐方式】右侧的按钮，出现图 5.1.8 所示的【设置单元格格式】对话框。④单击【数字】。⑤单击【数值】。⑥输入【3】，表示数据显示时保留 3 位小数。⑦单击【确定】(见图 5.1.8)，这样 A2:A6 单元格显示的内容就从 88858 变成了 88858.000。

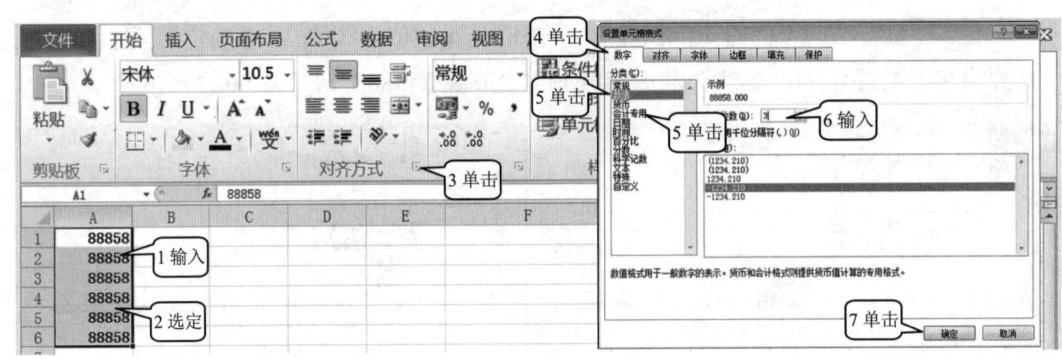


图 5.1.8

2. 会计专用类型的设置

①在 A1:A6 中输入【88858】。②拖动选定 A2:A6。③单击【对齐方式】右侧的按钮，出现图 5.1.8 所示的【设置单元格格式】对话框。④单击【数字】。⑤单击【会计专用】。⑥输入【3】，表示数据显示时保留 3 位小数。⑦单击【确定】(参见图 5.1.8)，这样 A2:A6 单元格显示的内容就从 88858 变成了¥88858.000。

3. 文本类型的设置

①在 A1 中输入【88858123456789】，可以看到显示的是【8.88581E+13】。②单击 A2。③单击【字体】右侧的按钮。④单击【数字】。⑤单击【文本】。⑥单击【确定】(见图 5.1.9)。再输入【88858123456789】，可以看到 A2 单元格的显示就不会是 8.88581E+13 了，而是 88858123456789。其他数据类型的设置方法相同。

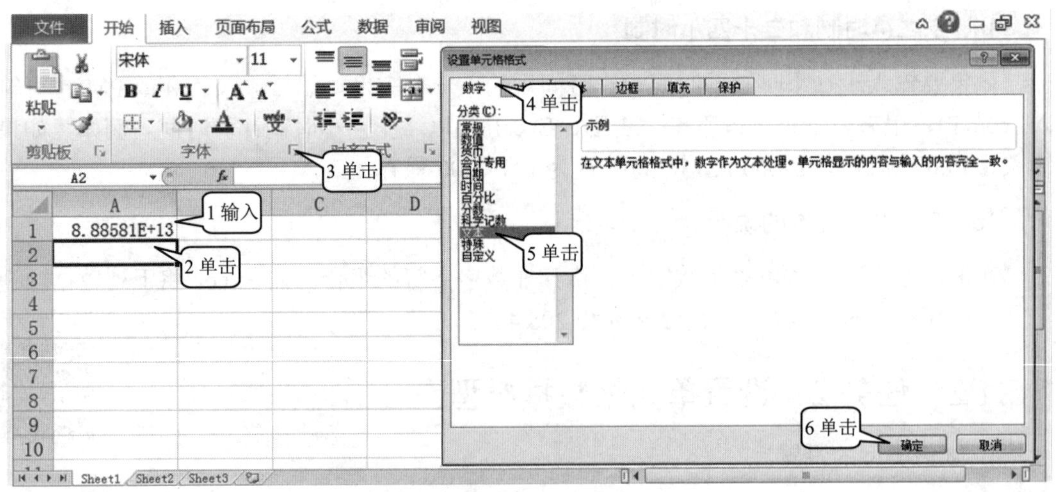


图 5.1.9

## 5.1.3 任务 3：数据输入技巧

1. 修改字符格式

双击要修改数据的单元格，选定要设置格式的字符，在【字体】组中设置字符格式(见

图 5.1.10)。

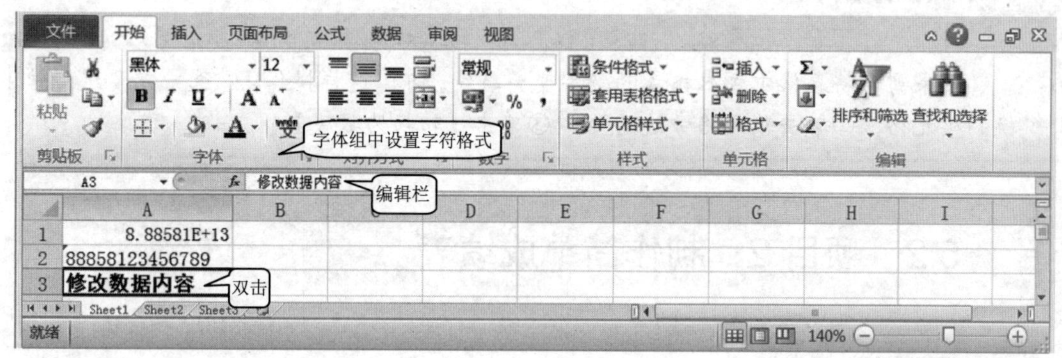


图 5.1.10

2. 修改单元格内容

单击要修改的单元格，在编辑栏中即可对单元格内容进行修改。或者双击单元格，即可对单元格内容进行修改(见图 5.1.10)。

3. 强制换行

在单元格中输入字符默认是不换行的，如果要求字符到单元格边界时换到下一行，就必须进行强制换行，方法如下：按住 Alt 键，同时按 Enter 键。

4. 自动换行

要想单元格内输入的字符到单元格边界时能自动换行的话，可以进行如下设置。

①选定要自动换行的单元格。②单击【字体】右侧的按钮。③单击【对齐】。④单击勾选【自动换行】复选框。⑤单击【确定】(见图 5.1.11)。

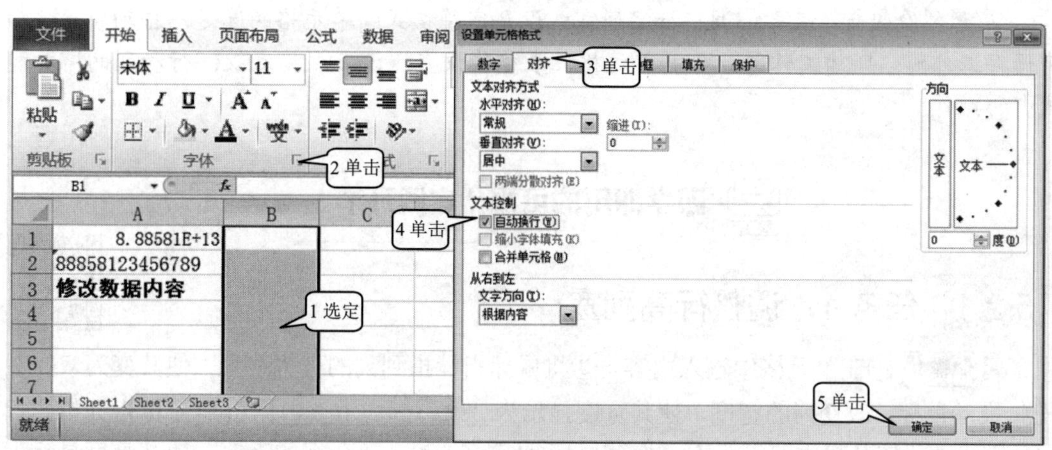


图 5.1.11

**知识拓展卡片**

如果需要将表格中文本格式的数字变为数字，可以这样操作：①选中需要进行转换的单元格。②单击单元格旁边的⚠。③单击【转换为数字】。

## 5.2 项目2：制作简单成绩表

### 项目剖析

**应用场景：** 在实际的工作和生活中，表格的应用是十分广泛的。由于 Excel 有很强的计算及其他处理功能，所以利用其自带的单元格来制作表格，要比在 Word 中方便许多。在学校和企事业单位中，经常要用 Excel 来制作各种表格。下面的案例就以学生成绩表的制作为例，通过对制作的表格进行字符格式、自动填充、合并单元格、表格线和底纹的设置来制作出符合要求的表格。为了防止没有权限的人浏览或修改表格，还需要对工作簿进行加密，确保只有有权限的人才能浏览和修改表格。同时可通过自动填充、合并单元格来提高数据输入的效率。

**设计思路与方法技巧：** 本节制作一个简单表格——成绩单。在成绩单或其他表格的制作过程中，很可能会遇到需要增加或者是减少行列、调整行列大小的情况。这就需要掌握调整行高列宽的方法。为了美化表格和提高表格数据输入的效率，我们还需要掌握设置字符格式、自动填充、合并单元格、设置表格线、设置表格底纹的方法。熟练地掌握上述操作，可以快速地制作出相应的表格。

**应用到的相关知识点：** 调整行高列宽；设置字符格式；单元格的选定；自动填充；加密保存工作簿；新建工作簿；合并单元格；表格线设置；设置表格底纹；行和列的增加和减少的操作。

### 即学即用的可视化实践环节

### 5.2.1 任务1：调整行高列宽

**步骤1** ①在单元格中输入内容。②将鼠标指针指到列的分界线上，使其变为双箭头✛，拖动鼠标，改变列的宽度，使其宽度显示为 宽度: 14.00 (117 像素)。③将鼠标指针指到行的分界线上，使其变为双箭头✛。拖动鼠标(见图 5.2.1)，改变行的高度，使其高度显示为 高度: 15.00 (20 像素)。还可以同时选定多行或者是多列，然后拖动选定的的分界线，同时改变多行或者是多列的大小。

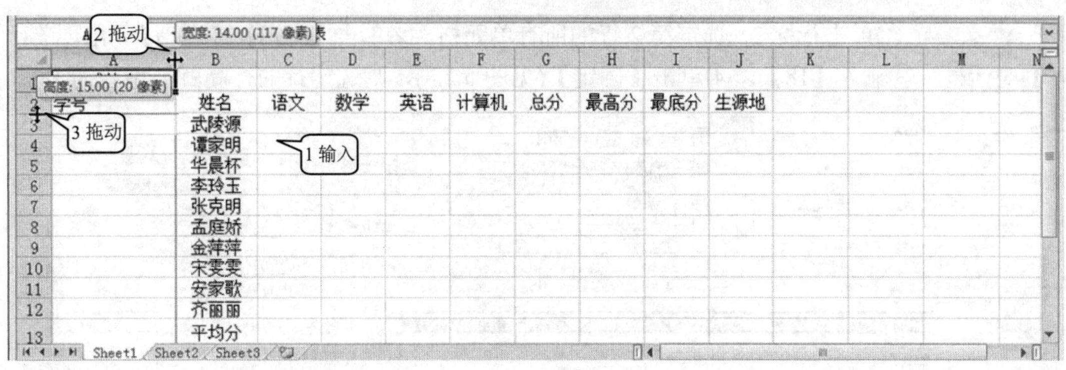


图 5.2.1

**步骤 2** ①从 B2 拖动到 J14，选定该区域的所有单元格。②单击【格式】\【列宽】，出现【列宽】对话框。③输入【7】。④单击【确定】(见图 5.2.2)，这样选定的单元格的列宽就被调整为 7。

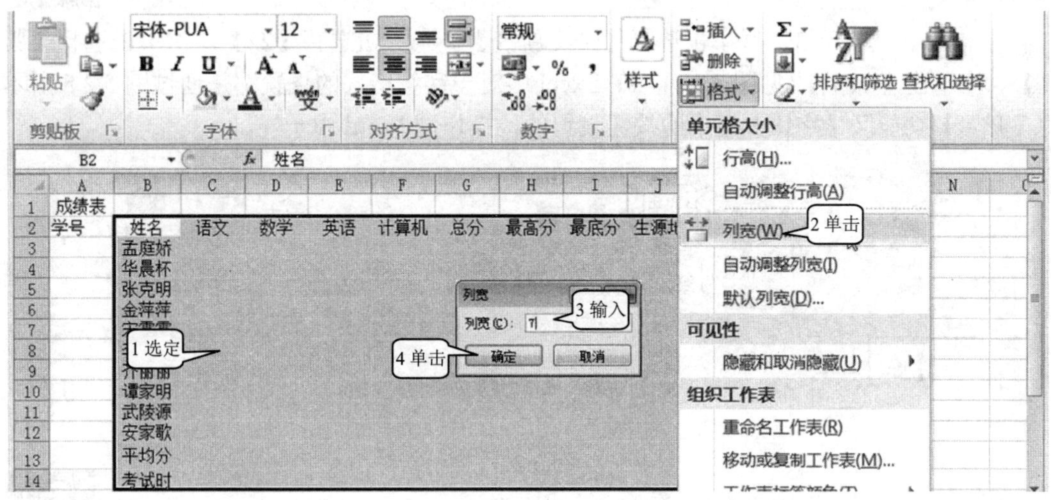


图 5.2.2

**步骤 3** ①单击列标 B，选定 B 列的所有单元格。②单击【格式】\【列宽】，出现【列宽】对话框。③输入【9】。④单击【确定】(见图 5.2.3)，则选定列的列宽就被调整为 9 了，这样可以使表中的【考试时间】在一行显示。

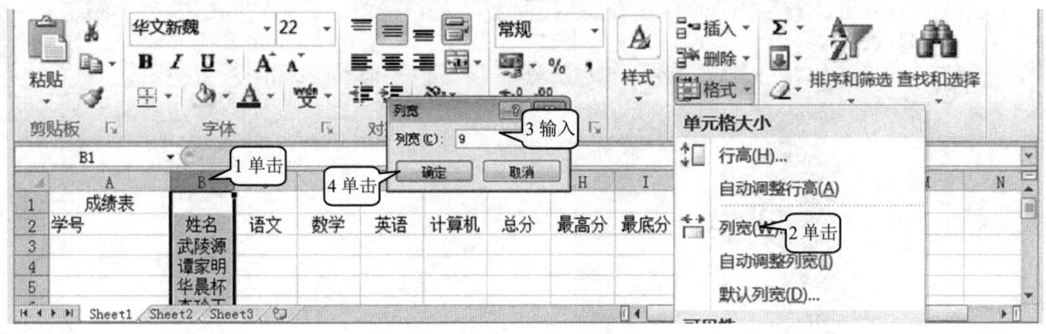


图 5.2.3

步骤4 ①单击行标 2，选定第 2 行的所有单元格。②单击【格式】\【行高】，出现【行高】对话框。③输入【18】。④单击【确定】(见图 5.2.4)，则选定行的行高就被调整为 18。

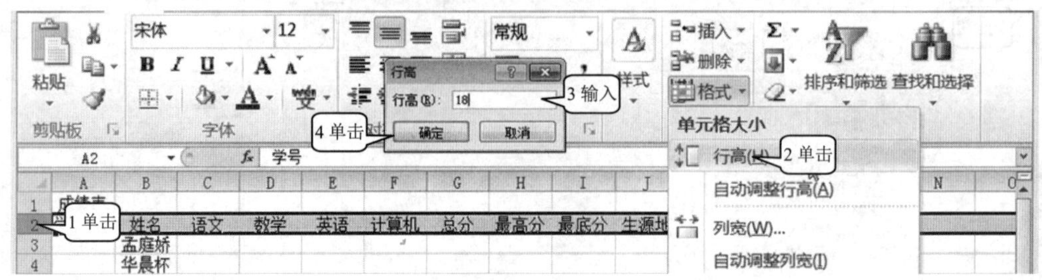


图 5.2.4

步骤5 同理，再将第一行的高度设为 30，将 A 列的宽度设为 14。

## 5.2.2 任务 2：设置字符格式

①单击 A1 单元格。②单击选择【华文新魏】。③单击选择【22】。④单击选择【紫色】。⑤单击【加粗】(见图 5.2.5)。在 Excel 中对于字符格式的设置都是通过图 5.2.5 所示的【开始】功能区【字体】组中的按钮设置的，操作同 Word 中一样。

图 5.2.5

## 5.2.3 任务 3：单元格的选定

步骤1 ①在要选定的单元格上拖动，就可以选定多个单元格。②在行标上单击，就可以选定整行。③在列标上单击(见图 5.2.6)，就可以选定整列。

图 5.2.6

步骤2 如果要同时选定几个单元格和整行、整列，可以按图 5.2.7 中的方法做：①拖动选定 2 列。②按住 Ctrl 键拖动，选定 3 行。③按住 Ctrl 键拖动，选定 4 行。④按住 Ctrl 键拖动，选定 2 列。⑤按住 Ctrl 键拖动，选定 4 个单元格(见图 5.2.7)。

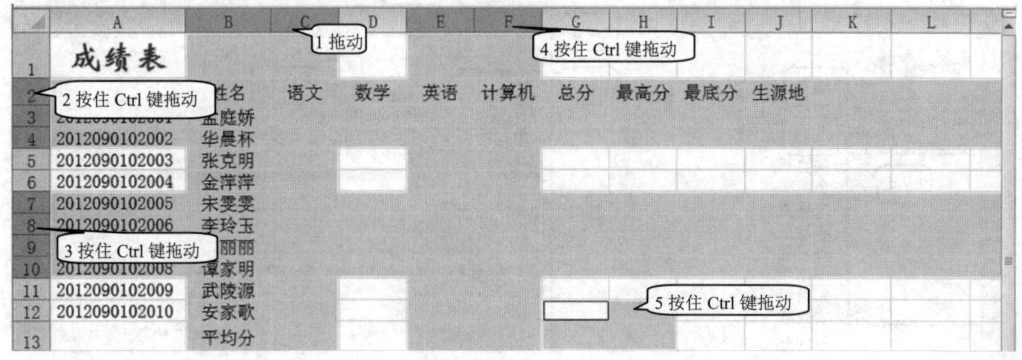


图 5.2.7

步骤3 在任意位置单击，以取消选定。

## 5.2.4 任务 4：自动填充

### 1. 自动填充数值

①单击列标 A，选定 A 列。②单击【数字】组右边的按钮。③单击【数字】选项卡。④单击【数值】。⑤输入【0】。⑥单击【确定】，则选定的单元格就被设成了数值类型。这样在后面输入学号的时候就不会以科学记数法来表示。⑦输入【2012090102001】、【2012090102002】。⑧选定输入学号的 2 个单元格。⑨拖动选定单元格右下角的黑色填充柄➕到 A12(见图 5.2.8)，则 Excel 会将学号视为数字，并根据前两个单元格数字的差值为 1 的特点来产生后面的数字。这样所有的学号便按顺序自动填上。如果 A3、A4 输入的是【2012090102001】、【2012090102006】的话，则 Excel 会根据前两个单元格数字的差值为 5 的特点来产生后面的数字，即 2012090102001、2012090102006、2012090102011、2012090102016、2012090102021、2012090102026……

### 2. 自动填充已有的序列

自动填充是 Excel 中非常实用的一个功能，它能够自动填充一组日期、时间、数字、文本(英文或汉字)。我们把一组日期(时间、数字、文本)称为日期(时间、数字、文本)序列，比如，日期序列(星期一、星期二、星期三、星期四、星期五、星期六、星期日)；时间序列(1:00、2:00、3:00、4:00、5:00、6:00)；数字序列(1、2、3、4、5、6、7、8)；文本序列(北京、上海、天津、重庆、安徽、江苏、浙江、广东、山东、辽宁)。Excel 自带了一部分序列，我们可以随时使用自带的序列。同时 Excel 允许用户根据自己的需要自定义序列来填充，且对自定义序列是没有什么限制的。下面我们就介绍有关利用已有数据序列填充和自定义新序列的方法。

①在 C14 输入【星期一】。②单击【星期一】所在的单元格。③拖动【星期一】所在单元格右下角的黑色填充柄➕到 F14(见图 5.2.9)，则星期一、星期二、星期三、星期四便

按顺序自动填上。其他系列的填充方法与此一样，只要输入序列的第一项，即可采用拖动的方法来填充。

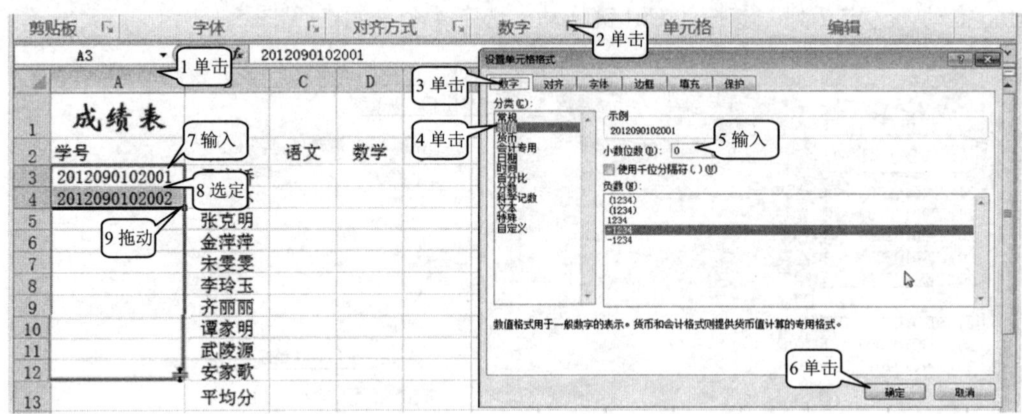


图 5.2.8

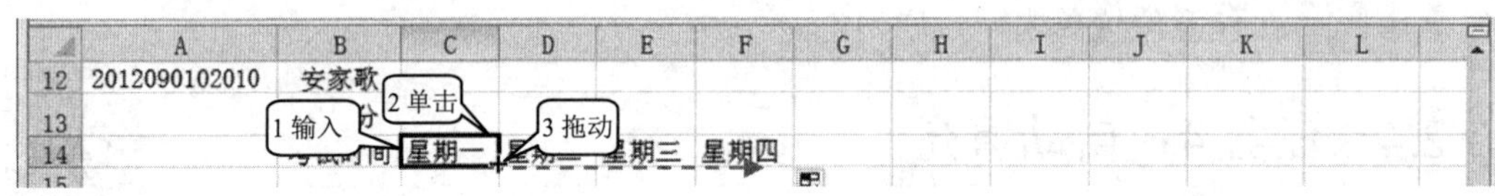


图 5.2.9

### 3. 自定义序列

**步骤1** ①单击【文件】。②单击【选项】(见图 5.2.10)，出现如图 5.2.11 所示的【Excel 选项】对话框。

**步骤2** ①单击【高级】。②向下拖动滚动条。③单击【编辑自定义列表】，出现如图 5.2.11 所示的【自定义序列】对话框。④单击【新序列】。⑤输入【北京】、【上海】、【天津】、【重庆】、【安徽】、【江苏】、【浙江】、【广东】、【山东】、【辽宁】，注意每行只输一个地名。⑥单击【添加】。⑦单击【确定】。⑧单击【确定】，则这个序列便被保存到 Excel 内了。

图 5.2.10

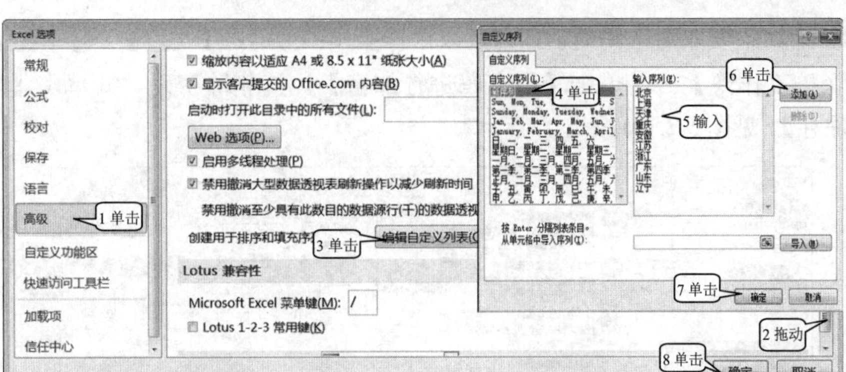


图 5.2.11

**步骤3** ①在J3 输入【北京】。②拖动【北京】单元格右下角的黑色填充柄✚到 J12(见图 5.2.12)。

| | A | B | C | D | E | F | G | H | I | J | K | L |
|---|---|---|---|---|---|---|---|---|---|---|---|---|
| 2 | 学号 | 姓名 | 语文 | 数学 | 英语 | 计算机 | 总分 | 最高分 | 最底分 | 生源地 | | |
| 3 | 2012090102001 | 孟庭娇 | | | | | | | | 北京 | | |
| 4 | 2012090102002 | 华晨杯 | | | | | | | | 上海 | | |
| 5 | 2012090102003 | 张克明 | | | | | | | | 天津 | | |
| 6 | 2012090102004 | 金萍萍 | | | | | | | | 重庆 | | |
| 7 | 2012090102005 | 宋雯雯 | | | | | | | | 安徽 | | |
| 8 | 2012090102006 | 李玲玉 | | | | | | | | 江苏 | | |
| 9 | 2012090102007 | 齐丽丽 | | | | | | | | 浙江 | | |
| 10 | 2012090102008 | 谭家明 | | | | | | | | 广东 | | |
| 11 | 2012090102009 | 武陵源 | | | | | | | | 山东 | | |
| 12 | 2012090102010 | 安家歌 | | | | | | | | | | |
| 13 | | 平均分 | | | | | | | | | | |
| 14 | | 考试时间 | 星期一 | 星期二 | 星期三 | 星期四 | | | | | | |

1 输入　2 拖动

图 5.2.12

## 5.2.5 任务 5：加密保存工作簿

**步骤1** ①单击【文件】。②单击【信息】。③单击【保护工作簿】。④单击【用密码进行加密】。⑤输入密码【123】。⑥单击【确定】。⑦再次输入密码【123】。⑧单击【确定】。⑨单击【保存】(见图 5.2.13)，这样下次打开这个文件时就要输入密码才能打开。

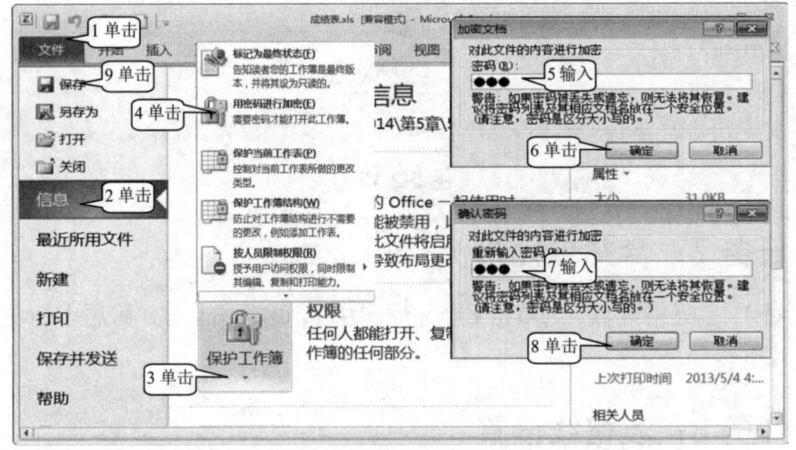


图 5.2.13

步骤 2 如果要取消密码的话，则可以这样操作：①单击【文件】。②单击【信息】。③单击【保护工作簿】。④单击【用密码进行加密】。⑤删除密码。⑥单击【确定】。⑦单击【保存】(见图 5.2.14)。

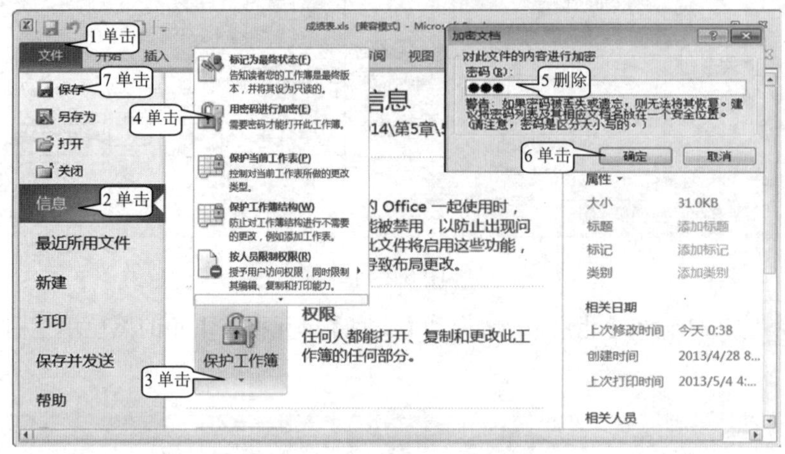


图 5.2.14

## 5.2.6 任务 6：新建工作簿

①单击【文件】。②单击【新建】。③双击【空白工作簿】(见图 5.2.15)。

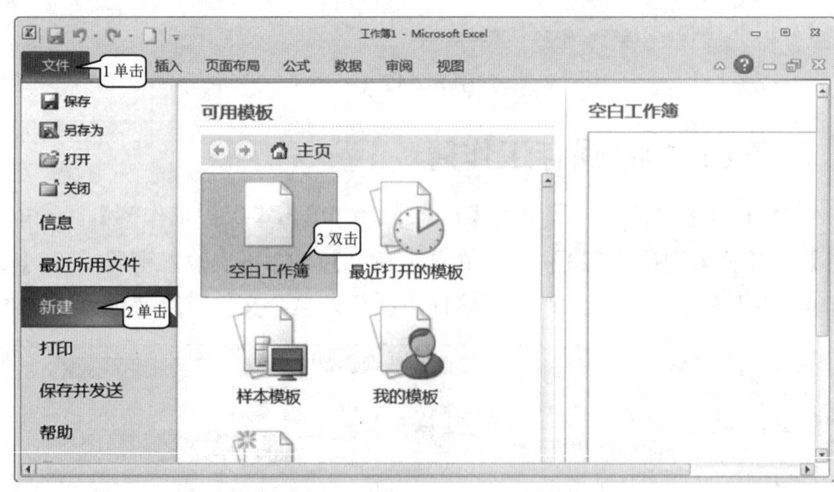


图 5.2.15

## 5.2.7 任务 7：合并单元格

①选定 A1:J1 单元格区域。②单击【合并后居中】。③单击【合并后居中】(见图 5.2.16)，结果参见图 5.2.17。

## 5.2.8 任务 8：表格线设置

步骤 1 ①选定 A2:J13 单元格区域。②单击【对齐方式】右边的按钮(见图 5.2.17)，出现图 5.2.18 所示的【设置单元格格式】对话框。

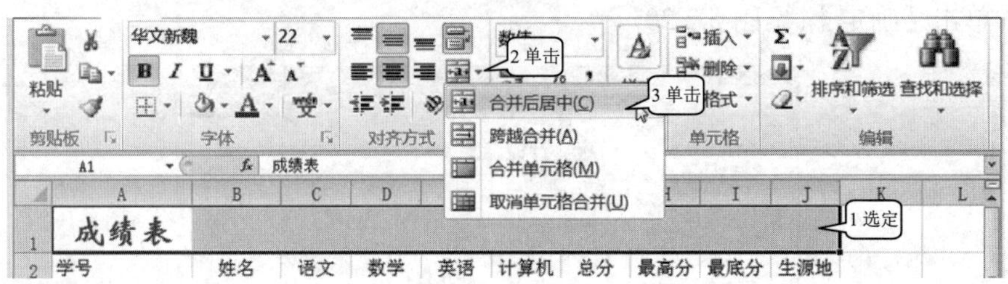


图 5.2.16

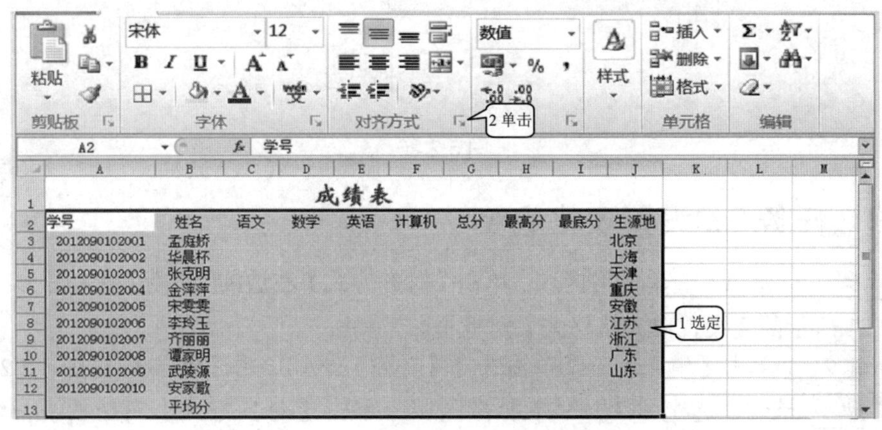


图 5.2.17

步骤 2 ①单击【边框】。②单击选择【双细线】。③单击选择【紫色】。④单击【外边框】按钮(见图 5.2.18)。

步骤 3 ①单击选择【单细线】。②单击选择【绿色】。③单击【内部】。④单击【确定】(见图 5.2.19)。

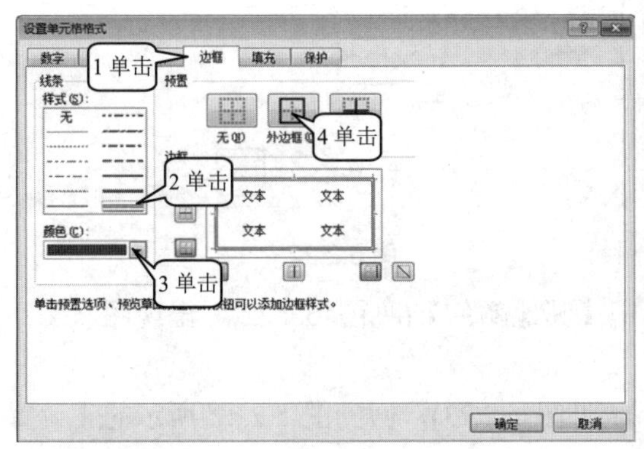


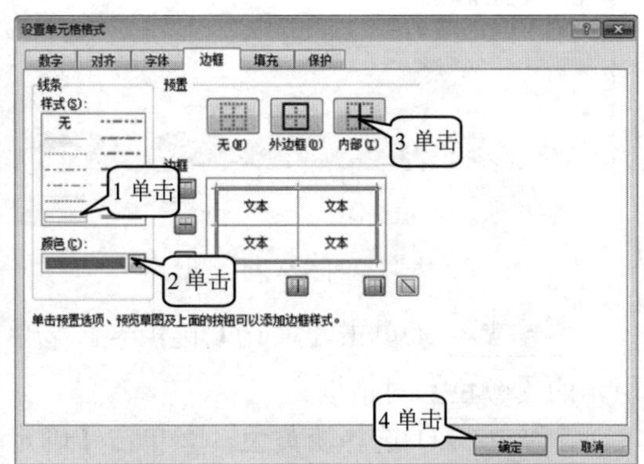


图 5.2.18　　　　图 5.2.19

步骤 4 将第 2 行的高度设为 24，将 C～J 列的宽度设为 8。

步骤 5 选定 A2:J2 单元格区域；单击【对齐方式】右边的按钮(参见图 5.2.17)，出现图 5.2.20 所示的【设置单元格格式】对话框。

步骤 6 ①单击【边框】。②单击选择【粗实线】。③单击选择【白色,背景 1,50%】。

④单击下边线，将下边线设为【白色,背景 1,50%】的粗实线。⑤单击【内竖线】，去除内竖线。⑥单击【确定】(见图 5.2.20)。

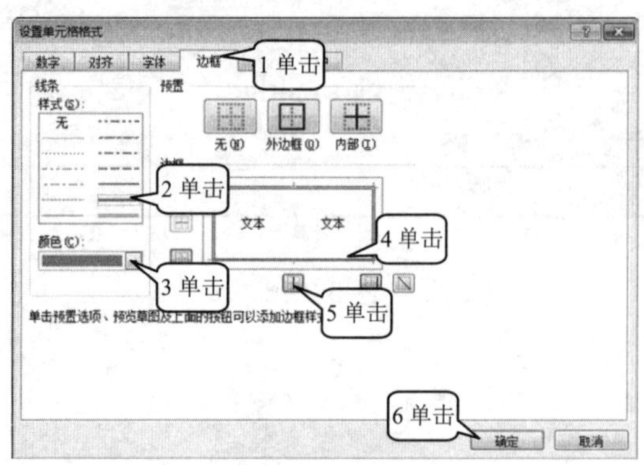


图 5.2.20

## 5.2.9 任务 9：设置表格底纹

**步骤 1** 选定 A2:J2 单元格区域；单击【对齐方式】右边的按钮(参见图 5.2.17)，出现图 5.2.21 所示的【设置单元格格式】对话框。

**步骤 2** ①单击【填充】。②单击选择【灰色】。③单击【确定】(见图 5.2.21)。

**步骤 3** 同理，选定 A3:J13 单元格区域；单击【对齐方式】右边的按钮(参见图 5.2.17)，出现图 5.2.22 所示的【设置单元格格式】对话框。

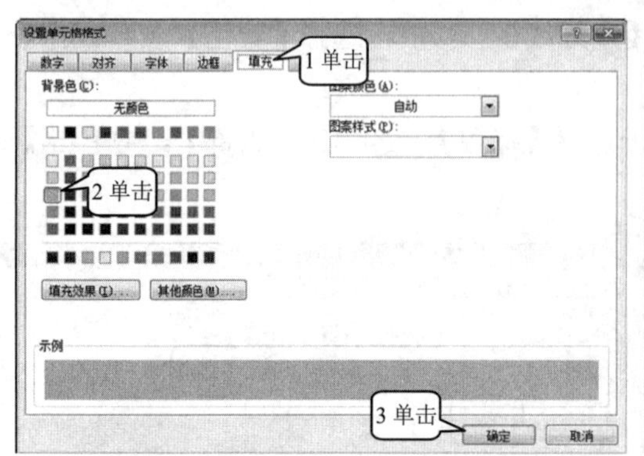


图 5.2.21

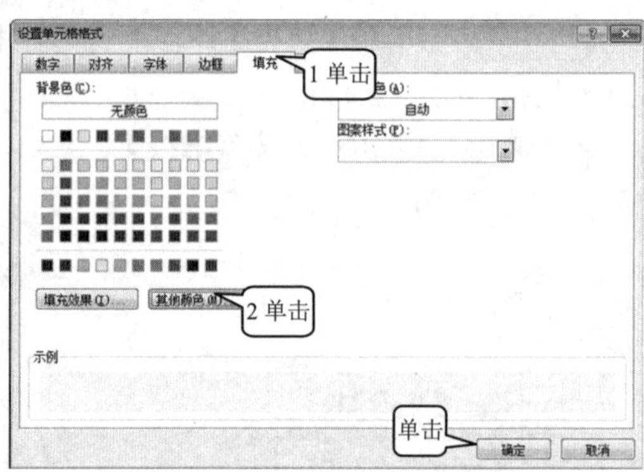


图 5.2.22

**步骤 4** ①单击【填充】选项卡。②单击【其他颜色】(见图 5.2.22)，出现图 5.2.23 所示的【颜色】对话框。

**步骤 5** ①选择淡黄色。②单击【确定】(见图 5.2.23)，回到图 5.2.22 所示的【设置单元格格式】对话框。

**步骤 6** 单击【确定】(参见图 5.2.22)。

**步骤 7** 选定 B14:F14 单元格区域；单击【对齐方式】右边的按钮(参见图 5.2.17)，出现图 5.2.24 所示的【设置单元格格式】对话框。

**步骤 8** ①单击【填充】。②单击选择【淡紫色】。③单击【图案样式】。④单击选择一种图案。⑤单击【边框】(见图 5.2.24)，出现图 5.2.25。

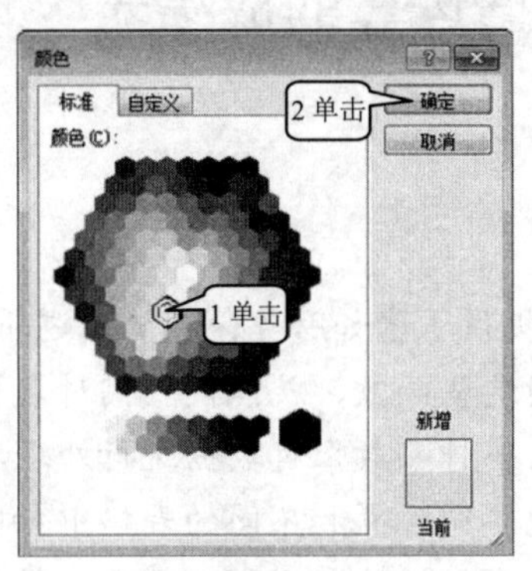


图 5.2.23

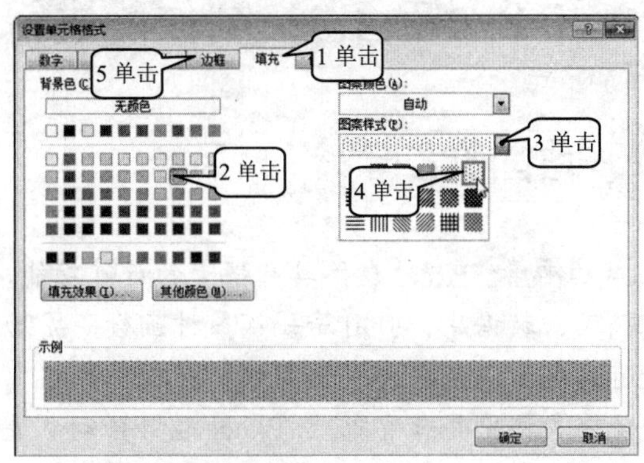


图 5.2.24

步骤 9 ①单击选择【点画线】。②单击选择【橙色】。③单击下边线按钮，将下边线设为橙色点画线。④单击左边线按钮，将左边线设为橙色点画线。⑤单击右边线按钮，将右边线设为橙色点画线。⑥单击【内竖线】，去除内竖线。⑦单击【确定】(见图 5.2.25)，设置完成后的效果如图 5.2.26 所示。

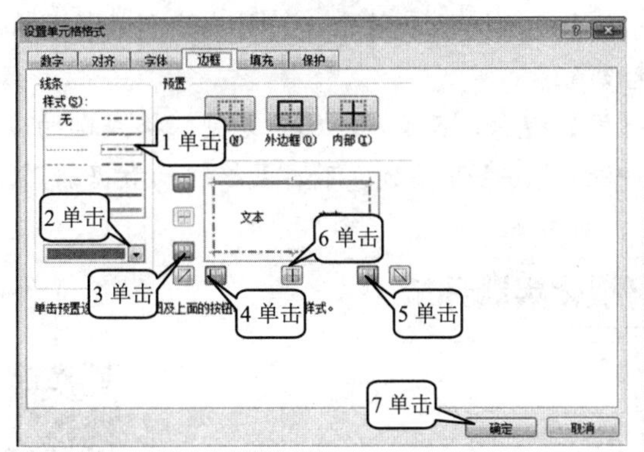


图 5.2.25

| | A | B | C | D | E | F | G | H | I | J |
|---|---|---|---|---|---|---|---|---|---|---|
| 1 | 成绩表 | | | | | | | | | |
| 2 | 学号 | 姓名 | 语文 | 数学 | 英语 | 计算机 | 总分 | 最高分 | 最底分 | 生源地 |
| 3 | 2012090102001 | 孟庭娇 | | | | | | | | 北京 |
| 4 | 2012090102002 | 华晨杯 | | | | | | | | 上海 |
| 5 | 2012090102003 | 张克明 | | | | | | | | 天津 |
| 6 | 2012090102004 | 金萍萍 | | | | | | | | 重庆 |
| 7 | 2012090102005 | 宋雯雯 | | | | | | | | 安徽 |
| 8 | 2012090102006 | 李玲玉 | | | | | | | | 江苏 |
| 9 | 2012090102007 | 齐丽丽 | | | | | | | | 浙江 |
| 10 | 2012090102008 | 谭家明 | | | | | | | | 广东 |
| 11 | 2012090102009 | 武陵源 | | | | | | | | 山东 |
| 12 | 2012090102010 | 安家歌 | | | | | | | | 辽宁 |
| 13 | | 平均分 | | | | | | | | |
| 14 | | 考试时间 | 星期一 | 星期二 | 星期三 | 星期四 | | | | |

图 5.2.26

步骤 10 将此表格以【简单成绩表】为文件名保存在【教材素材】\【Excel】下。

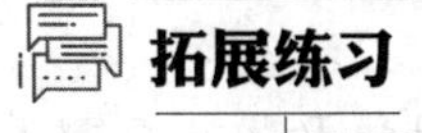

## 思考与联想

1. 表格背景可以填充大理石或者是渐变颜色吗？渐变颜色可以选择几种颜色？
2. 如何取消加密保存工作簿的密码？

## 拓展练习

扫描二维码，打开案例，制作与案例相同的文档。

# 5.3 项目3：制作能进行数据运算的成绩表

## 项目剖析

**应用场景：** Excel 表格具有强大的计算功能，它提供了诸如财务、统计、逻辑、数学、三角函数、数据库、引用等一百多种函数。灵活应用这些函数，就能使我们对表格中的数据进行处理时，变得快捷而高效。在各种表格中应用多种函数来对数据进行处理和计算，就会使得表格更具有智能性。Excel 能够自动从表格的不同位置和不同的表格中抽取具有一定特性的数据进行分析判断，并根据条件不同而得出不同的结果。所以学会函数的应用，就可以使我们的表格更为智能化，使用也更为方便。

**设计思路与方法技巧：** 在成绩表中利用平均函数、求和函数、最大值函数、最小值函数、条件函数以及不同表格间的数据引用，来自动获得表格中相应的数据。这就使得表格具有智能性，也就是说利用 Excel 公式和函数，不但可以自动从表格不同位置和不同表格中抽取数据进行计算，还可以对具有一定特性的数据进行分析判断，并根据条件不同而得出不同的结果。利用函数的复制功能，提高公式和函数的输入效率。同时在设置表格线和表格底纹时，还能通过使用格式刷来进行快速设置。

**应用到的相关知识点：** 公式、运算符、引用的概念、函数(公式)的复制、格式刷的应用、平均函数、求和函数、最大值函数、最小值函数、条件函数、不同表格间的数据引用。

## 即学即用的可视化实践环节

### 5.3.1 任务1：公式与引用的概念

在 Excel 中，引用是指把单元格地址作为公式中的变量使用，而单元格中的数据就是变量的值。引用实际上就是指在公式中使用单元格地址来代表单元格这个变量，这些单元格地址就相当于函数的变量，使用或者是引用单元格地址有三种不同的形式。

1. 相对引用及用法

如果公式中的单元格地址写法是 A1、B1、C5、D8，这样的话就叫作相对引用。例如【A1+B5*C8】这个公式中引用的单元格地址就是相对引用。从下面的例子中我们可以看出相对引用的含义及用法。

在 A1:B5 单元格区域中输入一组数据 ，在 C1 中输入【=A1+B1】，按 Enter 键(见图 5.3.1)，这里 C1 中就存放了公式【A1+B1】，图 5.3.2 中 C1 显示的是 A1+B1 的结果。

在图 5.3.2 中单击 C1，向下拖动 C1 右下角的填充柄 到 C5 单元格，结果见图 5.3.3。这样 C1 中的公式就被复制到了 C2～C5。单击 C3，在编辑栏里就有 C3 中的公式【=A3+B3】。同样，单击 C2、C4、C5，也会看到公式，分别为【=A3+B3】、【=A4+B4】、【=A5+B5】。

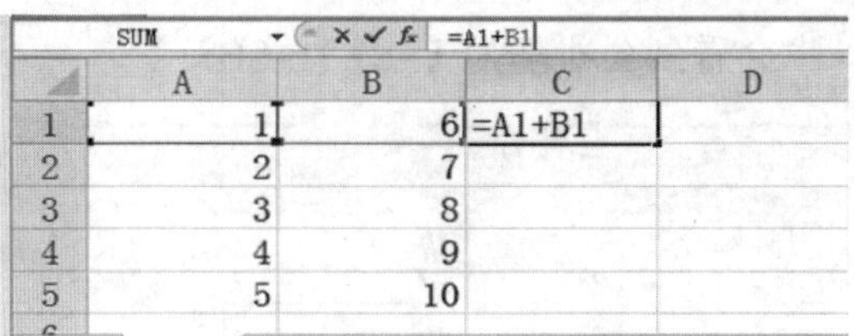

SUM =A1+B1

| | A | B | C | D |
|---|---|---|---|---|
| 1 | 1 | 6 | =A1+B1 | |
| 2 | 2 | 7 | | |
| 3 | 3 | 8 | | |
| 4 | 4 | 9 | | |
| 5 | 5 | 10 | | |

图 5.3.1

| | A | B | C | D |
|---|---|---|---|---|
| 1 | 1 | 6 | 7 | |
| 2 | 2 | 7 | | |
| 3 | 3 | 8 | | |
| 4 | 4 | 9 | | |
| 5 | 5 | 10 | | |



图 5.3.2

从上述例子中可以看出：

① 单元格中的公式可以通过拖动的方法复制到其他单元格中。

② 复制后的公式是有差异的。

③ C1 中的公式【=A1+B1】的实际意思是将单元格左侧的两个单元格数据相加，也就是相对于 C1 将其左侧的两个单元格数据相加，所以就叫相对引用。

为了解相对引用的实质，下面再举 2 个例子加以说明：

**例 1：** 在 H2 单元格中输入求和公式【=SUM(B2:G2)】，其意思就是将 H2 单元格左侧的 B2、C2、D2、E2、F2、G2 这 6 个单元格内的数据求和。如果用上述拖动的方法将这个公式复制到 H5 单元格中，那么 H5 单元格中的公式就变为【=SUM(B5:G5)】，其意思就是将 H5 单元格左侧的 B5、C5、D5、E5、F5、G5 这 6 个单元格内的数据求和。

**例 2：** 在 B8 单元格中输入求和公式【=SUM(B2:B7)】，其意思就是将 B8 单元格上面的 B2、B3、B4、B5、B6、B7 这 6 个单元格内的数据求和。如果将这个公式复制到 F8 单元格中，那么 F8 单元格中的公式就变为【=SUM(F2:F7)】，其意思就是将 F8 单元格上面的 F2、F3、F4、F5、F6、F7 这 6 个单元格内的数据求和。

④ 只要公式中是相对引用，在复制公式时，公式中引用的地址就会相对发生变化。

### 2. 绝对引用及用法

如果公式中的单元格地址写法是$A$1、$B$1、$C$5，这样的话，就叫作绝对引用。

例如，【$A$1+$B$5*$C$8】这个公式中引用的单元格地址就是绝对引用。在这里行号和列号前面都加了【$】，它的意思是行号和列号是绝对不会发生变化的，不论你是复制公式还是做其他的操作，公式中引用的单元格是固定不变的。从下面的例子里我们可以看出绝对引用的用法。

在图 5.3.4 的 A1:B5 单元格区域中输入一组数据，在 C1 中输入【=$A$1+$B$1】，按 Enter 键，则 C1 中就存放了公式【$A$1+$B$1】，图 5.3.5 中 C1 是 A1+B1 的结果。

C3 =A3+B3

| | A | B | C | D |
|---|---|---|---|---|
| 1 | 1 | 6 | 7 | |
| 2 | 2 | 7 | 9 | |
| 3 | 3 | 8 | 11 | |
| 4 | 4 | 9 | 13 | |
| 5 | 5 | 10 | 15 | |

图 5.3.3

SUM =$A$1+$B$1

| | A | B | C | D |
|---|---|---|---|---|
| 1 | 1 | 6 | =$A$1+$B$1 | |
| 2 | 2 | 7 | | |
| 3 | 3 | 8 | | |
| 4 | 4 | 9 | | |
| 5 | 5 | 10 | | |

图 5.3.4

在图 5.3.5 中单击【C1】，向下拖动 C1 右下角的填充柄到 C5 单元格，结果见图 5.3.6。这样 C1 中的公式就被复制到了 C2～C5。单击【C3】，在编辑栏里就有 C3 中的公式

【=$A$1+$B$1】。同样，单击 C2、C4、C5，也会看到公式都为【=$A$1+$B$1】。

| C1 | =$A$1+$B$1 | | |
|---|---|---|---|
| | A | B | C |
| 1 | 1 | 6 | 7 |
| 2 | 2 | 7 | |
| 3 | 3 | 8 | |
| 4 | 4 | 9 | |
| 5 | 5 | 10 | |

图 5.3.5

| C3 | =$A$1+$B$1 | | |
|---|---|---|---|
| | A | B | C |
| 1 | 1 | 6 | 7 |
| 2 | 2 | 7 | 7 |
| 3 | 3 | 8 | 7 |
| 4 | 4 | 9 | 7 |
| 5 | 5 | 10 | 7 |

图 5.3.6

从上述例子中我们可以看出：

① 用绝对引用的公式，复制后公式没有发生变化。

② 公式【=$A$1+$B$1】 的意思是将 A1、B1 两个单元格数据相加，决不会由于任何操作而发生变化，这就是绝对引用。

### 3. 混合引用及用法

如果公式中的单元格地址写法是$A1、B$1，这样的话，就叫作混合引用。例如，【$A1+$B5*C$8】这个公式中引用的单元格地址就是混合引用。在这里行号或列号前面加了【$】，其意思是加了【$】的行号或列号是绝对不会发生变化的，不论你是复制公式，还是做其他的操作，公式中引用加了【$】的行号或列号是固定不变的。如公式【$A1+$B1】在复制时列号是不变的，而行号是变的， 再如【A$1+B$1】在复制时行号是不变的，而列号是变的。从下面的例子中我们可以看出混合引用的用法。

在 A1:B5 单元格区域中输入一组数据，在 C1 中输入【= $A1+B$1】，按 Enter 键，则 C1 中就存放了公式【$A1+B$1】，图 5.3.7 中 C1 是【$A1+B$1】的结果。

在图 5.3.7 中单击【C1】,向下拖动 C1 右下角的填充柄 到 C5 单元格,结果见图 5.3.8。

这样 C1 中的公式就被复制到了 C2～C5。单击【C3】，在编辑栏里就有 C3 中的公式【=$A3+B$1】。同样，单击 C2、C4、C5 中也会看到公式为【=$A2+B$1】、【=$A4+B$1】、【=$A5+B$1】，仔细比较这几个公式的差异，并分析一下图 5.3.8 中各行的计算结果，就可发现这里只有第一项的行号发生了变化。

| C1 | =$A1+B$1 | | |
|---|---|---|---|
| | A | B | C |
| 1 | 1 | 6 | 7 |
| 2 | 2 | 7 | |
| 3 | 3 | 8 | |
| 4 | 4 | 9 | |
| 5 | 5 | 10 | |

图 5.3.7

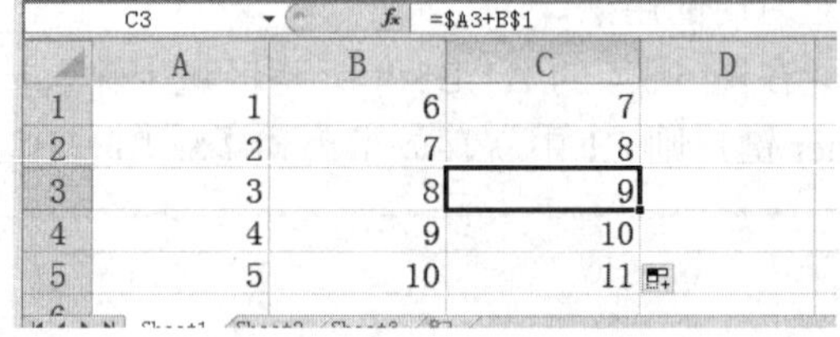

| C3 | =$A3+B$1 | | |
|---|---|---|---|
| | A | B | C |
| 1 | 1 | 6 | 7 |
| 2 | 2 | 7 | 8 |
| 3 | 3 | 8 | 9 |
| 4 | 4 | 9 | 10 |
| 5 | 5 | 10 | 11 |

图 5.3.8

### 4. 运算符

Excel 表格同 Word 表格最大的不同就是它可以将每一个单元格都作为变量来使用，同时在每个单元格中都可以输入公式。这些公式当中可以包括函数、代数运算式，而公式中的变量就是单元格里面的内容。我们在公式中就使用单元格地址作为变量，代表单元格里面的内容。

在公式或函数中出现的单元格地址就叫作单元格的引用。一个单元格地址就代表了一个变量或者说是该单元格里面的内容。因此，如果我们公式中应用了单元格地址作为变量的话，那么当作为变量的单元格里的数据发生变化的时候，公式的值也会发生相应的变化。

运算符是为了对公式中的元素进行某种运算而规定的符号。Excel 中有 4 种类型的运算符：算术运算符、比较运算符、文本运算符和引用运算符。

1)　算术运算符

算术运算符的功能是完成基本的数学运算。算术运算符包括：加(+)、减(-)、乘(*)、除(/)、幂(∧)、负号(-)、百分号(%)等。算术运算符可连接数字、变量并产生运算结果，有较直观的感觉。

例如：公式【60*2/5】是先求 60 乘以 2，再除以 5，公式的值为 24。

2)　比较运算符

比较运算符的功能是比较两个数值，运算产生的结果是布尔代数逻辑值 TRUE(真)或 FALSE(假)。比较运算符包括：等于(=)、大于(>)、小于(<)、大于等于(>=)、小于等于(<=)、不等于(<>)。

例如：单元格 B1 的数值是 50，则公式【B2<60】的逻辑值为 TRUE；若单元格 B1 的数值是 70，则公式【B2＜60】的逻辑值为 FALSE。

3)　文本运算符

文本运算符的功能是将两个文本连接成一个文本。文本运算符为&。它是将文本(字符串)连接成一个连续的字符串的运算符。例如，设 A1 单元格内的字符是【汉王笔】，若在 B1 中输入公式【A1&和汉王文本王】，则 B1 中的内容就是【汉王笔和汉王文本王】，运算符&就将【汉王笔】和【汉王文本王】连接成一个整体。

4)　引用运算符

引用运算符可以将单元格区域合并运算，包括冒号(:)、逗号(,)和空格。

冒号(:)是区域运算符，可对两个引用的单元格之间的所有单元格进行引用。例如：A1:B2 是引用 A1 到 B2 的所有单元格，即 A1、A2、B1、B2。

逗号(,)是联合运算符，可以将多个引用的单元格区域包含的所有单元格全部引用。例如：公式【SUM (B1:C3,D6:E8)】是将图 5.3.9 中的 B1:C3 和 D6:E8 两个单元格区域中的所有单元格的数据求和。

空格是交叉运算符，是将同时属于两个单元格区域的单元格区域(公共部分)加以引用。例如：公式【SUM (B1:C2　C1:D4)】中只有 C1:C2 同时属于两个引用区域 B1:C2 和 C1:D4，其结果是只将图 5.3.10 中 C2:C2 的数据拿来计算。

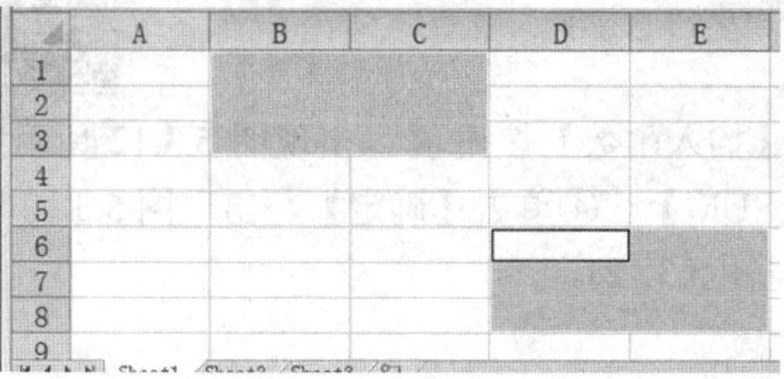

图 5.3.9

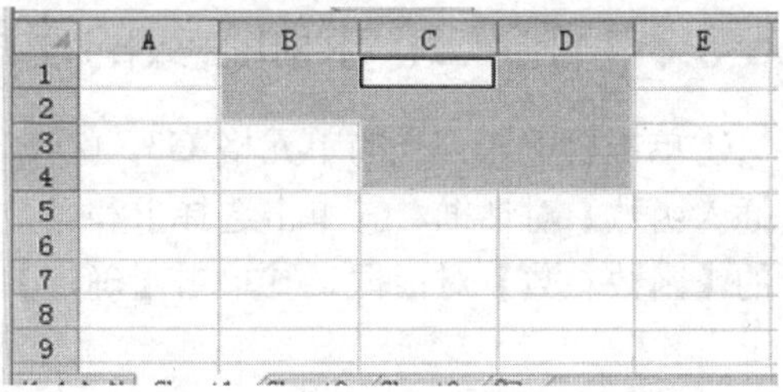

图 5.3.10

5. 公式的使用

所有的公式必须以【=】开头。一个公式是由运算符、参与计算的元素(操作数)组成。操作数可以是常量、单元格地址、函数。输入公式的方法如下。

步骤 1 单击要输入公式的单元格。

步骤 2 在编辑栏或直接在单元格内部输入【=】，接着输入运算表达式。公式中引用的单元格可以直接写在公式中，也可以用鼠标单击要引用的单元格，以代替手工输入要引用的单元格。

有了上述的概念，就可以正确地使用公式来处理表格中的数据，以达到在表格中自动、快速、高效地对数据进行处理的目的。

## 5.3.2 任务 2：平均值函数的使用

步骤 1 打开【教材素材】\【Excel】\【简单成绩表】文件。

步骤 2 输入成绩【孟庭娇 62、79、87、77；华晨杯 66、91、96、93；张克明 74、82、94、86；金萍萍 75、87、83、90；宋雯雯 80、93、 98、94；李玲玉 82、85、94、89；齐丽丽 82、89、97、69；谭家明 85、69、88、80；武陵源 88、90、90、88；安家歌 88、79、87、91】。

步骤 3 ①单击要输入公式的单元格 C13。②单击【插入函数】按钮 $f_x$，出现图 5.3.11 所示的【插入函数】对话框。③单击选择平均值函数【AVERAGE】。④单击【确定】，弹出图 5.3.11 所示的【函数参数】对话框。⑤单击【确定】(见图 5.3.11)。

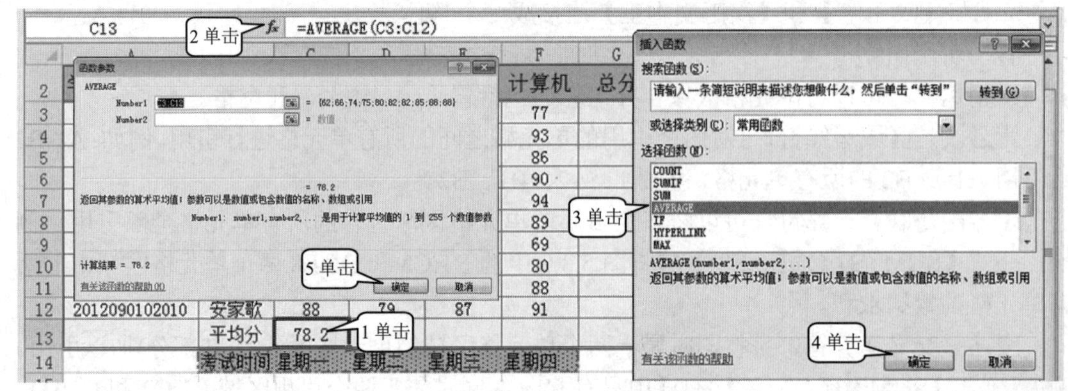


图 5.3.11

## 5.3.3 任务 3：求和函数的使用

①单击要输入公式的单元格 G3。②单击【插入函数】按钮 $f_x$，出现图 5.3.12 所示的【插入函数】对话框。③单击选择求和函数【SUM】。④单击【确定】，出现图 5.3.12 所示的【函数参数】对话框。⑤单击【确定】(见图 5.3.12)。

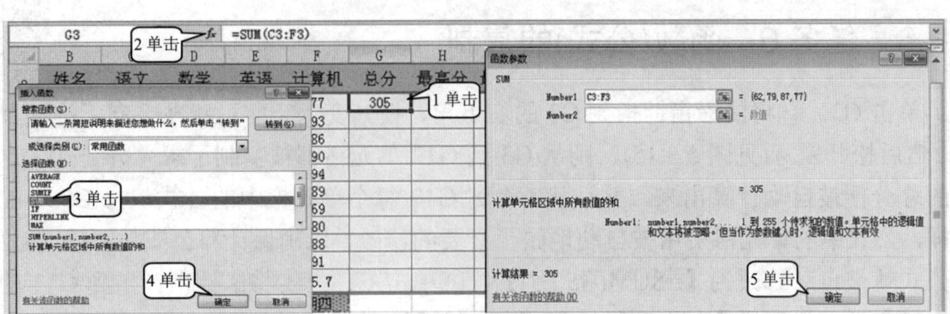


图 5.3.12

## 5.3.4　任务 4：最大值函数的使用

①单击要输入公式的单元格 H3。②单击【插入函数】按钮 $f_x$，出现图 5.3.13 所示的【插入函数】对话框。③单击选择求最大值函数【MAX】。④单击【确定】，出现图 5.3.13 所示的【函数参数】对话框。⑤输入【C3:F3】，以便让函数在 C3:F3 中找最大值，也就是找出各门课程的最高分。⑥单击【确定】(见图 5.3.13)。

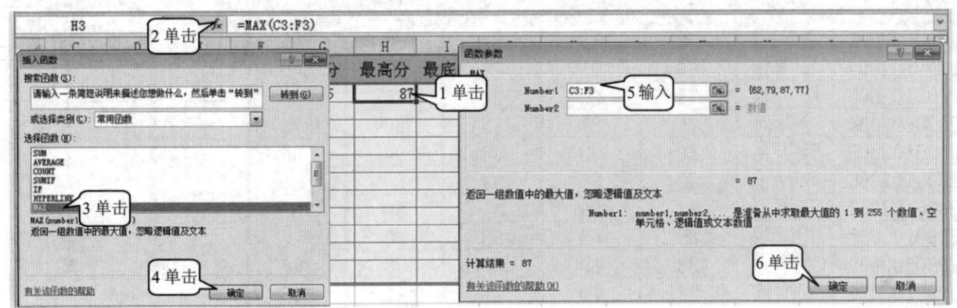


图 5.3.13

## 5.3.5　任务 5：最小值函数的使用

①单击要输入公式的单元格 I3。②单击【插入函数】按钮 $f_x$，出现图 5.3.14 所示的【插入函数】对话框。③单击选择【统计】。④拖动滚动条找到【MIN】。⑤单击【MIN】。⑥单击【确定】，出现图 5.3.14 所示的【函数参数】对话框。⑦输入【C3:F3】，以便让函数在 C3:F3 中找最小值，也就是找出各门课程的最低分。⑧单击【确定】(见图 5.3.14)。

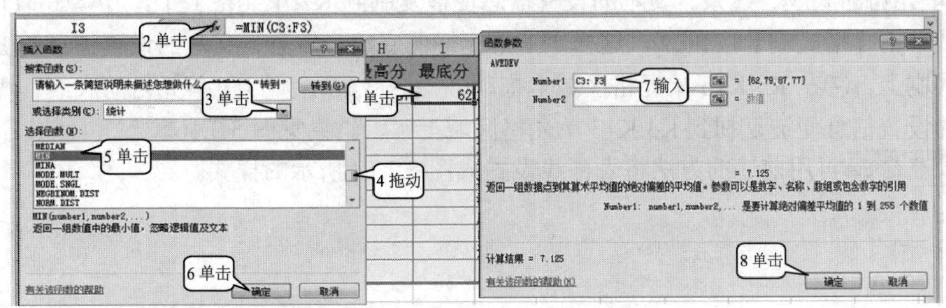


图 5.3.14

## 5.3.6 任务6：函数(公式)的复制

①单击G3。②将鼠标指针指到G3的右下角，使其变为十字形状✚，向下拖动鼠标到G12，然后松开鼠标(见图5.3.15)，则从G3到G12单元格都被复制了求总分公式。这样每个人的总分便被自动计算出来，并且从G4到G12每个单元格中的公式都与G3中的不完全一样，公式中的单元格引用被自动地做了必要的修改，以确保计算公式的正确。例如G5中的公式就被自动修改为【=SUM(C5:F5)】。③单击C13。④将鼠标指针指到C13的右下角，使其变为十字形状✚，拖动鼠标到G13，然后松开鼠标。则从C13到G13单元格都被复制了求平均值的公式，这样每门课的平均分便被自动计算出来。⑤单击H3。⑥将鼠标指针指到H3的右下角，使其变为十字形状✚，拖动鼠标到H12，然后松开鼠标。则从H3到H12单元格都被复制了求最大值的公式，这样每个人的最高分便被自动求出。⑦单击I3。⑧将鼠标指针指到I3的右下角，使其变为十字形状✚，拖动鼠标到I12，然后松开鼠标，则从I3到I12单元格都被复制了最小值函数，这样每个人的最低分便被自动计算出来(见图5.3.15)。

| 学号 | 姓名 | 语文 | 数学 | 英语 | 计算机 | 总分 | 最高分 | 最低分 | 生源地 |
|---|---|---|---|---|---|---|---|---|---|
| 2012090102001 | 孟庭娇 | 62 | 79 | 87 | [illegible] | 305 | 87 | 62 | [illegible] |
| 2012090102002 | 华晨杯 | 66 | 91 | 96 | 93 | 346 | | | [illegible] |
| 2012090102003 | 张克明 | 74 | 82 | 94 | 86 | 336 | | | 天津 |
| 2012090102004 | 金萍萍 | 75 | 87 | 83 | 90 | 335 | | | 重庆 |
| 2012090102005 | 宋雯雯 | 80 | 93 | 98 | 94 | 365 | | | 安徽 |
| 2012090102006 | 李玲玉 | 82 | 85 | 94 | 89 | 350 | | | 江苏 |
| 2012090102007 | 齐丽丽 | 82 | 89 | 97 | 69 | 337 | | | 浙江 |
| 2012090102008 | 谭家明 | 85 | 69 | 88 | 80 | 322 | | | 广东 |
| 2012090102009 | 武陵源 | 88 | 90 | 90 | 88 | 356 | | | 山东 |
| 2012090102010 | 安家歆 | 88 | 79 | 87 | 91 | 345 | | | 辽宁 |
| | 平[illegible] | 78.2 | 84.4 | 91.4 | 85.7 | | | | |
| | 考试时间 | 星期一 | 星[illegible] | 星期三 | 星期四 | | | | |



图5.3.15

## 5.3.7 任务7：格式刷的应用

**步骤1** ①在K2单元格输入【等级】。②单击J2单元格。③单击【格式刷】按钮，这样J2单元格的底纹、线条、文本的设置信息便被复制到格式刷上。④单击K2单元格，则J2单元格的底纹、线条、文本的设置信息便被复制到K2单元格上了。⑤单击J11单元格。⑥单击【格式刷】按钮，这样J11单元格的底纹、线条、文本的设置信息便被复制到格式刷上。⑦在K3:K13单元格区域上拖动(见图5.3.16)，则J11单元格的底纹、线条、文本的设置信息便被复制到K3:K13单元格区域上了，结果见图5.3.16。

**步骤2** 再用前述的方法将表格线设置成图5.3.17所示的样式。

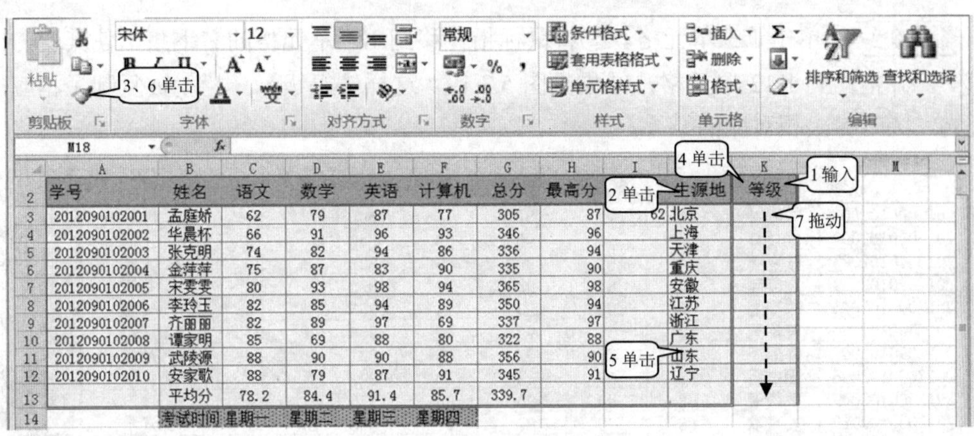


图 5.3.16

| | A | B | C | D | E | F | G | H | I | J | K |
|---|---|---|---|---|---|---|---|---|---|---|---|
| 2 | 学号 | 姓名 | 语文 | 数学 | 英语 | 计算机 | 总分 | 最高分 | 最底分 | 生源地 | 等级 |
| 3 | 2012090102001 | 孟庭娇 | 62 | 79 | 87 | 77 | 305 | 87 | 62 | 北京 | |
| 4 | 2012090102002 | 华晨杯 | 66 | 91 | 96 | 93 | 346 | 96 | 66 | 上海 | |
| 5 | 2012090102003 | 张克明 | 74 | 82 | 94 | 86 | 336 | 94 | 74 | 天津 | |
| 6 | 2012090102004 | 金萍萍 | 75 | 87 | 83 | 90 | 335 | 90 | 75 | 重庆 | |
| 7 | 2012090102005 | 宋雯雯 | 80 | 93 | 98 | 94 | 365 | 98 | 80 | 安徽 | |
| 8 | 2012090102006 | 李玲玉 | 82 | 85 | 94 | 89 | 350 | 94 | 82 | 江苏 | |
| 9 | 2012090102007 | 齐丽丽 | 82 | 89 | 97 | 69 | 337 | 97 | 69 | 浙江 | |
| 10 | 2012090102008 | 谭家明 | 85 | 69 | 88 | 80 | 322 | 88 | 69 | 广东 | |
| 11 | 2012090102009 | 武陵源 | 88 | 90 | 90 | 88 | 356 | 90 | 88 | 山东 | |
| 12 | 2012090102010 | 安家歌 | 88 | 79 | 87 | 91 | 345 | 91 | 79 | 辽宁 | |
| 13 | | 平均分 | 78.2 | 84.4 | 91.4 | 85.7 | 339.7 | | | | |
| 14 | | 考试时间 | 星期一 | 星期二 | 星期三 | 星期四 | | | | | |

图 5.3.17

## 5.3.8 任务 8：条件函数的使用

**步骤 1** ①单击要输入公式的单元格 K3。②单击【插入函数】按钮 $f_x$ ，出现图 5.3.18 所示的【插入函数】对话框。③单击选择【IF】函数。④单击【确定】，出现图 5.3.18 所示的【函数参数】对话框。⑤输入【G3>330】。⑥输入【优秀】。⑦输入【良好】。⑧单击【确定】，结果见图 5.3.18。这个函数会判断总分的大小，总分大于 330 的话，函数的值就是字符【优秀】，否则函数的值就是字符【良好】。

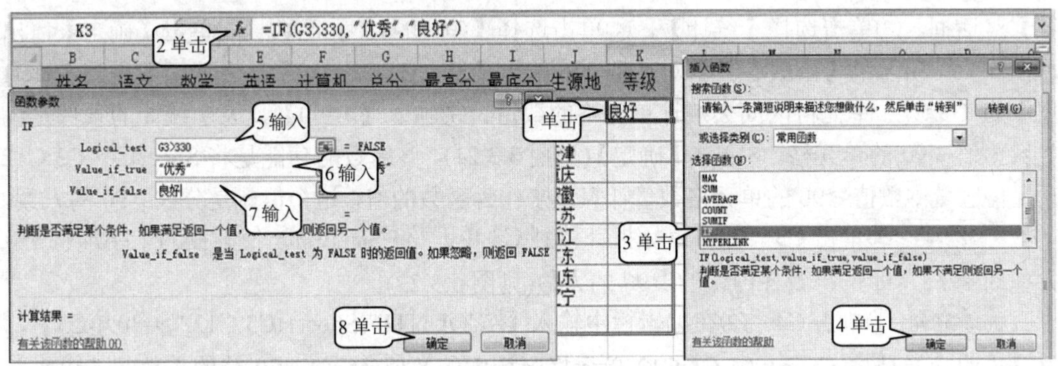


图 5.3.18

步骤 2 ①单击 K3 单元格。②将鼠标指针移到 K3 单元格的右下角，使其变为十字形状✚，并拖动到 K12 单元格，结果见图 5.3.19。这样【等级】一栏就被复制了相应的判断公式，同时得出相对应的结果。

| | 学号 | 姓名 | 语文 | 数学 | 英语 | 计算机 | 总分 | 最高分 | 最底分 | 生… | 等级 |
|---|---|---|---|---|---|---|---|---|---|---|---|
| 3 | 2012090102001 | 孟庭娇 | 62 | 79 | 87 | 77 | 305 | 87 | 62 | 北京 | 良好 |
| 4 | 2012090102002 | 华晨杯 | 66 | 91 | 96 | 93 | 346 | 96 | 66 | 上海 | |
| 5 | 2012090102003 | 张克明 | 74 | 82 | 94 | 86 | 336 | 94 | 74 | 天津 | |
| 6 | 2012090102004 | 金萍萍 | 75 | 87 | 83 | 90 | 335 | 90 | 75 | 重庆 | 优秀 |
| 7 | 2012090102005 | 宋雯雯 | 80 | 93 | 98 | 94 | 365 | 98 | 80 | 安徽 | 优秀 |
| 8 | 2012090102006 | 李玲玉 | 82 | 85 | 94 | 89 | 350 | 94 | 82 | 江苏 | 优秀 |
| 9 | 2012090102007 | 齐丽丽 | 82 | 89 | 97 | 69 | 337 | 97 | 69 | 浙江 | 优秀 |
| 10 | 2012090102008 | 谭家明 | 85 | 69 | 88 | 80 | 322 | 88 | 69 | 广东 | 良好 |
| 11 | 2012090102009 | 武陵源 | 88 | 90 | 90 | 88 | 356 | 90 | 88 | 山东 | 优秀 |
| 12 | 2012090102010 | 安家歌 | 88 | 79 | 87 | 91 | 345 | 91 | 79 | 辽宁 | 优秀 |
| 13 | | 平均分 | 78.2 | 84.4 | 91.4 | 85.7 | 339.7 | | | | |
| 14 | | 考试时间 | 星期一 | 星期二 | 星期三 | 星期四 | | | | | |

1 单击
2 拖动

图 5.3.19

## 5.3.9 任务 9：不同表格间的数据引用

步骤 1 ①单击 Sheet2。②制作图 5.3.20 所示的表格，并将第一行字符设为华文新魏、蓝色、22，底色为天蓝；第二行字符设为华文新魏、黑色加粗、16，底色为粉红；其他字符设为宋体、12、黑色，底色为淡绿；表格的外线设为双线、褐色，内部线设为绿细线(见图 5.3.20)。

| | A | B | C | D | E | F |
|---|---|---|---|---|---|---|
| 1 | 成绩统计分析表 | | | | | |
| 2 | 等级 | 等级说明 | 语文(人数) | 数学(人数) | 英语(人数) | 计算机(人数) |
| 3 | 优秀 | 成绩>=90 | | | | |
| 4 | 良好 | 成绩>=80且成绩<=89 | | | | |
| 5 | 中等 | 成绩>=60且成绩<=79 | | | | |
| 6 | 不及格 | 成绩< | | | | |

Sheet1 Sheet2 Sheet3

1 单击
2 制作表格

图 5.3.20

步骤 2 ① 单击 C3。②单击【插入函数】按钮 $f_x$ ，出现图 5.3.21 所示的【插入函数】对话框。③单击选择【统计】。④单击选择【COUNTIF】函数。⑤单击【确定】，出现图 5.3.21 所示的【函数参数】对话框。⑥输入【Sheet1! C3:C12】，表示函数是到 Sheet1 表中的 C3:C12 单元格区间去统计单元格的数量。⑦输入【>=90】，表示统计的条件是满足数据值≥90 的单元格。⑧单击【确定】(见图 5.3.21)，该函数的功能是将 Sheet1 中 C3:C12 单元格区域中数值≥90 的单元格数量计算出来作为函数的值，这个值就是分数≥90 的人数。

步骤 3 ①单击 C3。②将鼠标指针移到 C3 单元格的右下角，使其变为十字形状✚，并拖动到 F3，即可得到各门课的≥90 的人数(见图 5.3.22)。

步骤 4 ①单击 C4。②在编辑栏中输入【=COUNTIF(Sheet1!C3:C12,">=80")-C3】，该算式的功能是将 Sheet1 中 C3:C12 单元格区域中的数值(分数)≥80 分的人数统计出来。减去 C3 中≥90 的人数，得到的就是 80≤分数≤89 的人数。③单击 C4。④将鼠标指针移到 C4 单元格的右下角，使其变为十字形状✚，并拖动到 F4(见图 5.3.23)，即可得到各门课的 89≤分数≤89 的人数，结果见图 5.3.23。这里采用了直接在编辑栏中输入算式的方法。注意：输入公式时标点符号不能有错或漏掉，公式的引号是英文引号。

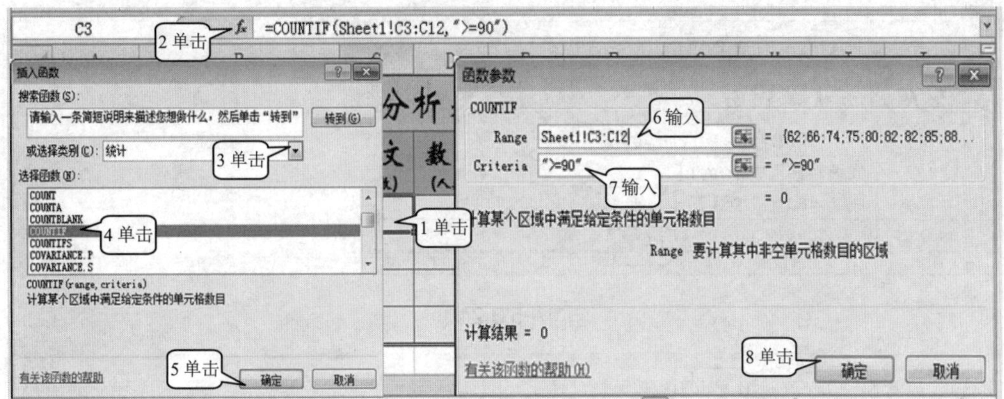


图 5.3.21

| 成绩统计分析表 | | | | | |
|---|---|---|---|---|---|
| 等级 | 等级说明 | 语文(人数) | 数学(人数) | 英语(人数) | 计算机(人数) |
| 优秀 | 成绩>=90 | 0 | 3 | 6 | 4 |
| 良好 | 成绩>=80且成绩<=89 | | | | |
| 中等 | 成绩>=60且成绩<=79 | | | | |
| 不及格 | 成绩<60 | | | | |

1 单击　2 拖动

图 5.3.22

C4　=COUNTIF(Sheet1!C3:C12,">=80")-C3　2 输入

| 成绩统计分析表 | | | | | |
|---|---|---|---|---|---|
| 等级 | 等级说明 | 语文(人数) | 数学(人数) | 英语(人数) | 计算机(人数) |
| 优秀 | 成绩>=90 | 0 | 3 | 6 | 4 |
| 良好 | 成绩>=80且成绩<=89 | 6 | 4 | 4 | 4 |
| 中等 | 成绩>=60且成绩<=79 | | | | |
| 不及格 | 成绩<60 | | | | |

1 单击　3 单击　4 拖动

图 5.3.23

**步骤5** ①单击 C5。②在编辑栏中输入【=COUNTIF(Sheet1!C3:C12,">=60")-C3-C4】，该算式的功能是将 Sheet1 中 C3:C12 单元格区域中的数值(分数)≥60 分的人数统计出。减去 C3 中≥90 的人数，再减去 C4 中≥80 的人数，得到的就是 60≤分数≤79 的人数。③单击 C5。④将鼠标指针移到 C5 单元格的右下角，使其变为十字形状✚，并拖动到 F5(见图 5.3.24)，即可得到各门课的 60≤分数≤79 的人数。

**步骤6** ①单击 C6。②单击【插入函数】按钮 $f_x$，出现图 5.3.25 所示的【插入函数】对话框。③单击选择【统计】。④单击选择【COUNTIF】函数。⑤单击【确定】，出现

图 5.3.25 所示的【函数参数】对话框。⑥单击折叠按钮(见图 5.3.25)。

步骤7 ①拖动选择 C3:C12。②单击折叠按钮(见图 5.3.26)，出现图 5.3.27。



| 成绩统计分析表 | | | | | |
| --- | --- | --- | --- | --- | --- |
| 等级 | 等级说明 | 语文(人数) | 数学(人数) | 英语(人数) | 计算机(人数) |
| 优秀 | 成绩>=90 | 0 | 3 | 6 | 4 |
| 良好 | 成绩>=80且成绩 | 6 | | 4 | 4 |
| 中等 | 成绩>=60且成绩<=79 | 4 | 3 | 0 | 2 |
| 不及格 | 成绩<60 | | | | |

图 5.3.24

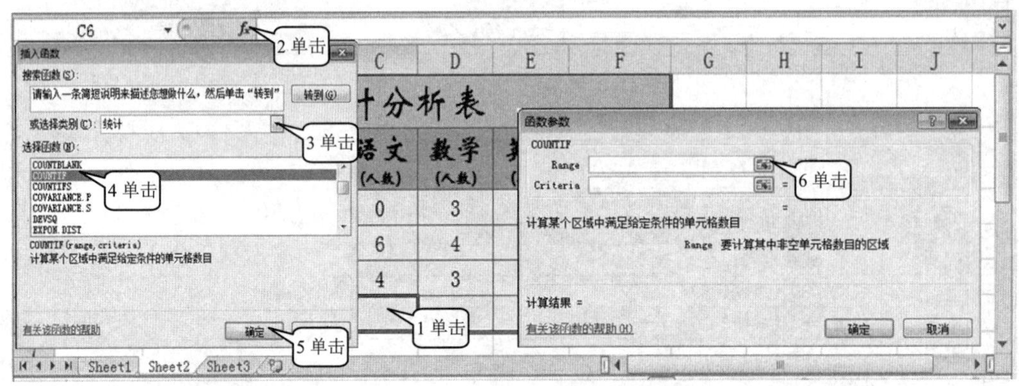


图 5.3.25



| 学号 | 姓名 | 语文 | 数学 | 英语 | 计算机 | 总分 | 最高分 | 最底分 | 生源地 | 等级 |
| --- | --- | --- | --- | --- | --- | --- | --- | --- | --- | --- |
| 2012090102001 | 孟庭娇 | 62 | 79 | 87 | 77 | 305 | 87 | 62 | 北京 | 良好 |
| 2012090102002 | 华晨杯 | 66 | 91 | 96 | 93 | 346 | 96 | 66 | 上海 | 优秀 |
| 2012090102003 | 张克明 | 74 | 82 | 94 | 86 | 336 | 94 | 74 | 天津 | 优秀 |
| 2012090102004 | 金萍萍 | 75 | 87 | 83 | 90 | 335 | 90 | 75 | 重庆 | 优秀 |
| 2012090102005 | 宋雯雯 | 80 | 93 | 98 | 94 | 365 | 98 | 80 | 安徽 | 优秀 |
| 2012090102006 | 李玲玉 | [illegible] | 85 | 94 | 89 | 350 | 94 | 82 | 江苏 | 优秀 |
| 2012090102007 | 齐丽丽 | 82 | 89 | 97 | 69 | 337 | 97 | 69 | 浙江 | 优秀 |
| 2012090102008 | 谭家明 | 85 | 69 | 88 | 80 | 322 | 88 | 69 | 广东 | 良好 |
| 2012090102009 | 武陵源 | 88 | 90 | 90 | 88 | 356 | 90 | 88 | 山东 | 优秀 |
| 2012090102010 | 安家歌 | 88 | 79 | 87 | 91 | 345 | 91 | 79 | 辽宁 | 优秀 |

图 5.3.26

步骤8 ①输入【< 60】，表示将 Sheet1 中 C3:C12 单元格中分数< 60 的人数统计出来。②单击【确定】，得到的就是分数< 60 的人数。③单击 C6。④将鼠标指针移到 C6 单元格的右下角，使其变为十字形状✚，并拖动到 F6(见图 5.3.27)，即可得到各门课分数<60 的人数，结果见图 5.3.27。

步骤9 选定 F3:F6，将该区域的右边线设为棕色、双线。

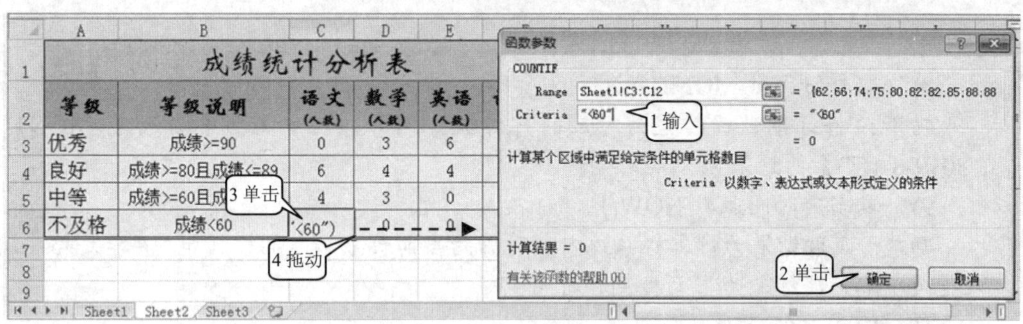


图 5.3.27

## 知识拓展卡片

Excel 有 100 多种函数，读者可以根据自己的实际工作需要和应用场景来学习、掌握更多的函数。每一种函数的用法和格式都是不一样的，需要读者精确地掌握函数的应用范围、条件、格式，以及每一个参数所代表的含义。下面给出的是日常工作和学习中常用和实用的一些函数。

1)　取整数函数 INT(x)

功能：将数值向下取整为最接近的整数。例如，在单元格中输入【=int(10.5)】，结果为 10。

2)　四舍五入函数 ROUND(x1,x2)

功能：按指定位对数值进行四舍五入，即对数值 x1 四舍五入，小数部分保留 x2 位。例如，在单元格中输入【=ROUND(88.888,2)】，结果为 88.89。

3)　求余函数 MOD(x,y)

功能：计算两数相除后的余数，结果正负号与除数相同。例如，在单元格中输入【=MOD(10,3)】，结果为 1。

4)　逻辑“与”函数 AND(x1,x2,…)

功能：当所有参数的逻辑值为真时，则函数返回值为 TRUE；只要有一个参数的逻辑值为假，则函数返回值为 FALSE。例如，在单元格中输入【=AND(5<10,10<5)】，结果为 FALSE。

5)　逻辑“或”函数 OR(x1,x2,…)

功能：在其参数中任何一个参数逻辑值为真，则函数返回值为 TRUE。例如，在单元格中输入【=AND(5<10,10<5)】，结果为 TRUE。

6)　“非”函数 NOT(x)

功能：对参数 x 的逻辑值求相反值，如果参数 x 为逻辑值 TRUE，则函数返回值为 FALSE，否则返回值为 TRUE。例如，在单元格中输入【=NOT(5<8)】，结果为 FALSE。

7)　取年份函数 YEAR(x)

功能：函数结果为日期数据所代表的年份。

参数：x 为日期数据，可为数值，也可为文本型的日期。例如，在单元格中输入【=YEAR("2019-8-15")】，结果为 2019。

8) 取月份函数MONTH(x)

功能：将日期数据转换为对应的月份数。例如，在单元格中输入【=MONTH("2019-8-15")】，结果为8。

9) 取当前时间函数NOW()

功能：函数结果为计算机系统内部时钟的当前日期和时间。例如，在单元格中输入【=now()】，结果为当天日期和时间。

10) RIGHT(x,n)

功能：文本字符串x右边n个字符。

例如，在单元格中输入【=RIGHT(2019,2)】，结果为19。

11) LEFT(text,num)

功能：取出文本字符串x左边n个字符。

例如，在单元格中输入【=LEFT(2019,2)】，结果为20。

12) 条件求和函数SUMIF(r,x)

功能：在数据区域r内，将符合条件x的单元格中数据相加求和。例如，在单元格中输入【=SUMIF(F3:F16，">=80")】，功能为F3到F16单元格区域中大于或等于80的数据相加求和。

函数的使用方法可以通过Excel的【帮助】来进行学习，【帮助】不但提供了文字解释，还提供网络案例视频的教学。

## 思考与联想

1. 如何方便地学习和掌握相关函数的使用方法？
2. 学好函数的关键是什么？

## 拓展练习

扫描二维码，打开案例，制作与案例相同的文档。

# 5.4 项目4：图表应用与表格编辑

## 项目剖析

**应用场景：**在Excel中，图表是直观反映数据之间关系的一种图形。对于一张数据繁多的表格，我们是很难从这些数据中直观地看出数据变化规律的。只有将这些数据绘制成图形，才能直观地看出这些数据之间的规律以及内在联系。而Excel提供的图表功能就是为了满足我们的这种需求而设计的。它是依据选定的工作表单元格区域内的数据来生成图形的，生成的图形能够形象地反映出数据的对比关系及变化趋势。本节为了更直观地看出和对比每个学生的各科成绩，我们将成绩表中的数据进行可视化的处理，即用图形化的方式(图表方式)来显示，这样就大大增强了数据的可读性。

**设计思路与方法技巧：** 本项目将成绩表中的数据用图表表示出来，使表中的数据变得直观、形象。通过插入柱形图表，并对该图表的标题、图例、X/Y 轴进行格式、字体、颜色、位置等多项美化，使得图表更美观、内容表达更清晰。

**应用到的相关知识点：** 创建图表、行和列的添加与删除，图表标题、图例、X/Y 轴格式、字体、颜色、位置的设置，修改公式。

## 即学即用的可视化实践环节

## 5.4.1 任务 1：创建图表

**步骤 1** 打开【教材素材】\【Excel】\【成绩表】文件。

**步骤 2** ①选定 B2:E12。②单击【插入】。③单击【柱形图】。④单击选择一种二维柱形图(见图 5.4.1)，出现图 5.4.2 所示的数据图表。

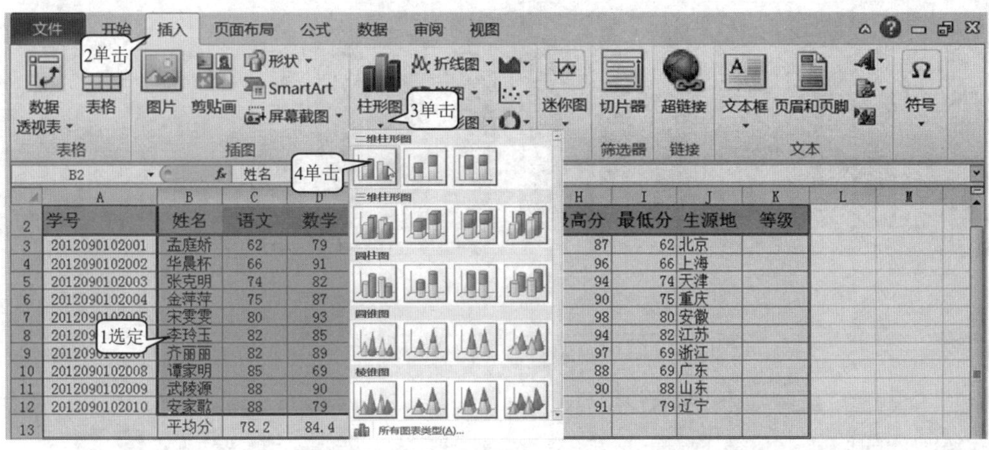


图 5.4.1

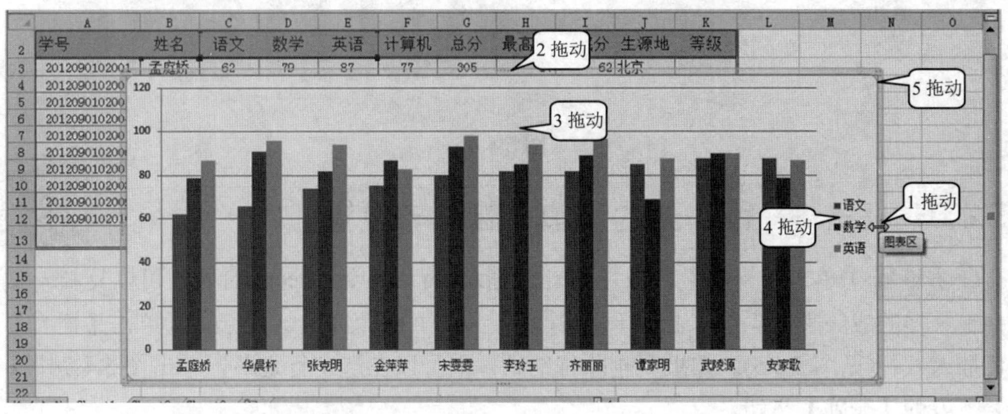


图 5.4.2

## 5.4.2 任务 2：美化图表

步骤1 ①拖动图表竖边框中间的控点，调整图表的宽度。②拖动图表横边框中间的控点，调整图表的高度。③拖动图表的刻度线，移动柱形图的位置。④拖动图表的图例，移动图例的位置。⑤拖动图表的边框，移动图表的位置(见图 5.4.2)。

步骤2 ①单击选中图例。②单击选择字体。③单击选择字号。④单击选择字符颜色。⑤单击选择图例的背景颜色。按照此方法将 X、Y 轴的字体、字号、颜色、背景做相应的设置(见图 5.4.3)。将图表移动到适当的位置，结果见图 5.4.4。

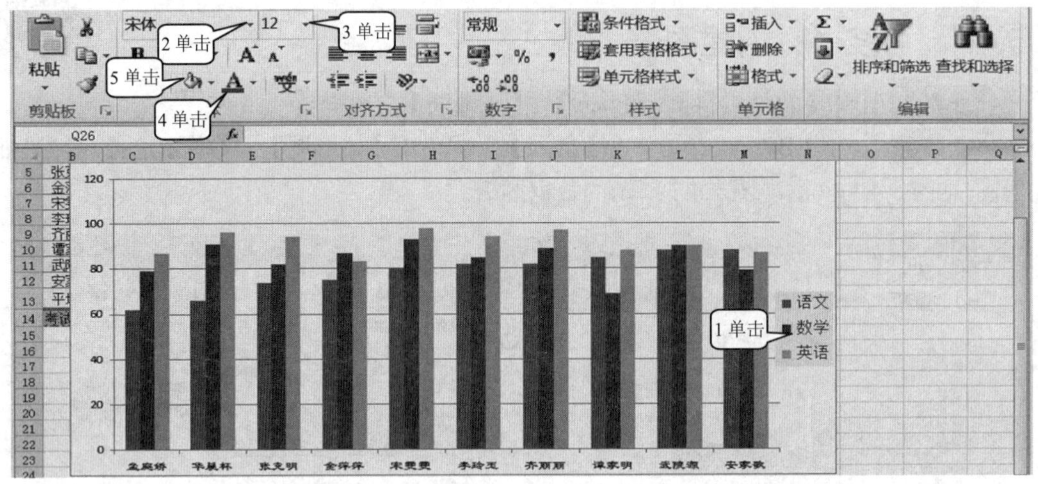


图 5.4.3

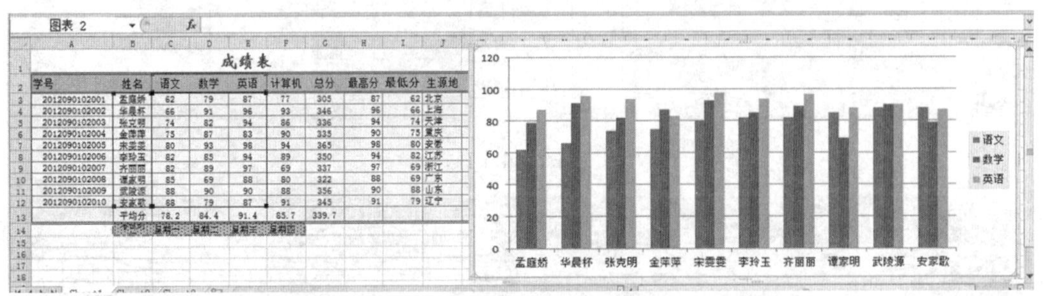

成绩表

| 学号 | 姓名 | 语文 | 数学 | 英语 | 计算机 | 总分 | 最高分 | 最低分 | 生源地 |
|---|---|---|---|---|---|---|---|---|---|
| 2012090102001 | 孟庭娇 | 62 | 79 | 87 | 77 | 305 | 87 | 62 | 北京 |
| 2012090102002 | 华晨杯 | 66 | 91 | 96 | 93 | 346 | 96 | 66 | 上海 |
| 2012090102003 | 张克明 | 74 | 82 | 94 | 86 | 336 | 94 | 74 | 天津 |
| 2012090102004 | 金萍萍 | 75 | 87 | 83 | 90 | 335 | 90 | 75 | 重庆 |
| 2012090102005 | 宋雯雯 | 80 | 93 | 98 | 94 | 365 | 98 | 80 | 安徽 |
| 2012090102006 | 李玲玉 | 82 | 85 | 94 | 89 | 350 | 94 | 82 | 江苏 |
| 2012090102007 | 齐丽丽 | 82 | 89 | 97 | 69 | 337 | 97 | 69 | 浙江 |
| 2012090102008 | 谭家明 | 85 | 69 | 88 | 80 | 322 | 88 | 69 | 广东 |
| 2012090102009 | 武陵源 | 88 | 90 | 90 | 88 | 356 | 90 | 88 | 山东 |
| 2012090102010 | 安家歌 | 88 | 79 | 87 | 91 | 345 | 91 | 79 | 辽宁 |
|  | 平均分 | 78.2 | 84.4 | 91.4 | 85.7 | 339.7 |  |  |  |
|  |  | 星期一 | 星期二 | 星期三 | 星期四 |  |  |  |  |

图 5.4.4

## 5.4.3 任务 3：行、列的添加、删除与设置

步骤1 ①单击【开始】，按住 Ctrl 键拖动 Sheet1 到 Sheet3 右侧，可以复制一个与 Sheet1 一样的成绩表，见图 5.4.5。②在行标 7～12 上拖动选定这几行。③单击【插入】，即可插入 6 行(见图 5.4.5)。如果要删除行的话，则可以在选定行之后，单击图 5.4.5 中【插入】下方的【删除】按钮。

步骤2 ①在列标 G～H 上拖动选定这 2 列。②单击【插入】，即可插入 2 列(见图 5.4.6)。如果要删除列的话，则可以在选定列之后，单击图 5.4.6 中【插入】下方的【删除】按钮。

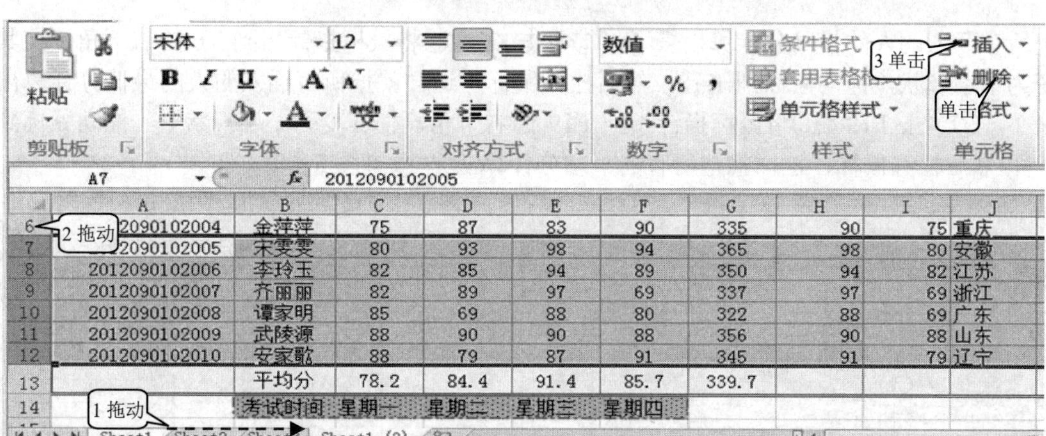


图 5.4.5

图 5.4.6

**步骤 3** ①在图 5.4.7 虚线框内输入相应的文字及数据。②选定 A5:A6。③将鼠标指针指到 A6 的右下角，使其变为十字形状╋，向下拖动鼠标到 A18，完成学号的自动填充(见图 5.4.7)。

**步骤 4** 单击 F20，将鼠标指针指到 F20 的右下角，使其变为十字形状╋，向右拖动鼠标到 H20，完成星期的自动填充，然后将其边框底纹设置好，结果见图 5.4.7。

**步骤 5** 将 I3 中的函数修改为【SUM(C3:H3)】，然后拖动右下角的填充柄到 I6 以复制函数；将 J3 中的函数修改为【MAX(C3:H3)】，然后拖动 J3 右下角的填充柄到 J6 以复制函数；将 K3 中的函数修改为【MIN(C3:H3)】，然后拖动 K3 右下角的填充柄到 K6 以复制函数；在 L7～L12 中输入【浙江】、【青海】、【宁夏】、【黑龙江】、【海南】、【湖北】。

**步骤 6** ①单击 I6。②将鼠标指针指到 I6 的右下角，使其变为十字形状╋，拖动鼠标到 I18，然后松开鼠标。这样就把所有插入的人的总分计算出来了。③单击 J6。④将鼠标指针指到 J6 的右下角，使其变为十字形状╋，拖动鼠标到 J18，然后松开鼠标，这样就把所有插入的人的最高分计算出来了。⑤单击 K6。⑥将鼠标指针指到 K6 的右下角，使其变为十字形状，拖动鼠标到 K18，然后松开鼠标，这样就把所有插入的人的最低分计算出来了。⑦单击 F19。⑧将鼠标指针指到 F19 的右下角，使其变为十字形状✚，拖动鼠标到 I19，然后松开鼠标，这样就把所有的平均分计算出来了(见图 5.4.8)。

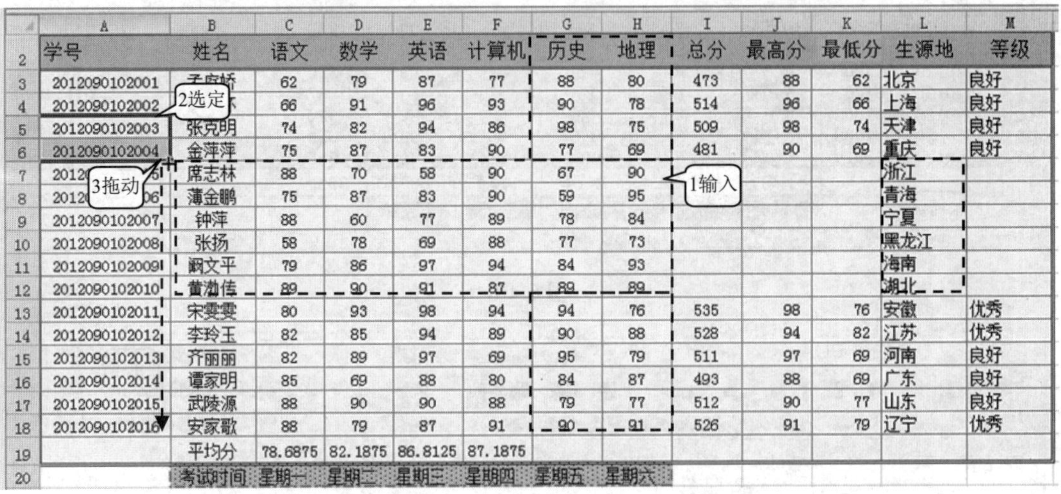

| | A | B | C | D | E | F | G | H | I | J | K | L | M |
|---|---|---|---|---|---|---|---|---|---|---|---|---|---|
| 2 | 学号 | 姓名 | 语文 | 数学 | 英语 | 计算机 | 历史 | 地理 | 总分 | 最高分 | 最低分 | 生源地 | 等级 |
| 3 | 2012090102001 | [illegible] | 62 | 79 | 87 | 77 | 88 | 80 | 473 | 88 | 62 | 北京 | 良好 |
| 4 | 2012090102002 | [illegible] | 66 | 91 | 96 | 93 | 90 | 78 | 514 | 96 | 66 | 上海 | 良好 |
| 5 | 2012090102003 | 张克明 | 74 | 82 | 94 | 86 | 98 | 75 | 509 | 98 | 74 | 天津 | 良好 |
| 6 | 2012090102004 | 金萍萍 | 75 | 87 | 83 | 90 | 77 | 69 | 481 | 90 | 69 | 重庆 | 良好 |
| 7 | [illegible] | 席志林 | 88 | 70 | 58 | 90 | 67 | 90 | | | | 浙江 | |
| 8 | [illegible] | 薄金鹏 | 75 | 87 | 83 | 90 | 59 | 95 | | | | 青海 | |
| 9 | 2012090102007 | 钟萍 | 88 | 60 | 77 | 89 | 78 | 84 | | | | 宁夏 | |
| 10 | 2012090102008 | 张扬 | 58 | 78 | 69 | 88 | 77 | 73 | | | | 黑龙江 | |
| 11 | 2012090102009 | 阚文平 | 79 | 86 | 97 | 94 | 84 | 93 | | | | 海南 | |
| 12 | 2012090102010 | 黄渤佳 | 89 | 90 | 91 | 87 | 89 | 89 | | | | 湖北 | |
| 13 | 2012090102011 | 宋雯雯 | 80 | 93 | 98 | 94 | 94 | 76 | 535 | 98 | 76 | 安徽 | 优秀 |
| 14 | 2012090102012 | 李玲玉 | 82 | 85 | 94 | 89 | 90 | 88 | 528 | 94 | 82 | 江苏 | 优秀 |
| 15 | 2012090102013 | 齐丽丽 | 82 | 89 | 97 | 69 | 95 | 79 | 511 | 97 | 69 | 河南 | 良好 |
| 16 | 2012090102014 | 谭家明 | 85 | 69 | 88 | 80 | 84 | 87 | 493 | 88 | 69 | 广东 | 良好 |
| 17 | 2012090102015 | 武陵源 | 88 | 90 | 90 | 88 | 79 | 77 | 512 | 90 | 77 | 山东 | 良好 |
| 18 | 2012090102016 | 安家歌 | 88 | 79 | 87 | 91 | 90 | 91 | 526 | 91 | 79 | 辽宁 | 优秀 |
| 19 | | 平均分 | 78.6875 | 82.1875 | 86.8125 | 87.1875 | | | | | | | |
| 20 | | 考试时间 | 星期一 | 星期二 | 星期三 | 星期四 | 星期五 | 星期六 | | | | | |



图 5.4.7

| | C | D | E | F | G | H | I | J | K | L | M | N | O |
|---|---|---|---|---|---|---|---|---|---|---|---|---|---|
| 2 | 语文 | 数学 | 英语 | 计算机 | 历史 | 地理 | 总分 | 最高分 | 最低分 | 生源地 | 等级 | | |
| 3 | 62 | 79 | 87 | 77 | 88 | 80 | 473 | 88 | 62 | 北京 | 良好 | | |
| 4 | 66 | 91 | 96 | 93 | 90 | [illegible] | [illegible] | [illegible] | 66 | 上海 | 良好 | | |
| 5 | 74 | 82 | 94 | 86 | 98 | [illegible] | [illegible] | [illegible] | 74 | 天津 | 良好 | | |
| 6 | 75 | 87 | 83 | 90 | 77 | 69 | 481 | 90 | 69 | 重庆 | 良好 | | |
| 7 | 88 | 70 | 58 | 90 | 67 | 90 | [illegible] | 90 | [illegible] | 浙江 | | | |
| 8 | 75 | 87 | 83 | 90 | 59 | 95 | 489 | 95 | [illegible] | 青海 | | | |
| 9 | 88 | 60 | 77 | 89 | 78 | 84 | 476 | 89 | 60 | 宁夏 | | | |
| 10 | 58 | 78 | 69 | 88 | 77 | 73 | 443 | 88 | 58 | 黑龙江 | | | |
| 11 | 79 | 86 | 97 | 94 | 84 | 93 | 533 | 97 | 79 | 海南 | | | |
| 12 | 89 | 90 | 91 | 87 | 89 | 89 | 535 | 91 | 87 | 湖北 | | | |
| 13 | 80 | 93 | 98 | 94 | 94 | 76 | 535 | 98 | 76 | 安徽 | 优秀 | | |
| 14 | 82 | 85 | 94 | 89 | 90 | 88 | 528 | 94 | 82 | 江苏 | 优秀 | | |
| 15 | 82 | 89 | 97 | 69 | 95 | 79 | 511 | 97 | 69 | 河南 | 良好 | | |
| 16 | 85 | 69 | 88 | 80 | 84 | 87 | 493 | 88 | 69 | 广东 | 良好 | | |
| 17 | 88 | 90 | [illegible] | 88 | 79 | 77 | 512 | 90 | 77 | 山东 | 良好 | | |
| 18 | 88 | 79 | 87 | [illegible] | 90 | 91 | 526 | 91 | 79 | 辽宁 | 优秀 | | |
| 19 | 78.6875 | 82.1875 | 86.8125 | 87.1875 | [illegible] | 82.75 | 501.313 | | | | | | |
| 20 | 星期一 | 星期二 | 星期三 | 星期四 | [illegible] | 星期六 | | | | | | | |

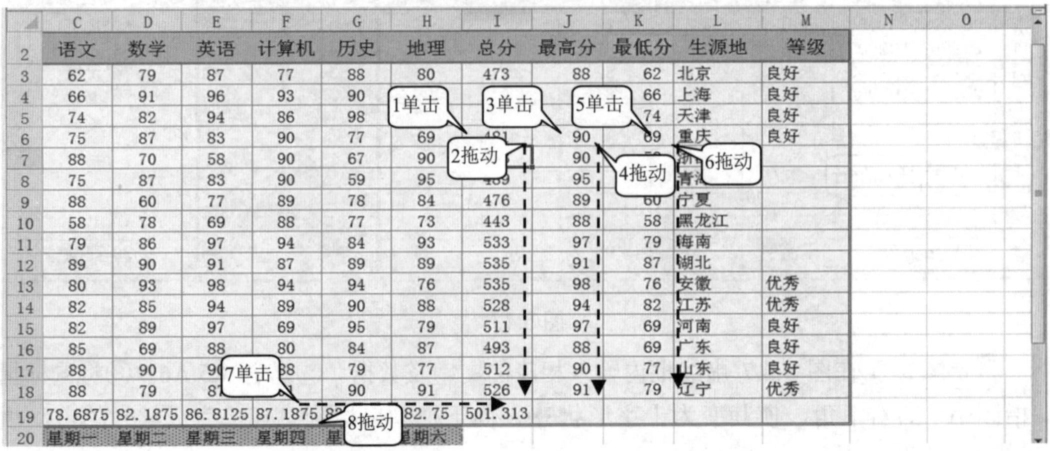

图 5.4.8

**步骤 7** ①按住 Ctrl 键分别单击选定 B、L、M 列。②单击【格式】。③单击【列宽】。④输入【9.5】。⑤单击【确定】(见图 5.4.9)，这样其列宽就被设为了 9.5。

**步骤 8** 在列标 C～K 上拖动鼠标，以选定这几列。然后单击【格式】\【列宽】，输入【7.5】，单击【确定】，这样它们的列宽就被设为了 7.5。

**步骤 9** ①拖动选定 3～18 行。②单击【格式】。③单击【行高】。④输入【16】。⑤单击【确定】(见图 5.4.10)，这样它们的行高就被设为了 16。

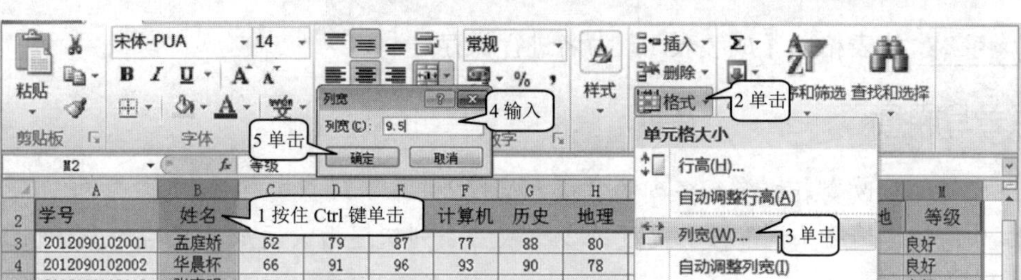


图 5.4.9

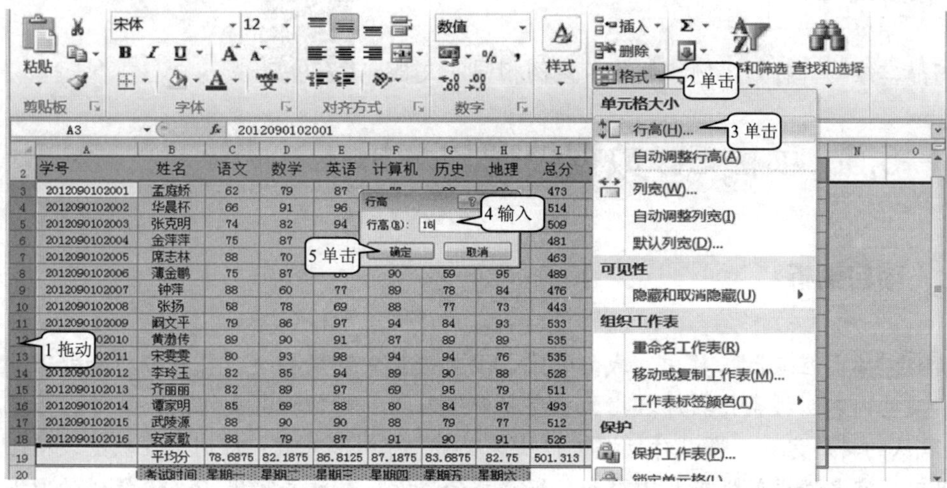


图 5.4.10

## 5.4.4 任务 4：修改公式

**步骤 1** ①单击 M3。②在编辑栏中将函数修改为【=IF(I3>520,"优秀","良好")】。③将鼠标指针指到 M3 的右下角，使其变为十字形状 ╋，拖动鼠标到 M18，然后松开鼠标(见图 5.4.11)，这样就把所有人的等级计算出来了。

M3　=IF(I3>520,"优秀","良好")　2修改

| | C | D | E | F | G | H | I | J | K | L | M |
|---|---|---|---|---|---|---|---|---|---|---|---|
| 2 | 语文 | 数学 | 英语 | 计算机 | 历史 | 地理 | 总分 | 最高分 | 最低分 | 生源地 | 等级 |
| 3 | 62 | 79 | 87 | 77 | 88 | 80 | 473 | 88 | 62 | 北 | 良好 |
| 4 | 66 | 91 | 96 | 93 | 90 | 78 | 514 | 96 | 66 | 上海 | 良好 |
| 5 | 74 | 82 | 94 | 86 | 98 | 75 | 509 | 98 | 74 | 天津 | 良好 |
| 6 | 75 | 87 | 83 | 90 | 77 | 69 | 481 | 90 | 69 | 重庆 | 良好 |
| 7 | 88 | 70 | 58 | 90 | 67 | 90 | 463 | 90 | 58 | 浙江 | 良好 |
| 8 | 75 | 87 | 83 | 90 | 59 | 95 | 489 | 95 | 59 | 青海 | 良好 |
| 9 | 88 | 60 | 77 | 89 | 78 | 84 | 476 | 89 | 60 | 宁夏 | 良好 |
| 10 | 58 | 78 | 69 | 88 | 77 | 73 | 443 | 88 | 58 | 黑龙江 | 良好 |
| 11 | 79 | 86 | 97 | 94 | 84 | 93 | 533 | 97 | 79 | 海南 | 优秀 |
| 12 | 89 | 90 | 91 | 87 | 89 | 89 | 535 | 91 | 87 | 湖北 | 优秀 |
| 13 | 80 | 93 | 98 | 94 | 94 | 76 | 535 | 98 | 76 | 安徽 | 优秀 |
| 14 | 82 | 85 | 94 | 89 | 90 | 88 | 528 | 94 | 82 | 江苏 | 优秀 |
| 15 | 82 | 89 | 97 | 69 | 95 | 79 | 511 | 97 | 69 | 河南 | 良好 |
| 16 | 85 | 69 | 88 | 80 | 84 | 87 | 493 | 88 | 69 | 广东 | 良好 |
| 17 | 88 | 90 | 90 | 88 | 79 | 77 | 512 | 90 | 77 | 山东 | 良好 |
| 18 | 88 | 79 | 87 | 91 | 90 | 91 | 526 | 91 | 79 | 辽宁 | 优秀 |
| 19 | 78.6875 | 82.1875 | 86.8125 | 87.1875 | 83.6875 | 82.75 | 501.313 | | | | |
| 20 | 星期一 | 星期二 | 星期三 | 星期四 | 星期五 | 星期六 | | | | | |

1单击　3拖动

图 5.4.11

**步骤2** 将表格以【成绩表1】为名进行保存。

**思考与联想**

1. 如何同时改变表格多行多列的宽度和高度？

2. 如何快速地将不同宽度、高度的多行或者多列快速地设定成与表格内文字相匹配的行高或列宽？

**拓展练习**

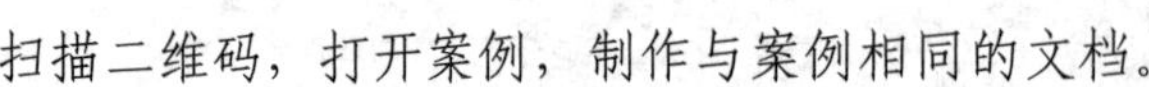
扫描二维码，打开案例，制作与案例相同的文档。

## 5.5 项目5：数据处理与分析

**项目剖析**

**应用场景：** 在实际工作中，我们常常需要对表格中的数据进行各种分析和处理，如突出显示某些内容、按条件排序数据、按条件筛选数据、对数据分类汇总计算等。如果按照Excel默认的排序方式，难以对数据进行快速查阅、分析和处理，特别是在数据表格比较大的情况下，容易造成数据查找困难和数据查找的遗漏。熟悉并掌握Excel提供的数据分析处理功能，利用它对数据进行排序、分类汇总、筛选及透视等操作，就能够提高我们查阅、分析、处理数据的效率。

**设计思路与方法技巧：** 数据排序可以帮助我们看清表格中的数据规律，按照设置的排序条件进行数据排序，我们能够更加方便地查找数据，这给我们的工作带来了较大的便利性。当我们对一个较大的数据表进行阅读和分析时，如果只想关注某些特定的数据，就会希望那些我们所不关注的数据自动隐藏起来，以使其不干扰我们的分析和阅读，这就用到了数据筛选功能。数据经过筛选后，能够直观地看到我们关注的数据。这相当于从这个数据表中将我们所关心的数据抽取出来，并且重新制作出了一个新表格。通过设置不同的筛选条件，我们可以得到不同的表格，以满足我们对数据的不同需求。分类汇总是在排序的基础上对相同表格栏目进行数据汇总运算，得出我们所需要的栏目的数据的求和、求平均值、求最大值、求最小值的运算结果，从而达到对数据的分析和挖掘的目的，最终得到我们所需要的各种基于表格数据运算而得出的不同新数据。运用和制作数据透视表，可以帮助我们在Excel中方便地设置各种条件来分析和获得各种计算数据。

**应用到的相关知识点：** 按条件突出显示数据；冻结窗口查看数据；数据排序；数据筛选；数据汇总；用数据透视表分析数据。

## 即学即用的可视化实践环节

### 5.5.1　任务 1：数据的特别显示

**步骤 1** 打开【教材素材】\【Excel】\【成绩表 1】

**步骤 2** ①选定 C3:H18。②单击【条件格式】。③单击【突出显示单元格规则】\【介于】，出现如图 5.5.1 所示的【介于】对话框。④输入【90】。⑤输入【100】。⑥单击【确定】，结果见图 5.5.1。从图中可以看出，90 分以上的数据都被标为了红色，从上述操作可以看出：通过条件格式可以将某些我们关心的数据用特殊的颜色或者是字体显示出来，以突出其重要性。

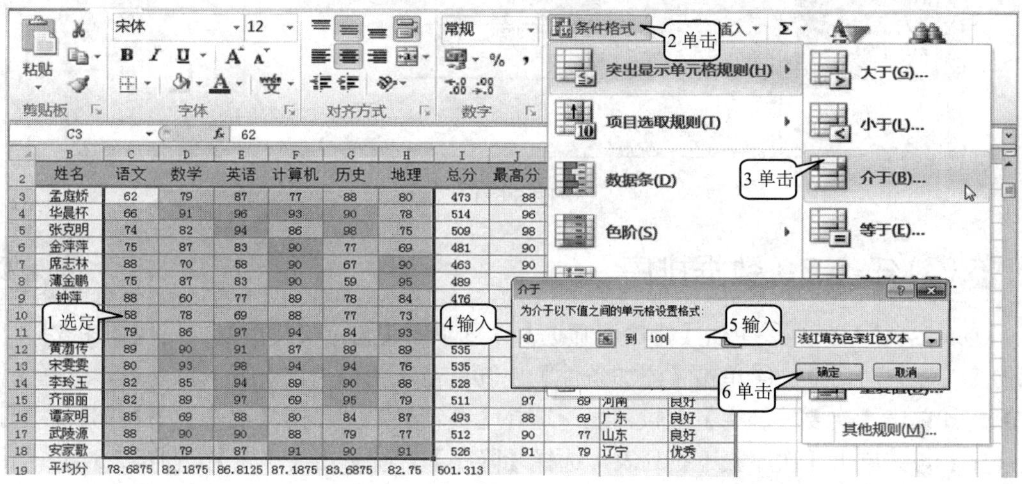


图 5.5.1

### 5.5.2　任务 2：冻结窗口查看数据

**步骤 1** ①单击 C3。②单击【冻结窗格】。③单击【冻结拆分窗格】(见图 5.5.2)，则 C3 单元格左侧和上方出现一根竖的分割线。

图 5.5.2

**步骤2** ①拖动水平滚动条，可以发现【姓名】这一列始终固定不动，这样就非常方便我们查看与姓名对应的最低分、生源地、等级信息。②拖动垂直滚动条，可以发现第二行(学号、姓名、数学、英语……)的信息会固定不动，这样就便于我们查询后面学生的成绩信息。冻结窗口的操作可以用于查看大的表格。③单击【冻结窗格】。④单击【取消冻结窗格】(见图 5.5.3)，就可以取消被冻结的窗口。

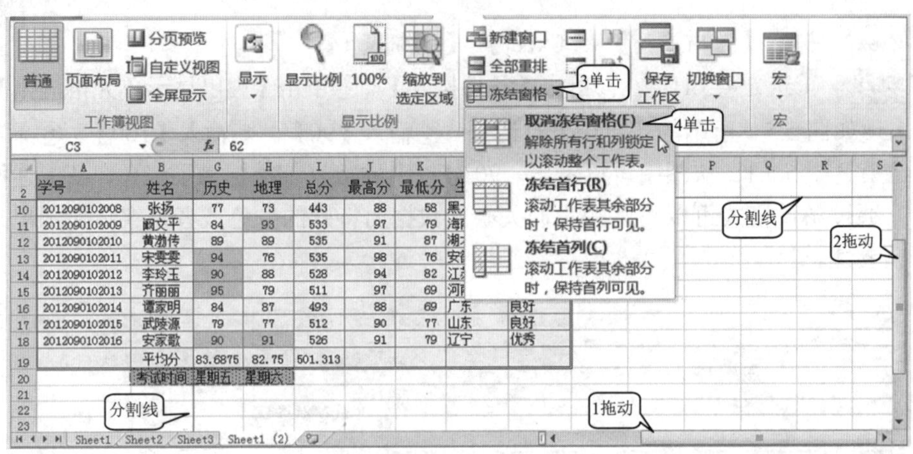


图 5.5.3

## 5.5.3 任务 3：数据排序

①选定 A2:M18。②单击【排序和筛选】。③单击【自定义排序】，出现如图 5.5.4 所示的【排序】对话框。④单击【添加条件】。⑤单击【主要关键字】下拉列表，选择【语文】。⑥单击【次要关键字】下拉列表，选择【英语】。⑦单击【次序】下拉列表，选择【降序】。⑧单击【次序】下拉列表，选择【降序】。⑨单击【确定】(见图 5.5.4)，结果见图 5.5.5。从图中可以看出表格重新进行了排列，排列的顺序是根据语文成绩从高到低进行排列的。如果语文成绩相同的话，则根据英语成绩的高低来排列。

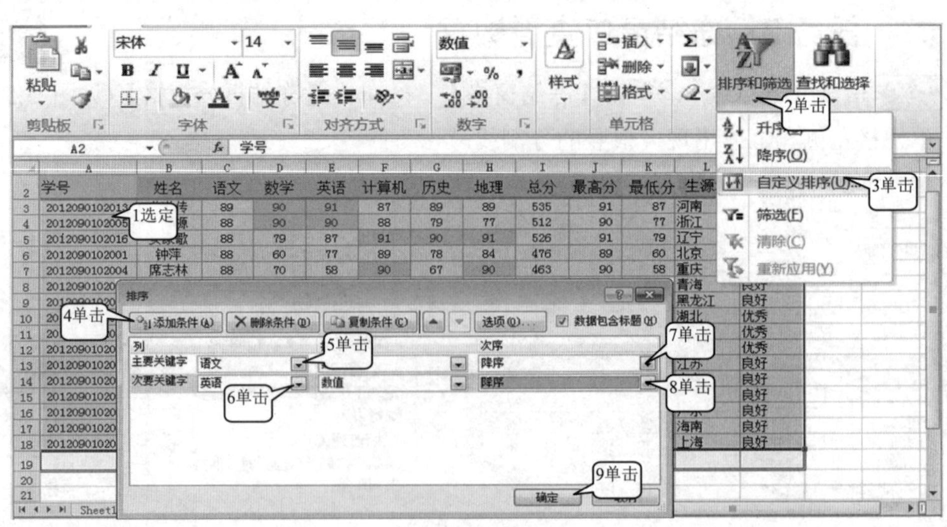


图 5.5.4

| 学号 | 姓名 | 语文 | 数学 | 英语 | 计算机 | 历史 | 地理 | 总分 | 最高分 | 最低分 | 生源地 | 等级 |
|---|---|---|---|---|---|---|---|---|---|---|---|---|
| 2012090102013 | 黄渤传 | 89 | 90 | 91 | 87 | 89 | 89 | 535 | 91 | 87 | 河南 | 优秀 |
| 2012090102005 | 武陵源 | 88 | 90 | 90 | 88 | 79 | 77 | 512 | 90 | 77 | 浙江 | 良好 |
| 2012090102016 | 安家歌 | 88 | 79 | 87 | 91 | 90 | 91 | 526 | 91 | 79 | 辽宁 | 优秀 |
| 2012090102001 | 钟萍 | 88 | 60 | 77 | 89 | 78 | 84 | 476 | 89 | 60 | 北京 | 良好 |
| 2012090102004 | 席志林 | 88 | 70 | 58 | 90 | 67 | 90 | 463 | 90 | 58 | 重庆 | 良好 |
| 2012090102006 | 谭家明 | 85 | 69 | 88 | 80 | 84 | 87 | 493 | 88 | 69 | 青海 | 良好 |
| 2012090102008 | 齐丽丽 | 82 | 89 | 97 | 69 | 95 | 79 | 511 | 97 | 69 | 黑龙江 | 良好 |
| 2012090102010 | 李玲玉 | 82 | 85 | 94 | 89 | 90 | 88 | 528 | 94 | 82 | 湖北 | 优秀 |
| 2012090102007 | 宋雯雯 | 80 | 93 | 98 | 94 | 94 | 76 | 535 | 98 | 76 | 宁夏 | 优秀 |
| 2012090102011 | 阙文平 | 79 | 86 | 97 | 94 | 84 | 93 | 533 | 97 | 79 | 安徽 | 优秀 |
| 2012090102012 | 金萍萍 | 75 | 87 | 83 | 90 | 77 | 69 | 481 | 90 | 69 | 江苏 | 良好 |
| 2012090102015 | 蒲金鹏 | 75 | 87 | 83 | 90 | 59 | 95 | 489 | 95 | 59 | 山东 | 良好 |
| 2012090102003 | 张克明 | 74 | 82 | 94 | 86 | 98 | 75 | 509 | 98 | 74 | 天津 | 良好 |
| 2012090102014 | 华晨杯 | 66 | 91 | 96 | 93 | 90 | 78 | 514 | 96 | 66 | 广东 | 良好 |
| 2012090102009 | 孟庭桥 | 62 | 79 | 87 | 77 | 88 | 80 | 473 | 88 | 62 | 海南 | 良好 |
| 2012090102002 | 张扬 | 58 | 78 | 69 | 88 | 77 | 73 | 443 | 88 | 58 | 上海 | 良好 |
|  | 平均分 | 78.6875 | 82.1875 | 86.8125 | 87.1875 | 83.6875 | 82.75 | 501.313 |  |  |  |  |

图 5.5.5

## 5.5.4 任务 4：数据筛选

步骤1 ①单击表格的任意单元格。②单击【排序和筛选】。③单击【筛选】(见图 5.5.6)，出现如图 5.5.6 所示的筛选按钮。

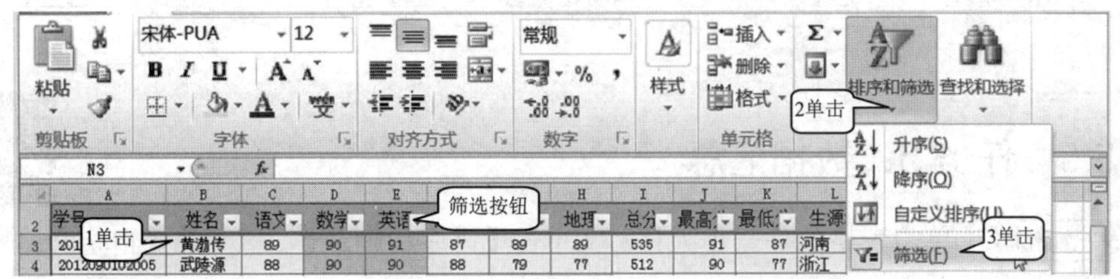


图 5.5.6

步骤2 ①单击【数学】筛选按钮。②单击【数字筛选】\【介于】，出现如图 5.5.7 所示的【自定义自动筛选方式】对话框。③单击【数学】下拉列表，选择【大于或等于】。④输入【80】。⑤单击选择【小于或等于】。⑥输入【95】。⑦单击【确定】(见图 5.5.7)，结果见图 5.5.8，从图中可以看出筛选后只显示数学成绩大于 80 小于 95 的人的信息，其他人的信息则被隐藏起来了。

图 5.5.7

| | A | B | C | D | E | F | G | H | I | J | K | L | M |
|---|---|---|---|---|---|---|---|---|---|---|---|---|---|
| 2 | 学号 | 姓名 | 语文 | 数学 | 英语 | 计算 | 历史 | 地理 | 总分 | 最高 | 最低 | 生源 | 等级 |
| 4 | 2012090102005 | 武陵源 | 88 | 90 | 90 | 88 | 79 | 77 | 512 | 90 | 77 | 浙江 | 良好 |
| 9 | 2012090102008 | 齐丽丽 | 82 | 89 | 97 | 69 | 95 | 79 | 511 | 97 | 69 | 黑龙江 | 良好 |
| 10 | 2012090102010 | 李玲玉 | 82 | 85 | 94 | 89 | 90 | 88 | 528 | 94 | 82 | 湖北 | 优秀 |
| 11 | 2012090102007 | 宋雯雯 | 80 | 93 | 98 | 94 | 94 | 76 | 535 | 98 | 76 | 宁夏 | 优秀 |
| 12 | 2012090102011 | 阚文平 | 79 | 86 | 97 | 94 | 84 | 93 | 533 | 97 | 79 | 安徽 | 优秀 |
| 13 | 2012090102012 | 金萍萍 | 75 | 87 | 83 | 90 | 77 | 69 | 481 | 90 | 69 | 江苏 | 良好 |
| 14 | 2012090102015 | 薄金鹏 | 75 | 87 | 83 | 90 | 59 | 95 | 489 | 95 | 59 | 山东 | 良好 |
| 15 | 2012090102003 | 张克明 | 74 | 82 | 94 | 86 | 98 | 75 | 509 | 98 | 74 | 天津 | 良好 |
| 16 | 2012090102014 | 华晨杯 | 66 | 91 | 96 | 93 | 90 | 78 | 514 | 96 | 66 | 广东 | 良好 |
| 19 | | 平均分 | 78.6875 | 82.1875 | 86.8125 | 87.1875 | 83.6875 | 82.75 | 501.313 | | | | |

Sheet1 Sheet2 Sheet3 Sheet1 (2)

图 5.5.8

步骤 3 ①单击【排序和筛选】。②单击【筛选】(见图 5.5.9)，即可取消筛选。

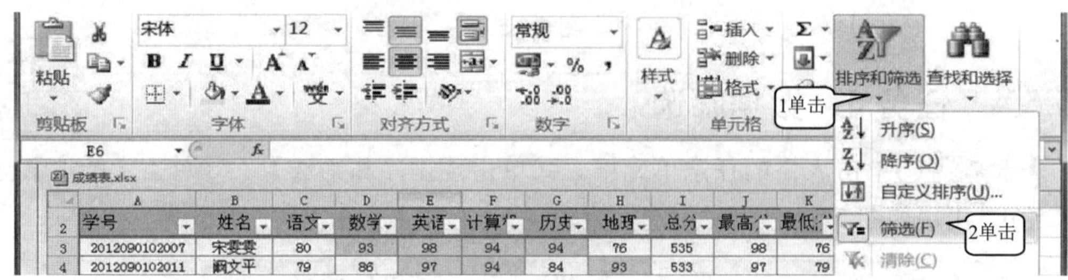


图 5.5.9

## 5.5.5 任务 5：数据汇总

步骤 1 ①单击表格的任一单元格。②单击【排序和筛选】。③单击【自定义排序】，出现图 5.5.10 所示的【排序】对话框。④单击【主要关键字】下拉列表，选择【等级】，以设定表格中的所有行都将根据【等级】这个字段重新排列。⑤单击【确定】(见图 5.5.10)，结果见图 5.5.10，从图中可以看出所有等级为【良好】的学生被排列在了一起，所有等级为【优秀】的学生被排列在了一起。

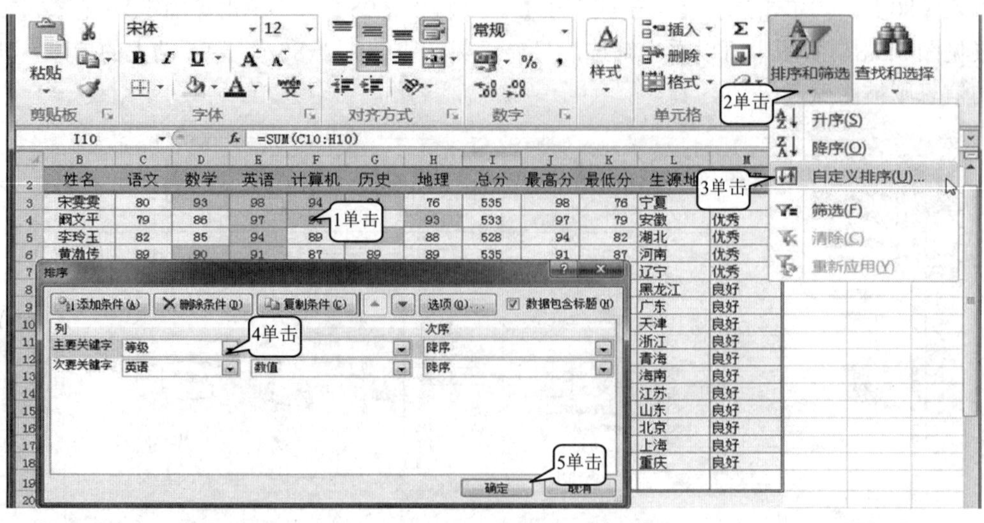


图 5.5.10

高职高专立体化教材 计算机系列

步骤2 ①单击【数据】。②单击【分类汇总】，出现图5.5.11所示的【分类汇总】对话框。③单击【分类字段】下拉列表，选择【等级】，表示按【等级】对成绩进行分类汇总。④单击选择【平均值】。⑤单击勾选【语文】、【数学】、【英语】、【计算机】、【历史】、【地理】、【总分】复选框，表示对相应成绩的数据进行求平均值运算。⑥单击【确定】(见图5.5.11)。

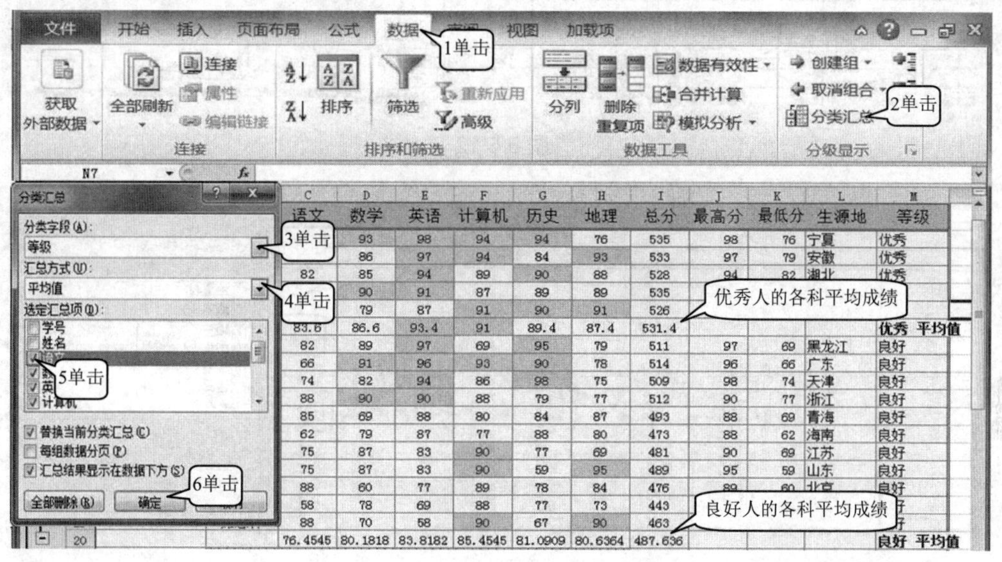


图 5.5.11

结果见图5.5.11。从图中可以看出，汇总后等级为【优秀】的学生各科的总平均成绩被显示在第8行，等级为【良好】的所有学生的各科平均成绩被显示在第20行。

步骤3 单击【分类汇总】，出现图5.5.11所示的【分类汇总】对话框。单击【分类汇总】对话框中的【全部删除】按钮(参见图5.5.11)，即可删除汇总结果。

分类汇总还能进行求和、求最大值、求最小值、计数、求方差等计算。

## 5.5.6 任务6：用数据透视表分析数据

步骤1 打开【教材素材】\【Excel】\【销售报表】文件。

步骤2 ①单击任一单元格。②单击【插入】。③单击【数据透视表】按钮。④单击【数据透视表】，出现如图5.5.12所示的【创建数据透视表】对话框。⑤单击【确定】(见图5.5.12)，出现如图5.5.13所示的界面。

步骤3 ①单击勾选【地区品名】。②拖动【销售时间】字段到【将报表筛选字段拖至此处】位置；拖动【销售模式】字段到【将列字段拖至此处页】位置。③单击勾选【华东】复选框，表示将把华东的值进行汇总(求和)运算。④单击勾选【华中】复选框，表示将把华中的值进行汇总(求和)运算(见图5.5.13)，结果见图5.5.14。在图5.5.14中显示出了各种销售模式下各种产品在华东和华中地区的全年销售总量。

步骤4 ①单击【销售模式】右侧的倒三角。②单击【全选】。③单击勾选【代理商销售】。④单击【确定】。⑤单击【关闭】(见图5.5.14)，结果见图5.5.15。在图5.5.15中显示出了代理商销售模式下各种产品在华东和华中地区的全年销售总量。

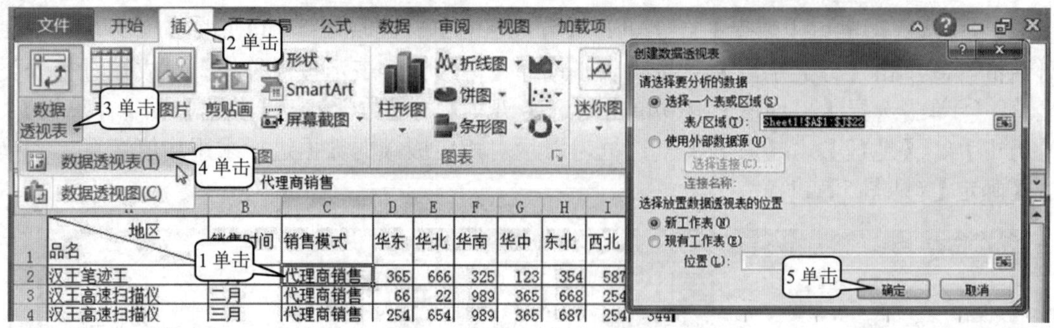


图 5.5.12

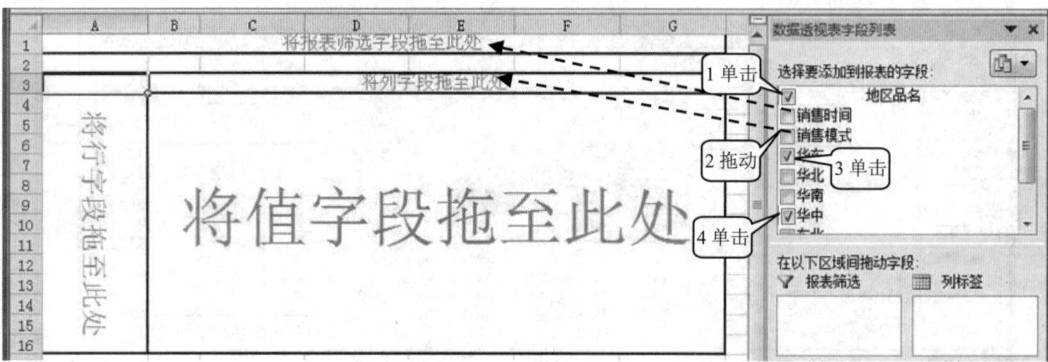


图 5.5.13

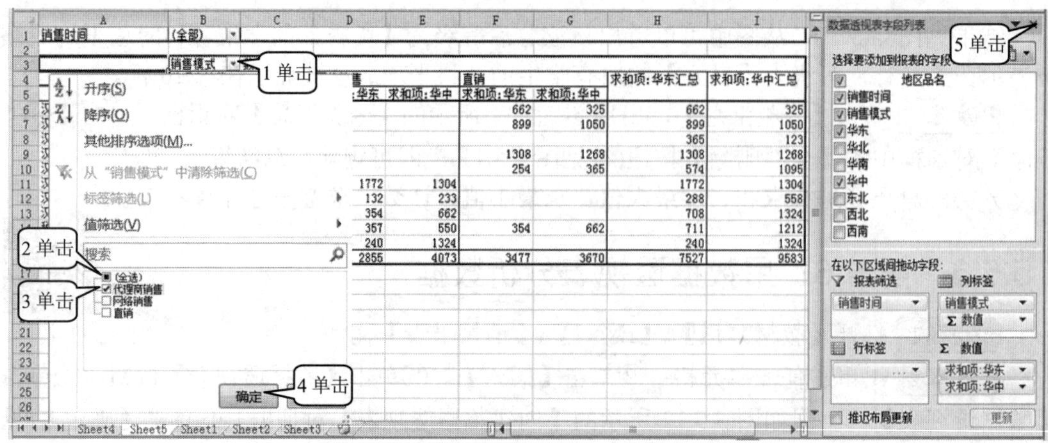


图 5.5.14

| | A | B | C | D | E |
|---|---|---|---|---|---|
| 2 | | | | | |
| 3 | | 销售模式 数据 | | | |
| 4 | | 代理商销售 | | 求和项:华东汇总 | 求和项:华中汇总 |
| 5 | 地区品名 | 求和项:华东 | 求和项:华中 | | |
| 6 | 汉王笔迹王 | 365 | 123 | 365 | 123 |
| 7 | 汉王高速扫描仪 | 320 | 730 | 320 | 730 |
| 8 | 汉王文本王 | 156 | 325 | 156 | 325 |
| 9 | 汉王文本仪 | 354 | 662 | 354 | 662 |
| 10 | 总计 | 1195 | 1840 | 1195 | 1840 |

图 5.5.15

**步骤 5** ①单击【销售模式】右侧的倒三角。②单击勾选【直销】和【网络销售】。③单击【确定】(见图 5.5.16)，结果见图 5.5.17。在图 5.5.17 中显示出了直销和网络销售模式下各种产品在华东和华中地区的全年销售总量。

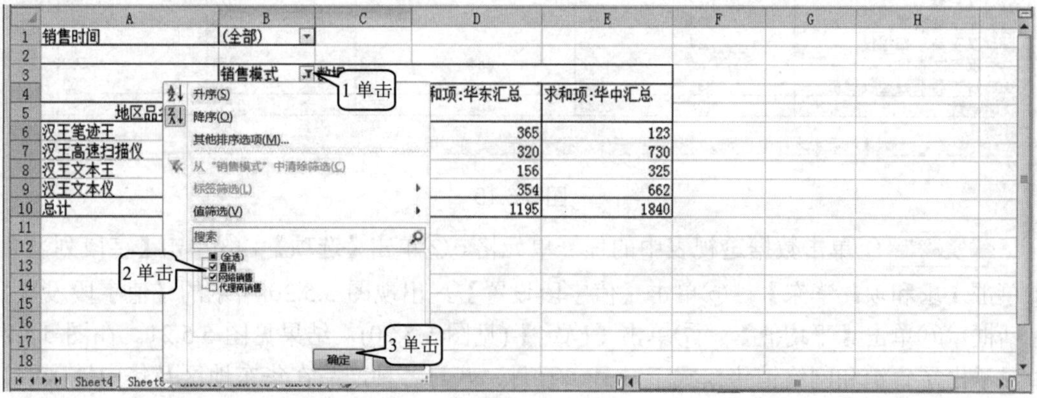


图 5.5.16

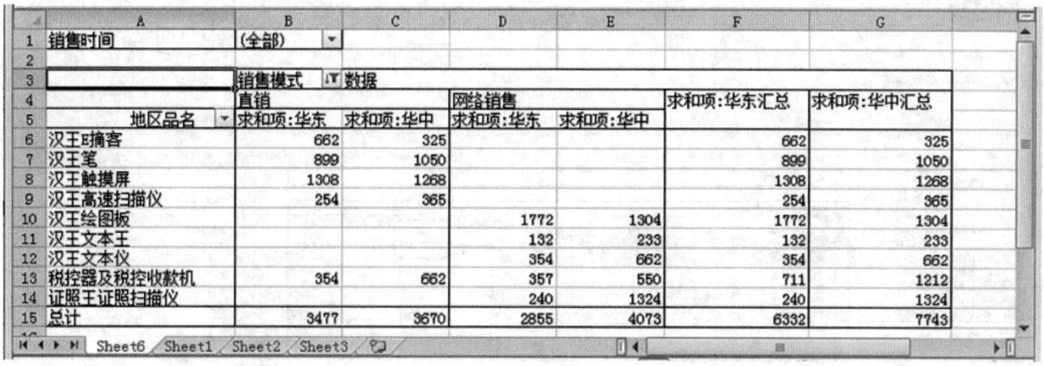

| | A | B | C | D | E | F | G |
|---|---|---|---|---|---|---|---|
| 1 | 销售时间 | (全部) | | | | | |
| 2 | | | | | | | |
| 3 | | 销售模式 | 数据 | | | | |
| 4 | | 直销 | | 网络销售 | | 求和项:华东汇总 | 求和项:华中汇总 |
| 5 | 地区品名 | 求和项:华东 | 求和项:华中 | 求和项:华东 | 求和项:华中 | | |
| 6 | 汉王E摘客 | 662 | 325 | | | 662 | 325 |
| 7 | 汉王笔 | 899 | 1050 | | | 899 | 1050 |
| 8 | 汉王触摸屏 | 1308 | 1268 | | | 1308 | 1268 |
| 9 | 汉王高速扫描仪 | 254 | 365 | | | 254 | 365 |
| 10 | 汉王绘图板 | | | 1772 | 1304 | 1772 | 1304 |
| 11 | 汉王文本王 | | | 132 | 233 | 132 | 233 |
| 12 | 汉王文本仪 | | | 354 | 662 | 354 | 662 |
| 13 | 税控器及税控收款机 | 354 | 662 | 357 | 550 | 711 | 1212 |
| 14 | 证照王证照扫描仪 | | | 240 | 1324 | 240 | 1324 |
| 15 | 总计 | 3477 | 3670 | 2855 | 4073 | 6332 | 7743 |

图 5.5.17

**步骤 6** ①单击【销售时间】右侧的倒三角。②单击勾选【选择多项】。③单击勾选【一月】、【五月】、【八月】。④单击【确定】(见图 5.5.18)，结果见图 5.5.19。在图 5.5.19 中显示出了直销和网络销售模式下一月、五月、八月各种产品在华东和华中地区的销售总量。

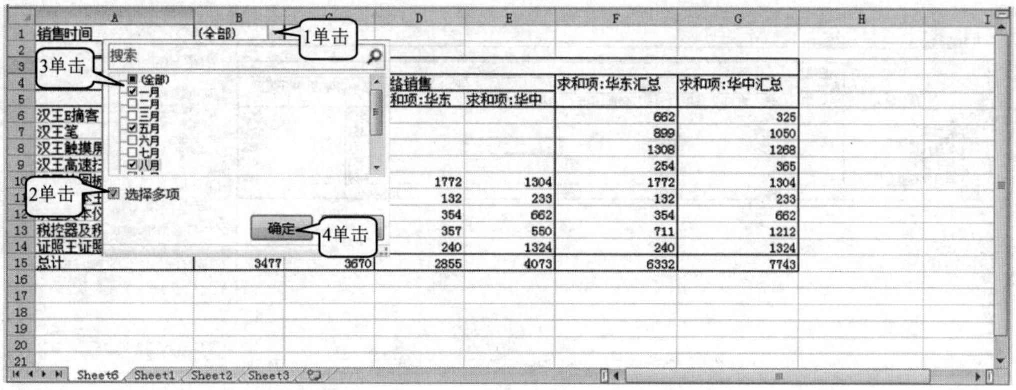


图 5.5.18

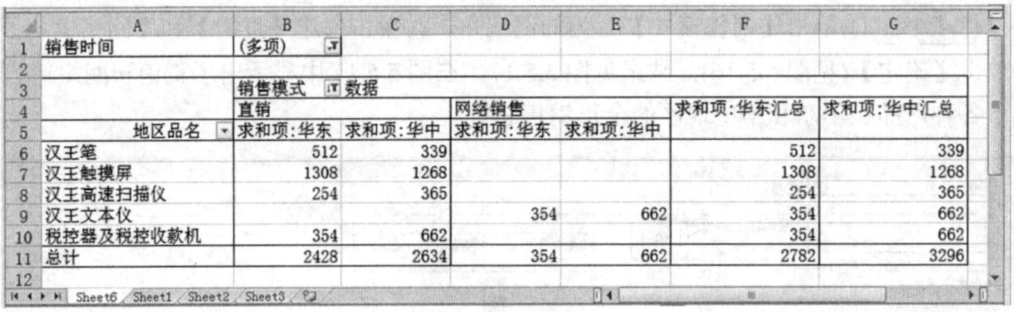

| | A | B | C | D | E | F | G |
|---|---|---|---|---|---|---|---|
| 1 | 销售时间 | (多项) | | | | | |
| 2 | | | | | | | |
| 3 | | 销售模式 | 数据 | | | | |
| 4 | | 直销 | | 网络销售 | | 求和项:华东汇总 | 求和项:华中汇总 |
| 5 | 地区品名 | 求和项:华东 | 求和项:华中 | 求和项:华东 | 求和项:华中 | | |
| 6 | 汉王笔 | 512 | 339 | | | 512 | 339 |
| 7 | 汉王触摸屏 | 1308 | 1268 | | | 1308 | 1268 |
| 8 | 汉王高速扫描仪 | 254 | 365 | | | 254 | 365 |
| 9 | 汉王文本仪 | | | 354 | 662 | 354 | 662 |
| 10 | 税控器及税控收款机 | 354 | 662 | | | 354 | 662 |
| 11 | 总计 | 2428 | 2634 | 354 | 662 | 2782 | 3296 |
| 12 | | | | | | | |

Sheet6 / Sheet1 / Sheet2 / Sheet3

图 5.5.19

**步骤 7** ①单击数据透视表中的任一单元格。②单击【选项】。③单击【字段列表】。④单击【求和项：华东】。⑤单击【值字段设置】，出现图 5.5.20 所示的【值字段设置】对话框。⑥单击【平均值】。⑦单击【确定】(见图 5.5.20)，结果见图 5.5.21。在图 5.5.21 中显示出了直销和网络销售模式下一月、五月、八月各种产品在华东地区及华中地区的销售平均量。

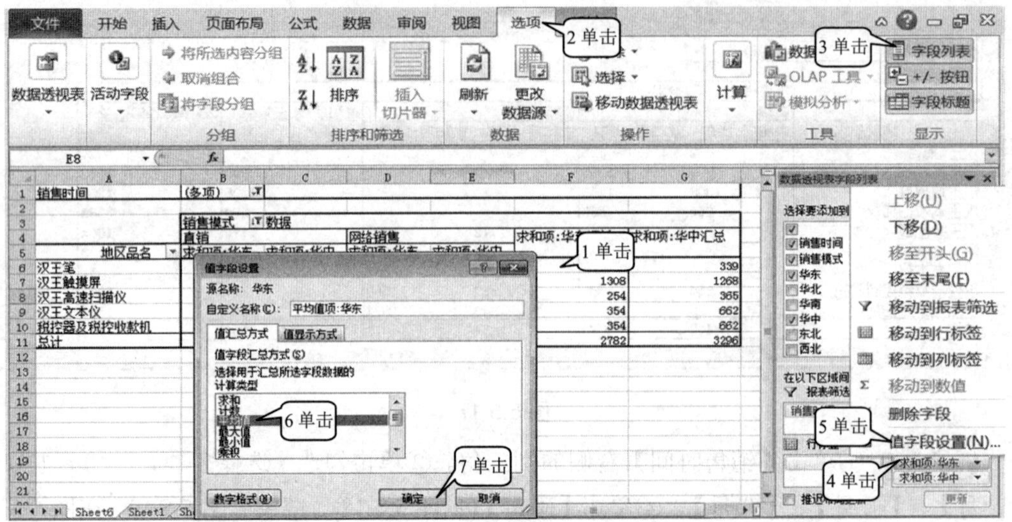


图 5.5.20

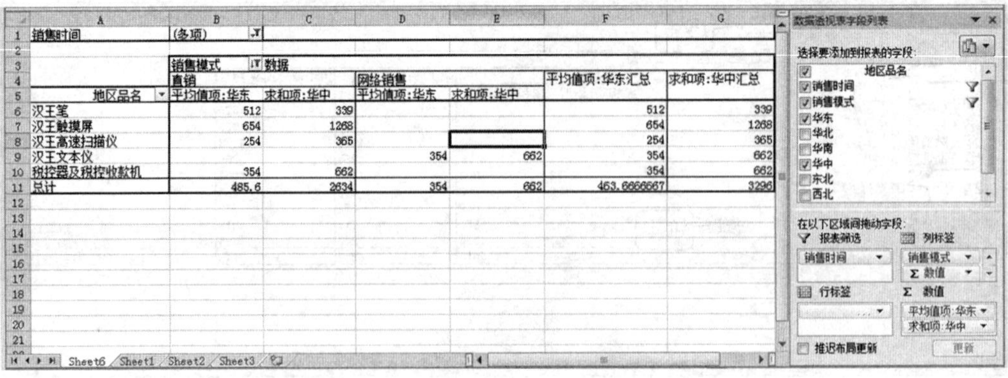

图 5.5.21

高职高专立体化教材 计算机系列

## 思考与联想

1. 对表格中的数据排序以后有什么作用？
2. 将数据制作成图表是否是多余的？
3. 数据汇总总共有多少种计算形式？
4. 数据透视表对于分析数据有什么好处？

### 拓展练习

扫描二维码，打开案例，制作与案例相同的文档。

# 5.6　项目 6：工作表处理与信息保护

### 项目剖析

**应用场景：** 工作表是 Excel 存储和处理数据的最重要的部分，因此我们需要掌握工作表的这些操作：对工作表改名使其符合要求；复制一个工作表以便通过对其修改而得到一个全新的表格；删除一些不需要的工作表；对工作表进行移动，重新调整顺序；为了防止工作表中的数据被有意或无意地更改或删除，对工作表和工作簿进行加密保护；为了防止由于各种各样的原因突然断电，设置自动保存工作簿文件功能。

**设计思路与方法技巧：** 利用工作表重命名、复制工作表、删除工作表、移动工作表与插入新工作表的操作实现对工作表的处理；通过保护工作表和工作簿以及自动保存工作簿文件等技巧的应用，实现对工作表的保护。

**应用到的相关知识点：** 工作表的改名、复制、删除、移动与插入；保护工作表和工作簿；自动保存工作簿文件。

### 即学即用的可视化实践环节

## 5.6.1　任务 1：工作表的改名

**步骤 1** 打开【教材素材】\【Excel】\【销售报表】文件。

**步骤 2** ①右击要改名的工作表名。②单击【重命名】。③输入【数据透视表】(见图 5.6.1)。

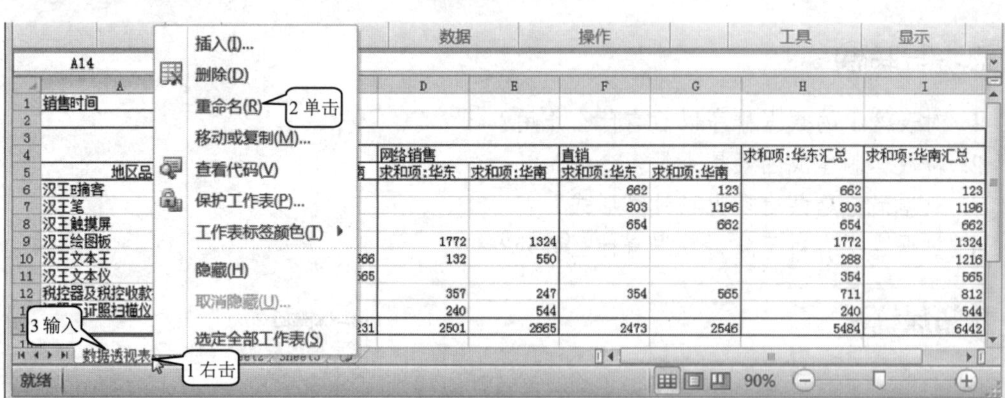


图 5.6.1

## 5.6.2 任务 2：复制与删除工作表

**步骤 1** 按住 Ctrl 键拖动【数据透视表】到 Sheet3 的后面，就可以复制一张同样的数据透视表【数据透视表(2)】(见图 5.6.2)，结果见图 5.6.3。

| | 地区品名 | 求和项:华东 | 求和项:华南 | 求和项:华东 | 求和项:华南 | 求和项:华东 | 求和项:华南 | | |
|---|---|---|---|---|---|---|---|---|---|
| 6 | 汉王E摘客 | | | | | 662 | 123 | 662 | 123 |
| 7 | 汉王笔 | | | | | 803 | 1196 | 803 | 1196 |
| 8 | 汉王触摸屏 | | | | | 654 | 662 | 654 | 662 |
| 9 | 汉王绘图板 | | | 1772 | 1324 | | | 1772 | 1324 |
| 10 | 汉王文本王 | 156 | 666 | 132 | 550 | | | 288 | 1216 |
| 11 | 汉王文本仪 | 354 | 565 | | | | | 354 | 565 |
| 12 | 税控器及税控收款机 | | | 357 | 247 | 354 | 565 | 711 | 812 |
| 13 | 证照干证照扫描仪 | | | 240 | 544 | | | 240 | 544 |
| 14 | 总计 | | 1231 | 2501 | 2665 | 2473 | 2546 | 5484 | 6442 |

按住 Ctrl 键拖动

数据透视表 Sheet1 Sheet2 Sheet3

就绪 90%

图 5.6.2

**步骤 2** ①右击【数据透视表(2)】。②单击【删除】。③单击【删除】(见图 5.6.3)。

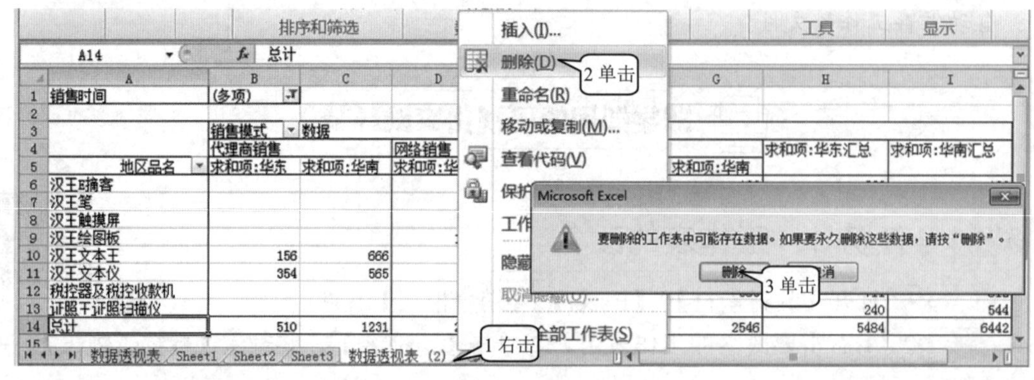


图 5.6.3

## 5.6.3 任务 3：移动与插入工作表

**步骤 1** 拖动【数据透视表】到 Sheet3 的后面(见图 5.6.4)，就可以把【数据透视表】移到 Sheet3 的后面。

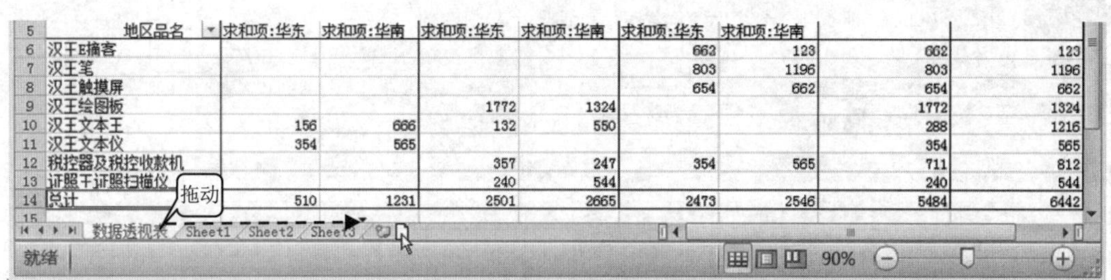


图 5.6.4

步骤 2　①右击 Sheet3。②单击【插入】，出现图 5.6.5 所示的【插入】对话框。③单击【工作表】。④单击【确定】(见图 5.6.5)，即可插入一张新的工作表。

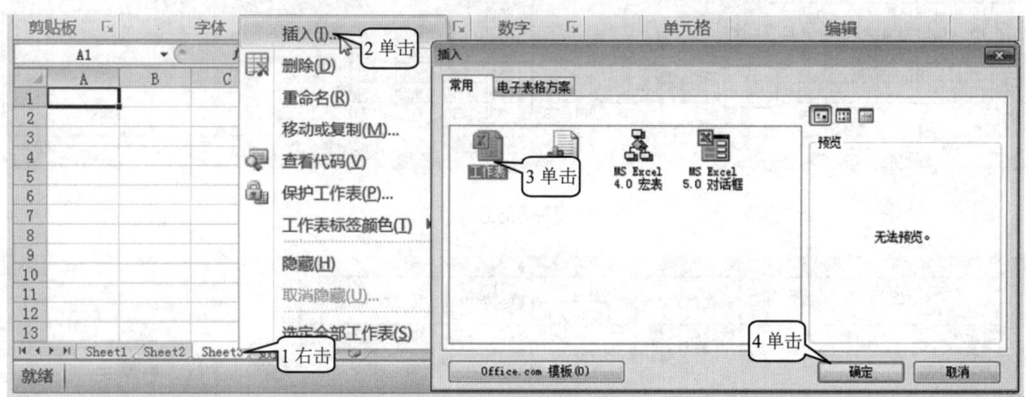


图 5.6.5

## 5.6.4　任务 4：保护工作表及撤销保护

### 1. 保护工作表

步骤 1　①单击要保护的工作表 Sheet1。②单击【审阅】。③单击【保护工作表】，出现图 5.6.6 所示的【保护工作表】对话框。④输入密码【123】，表示如要撤销单元格保护时必须输入密码。⑤单击【确定】，出现图 5.6.6 所示的【确认密码】对话框。⑥输入密码【123】。⑦单击【确定】(见图 5.6.6)，这样工作表就被保护起来了，它不允许对表中的数据进行任何修改。

步骤 2　①在某个单元格输入字符，会出现图 5.6.7 所示的警告对话框。②单击【确定】(见图 5.6.7)，关闭对话框，则单元格内容无法修改，被保护起来了，如果撤销工作表保护，则单元格内容就可以修改了。

### 2. 撤销工作表保护

步骤 1　单击要撤销保护的工作表名。

步骤 2　①单击【审阅】。②单击【撤销工作表保护】。③输入密码【123】。④单击【确定】(见图 5.6.8)，就可将保护撤销。

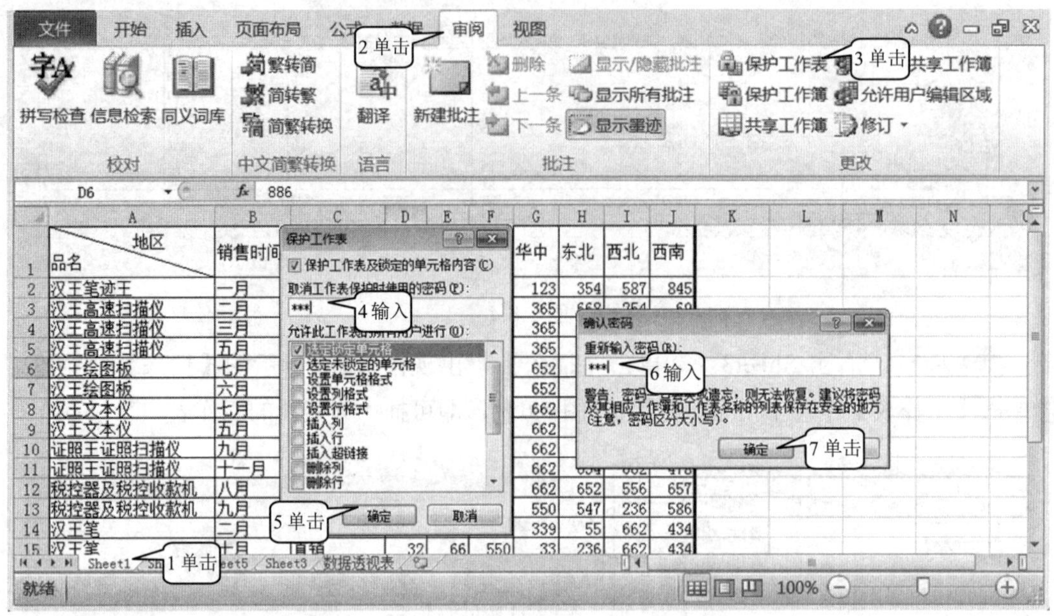


图 5.6.6

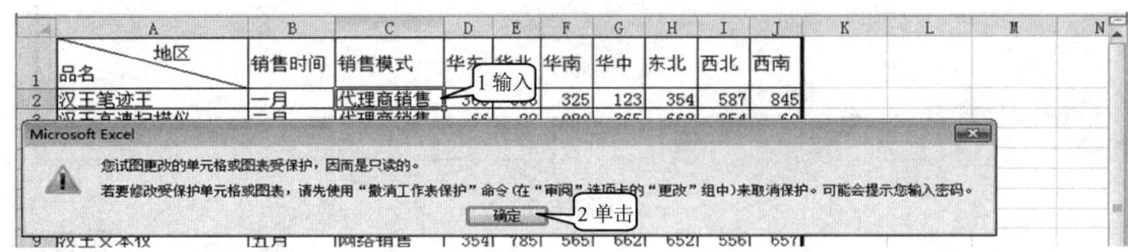


图 5.6.7

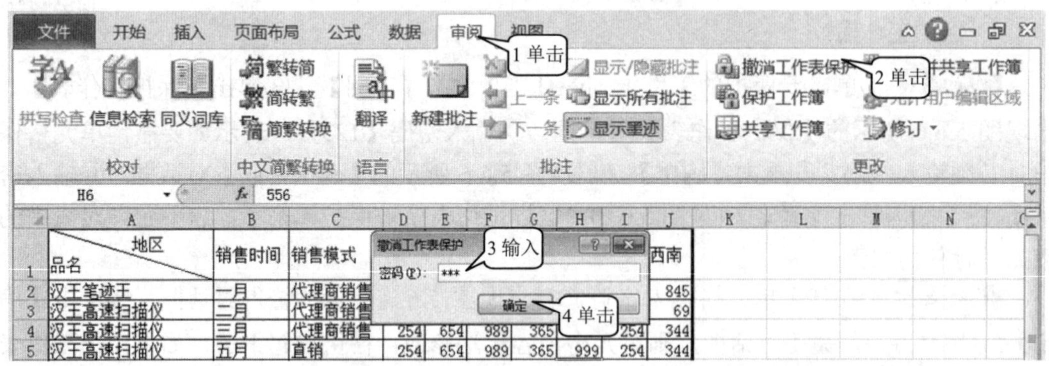


图 5.6.8

## 5.6.5 任务 5：保护、撤销及自动保存工作簿

### 1. 保护工作簿

①单击【文件】。②单击【信息】。③单击【保护工作簿】。④单击【用密码进行加密】，出现图 5.6.9 所示的【加密文档】对话框。⑤输入密码【123】。⑥单击【确定】，

出现图 5.6.9 所示的【确认加密】对话框。⑦输入密码【123】。⑧单击【确定】。⑨单击【保存】(见图 5.6.9)，这样下次打开该工作簿时就必须输入密码才行。

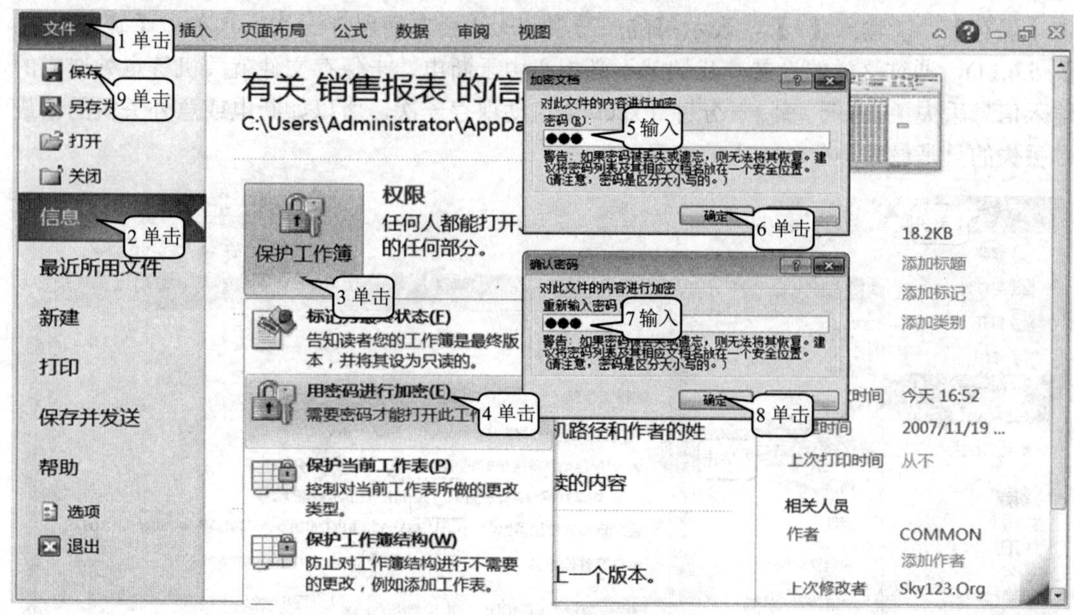


图 5.6.9

2. 撤销工作簿保护

①单击【文件】。②单击【信息】。③单击【保护工作簿】。④单击【用密码进行加密】，出现图 5.6.10 所示的【加密文档】对话框。⑤删除密码。⑥单击【确定】。⑦单击【保存】(见图 5.6.10)，这样下次打开该工作簿时就不用输入密码了。

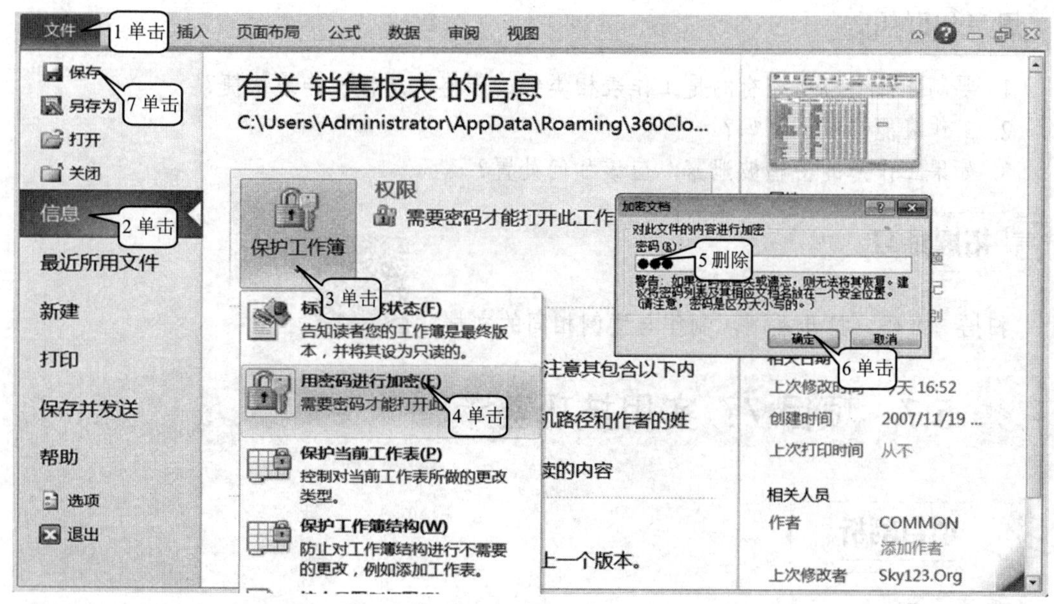


图 5.6.10

### 3. 自动保存工作簿文件

①单击【文件】。②单击【选项】，出现图 5.6.11 所示的【Excel 选项】对话框。③单击【保存】。④输入【1】，表示每隔一分钟 Excel 会自动保存一次。⑤单击【确定】(见图 5.6.11)，通过这样的设置，我们就不必担心由于断电、未保存文件就关机等意外造成的输入信息丢失了。由于每隔一分钟 Excel 会自动保存一次，所以如断电或意外关机的话最多丢失的只是最后一分钟输入的信息。

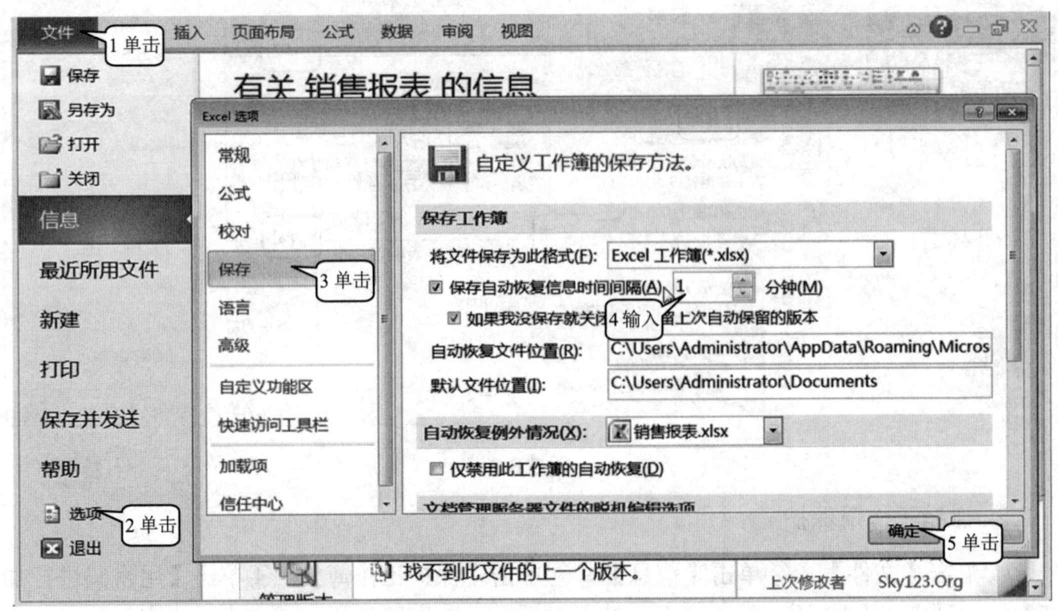


图 5.6.11

## 思考与联想

1. 要制作一个与已经有的是工作表相类似的表格，怎样操作最快捷？
2. 工作表能够被加密吗？
3. 如果工作簿的密码被泄露，应该如何处置？

## 拓展练习

扫描二维码，打开案例，制作与案例相同的文档。

# 5.7 项目 7：实用技巧荟萃

## 项目剖析

**应用场景：**在实际处理表格中，常常会遇到一些棘手的问题，比如对多张表格中的同类型的数据加以求和汇总；让一个具有上百行的表格在打印时每个页面上都显示表头；限定单元格内输入数据的范围，使其不能输入超出范围的数据；根据设置的条件自动查找和标注不满足条件的数据；根据身份证号自动取出出生日期，并填入相应的单元格；在表格中设置对象的超链接，以方便在表格之间迅速切换等，掌握这些实用技巧会给我们实际工作带来更多的方便。

**设计思路与方法技巧：** 针对上述应用场景用合并计算进行数据汇总，通过设定输入数据大小来对单元格输入的数据范围进行限定，用数据有效性按钮标定无效数据。通过设置给长表格每页都加表头；用函数自动获取字符串、复制含公式的单元格数据；应用艺术字和图形、去除网格线、建立与编辑超链接的操作美化表格和提高表格的功能。

**应用到的相关知识点：** 合并计算汇总数据、限制输入数据大小、标定无效数据、给长表格每页都加表头、自动获取字符串、复制含公式的单元格数据、艺术字与图形、去网格线、超链接的建立与编辑。

## 即学即用的可视化实践环节

### 5.7.1　任务 1：用合并计算汇总数据

**步骤 1** 打开【教材素材】\【Excel】\【合并计算】文件。

**步骤 2** ①单击【数据】。②单击【插入工作表】按钮，插入一个新工作表 Sheet1。③单击 A1 单元格。④单击【合并计算】按钮，出现图 5.7.1 所示的【合并计算】对话框。⑤单击【函数】下拉列表，选择【求和】。⑥单击【折叠】按钮(见图 5.7.1)，出现图 5.7.2。

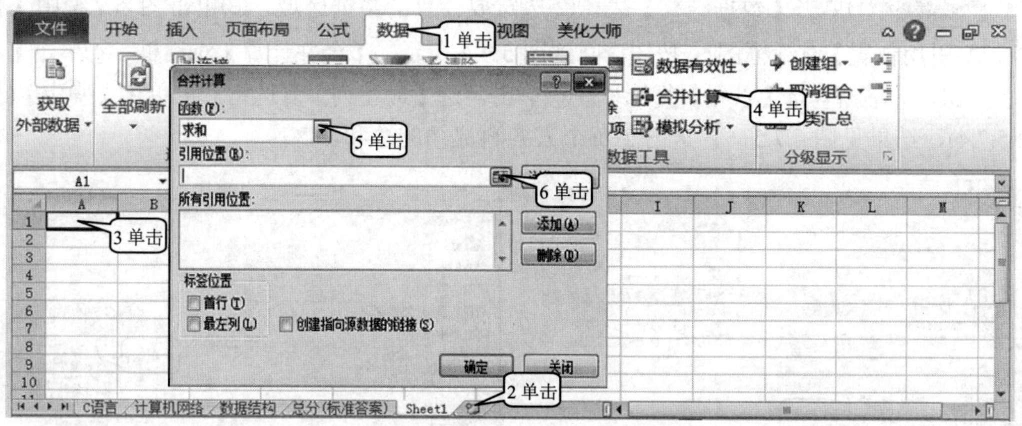


图 5.7.1

**步骤 3** ①单击【C 语言】表。②选定要计算的数据区域。③单击图 5.7.2 中【合并计算-引用位置】对话框的按钮，回到图 5.7.2 所示的【合并计算】对话框。④单击【添加】按钮。⑤单击【折叠】按钮(见图 5.7.2)，出现图 5.7.3。

**步骤 4** ①单击【计算机网络】表。②选定要计算的数据区域。③单击图 5.7.3 中【合并计算-引用位置】对话框的按钮，回到图 5.7.3 所示的【合并计算】对话框。④单击【添加】按钮。⑤单击【折叠】按钮(见图 5.7.3)，出现图 5.7.4。

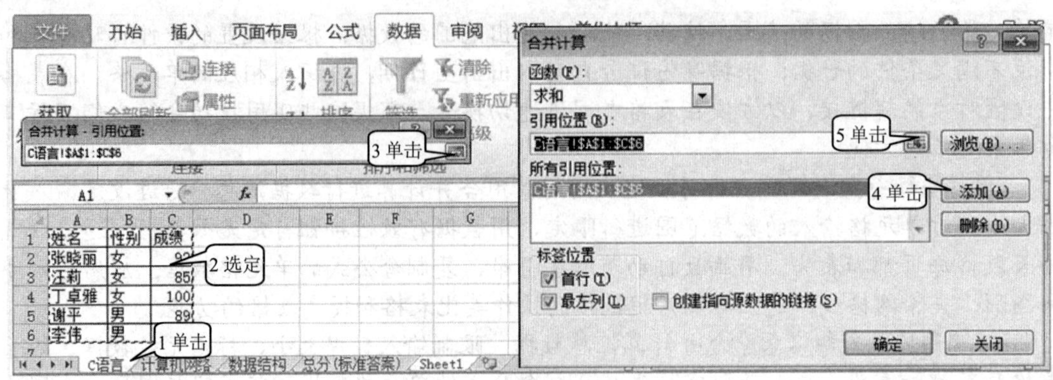


图 5.7.2

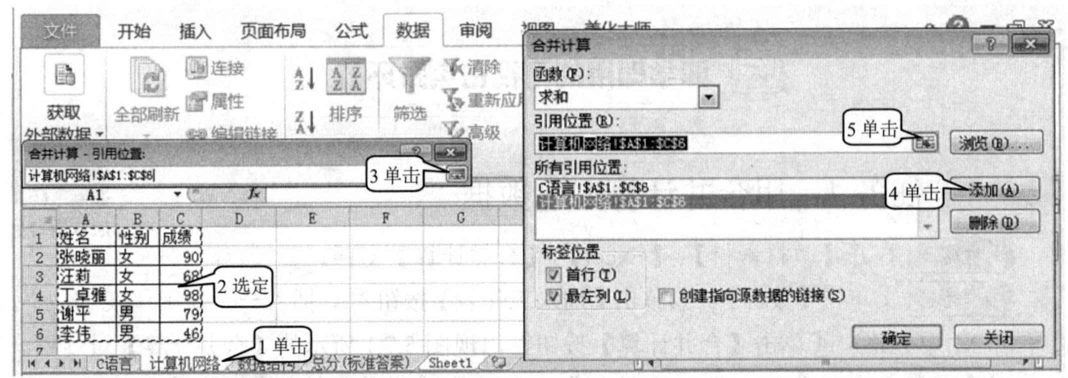


图 5.7.3

**步骤5** ①单击【数据结构】表。②选定要计算的数据区域。③单击图 5.7.4 中【合并计算-引用位置】对话框的按钮，回到图 5.7.4 所示的【合并计算】对话框。④单击【添加】按钮。⑤单击勾选【首行】复选框。⑥单击勾选【最左列】复选框。⑦单击【确定】(见图 5.7.4)，结果见图 5.7.5，它给出了每个人各科成绩的总和。

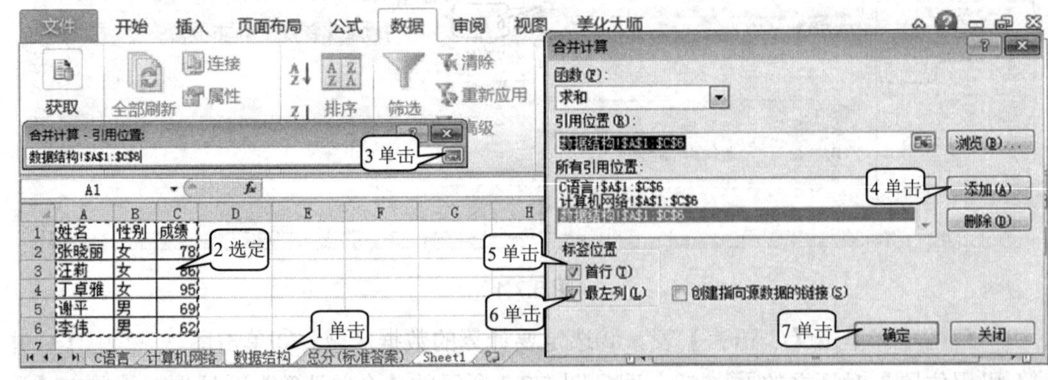


图 5.7.4

**步骤6** 打开【教材素材】\【Excel】\【合并计算 1】文件。

**步骤7** ①单击【数据】。②单击【插入工作表】按钮，插入一个新工作表 Sheet1。③单击 A1 单元格。④单击【合并计算】按钮，出现图 5.7.6 所示的【合并计算】对话框。

⑤单击【函数】下拉列表，选择【求和】。⑥单击【折叠】按钮(见图 5.7.6)，出现图 5.7.7。

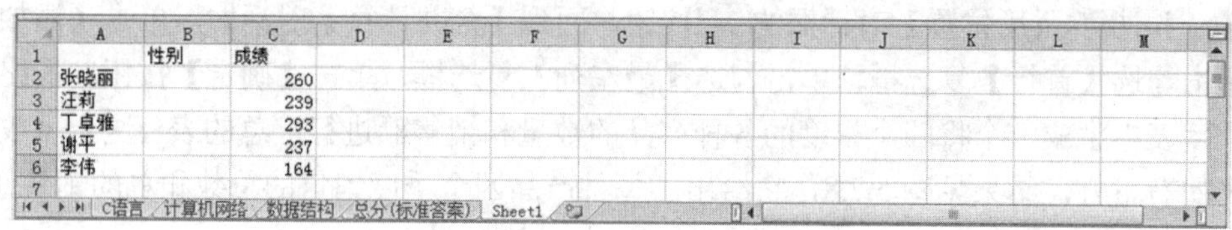


图 5.7.5

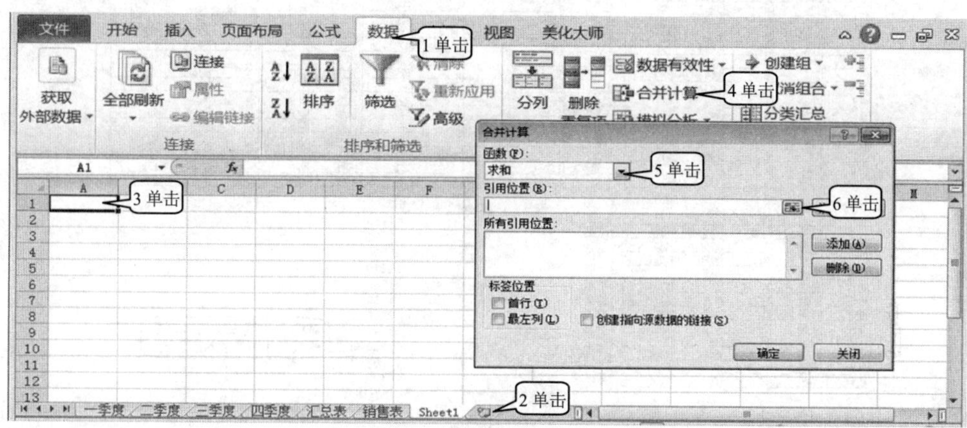


图 5.7.6

步骤 8 ①单击【一季度】表。②选定要计算的数据区域(图中虚线部分)。③单击图 5.7.7 中【合并计算-引用位置】对话框的按钮，回到图 5.7.7 所示的【合并计算】对话框。④单击【添加】按钮。⑤单击【折叠】按钮(见图 5.7.7)。

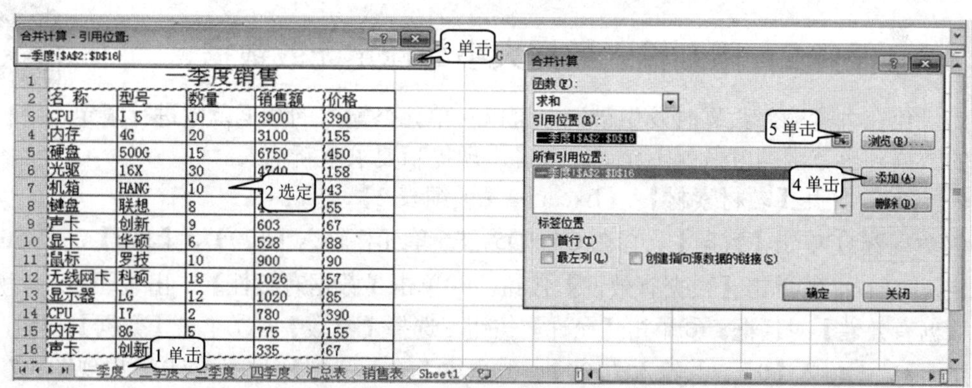


图 5.7.7

步骤 9 单击【二季度】表(表中的数据见图 5.7.8)，选定要计算的数据区域(前 4 列)，单击【合并计算-引用位置】对话框的按钮，回到【合并计算】对话框，单击【添加】按钮，单击【折叠】按钮。

步骤 10 单击【三季度】表(表中的数据见图 5.7.8)，选定要计算的数据区域(前 4 列)，单击【合并计算-引用位置】对话框的按钮，回到【合并计算】对话框，单击【添加】按钮，单击【折叠】按钮。

步骤11 单击【四季度】表(表中的数据见图 5.7.8)，选定要计算的数据区域(前 4 列)，单击【合并计算-引用位置】对话框的按钮，回到【合并计算】对话框，单击【添加】按钮，单击勾选【首行】复选框，单击勾选【最左列】复选框，单击【确定】按钮。最终就会在一季度表中生成一个将四个季度的各种产品的数量和销售额进行汇总的表。这个表放在一季度表的右下方，结果见图 5.7.8，它给出了每种产品四个季度销售的总数和总的销售额。

一季度销售

| 名 称 | 型号 | 数量 | 销售额 | 价格 |
|---|---|---|---|---|
| CPU | I 5 | 10 | 3900 | 390 |
| 内存 | 4G | 20 | 3100 | 155 |
| 硬盘 | 500G | 15 | 6750 | 450 |
| 光驱 | 16X | 30 | 4740 | 158 |
| 机箱 | HANG | 10 | 430 | 43 |
| 键盘 | 联想 | 8 | 440 | 55 |
| 声卡 | 创新 | 9 | 603 | 67 |
| 显卡 | 华硕 | 6 | 528 | 88 |
| 鼠标 | 罗技 | 10 | 900 | 90 |
| 无线网卡 | 科硕 | 18 | 1026 | 57 |
| 显示器 | LG | 12 | 1020 | 85 |
| CPU | I7 | 2 | 780 | 390 |
| 内存 | 8G | 5 | 775 | 155 |
| 声卡 | 创新 | 5 | 335 | 67 |

二季度销售

| 名 称 | 型号 | 数量 | 销售额 | 价格 |
|---|---|---|---|---|
| CPU | I 5 | 10 | 3900 | 390 |
| 内存 | 4G | 8 | 1240 | 155 |
| 硬盘 | 500G | 15 | 6750 | 450 |
| 光驱 | 16X | 22 | 3476 | 158 |
| 机箱 | HANG | 10 | 430 | 43 |
| 键盘 | 联想 | 8 | 440 | 55 |
| 声卡 | 创新 | 9 | 603 | 67 |
| 显卡 | 华硕 | 6 | 528 | 88 |
| 鼠标 | 罗技 | 10 | 900 | 90 |
| 无线网卡 | 科硕 | 18 | 1026 | 57 |
| 显示器 | LG | 12 | 1020 | 85 |
| CPU | I7 | 2 | 780 | 390 |
| 硬盘 | 1T | 5 | 2250 | 450 |
| 光驱 | 16X | 10 | 1580 | 158 |
| 机箱 | HANG | 6 | 258 | 43 |

三季度销售

| 名 称 | 型号 | 数量 | 销售额 | 价格 |
|---|---|---|---|---|
| CPU | I 5 | 10 | 3900 | 390 |
| 内存 | 4G | 8 | 1240 | 155 |
| 硬盘 | 500G | 15 | 6750 | 450 |
| 光驱 | 16X | 8 | 1264 | 158 |
| 显卡 | 华硕 | 10 | 880 | 88 |
| 鼠标 | 罗技 | 8 | 720 | 90 |
| 无线网卡 | 科硕 | 9 | 513 | 57 |
| 显示器 | LG | 6 | 510 | 85 |
| CPU | I7 | 10 | 3900 | 390 |
| 内存 | 8G | 5 | 775 | 155 |
| 声卡 | 创新 | 10 | 670 | 67 |

四季度销售

| 名 称 | 型号 | 数量 | 销售额 | 价格 |
|---|---|---|---|---|
| 硬盘 | 500G | 6 | 2700 | 450 |
| 光驱 | 16X | 20 | 3160 | 158 |
| 机箱 | HANG | 15 | 645 | 43 |
| 键盘 | 联想 | 10 | 550 | 55 |
| 声卡 | 创新 | 5 | 335 | 67 |
| 显卡 | 华硕 | 8 | 704 | 88 |
| 鼠标 | 罗技 | 9 | 810 | 90 |
| 无线网卡 | 科硕 | 6 | 342 | 57 |
| 显示器 | LG | 10 | 850 | 85 |
| 声卡 | 创新 | 8 | 400 | 50 |
| 显卡 | 华硕 | 10 | 700 | 70 |

| | 型号 | 数量 | 销售额 |
|---|---|---|---|
| CPU | | 44 | 17160 |
| 内存 | | 46 | 7130 |
| 硬盘 | | 56 | 25200 |
| 光驱 | | 90 | 14220 |
| 机箱 | | 41 | 1763 |
| 键盘 | | 26 | 1430 |
| 声卡 | | 46 | 2946 |
| 显卡 | | 40 | 3340 |
| 鼠标 | | 37 | 3330 |
| 无线网卡 | | 51 | 2907 |
| 显示器 | | 40 | 3400 |

对四个季度表中的各产品的数量和销售额的汇总表

图 5.7.8

仔细观察一下图 5.7.8 会发现，每个季度的销售表实际上是一张流水记账表，同一表上有相同产品行。例如一季度表上有两行 CPU 和内存的销售记录，而且每张表上的销售产品类型也不完全一样，而上述表实际上是在每张表中把相同产品的数量和销售额挑出来进行合计，避免了人工在表中寻找相同数据进行求和的麻烦。

## 5.7.2 任务 2：限制输入数据大小与标定无效数据

为避免在大量输入数据时发生错误，可以对单元格输入的数据范围进行限定，这样当输入的数据超出范围的时候就不允许输入，出现提示要求重新输入。

步骤1 打开【教材素材】\【Excel】\【成绩表 2】文件。

步骤2 ①单击【数据】。②在 C4、D5、E6 单元格输入【120】、【110】、【150】。③选定 C3:F12。④单击【数据有效性】按钮。⑤单击【数据有效性】，出现图 5.7.9 所示的【数据有效性】对话框。⑥单击【允许】按钮，选择【整数】。⑦单击【数据】按钮，选择【介于】。⑧输入【0】。⑨输入【100】。⑩单击【输入信息】(见图 5.7.9)，出现图 5.7.10。

步骤3 ①输入【单元格数据超范围】。②输入【请重新输入数据】。③单击【出错警告】(见图 5.7.10)，出现图 5.7.11。

步骤4 ①输入【数据超范围】。②输入【数据超范围，重新输入(0-100)】。③单击【确定】(见图 5.7.11)，这样设置以后，当在某个单元格中输入超过 100 的数值时就会出现提示，如图 5.7.12 所示。

步骤5 ①单击【数据有效性】。②单击【圈释无效数据】，则表格中超出范围的数据就被用红圈圈住，见图 5.7.13。③单击【清除无效数据标识圈】(见图 5.7.13)，即可取消红色标注圈。

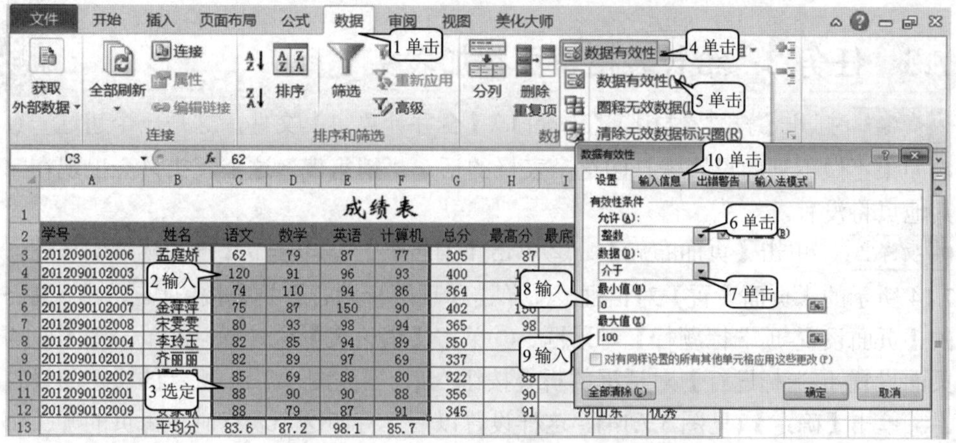


图 5.7.9

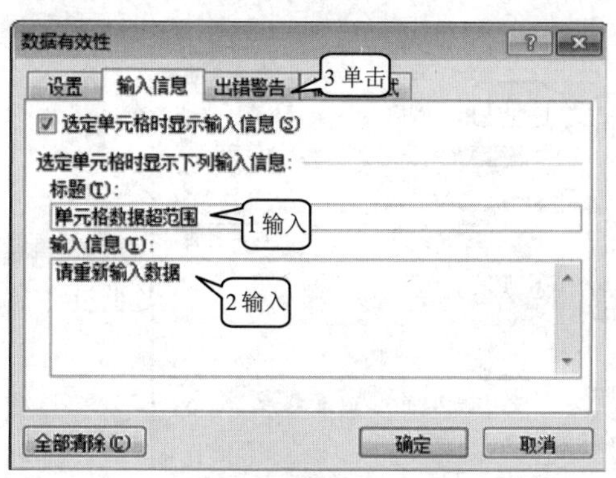


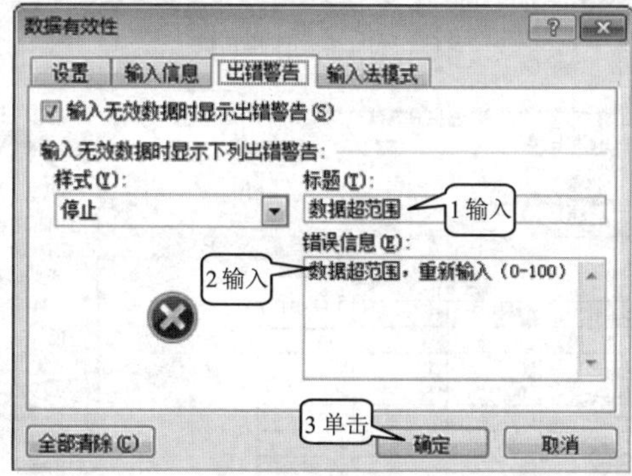


图 5.7.10

图 5.7.11

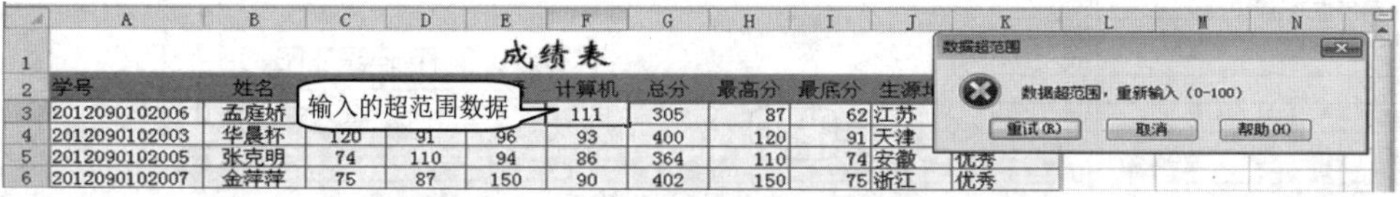


图 5.7.12

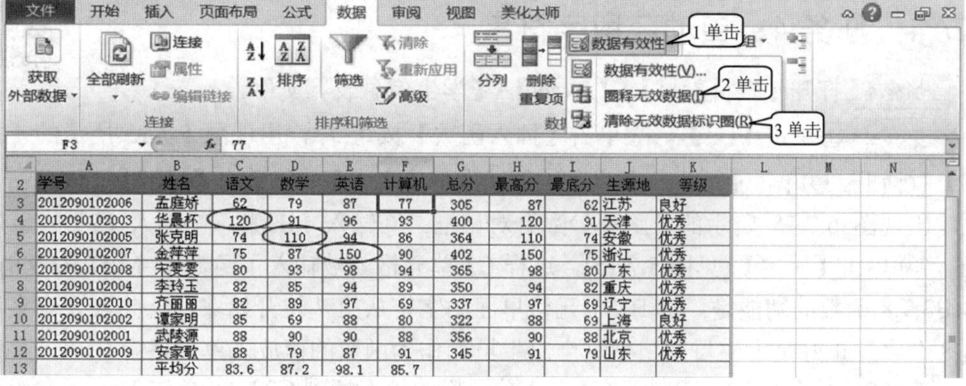


图 5.7.13

## 5.7.3 任务 3：给长表格每页都加表头

步骤 1 打开【教材素材】\【Excel】\【合并计算 1】文件，这是一个超过一页纸的表格，如果不做下列的设置就打印这个表格的话，“销售表”这个表头只会出现在第一页上，其他页将没有。

步骤 2 ①单击【页面布局】。②单击【销售表】。③单击【打印标题】按钮，出现图 5.7.14 所示的【页面设置】对话框。④单击【顶端标题行】折叠按钮，出现图 5.7.14 所示的【页面设置-顶端标题行】对话框。⑤单击【销售表】这一行。⑥单击图 5.7.14 所示的【页面设置-顶端标题行】对话框的折叠按钮，回到图 5.7.14 所示的【页面设置】对话框。⑦单击【确定】(见图 5.7.14)，这样设置以后，打印这个表格时，每页的开头都会有“销售表”这个表头了。

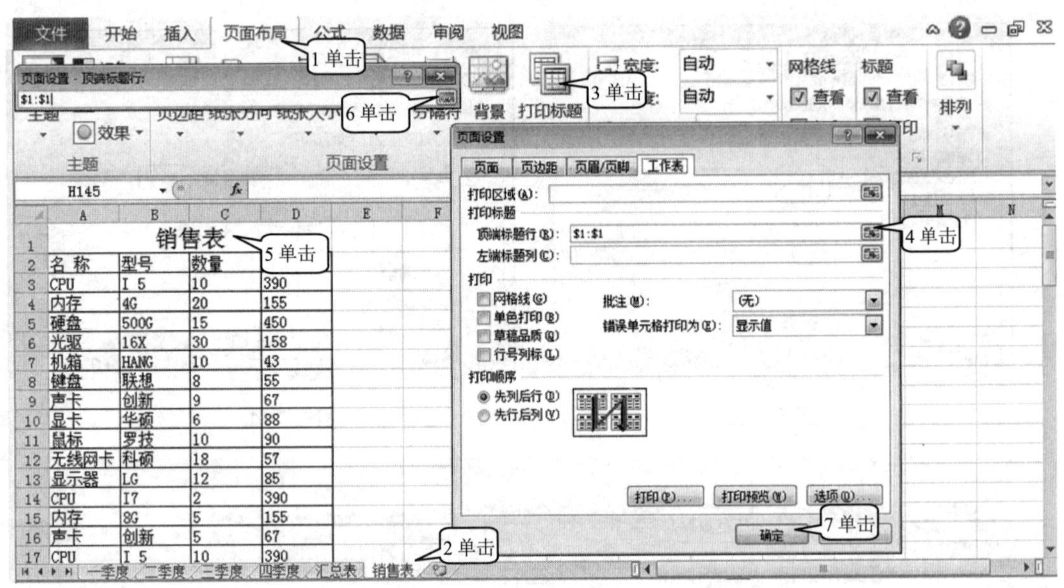


图 5.7.14

## 5.7.4 任务 4：自动获取字符串

步骤 1 打开【教材素材】\【Excel】\【学生信息表】文件。

步骤 2 ①单击【C3】。②单击【插入函数】按钮 *fx*，出现图 5.7.15 所示的【插入函数】对话框。③单击【或选择类别】按钮，选择【文本】。④单击【MID】。⑤单击【确定】，出现图 5.7.15 所示的【函数参数】对话框。⑥输入【B3】。⑦输入【7】。⑧输入【8】。⑨单击【确定】(见图 5.7.15)，这样 C3 单元格就被输入了函数【=MID(B3,7,8)】。MID(B3,7,8)函数的功能是：将 B3 单元格里面的字符从第 7 位开始取，一共取 8 个字符，而这 8 个字符正好是出生日期，把这个出生日期作为函数的值放入单元格中。

步骤 3 ①单击 C3。②向下拖动 C3 单元格的填充柄到 C20。③单击 F3。④在函数编辑栏输入【=IF(MID(A3,5,2)="01","1 班",IF(MID(A3,5,2)="02","2 班","3 班"))】，然后按 Enter

键，注意公式中的引号必须是英文引号。这个函数的功能是：把 A3 单元格里的字符从第 5 个开始，取 2 个字符，也就是取第 5、6 两个字符，然后判断其是否为 01。如果是的话，则函数的结果就为“1 班”。如果不是的话，再把 A3 单元格里的字符从第 5 个开始取 2 个字符，也就是取第 5、6 两个字符，然后判断其是否为 02。如果是的话，则函数的结果就为“2 班”。如果不是的话，则函数的结果就为“3 班”。⑤单击 F3。⑥向下拖动 F3 单元格的填充柄到 F20(见图 5.7.16)。这样【班级】这列中所有的数据就被填充完毕。F 列中所填充的数据是该单元格中的函数对 A 列数据进行判断以后给出的结果。

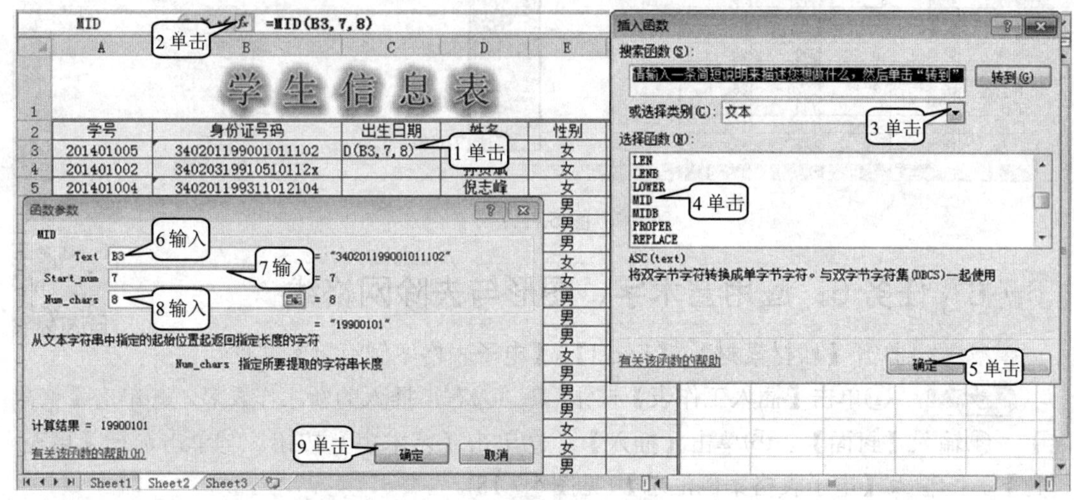


图 5.7.15

F3　=IF(MID(A3,5,2)="01","1班",IF(MID(A3,5,2)="02","2班","3班"))

| | A | B | C | D | E | F |
|---|---|---|---|---|---|---|
| 2 | 学号 | 身份证号码 | 出生日期 | 姓名 | 性别 | 班级 |
| 3 | 201401005 | 340201199[illegible] | 19900101 | 田秀伟 | 女 | 1班 |
| 4 | 201401002 | 34020319[illegible]x | 19910510 | [illegible] | 女 | 1班 |
| 5 | 201401004 | 340201199311012104 | 19931101 | 倪[illegible] | 女 | 1班 |
| 6 | 201401003 | 340204199504013105 | 19950401 | 王若 | 男 | 1班 |
| 7 | 201401001 | 320381199012165706 | 19901216 | 谭丽彬 | 男 | 1班 |
| 8 | 201402005 | 320381199312065706 | 19931206 | 王欠 | 男 | 2班 |
| 9 | 201402007 | 320381199211175206 | 19921117 | 翟超 | 女 | 2班 |
| 10 | 201402004 | 320381199502165701 | 19950216 | 杨兴涛 | 女 | 2班 |
| 11 | 201402003 | 320381199404265716 | 19940426 | 高泽世 | 男 | 2班 |
| 12 | 201402006 | 320312199603186892 | 19960318 | 张艳雪 | 男 | 2班 |
| 13 | 201402002 | 320312199104186891 | 19910418 | 陶婷婷 | 男 | 2班 |
| 14 | 201402001 | 320312199305286812 | 19930528 | 钱国余 | 女 | 2班 |
| 15 | 201403003 | 320381199212165706 | 19921216 | 时瑞强 | 男 | 3班 |
| 16 | 201403004 | 320381199212145716 | 19921214 | 张晓璇 | 男 | 3班 |
| 17 | 201403001 | 320381199302115106 | 19930211 | 汤宏亮 | 男 | 3班 |
| 18 | 201403006 | 320381199510165766 | 19951016 | 张子卫 | 女 | 3班 |
| 19 | 201403002 | 320381199409165702 | 19940916 | 刘静静 | 女 | 3班 |
| 20 | 201403005 | 320381199512065806 | 19951206 | 韩璐 | 男 | 3班 |

4 输入　1 单击　2 拖动　3、5 单击　6 拖动

图 5.7.16

## 5.7.5　任务 5：复制含公式的单元格数据

**步骤 1**　打开【教材素材】\【Excel】\【合并计算 1】，注意这个表格中的【销售额】单元格里的数据是由公式计算出来的。

**步骤 2**　①选定 D3:D16。②单击【复制】按钮。③右击要粘贴数据区的第 1 个单元格。④单击【粘贴选项】\【123】(见图 5.7.17)。

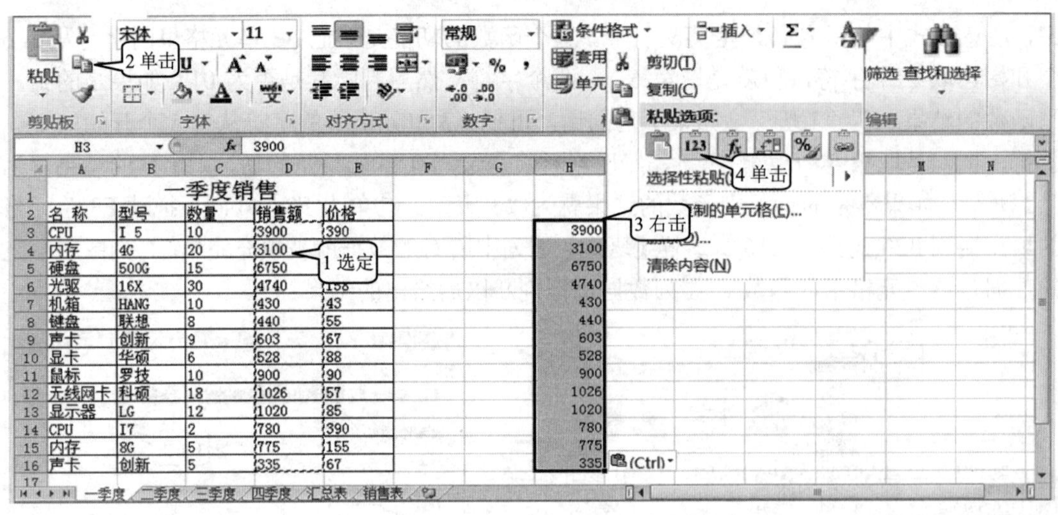


图 5.7.17

## 5.7.6 任务 6：应用艺术字、图形与去除网格线

步骤 1 打开【教材素材】\【Excel】\【电子表格案例汇总】文件。

步骤 2 ①单击【插入工作表】按钮 。②右击插入的新工作表名。③单击【重命名】。④输入【封面】。⑤单击【插入】。⑥单击【艺术字】按钮。⑦单击选择【填充-橙色】。⑧输入【电子表格案例汇总】(见图 5.7.18)。

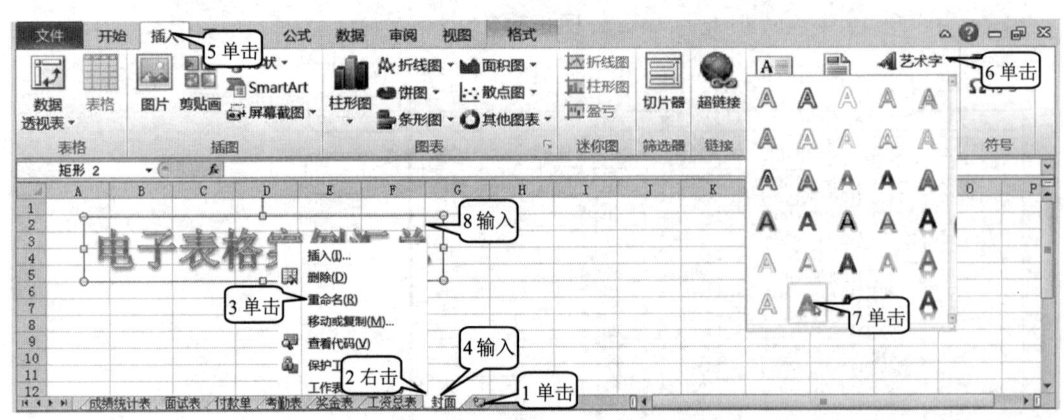


图 5.7.18

步骤 3 ①单击选中艺术字。②单击【格式】。③单击【形状填充】按钮 形状填充，选择【纹理】\【绿色大理石】。④单击【形状轮廓】按钮 形状轮廓，选择【无轮廓】。⑤单击【形状效果】按钮 形状效果，选择【发光】\【红色-18pt 发光】。⑥单击【形状效果】按钮 形状效果，选择【棱台】\【角度】。⑦输入【16】。⑧单击【文字效果】按钮 ，选择【转换】\【停止】(见图 5.7.19)。

步骤 4 ①单击【插入】。②单击【形状】按钮 形状。③拖动滚动条。④单击选择【上凸带形】 。⑤拖动鼠标画出上凸带形(见图 5.7.20)。

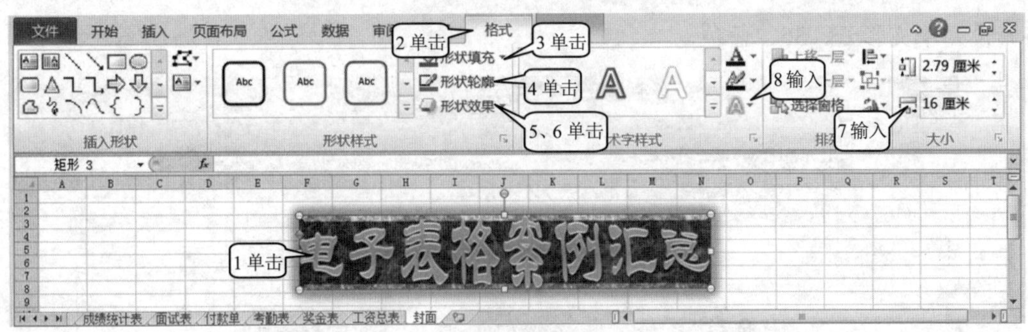


图 5.7.19

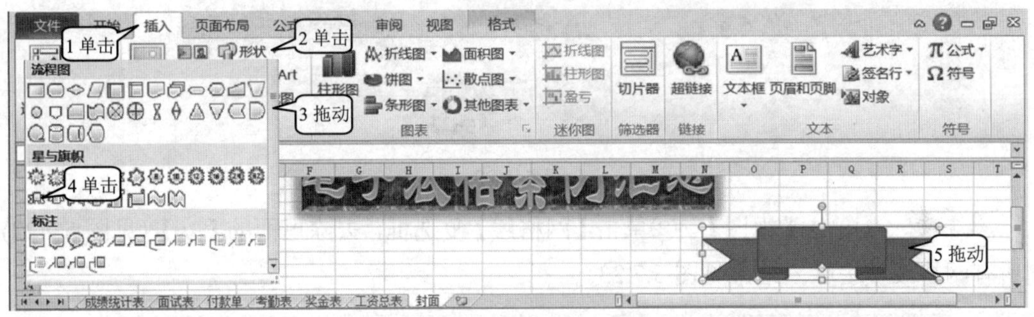


图 5.7.20

**步骤5** ①单击【绘图工具】\【格式】。②单击【形状填充】按钮 形状填充 ，选择【纹理】\【纸莎草纸】。③单击【形状轮廓】按钮 形状轮廓 ，选择【无轮廓】。④ 输入【10】。⑤拖动控点，调整形状。⑥拖动控点，调整立体效果。⑦右击图形。⑧单击【编辑文字】。⑨输入【成绩表】，然后将其设置为华文新魏、36、紫色(见图 5.7.21)。

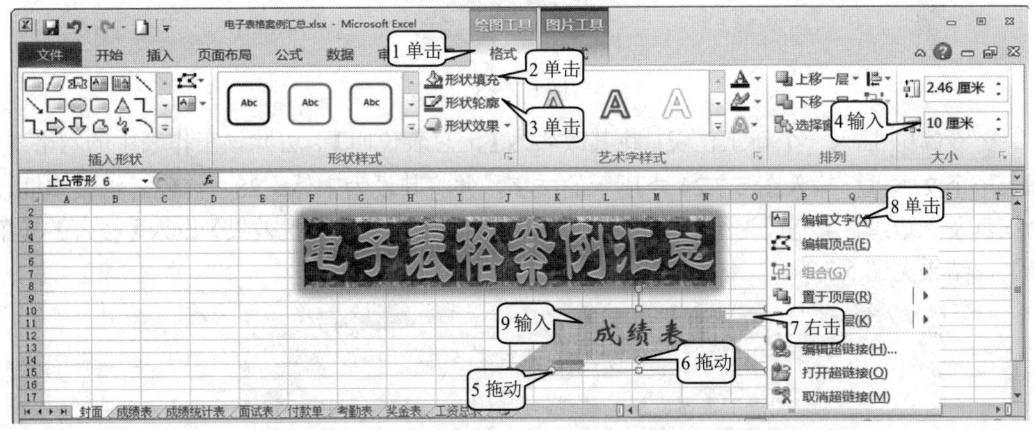


图 5.7.21

**步骤6** 按住 Ctrl 键拖动图 5.7.21 中的【成绩表】图形，复制出同样的 5 个图形，并且将每个图形中的文字按照图 5.7.22 所示重新输入，再重新设置颜色，然后按照图 5.7.22 排列。

**步骤7** 再插入一个【波形】图形，同样在上面输入图 5.7.22 所示的文字【工资总表】，将其设为华文彩云、36、蓝色。

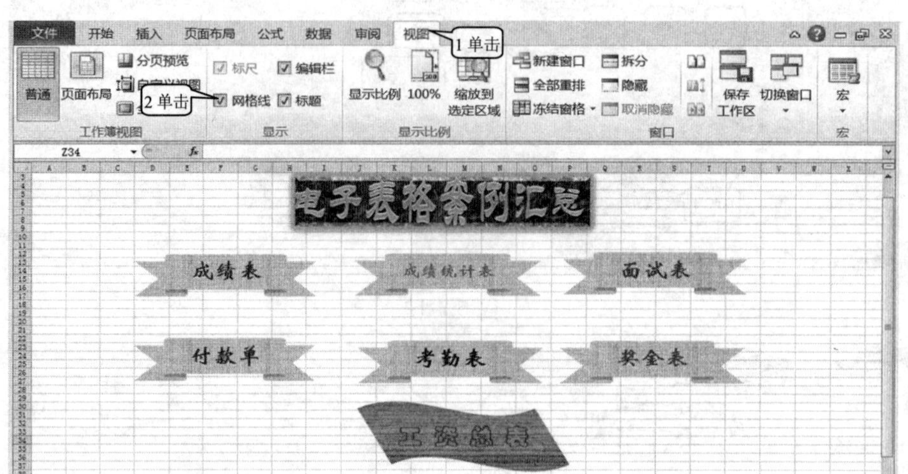


图 5.7.22

**步骤 8** ①单击【视图】。②单击【网格线】复选框，去除里面的【√】(见图 5.7.22)，则所有网格线被去除，结果见图 5.7.23。

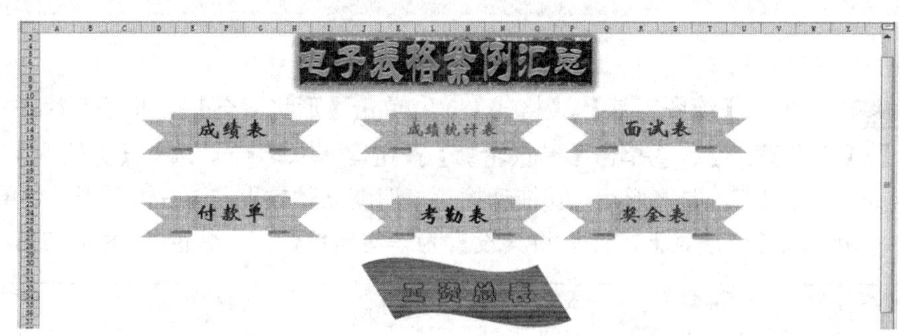


图 5.7.23

**步骤 9** 插入一个新工作表，将其改名为【汇总表说明】，去除该工作表中的网格线。插入一个文本框，输入图 5.7.24 中所示的文字，并将其设为宋体、28、红色。将文本框设为红色发光边缘，填充设为绿色到白色中心辐射。文本框的【形状效果】设为【棱台】\【角度】，结果见图 5.7.24。

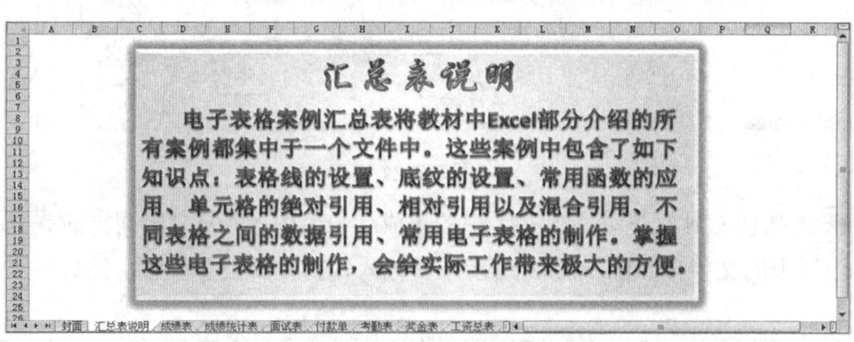


图 5.7.24

## 5.7.7 任务 7：建立与编辑超链接

**步骤 1** ①单击【插入】。②单击【成绩表】图形。③单击【超链接】，出现图 5.7.25 所示的【插入超链接】对话框。④单击【本文档中的位置】。⑤单击【成绩表】。⑥单击【确定】(见图 5.7.25)。

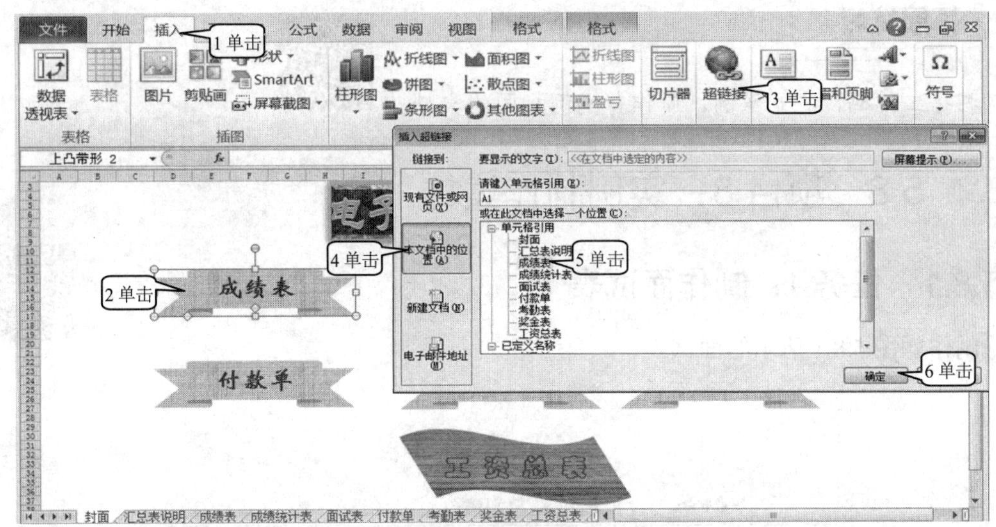


图 5.7.25

**步骤 2** 再将【成绩统计表】、【付款单】、【面试表】、【考勤表】、【奖金表】、【工资总表】按上述方式与对应的工作表做超链接，这样每个图形就会与相应的工作表对应。使用时，只要将鼠标指针指到图形上，就会出现一个小手形状。单击该图形，就可以打开对应的工作表。

**步骤 3** ①右击已经插入了超链接的图形。②单击【编辑超链接】，出现图 5.7.26 所示的【编辑超链接】对话框。③单击【本文档中的位置】。④单击【工资总表】，就可以将原来的超链接工作表改变为【工资总表】。⑤单击【确定】，即完成了超链接的编辑(见图 5.7.26)。

**步骤 4** 单击图 5.7.26 中的【删除链接】，就可以将超链接取消。

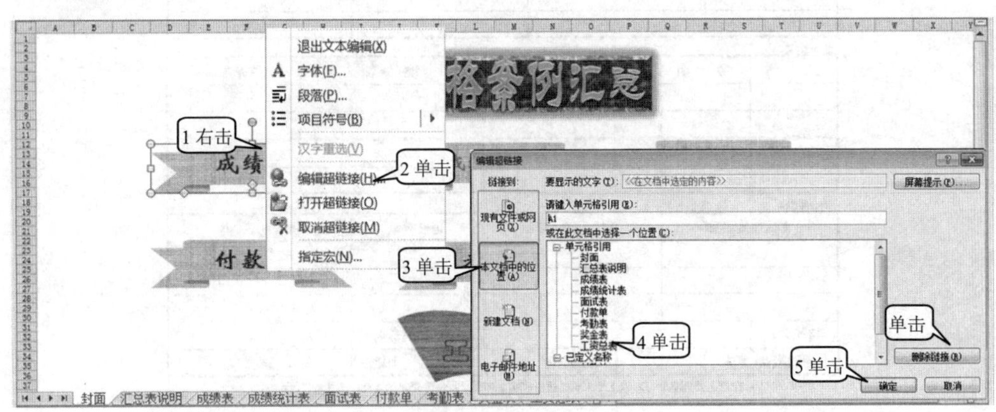


图 5.7.26

## 思考与联想

1. 向你周围的人了解一下在使用 Excel 的过程中还遇到了哪些令人棘手的操作难题。

2. 将上述的操作难题做一下梳理，并且找出解决这些难题的方法。或通过百度找到解决这些难题的方法。

## 拓展练习

扫描二维码，打开案例，制作与案例相同的文档。

# 5.8 项目 8：实例制作集锦

## 5.8.1 任务 1：制作面试表

制作如图 5.8.1 所示的面试表。

**xx职面试表**

申请职务：________ 填表日期：________ 年____月____日

| 姓　名 | | 身　高 | | | 出生日期 | | |
|---|---|---|---|---|---|---|---|
| 性　别 | | 体　重 | | | 身体状况 | | |
| 年　龄 | | 视　力 | 左 | 右 | 民　族 | | |
| 婚　姻 | | 不良记录 | | | 祖　籍 | | |
| 目前住址 | | 联系电话 | | | | 邮编 | |
| 户籍住址 | | 联系电话 | | | | 邮编 | |

学历（中学开始）：

| 时　间 | 学校名称 | 阶段（中、大学） | 专　业 |
|---|---|---|---|
| | | | |
| | | | |
| | | | |

工作经历：

| 时　间 | 服务机构名称 | 职　位 | 职　称 | 离职原因 |
|---|---|---|---|---|
| | | | | |
| | | | | |
| | | | | |
| | | | | |

家庭状况：

| 关　系 | 姓　名 | 单　位 | 地　址 | 联系电话 |
|---|---|---|---|---|
| | | | | |
| | | | | |
| | | | | |
| | | | | |

专业技能：

| 专业技能名称 | 收到证书时间 | 证书等级 | 授予证书单位 |
|---|---|---|---|
| | | | |
| | | | |
| | | | |
| 特长爱好 | | 可以到职日期 | |
| 特殊情况联系人 | 联系电话 | 地址 | |

* 应聘人员同意公司对以上个人资料进行核实，如有虚假愿接受辞退处理，并且无任何赔赏。

图 5.8.1

### 项目剖析

**应用场景：** 表格是日常工作中要大量使用的文档之一。掌握在 Excel 中制作各种复杂的表格是办公中必备的基本技能。通过面试表的制作，可掌握复杂表格的制作方法和技巧。

**设计思路与方法技巧：** 将表格分段完成，先制作【学历】以上的部分。将 1～34 行设置为统一的行高，将 A～O 列设置为统一的列宽。然后通过设置表格线、合并单元格、输入文字、设置文字在表格中的位置。完成表格第一部分的制作。表格后面部分的制作方法和第一部分完全一样。

**应用到的相关知识点：** 熟悉合并单元格、行列、单元格、边框、字体、对齐方式。

制作图 5.8.1 所示的面试表的具体方法及步骤，请扫描二维码阅读。

## 5.8.2 任务 2：制作付款单

制作如图 5.8.2 所示的付款单。

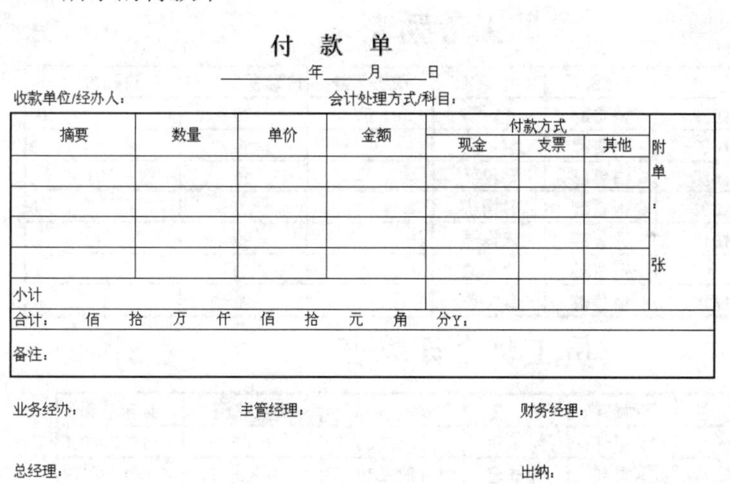

付　款　单

______年______月______日

收款单位/经办人：　　　　会计处理方式/科目：

| 摘要 | 数量 | 单价 | 金额 | 付款方式 | | | 附单：张 |
|---|---|---|---|---|---|---|---|
| | | | | 现金 | 支票 | 其他 | |
| | | | | | | | |
| | | | | | | | |
| | | | | | | | |
| | | | | | | | |
| 小计 | | | | | | | |
| 合计：　佰　拾　万　仟　佰　拾　元　角　分Y： | | | | | | | |
| 备注： | | | | | | | |

业务经办：　　　　主管经理：　　　　财务经理：

总经理：　　　　出纳：

图 5.8.2

### 项目剖析

**应用场景：** 表格是日常工作中要大量使用的文档之一。掌握在 Excel 中制作各种复杂的表格是办公中必备的基本技能。通过付款单的制作，可掌握复杂表格的制作方法和技巧。

**设计思路与方法技巧：** 将 1～3 行的行高进行设置，将 A～H 列的列宽进行设置。然后通过设置表格线、合并单元格、输入文字、设置文字在表格中的位置，完成表格第一部分的制作。

**应用到的相关知识点：**合并单元格、行列、单元格、边框、字体、对齐方式。

制作图 5.8.2 所示的付款单的具体方法及步骤，请扫描二维码阅读。

## 5.8.3 任务 3：制作工资表

制作如图 5.8.3 所示的工资表。

**员工月工资结算单**　　　　单位：元

| 平均值 | 2,900.00 | 最大值 | 5,000.00 | 最小值 | 1,100.00 | 计数 | 7 | | |
|---|---|---|---|---|---|---|---|---|---|
| 工　号 | 隶属部门 | 姓　名 | 基本工资 | | | | 奖　金 | 缺勤扣款 | 应发工资 |
| | | | 职务工资 | 工龄工资 | 学历工资 | 合　计 | | | |
| 1609 | 销售部 | 王　瑛 | 500.00 | 200.00 | 400.00 | 1,100.00 | 98.22 | 300 | 898.22 |
| 1602 | 销售部 | 赵　兵 | 3,000.00 | 1,000.00 | 1,000.00 | 5,000.00 | 1680.4035 | 0 | 6680.4035 |
| 1620 | 销售部 | 马汉民 | 2,000.00 | 800.00 | 1,000.00 | 3,800.00 | 1555 | 0 | 5355 |
| 1604 | 销售部 | 叶清宏 | 1,500.00 | 500.00 | 500.00 | 2,500.00 | 720.04 | 0 | 3220.04 |
| 1618 | 销售部 | 宋海涛 | 800.00 | 200.00 | 800.00 | 1,800.00 | 1055 | 0 | 2855 |
| 1607 | 销售部 | 洪　嘉 | 2,000.00 | 1,000.00 | 800.00 | 3,800.00 | 1180 | 40 | 4940 |
| 1616 | 销售部 | 朝晓霞 | 800.00 | 500.00 | 1,000.00 | 2,300.00 | 240.04 | 0 | 2540.04 |

**员工考勤表**　　　　单位：元

| 工　号 | 隶属部门 | 姓　名 | 请假天数 | 缺勤薪资(日) | 缺勤扣款 |
|---|---|---|---|---|---|
| 1609 | 销售部 | 王　瑛 | 5 | 20 | 300 |
| 1602 | 销售部 | 赵　兵 | | 20 | 0 |
| 1620 | 销售部 | 马汉民 | | 20 | 0 |
| 1604 | 销售部 | 叶清宏 | | 20 | 0 |
| 1618 | 销售部 | 宋海涛 | | 20 | 0 |
| 1607 | 销售部 | 洪　嘉 | 2 | 20 | 40 |
| 1616 | 销售部 | 朝晓霞 | | 20 | 0 |

**员工奖金计算表**　　　　单位：元

| 工　号 | 隶属部门 | 姓　名 | 销售金额 | 奖金比例 | 奖金总额 |
|---|---|---|---|---|---|
| 1602 | 销售部 | 赵　兵 | 336,080.70 | 0.50% | 1680.4035 |
| 1604 | 销售部 | 叶清宏 | 180,010.00 | 0.40% | 720.04 |
| 1605 | 销售部 | 李艳新 | 183,000.00 | 0.40% | 732 |
| 1607 | 销售部 | 洪　嘉 | 236,000.00 | 0.50% | 1180 |
| 1609 | 销售部 | 王　瑛 | 65,480.00 | 0.15% | 98.22 |
| 1616 | 销售部 | 朝晓霞 | 120,020.00 | 0.20% | 240.04 |
| 1618 | 销售部 | 宋海涛 | 211,000.00 | 0.50% | 1055 |
| 1620 | 销售部 | 马汉民 | 311,000.00 | 0.50% | 1555 |

图 5.8.3

### 项目剖析

**应用场景：**工资表也是日常工作中要大量使用的表格之一，它的表格结构较为简单，但工资表要求有较为强大的运算与统计功能，掌握这种具有复杂运算的表格也是办公中必备的基本技能。通过工资表的制作，可掌握表格中实用函数的使用技巧。

**设计思路与方法技巧：** 工资表的表格结构较为简单，但工资表运算功能较为强大，通过对不同工作表之间数据的引用，以及具有逻辑判断功能函数的应用，就会使表格具备较强的计算和逻辑判断功能。由于使用了较为智能的具有逻辑判断功能的函数，并且函数能根据设定的条件自动抽取不同表中满足要求的数据进行计算，所以工资表的自动化功能比较突出。

**应用到的相关知识点：** 合并单元格、行列、单元格、边框、字体、对齐方式不同工作表之间数据的引用、具有逻辑判断功能函数 COUNT 和 VLOOKUP 的应用。

制作图 5.8.3 所示的工资表的具体方法及步骤，请扫描二维码阅读。

# 学习模块 6

# 办公演示文稿的应用

本模块学习要点：

- 利用样本模板、主题、Office.com 模板制作幻灯片。
- 增加、复制、移动与删除幻灯片。
- 插入与设置图片、艺术字、视频、音频、表格和图表。
- 添加与设置退出类效果动画、进入类动画、强调类动画。
- 设置各个动画的时间顺序和动画配音。
- 设置动作路径类动画。

本模块技能目标：

- 掌握通过模板制作幻灯片。
- 掌握增加、复制、移动与删除幻灯片。
- 掌握图片、艺术字、视频、音频、表格和图表的插入与设置。
- 掌握添加与设置退出类效果动画、进入类动画、强调类动画。
- 熟悉设置各个动画的时间顺序、动画配音及动作路径类动画。

# 6.1 项目 1：利用模板制作幻灯片

## 项目剖析

**应用场景：** 在单位宣传、员工培训、工作总结汇报、市场营销方案讨论、会议讲演、技术方案研讨会等各式各样的场合中，经常需要我们将要表达的内容直观、形象地展示给观众，尽可能抓住观众的注意力。而幻灯片能够满足我们在上述的场景里进行演讲交流的全部期望。它能够制作出集文字、图形、图像、声音以及视频剪辑等多媒体元素于一体的演示文稿，并通过投影机、平板电视等相应的大屏幕显示设备与电脑的连接，将所要说明的问题展示在大屏幕上，以便观众能够看到相应的内容，获得更高的认同度。在幻灯片中，我们可以将各种多媒体素材应用于幻灯片，以使幻灯片的表现力更为生动、翔实。

**设计思路与方法技巧：** 通过从简单的幻灯片制作入手，利用样本模板、主题、Office.com 模板的应用，使读者能够快速、简单、方便地制作出满足工作需求的幻灯片。

**应用到的相关知识点：** 利用样本模板制作幻灯片；利用主题制作幻灯片；利用 Office.com 模板制作幻灯片。

## 即学即用的可视化实践环节

### 6.1.1 任务 1：利用样本模板制作幻灯片

样本模板提供了一些可以帮助我们快速制作所需要的幻灯片的模板。在模板里已经设置好了图片、背景以及文本框格式，利用这些模板可以快速地制作出符合要求的幻灯片，以节省制作幻灯片的时间。

**步骤 1** ①单击【文件】。②单击【新建】。③单击【样本模板】(见图 6.1.1)，出现图 6.1.2。

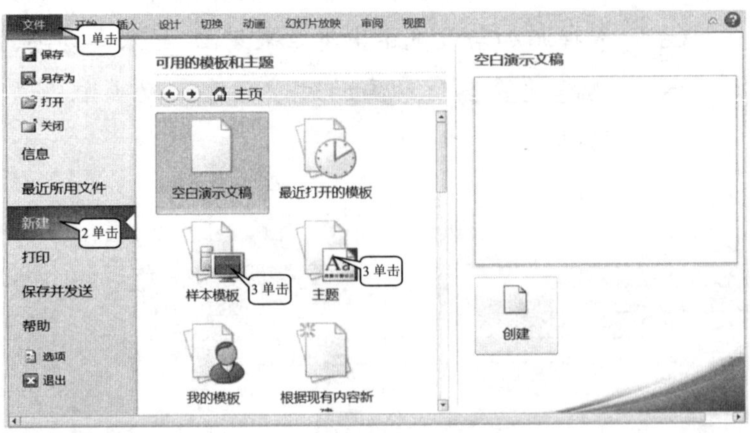


图 6.1.1

步骤 2 ①拖动滚动条，找到【现代型相册】模板。②单击【现代型相册】模板。③单击【创建】(见图 6.1.2)，结果见图 6.1.3。这就是利用模板创建的幻灯片，这是一组设计好的幻灯片，可以根据需要在每张幻灯片中输入相应的文字来最终完成幻灯片。

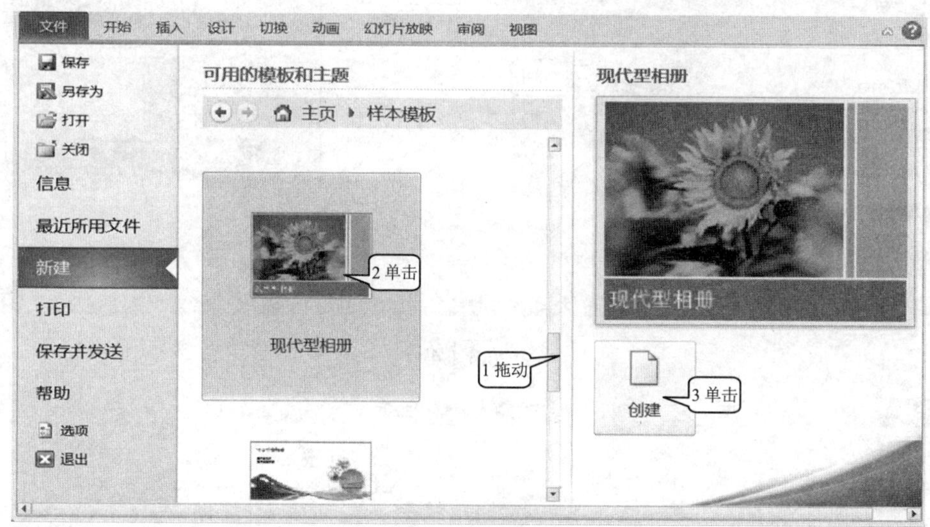


图 6.1.2

图 6.1.3

## 6.1.2 任务 2：利用主题制作幻灯片

步骤 1 ①单击【文件】。②单击【新建】。③单击【主题】(参见图 6.1.1)，出现图 6.1.4。

步骤 2 ①拖动滚动条，找到【奥斯汀】主题。②单击【奥斯汀】主题模板。③单击【创建】(见图 6.1.4)，结果见图 6.1.5。这就是利用主题创建的幻灯片，这是一张设计好的幻灯片，可以根据需要在幻灯片中输入相应的文字来最终完成幻灯片。

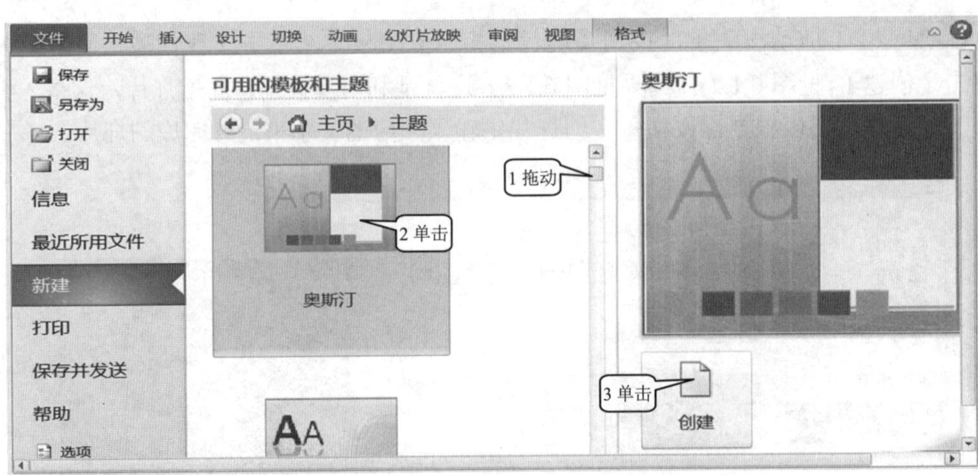


图 6.1.4

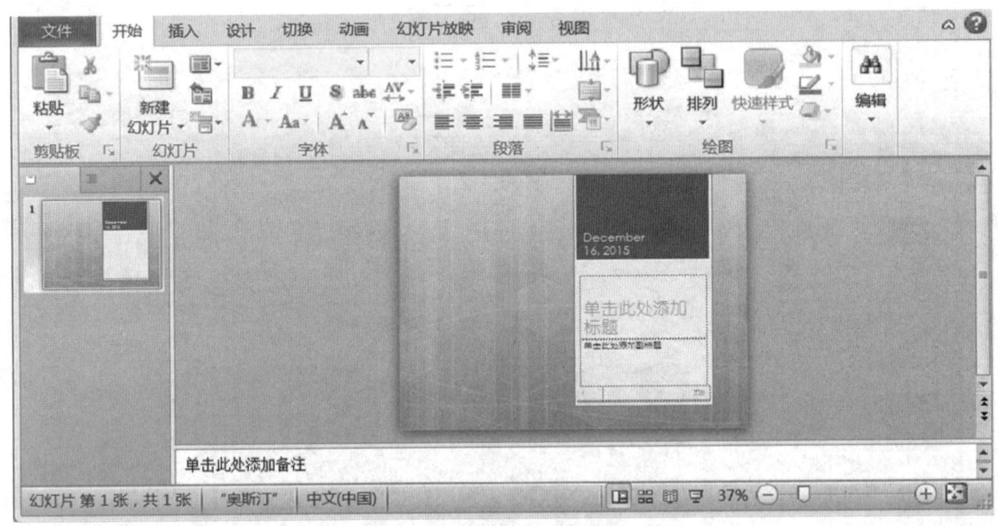


图 6.1.5



## 6.1.3 任务 3：利用 Office.com 模板制作幻灯片

PowerPoint 提供了从网上下载各种模板的功能，通过 Office.com 模板就可以直接从网上下载所需要的各种模板。通过 Office.com 创建幻灯片的方法如下。

**步骤 1** ①单击【文件】。②单击【新建】。③拖动滚动条，找到 Office.com 模板下的【小型企业】。④单击【小型企业】文件夹(见图 6.1.6)，出现图 6.1.7。

**步骤 2** ①拖动滚动条，找到【产品概述演示文稿】。②单击【产品概述演示文稿】。③单击【下载】(见图 6.1.7)，出现如图 6.1.7 所示的下载进度条。下载结束后，出现图 6.1.8。这是一个制作好了的半成品的幻灯片。Office.com 模板中给出了各种幻灯片的标准模板，而我们选择的产品概述模板则是把项目概述幻灯片应该包括的各个部分，以及各个部分阐述内容的标题，都写在幻灯片中。即使我们不会制作产品概述幻灯片，也不会有什么影响，我们需要做的只是对每张幻灯片进行具体内容的细化。

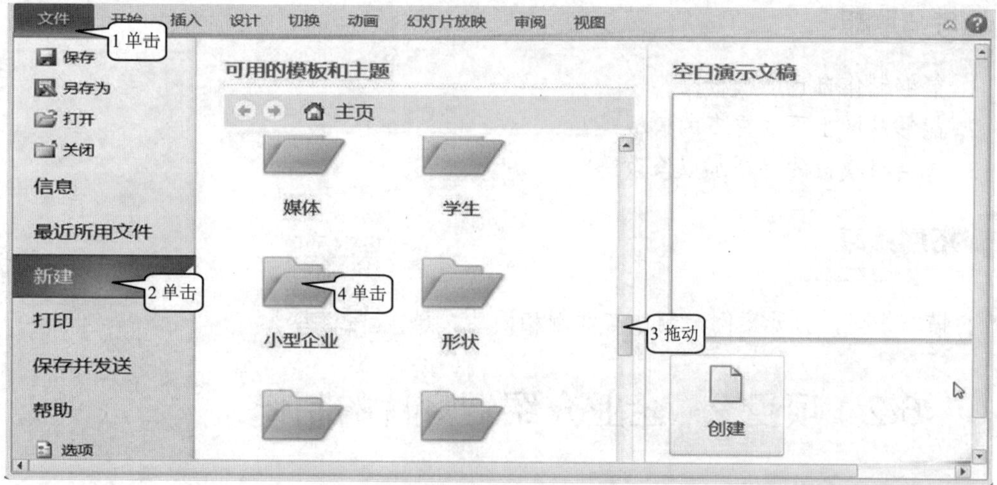


图 6.1.6

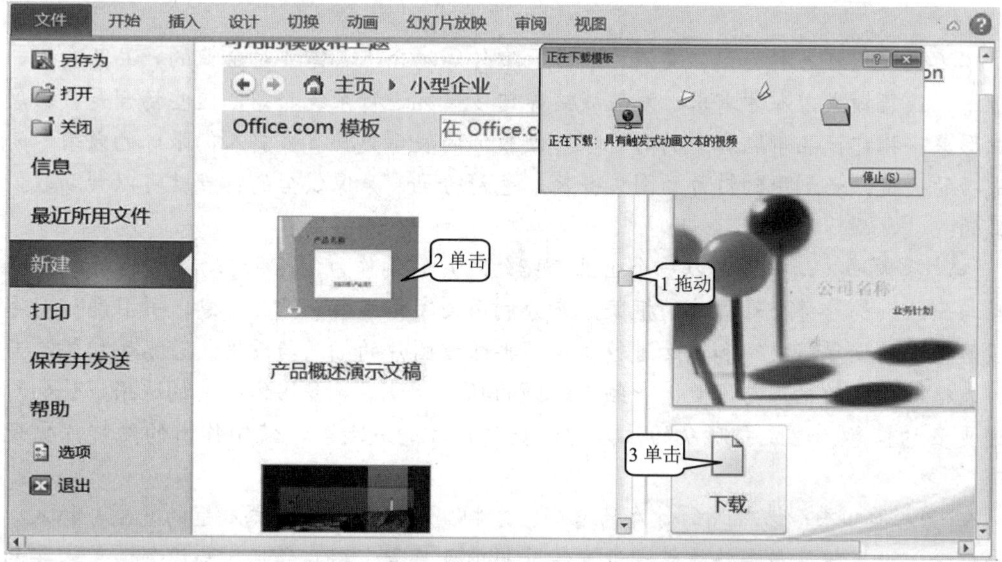


图 6.1.7

图 6.1.8

思考与联想

1. 能够制作自己的模板吗？
2. 能够从网上下载更多的模板吗？
3. 你会将模板的外观加以修改吗？

拓展练习

扫描二维码，打开案例，制作与案例相同的文档。

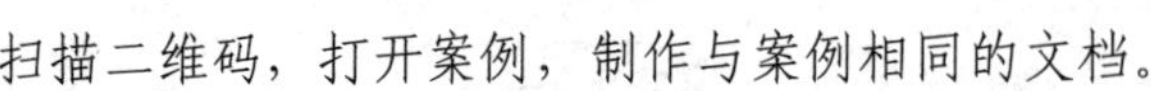

## 6.2 项目 2：企业介绍幻灯片的制作

### 项目剖析

**应用场景：**在各种会议、交流、展览、宣传等场合，都需要对企业的产品、文化、经营理念、销售模式、人才需求、发展战略等诸多情况进行系统介绍，这些场合是宣传展示企业形象、推广产品争取客户的好时机。使我们的展示更具有吸引人们眼球的效果，是我们成功的关键，而利用幻灯片的图文并茂、色彩纷呈、声像俱全的特点就可以帮助我们达到目的。

**设计思路与方法技巧：**以一个企业介绍幻灯片的制作为例，通过幻灯片的增加、复制、移动与删除，构建整个幻灯片的框架。充分利用文字传递企业产品信息，并且通过对字符与段落格式的设置将文字和段落进行美化，再通过图片的插入与设置、艺术字的插入与设置、表格与图表的插入与设置、音频与视频的插入与设置等多媒体元素的运用，使幻灯片传递更多的信息，以吸引观众的注意力，提高产品的表现力，使制作出的幻灯片更吸引眼球。

**应用到的相关知识点：**幻灯片的增加、复制、移动与删除；文本框的复制、插入、移动与删除；设置段落与字符格式；设置编号与项目符号；图片的插入与设置；艺术字的插入与设置；视频、音频的插入与设置；表格、图表的插入与设置；设置幻灯片背景。

### 即学即用的可视化实践环节

### 6.2.1 任务 1：幻灯片的增加、复制、移动与删除

**步骤 1** 打开 PowerPoint。

**步骤 2** ①单击第 1 张幻灯片，然后按 Ctrl+C 快捷键。②在第 1 张幻灯片下面单击，然后按 Ctrl+V 快捷键 7 次，这样可以复制出 7 张同样的幻灯片。③向上拖动幻灯片，可以移动幻灯片的位置(见图 6.2.1)。

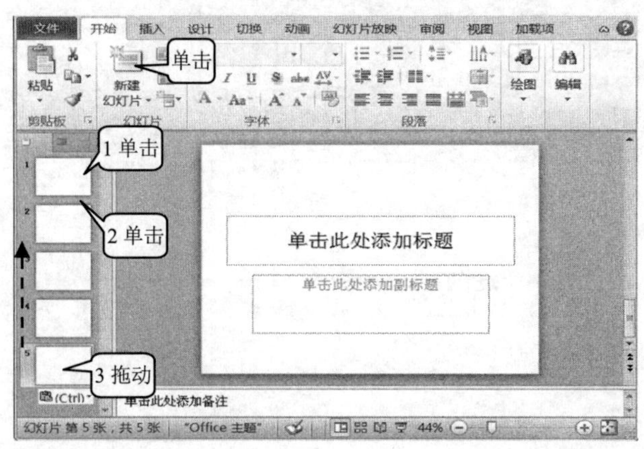


图 6.2.1

步骤 3 单击【新建幻灯片】，增加一张同样的幻灯片(参见图 6.2.1)。

步骤 4 按住 Ctrl 键分别单击 2 张幻灯片，这样就选定了 2 张幻灯片，按 Delete 键，以删除选定的幻灯片。

步骤 5 拖动最后一张幻灯片到第一张幻灯片之前，即可将它移到最前面。

## 6.2.2 任务 2：文本框的复制、插入、移动与删除

步骤 1 ①在文本框中输入【奇瑞公司】。②拖动文本框边框到适当的位置，即把该文本框做了移动。③单击多余的文本框边框，然后按 Delete 键(见图 6.2.2)，即可将其删除。用这种方法将其他幻灯片上的文本框删除。

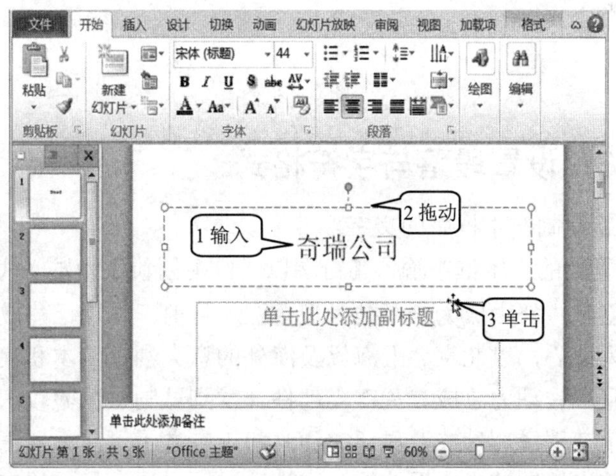


图 6.2.2

步骤 2 ①单击第 2 张幻灯片。②单击【插入】。③单击【文本框】。④单击【横排文本框】。⑤拖动鼠标画出文本框(见图 6.2.3)，这样就可以插入一个新的文本框。

步骤 3 ①在文本框中输入文字【公司介绍】。②将鼠标指针指到文本框边框上，按住 Ctrl 键向下拖动文本框(见图 6.2.4)，这样就可以复制出一个同样的文本框。

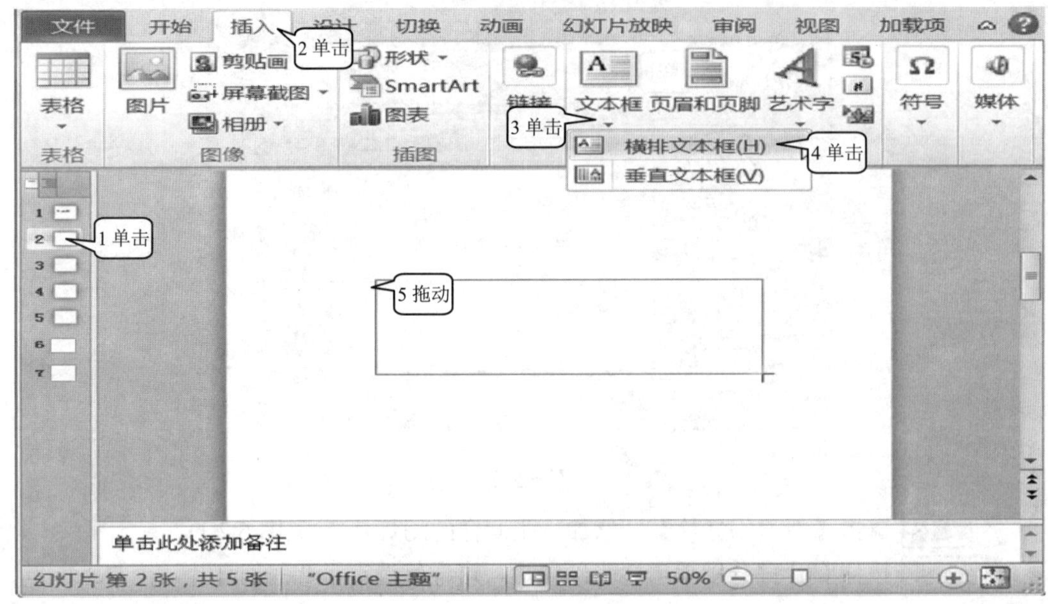


图 6.2.3

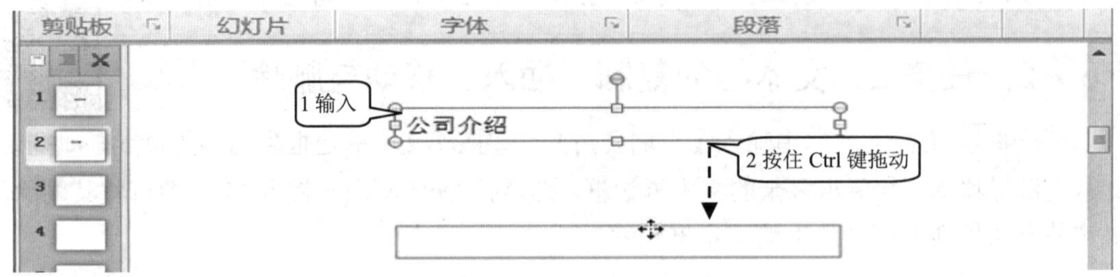


图 6.2.4

## 6.2.3 任务 3：设置段落与字符格式

步骤1 删除新复制文本框中的文字。

步骤2 ①在复制的文本框中输入【奇瑞以“自主创新”为发展战略的核心。从创立之初，就坚持自主创新，努力成为一个技术型企业。目前，奇瑞已建成了以芜湖的汽车工程研究和研发总院为核心，以北京、上海以及海外的意大利、日本和澳大利亚的研究分院为支撑，形成了从整车、动力总成、关键零部件开发到试制、试验较为完整的技术和产品研发体系，并打造了艾瑞泽、瑞虎、风云、QQ 和东方之子等一系列在国内家喻户晓的知名产品品牌】。②单击标题的文本框边框。③拖动鼠标，选定里面的文字。④单击【字体颜色】，选择红色。⑤单击【字体】按钮，选择【华文彩云】。⑥单击【字号】，选择【48】。⑦单击第 4 张幻灯片(见图 6.2.5)，出现图 6.2.6。

步骤3 在文本框中输入如图 6.2.6 所示的文字，然后选定文本框中所有字符，将其设置为 28 号、紫红色。

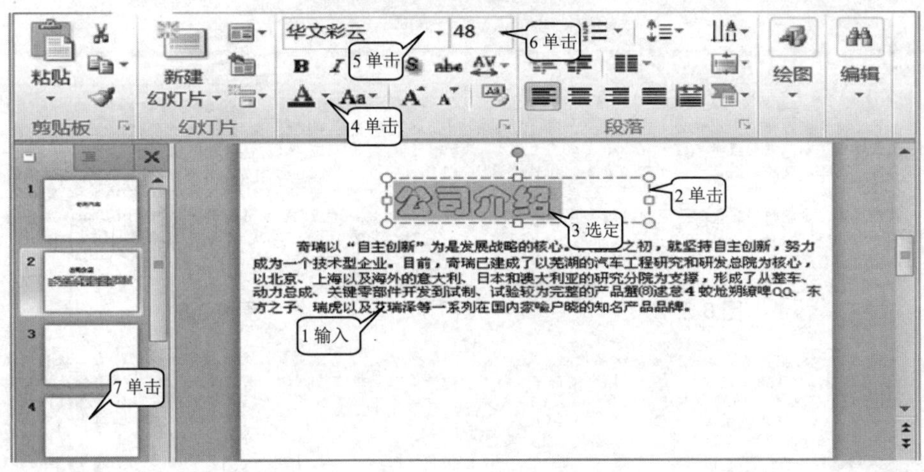


图 6.2.5

步骤4 ①选定文本框中要设置的字符【艾瑞泽 7】。②单击【下划线】，设置下划线。③单击【字体颜色】，选择绿色。④选定刚设置好的字符，然后单击【格式刷】，这样就将格式信息传递到格式刷上了。⑤在要设置的字符上拖动，这样拖动的字符就被设置成了刚才的格式。⑥选定文本框中所有字符。⑦单击【两端对齐】(见图 6.2.6)，则文本框中的文字两端就会整齐排列，结果见图 6.2.6。

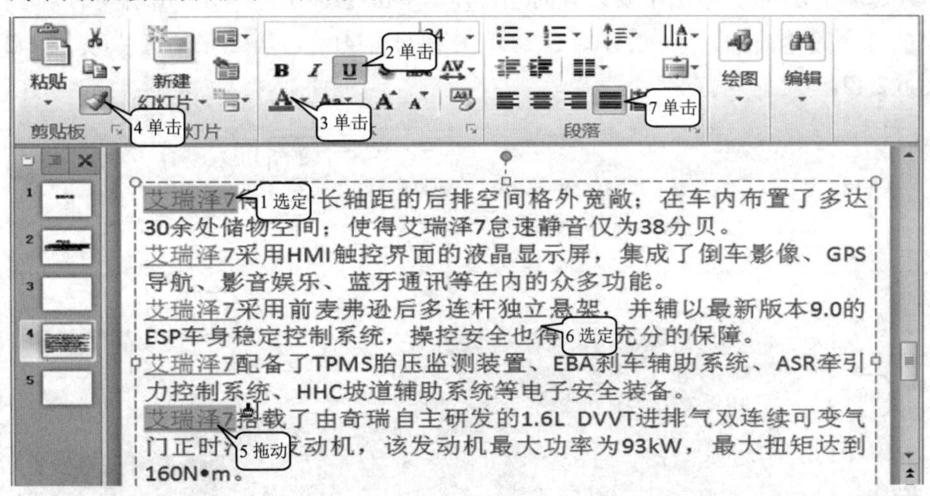


图 6.2.6

步骤5 将其他几个【艾瑞泽 7】的颜色分别设为浅绿、浅蓝和深蓝色。

## 知识拓展卡片

对于一段文字，如果单击【左对齐】按钮的话，则对齐效果如图 6.2.7 所示。如果单击【居中】按钮的话，则对齐效果如图 6.2.8 所示。如果单击【右对齐】按钮的话，则对齐效果如图 6.2.9 所示。如果单击【分散对齐】按钮的话，则对齐效果如图 6.2.10 所示。

奇瑞以"自主创新"为是发展战略的核心。从创立之初，就坚持自主创新，努力成为一个技术型企业。目前，奇瑞已建成了以芜湖的汽车工程研究和研发总院为核心，以北京、上海以及海外的意大利、日本和澳大利亚的研究分院为支撑，形成了从整车、动力总成、关键零部件开发到试制、试验较为完整的产品蟹(8)速急4蛟烩朔缘啤QQ、东方之子、瑞虎以及艾瑞泽等一系列在国内家喻户晓的知名产品品牌。

左对齐

图 6.2.7

奇瑞以"自主创新"为是发展战略的核心。从创立之初，就坚持自主创新，努力成为一个技术型企业。目前，奇瑞已建成了以芜湖的汽车工程研究和研发总院为核心，以北京、上海以及海外的意大利、日本和澳大利亚的研究分院为支撑，形成了从整车、动力总成、关键零部件开发到试制、试验较为完整的产品蟹(8)速急4蛟烩朔缘啤QQ、东方之子、瑞虎以及艾瑞泽等一系列在国内家喻户晓的知名产品品牌。

居中

图 6.2.8

奇瑞以"自主创新"为是发展战略的核心。从创立之初，就坚持自主创新，努力成为一个技术型企业。目前，奇瑞已建成了以芜湖的汽车工程研究和研发总院为核心，以北京、上海以及海外的意大利、日本和澳大利亚的研究分院为支撑，形成了从整车、动力总成、关键零部件开发到试制、试验较为完整的产品蟹(8)速急4蛟烩朔缘啤QQ、东方之子、瑞虎以及艾瑞泽等一系列在国内家喻户晓的知名产品品牌。

右对齐

图 6.2.9

奇瑞以"自主创新"为是发展战略的核心。从创立之初，就坚持自主创新，努力成为一个技术型企业。目前，奇瑞已建成了以芜湖的汽车工程研究和研发总院为核心，以北京、上海以及海外的意大利、日本和澳大利亚的研究分院为支撑，形成了从整车、动力总成、关键零部件开发到试制、试验较为完整的产品蟹(8)速急4蛟烩朔缘啤QQ、东方之子、瑞虎以及艾瑞泽等一系列在国内家喻 户 晓 的 知 名 产 品 品 牌 。

分散对齐

图 6.2.10

## 6.2.4 任务 4：设置编号与项目符号

**步骤 1** ①选定文本框中要设置的字符。②单击【编号】。③单击所要的编号样式，则选定的几个段落前加入了 A、B、C、D、E 编号。④单击第 2 张幻灯片(见图 6.2.11)，出现图 6.2.12。

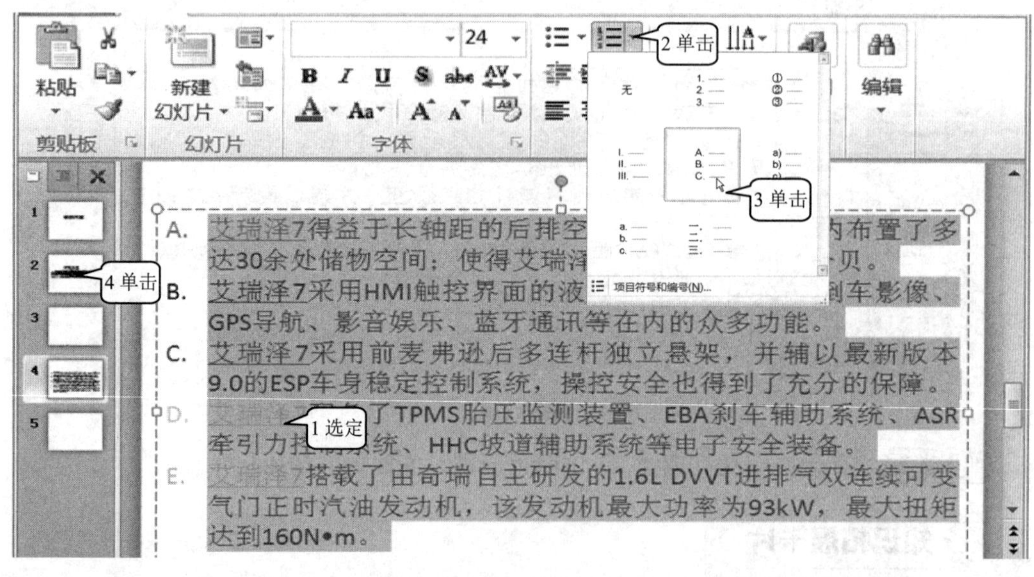


图 6.2.11

**步骤 2** ①选定要设置项目符号的段落。②单击【项目符号】。③单击选择所要的项目符号。④单击【字体颜色】，选择紫红色。⑤单击【字体】，选择【华文楷体】。⑥单击【字号】，选择【28】(见图 6.2.12)，这样该文本框就被设置好了字体、字号、颜色和项目符号。如果对所看到的项目符号和编号不满意的话，还可以通过单击【项目符号和编号】

按钮，再单击 ☷ 项目符号和编号(N)...，打开【项目符号和编号】对话框，选择其他更多样式的项目符号和编号。

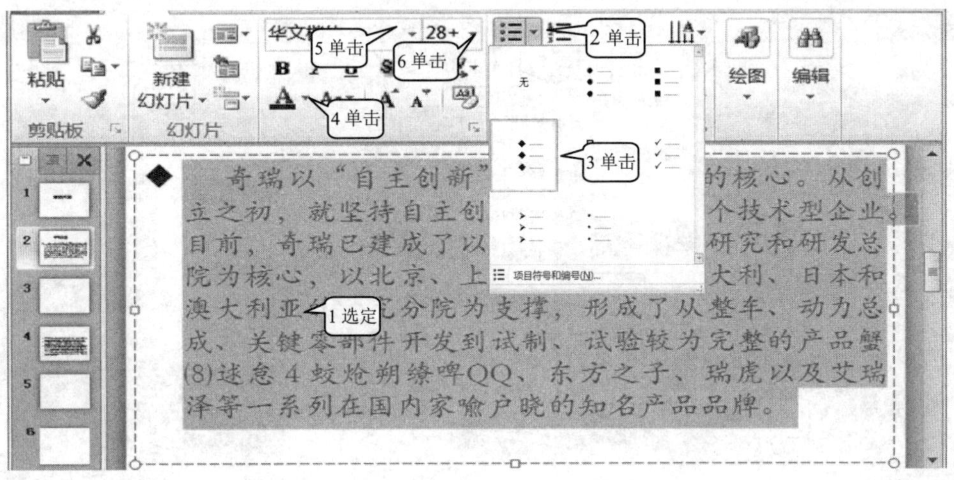


图 6.2.12

## 6.2.5　任务 5：图片的插入与设置

步骤1 ①单击第 1 张幻灯片。②将标题框字符格式设为华文琥珀简体、66、红色。③单击【插入】。④单击【图片】，出现【插入图片】对话框。⑤单击选择图片所在的文件夹。⑥双击【汽车 4】图片文件，则图片就被插入到幻灯片中了。⑦拖动插入图片的控点，调整图片的大小。⑧拖动图片上方的绿色控点，可以旋转图片(这里不作调整)。⑨拖动图片，调整图片的位置。⑩将【教材素材】\【图片】\【图 1】文件插入(见图 6.2.13)，并调整其大小和位置，结果如图 6.2.13 所示。

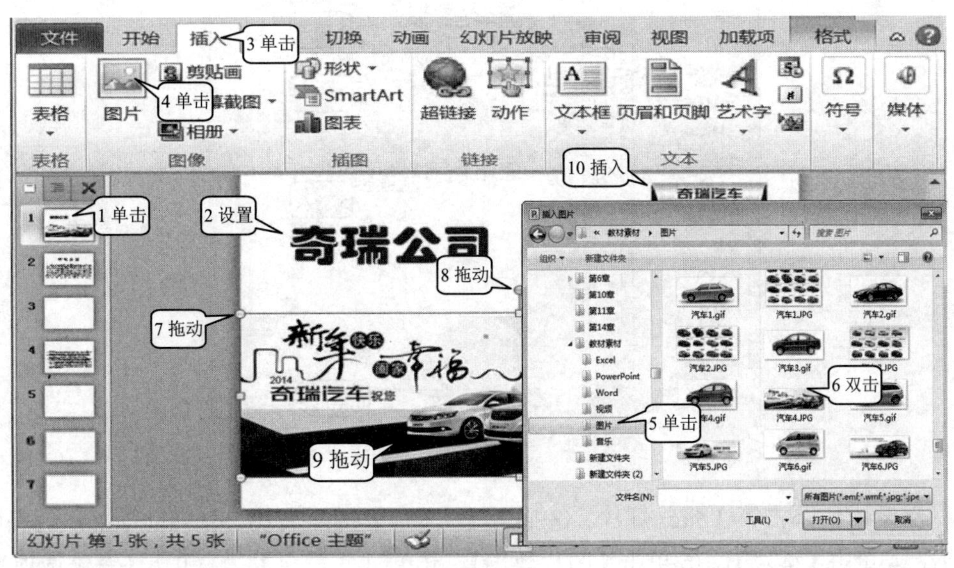


图 6.2.13

步骤2 ①单击图片。②单击【格式】。③单击【图片效果】按钮。④单击【柔化边缘】。⑤单击【柔化边缘选项】(见图 6.2.14)，出现如图 6.2.15 所示的【设置图片格式】对话框。

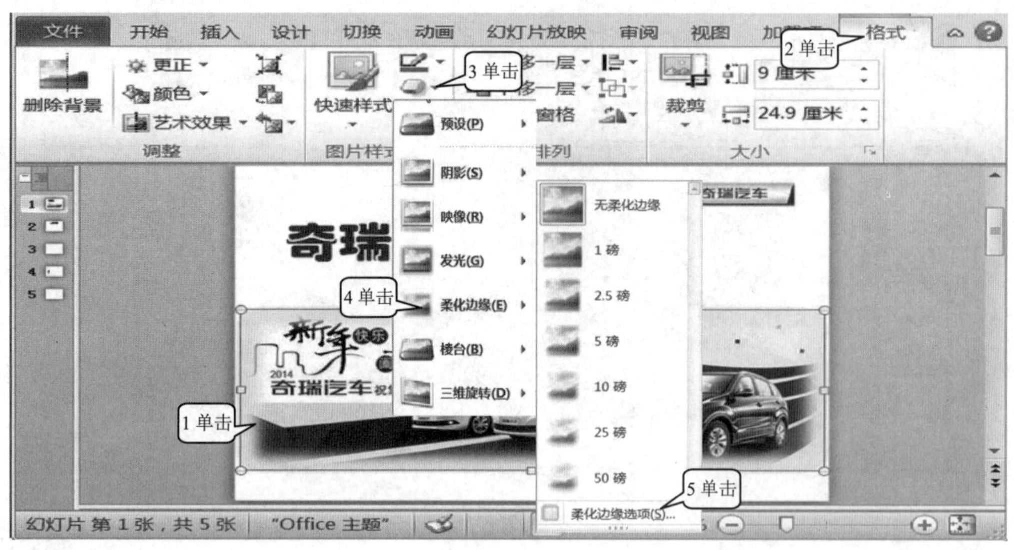


图 6.2.14

**步骤3** ①单击【发光和柔化边缘】。②单击选择【橙色淡色 80%】。③输入【10】。④输入【60】。⑤输入【25】。⑥单击【关闭】(见图 6.2.15)，这样就设置好了柔化的颜色和柔化边缘的宽度，以及柔化色的透明效果。

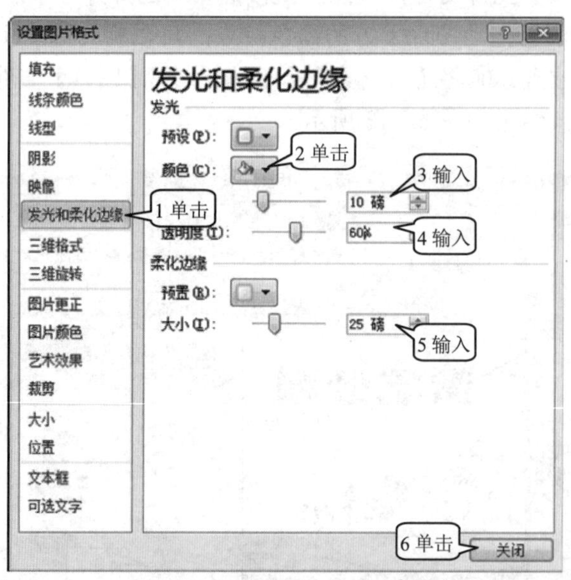


图 6.2.15

**步骤4** ①单击第 3 张幻灯片。②插入【汽车 1】图片文件。③拖动控点，调整图片的大小。④单击【格式】。⑤单击【图片效果】。⑥单击【棱台】。⑦单击【三维选项】(见图 6.2.16)，出现如图 6.2.17 所示的【设置图片格式】对话框。

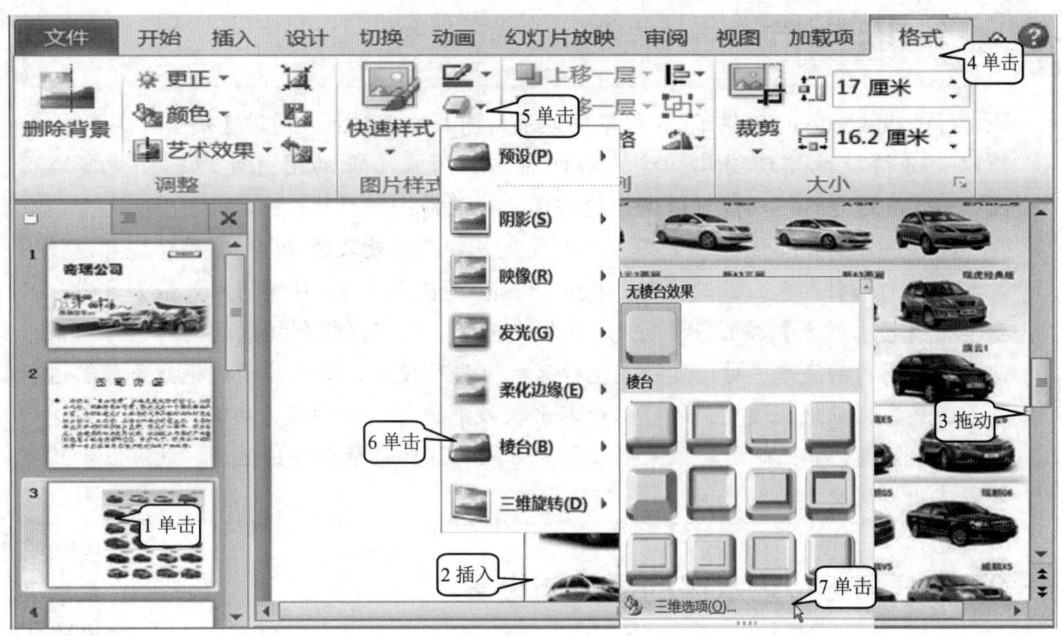


图 6.2.16

步骤 5 ①单击选择棱台样式为【角度】。②输入【15】。③输入【15】。④单击选择浅绿色。⑤输入【6】。⑥单击选择【褐色】。⑦输入【5】。⑧单击选择材料为【硬边缘】。⑨单击选择照明为【发光】。⑩单击【关闭】(见图 6.2.17)。

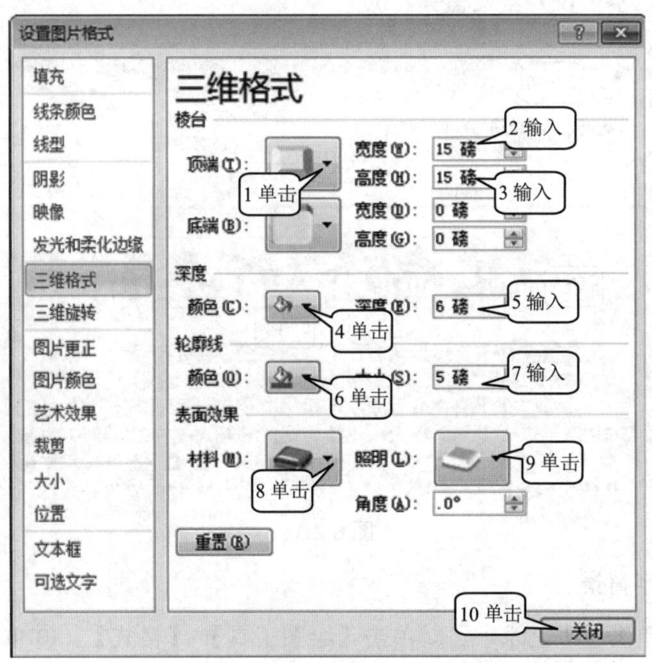


图 6.2.17

## 知识拓展卡片

(1) PowerPoint 提供了 28 种不同效果的图片处理样式。通过【快速样式】按钮，可以十分快捷地处理图片。这种功能原本只能在专业的图片处理软件中实现，PowerPoint 通过这一功能可以快速地将图片设置成一种风格。

(2) PowerPoint 还提供了将图片设置为多种颜色效果的功能，这种功能可以使图片色彩偏向一种颜色。除此之外，PowerPoint 还提供了 23 种【艺术效果】方案，只要单击【艺术效果】按钮 艺术效果 并加以选择，就可以得到相应的图片艺术效果。此外，对图片的亮度、对比度、柔化程度也可进行设置，对图片的边框线条能够进行颜色、线型、粗细的设置。还可以对其形状效果进行诸如预设、映像、阴影、柔化边缘、发光、棱台和三维旋转效果的设置。如果将这些设置合理地运用，就可以制作出效果突出、风格各异的图片。

## 6.2.6 任务 6：艺术字的插入与设置

### 1. 插入艺术字

步骤 1 ①单击第 4 张幻灯片。②单击【插入】。③单击【艺术字】。④单击选择一种样式。⑤幻灯片中会出现一个艺术字输入框，输入文字。⑥拖动艺术字框到幻灯片的上部(见图 6.2.18)。

步骤 2 将艺术字设为华文楷体、60。

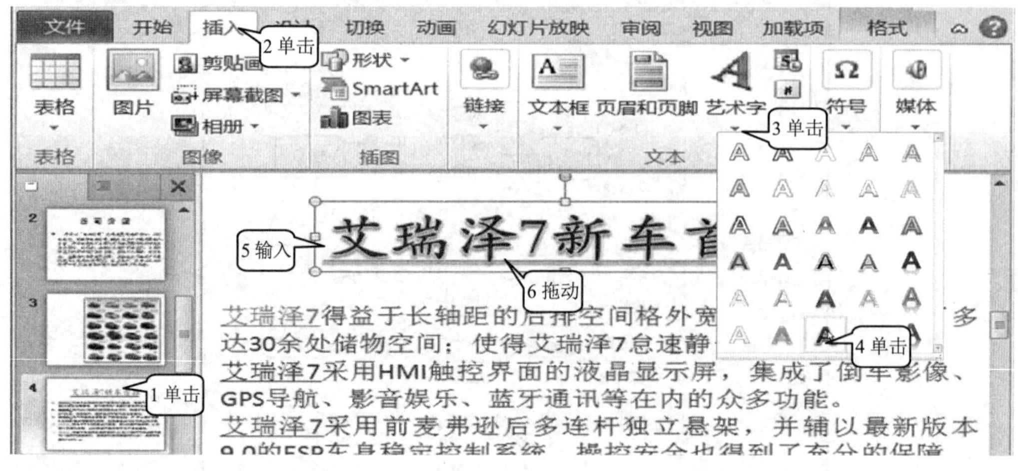


图 6.2.18

### 2. 设置艺术字背景

步骤 1 ①单击选中艺术字。②单击【绘图工具】\【格式】。③单击【形状填充】。④单击【图片】，出现如图 6.2.19 所示的【插入图片】对话框。⑤单击【教材素材\图片】文件夹。⑥双击【汽车 5】图片文件(见图 6.2.19)，则图片就被插入到艺术字框中作为艺术字的背景图了。插入背景图片后的效果见图 6.2.19。

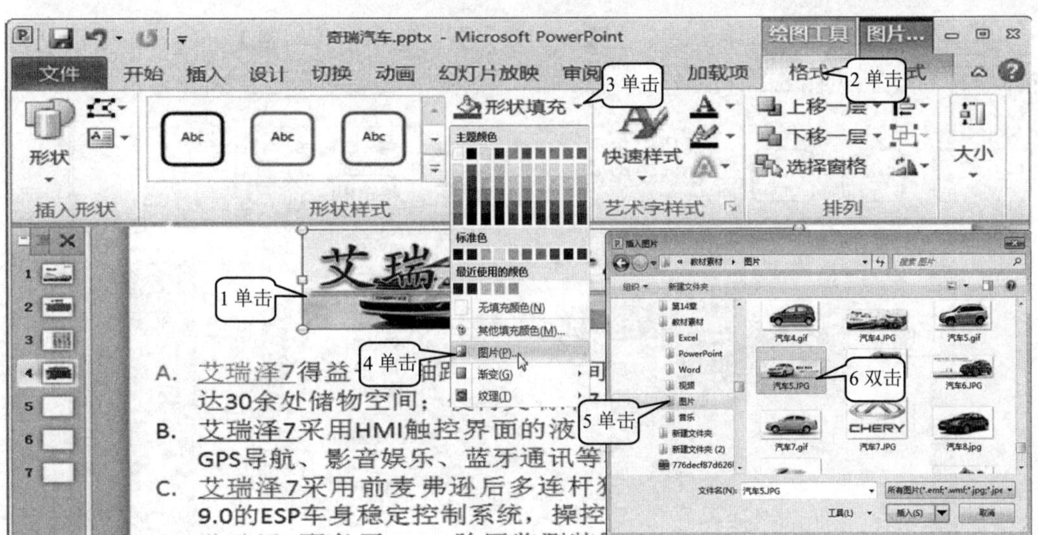


图 6.2.19

**步骤 2** 在第 3 张幻灯片中插入艺术字，在艺术字框中输入文字【产品专区】；单击【开始】；单击【字体】，选择【华文新魏】；单击【字号】，选择【54】。

**步骤 3** ①单击插入的【产品专区】艺术字。②单击【绘图工具】\【格式】。③单击【形状填充】按钮。④单击【纹理】。⑤单击选择【绿色大理石】样式。⑥单击【形状效果】按钮，将其发光效果设置为【橙色 18pt 发光】，将其棱台效果设为【角度】，将其映像效果设为【半映像】(见图 6.2.20)。

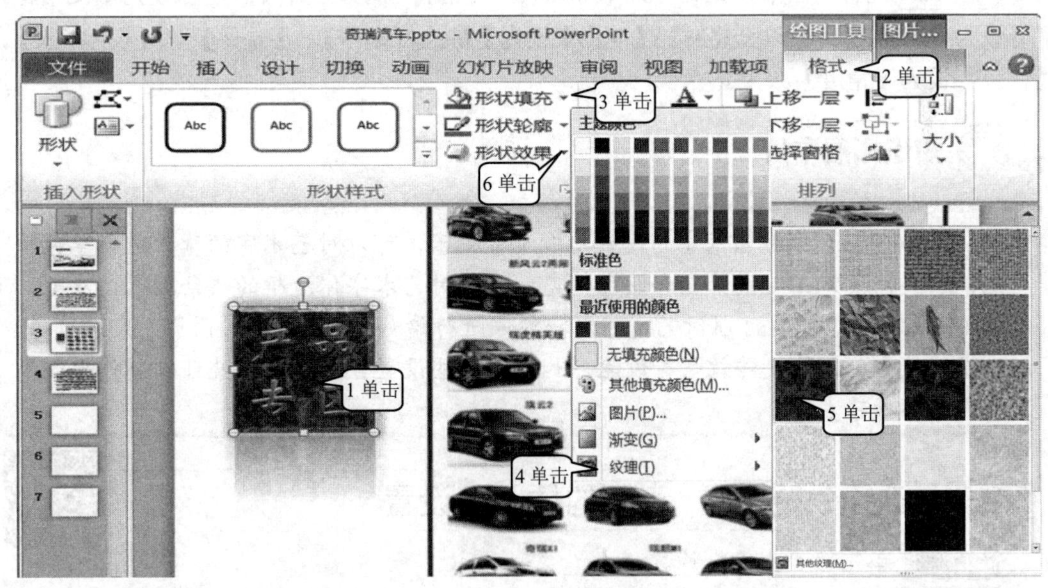


图 6.2.20

**步骤 4** 在第 5 张幻灯片中插入两个艺术字，将其设为华文楷体、54 号、蓝色和黄色；发光效果设为【橙色 5pt 发光】；棱台效果设为【角度】；背景颜色设为浅橙色(见图 6.2.21)。效果见图 6.2.21。

步骤5 ①单击艺术字。②单击【文字效果】。③单击【转换】。④单击【正V形】艺术字排列效果(见图6.2.21)。

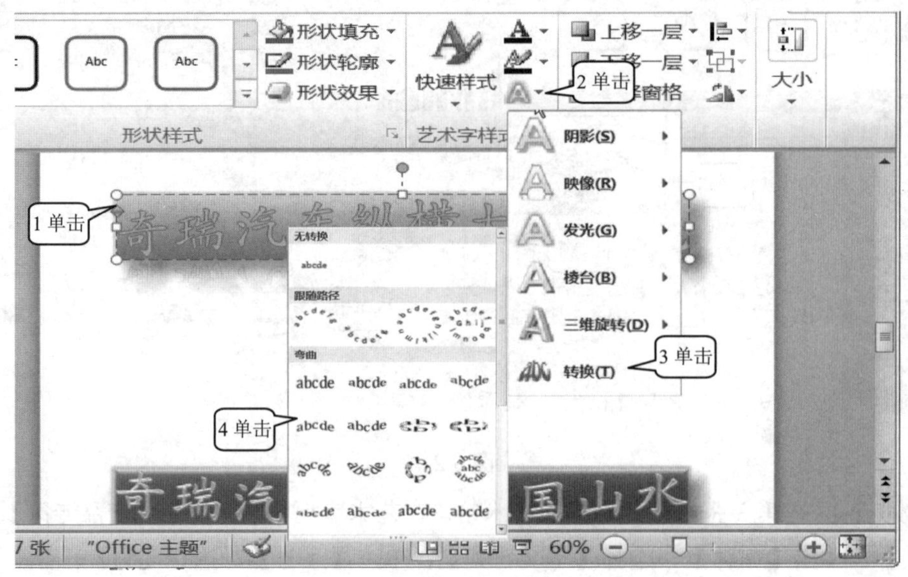


图6.2.21

步骤6 用同样的方法将图6.2.21的另一个艺术字形状设置为【倒V形】艺术字排列效果。

步骤7 同样，在第6张幻灯片中插入一个【销售业绩】艺术字，字体设为华文楷体，字号设为60，并将其【形状效果】\【阴影】设为【左上斜偏移】，【映像】设为【全印象】，【棱台】设为【角度】效果。

**知识拓展卡片**

PowerPoint 中对艺术字的设置功能十分丰富，可以对艺术字的背景进行单色填充、渐变色填充、图案填充和纹理填充；可以对艺术字体边框的线条颜色、线型、粗细进行设置；同时可以对艺术字形状效果进行诸如预设、映像、阴影、柔化边缘、发光、棱台、三维旋转效果等设置。如果将这些设置合理地运用就可以制作出效果突出的各种艺术字。

## 6.2.7 任务7：视频、音频的插入与设置

步骤1 单击第5张幻灯片。

步骤2 ①单击【插入】。②单击【视频】。③单击【文件中的视频】，出现如图6.2.22所示的【插入视频文件】对话框。④单击【教材素材】\【视频】文件。⑤双击【001】视频文件。⑥拖动视频及其控点，调整大小、位置。⑦右击插入的视频。⑧单击【置于底层】(见图6.2.22)。

图 6.2.22

**步骤 3** 单击视频；单击【视频工具】\【格式】；单击【视频样式】的【其他】，选择【柔化边缘椭圆】。

**步骤 4** ①单击第 1 张幻灯片。②单击【插入】。③单击【音频】。④单击【文件中的音频】，出现如图 6.2.23 所示的【插入音频】对话框。⑤单击【教材素材】\【音乐】。⑥双击【08】音乐文件，则幻灯片中就会出现一个代表该音乐文件的小喇叭。⑦拖动小喇叭的控点，调整其大小。⑧单击【播放】(见图 6.2.23)，就可以听到音乐。

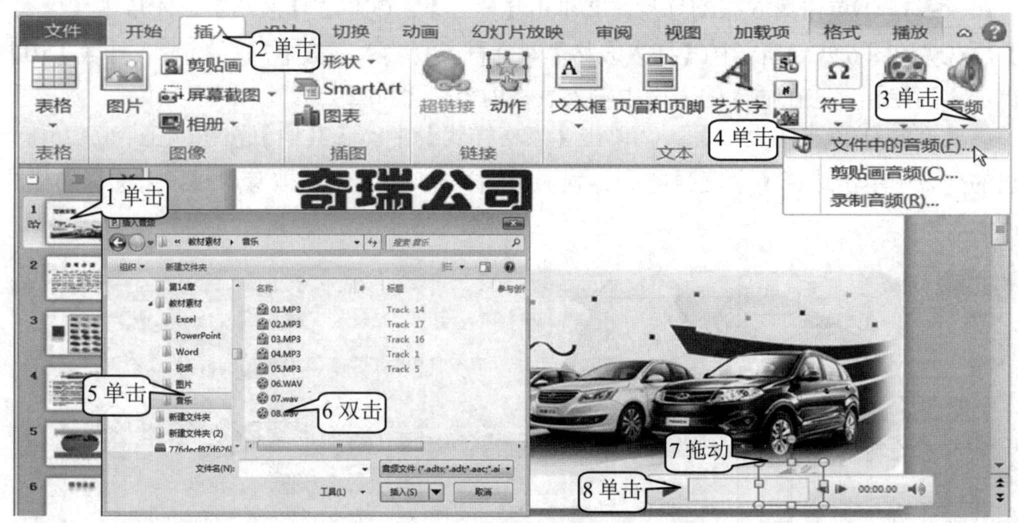


图 6.2.23

**步骤 5** ①单击【播放】。②单击【开始】下拉列表，选择【跨幻灯片播放】，这样在播放幻灯片时，音乐就不会由于幻灯片的切换而停止，而是到幻灯片播放完以后音乐才会停止。③单击勾选【循环播放，直到停止】复选框，以设置音乐在幻灯片放完之前会自动从头循环播放，只有当幻灯片播放完之后音乐才会停止。④单击勾选【播完返回开头】复选框，这样幻灯片播放完以后会自动回到第 1 张幻灯片。⑤单击勾选【放映时隐藏】，表示放映时小喇叭图标会隐藏。⑥在【淡入】框中输入【5】，表示音乐播放时将从零开始经过 5 秒钟达到正常音量。⑦在【淡出】框中输入【5】，表示音乐在结束时将经过 5 秒钟，音量逐渐为零。⑧单击【音量】按钮，选择【中】(见图 6.2.24)，用以设置音乐的音量。

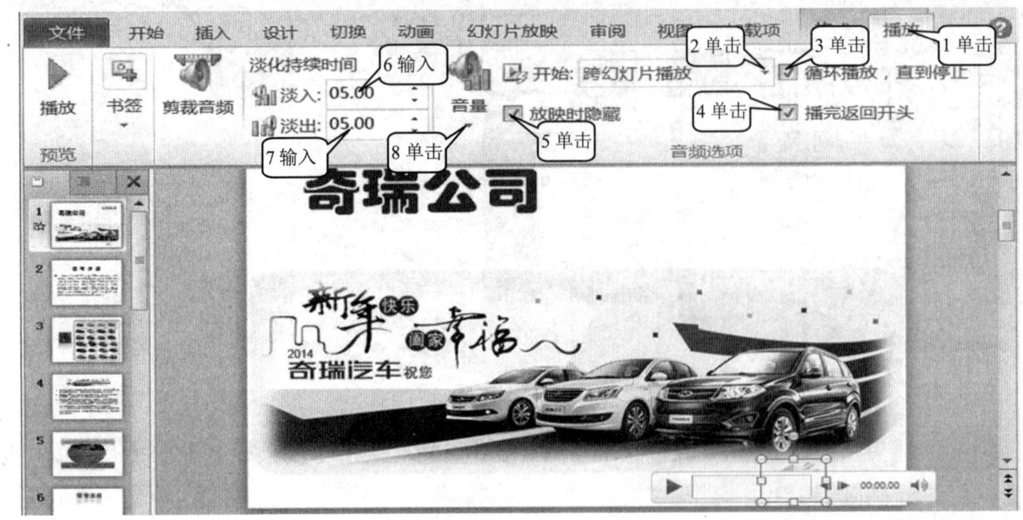


图 6.2.24

## 6.2.8 任务 8：表格、图表的插入与设置

**步骤 1** ①单击第 6 张幻灯片。②单击【插入】。③单击【表格】。④单击【插入表格】，出现如图 6.2.25 所示的【插入表格】对话框。⑤输入列数【7】。⑥输入行数【10】。⑦单击【确定】。⑧在插入的表格中输入表格内容(见图 6.2.25)。

**步骤 2** ①单击【设计】。②单击【表格样式】中的【其他】按钮(见图 6.2.26)，在弹出的列表中单击选择【中度强样式 2-强调 1】样式，则表格就被套用成了所选择的样式，见图 6.2.26。

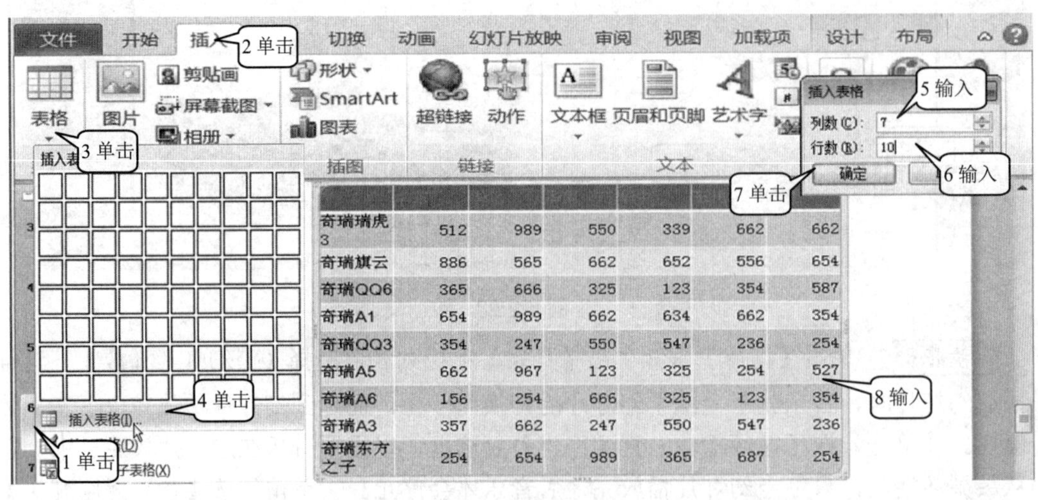


| | | | | | | |
|---|---|---|---|---|---|---|
| 奇瑞瑞虎3 | 512 | 989 | 550 | 339 | 662 | 662 |
| 奇瑞旗云 | 886 | 565 | 662 | 652 | 556 | 654 |
| 奇瑞QQ6 | 365 | 666 | 325 | 123 | 354 | 587 |
| 奇瑞A1 | 654 | 989 | 662 | 634 | 662 | 354 |
| 奇瑞QQ3 | 354 | 247 | 550 | 547 | 236 | 254 |
| 奇瑞A5 | 662 | 967 | 123 | 325 | 254 | 527 |
| 奇瑞A6 | 156 | 254 | 666 | 325 | 123 | 354 |
| 奇瑞A3 | 357 | 662 | 247 | 550 | 547 | 236 |
| 奇瑞东方之子 | 254 | 654 | 989 | 365 | 687 | 254 |

图 6.2.25

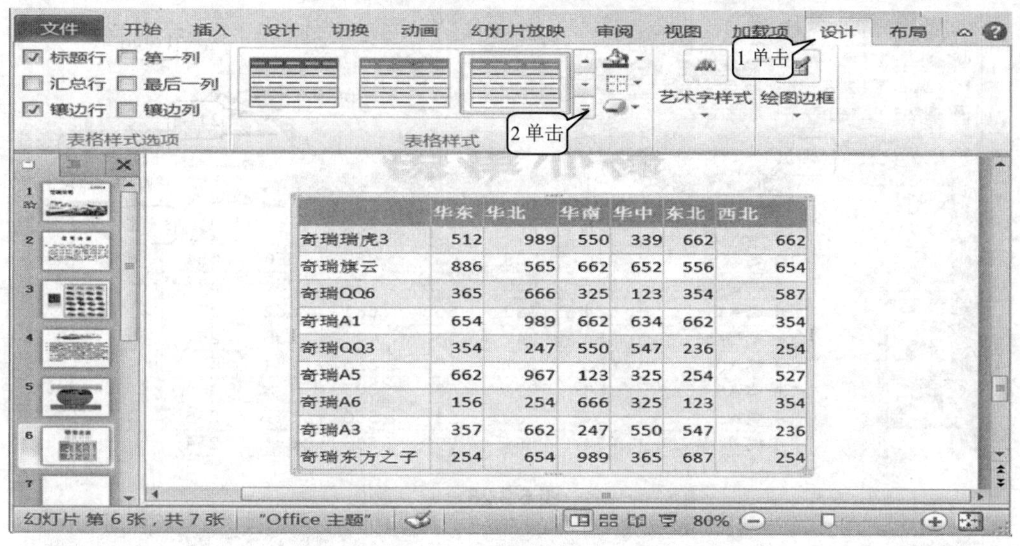


图 6.2.26

**步骤 3** 将表格中的车名部分设置为华文楷体字、紫色，字号为 20；将表格的数字部分设为宋体、紫色，字号为 20。将表格的地区部分设为华文楷体、蓝色，字号为 28。

**步骤 4** ①单击【布局】。②选定要设定的单元格。③在【表格列宽】框中输入列的宽度值【2.4】。④单击【对齐方式】。⑤单击【居中】(见图 6.2.27)。

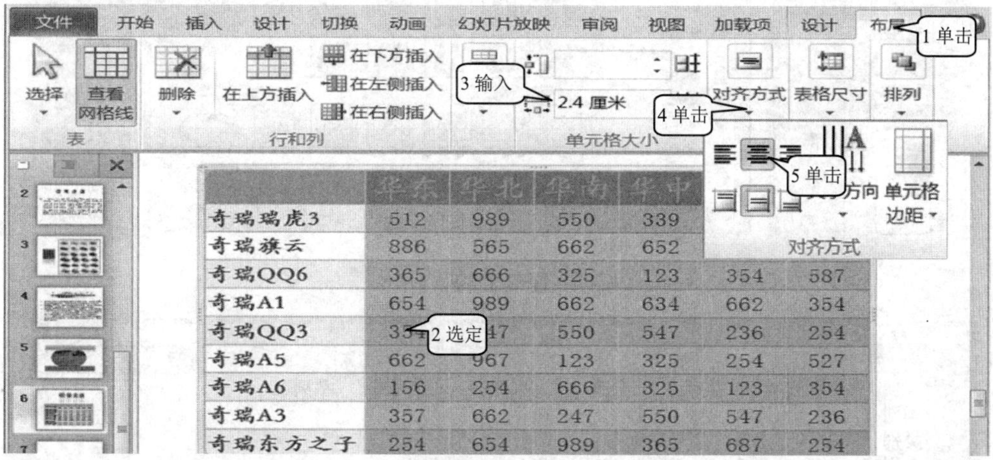

图 6.2.27

**步骤 5** 同理，将表格的第 1 列的列宽设为 4.5；将表格的第 1 行的行高设为 2.1。

**步骤 6** ①单击【设计】。②单击【绘图边框】。③单击选择【白色】。④单击【绘制表格】工具。⑤拖动鼠标画出表格斜线。⑥在斜线表头输入文字【地区】、【品名】，并将其设为绿色、华文楷体、20，如图 6.2.28 所示。

**步骤 7** ①单击第 7 张幻灯片。②单击【插入】。③单击【图表】，出现图 6.2.29 所示的【插入图表】对话框。④单击【柱状图】。⑤单击【确定】(见图 6.2.29)，会打开如图 6.2.30 所示的 Excel 界面。

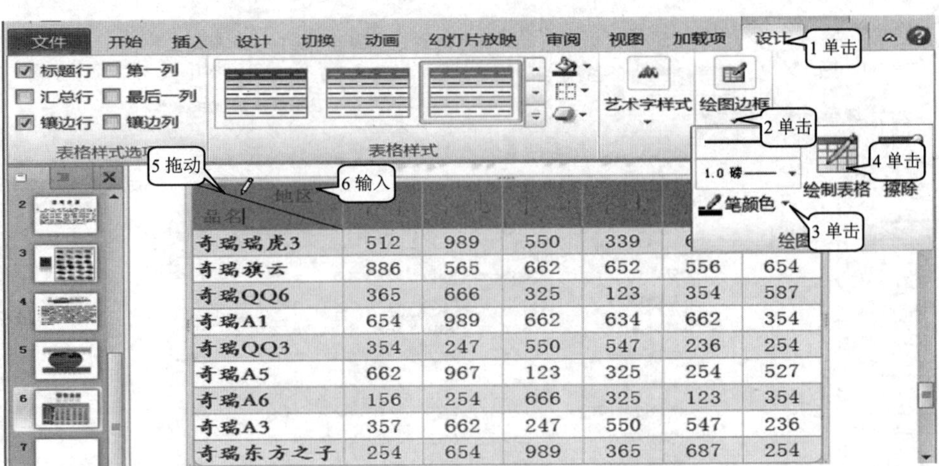


图 6.2.28

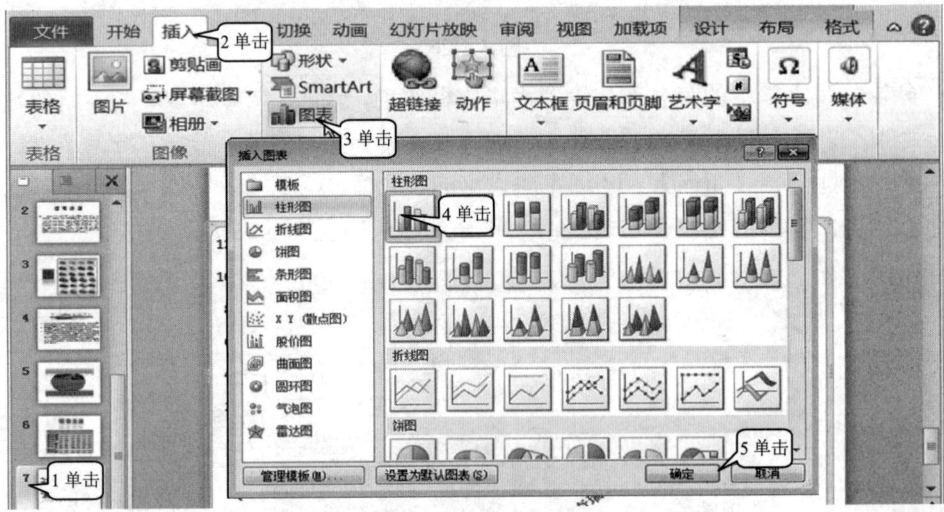


| | A | B | C | D | E | F | G | H | I |
|---|---|---|---|---|---|---|---|---|---|
| 1 | | 系列 1 | 系列 2 | 系列 3 | 系列 4 | 系列 5 | 系列 6 | | |
| 2 | 类别 1 | 4.3 | 2.4 | 2 | | | | | |
| 3 | 类别 2 | 2.5 | 4.4 | 2 | | | | | |
| 4 | 类别 3 | 3.5 | 1.8 | 3 | | | | | |
| 5 | 类别 4 | 4.5 | 2.8 | 5 | | | | | |
| 6 | | | | | | | | | |
| 7 | | | | | | | | | |
| 8 | | 若要调整图表数据区域的大小，请拖拽区域的右下角。 | | | | | | | |
| 9 | | | | | | | | | |
| 10 | | | | | | | | | |

拖动

图 6.2.30

**步骤8** 根据上述表格的行列数拖动图 6.2.30 中提示的蓝框线的右下角，使得蓝框线包含的区间为 A1:G10。

**步骤9** 在 Excel 界面中输入如图 6.2.31 所示的表格内容。这样幻灯片会根据表格内容生成相应的图表。

|  | A | B | C | D | E | F | G | H | I | J | K |
|---|---|---|---|---|---|---|---|---|---|---|---|
| 1 |  | 华东 | 华北 | 华南 | 华中 | 东北 | 西北 |  |  |  |  |
| 2 | 奇瑞瑞虎3 | 512 | 989 | 550 | 339 | 662 | 662 |  |  |  |  |
| 3 | 奇瑞旗云 | 886 | 565 | 662 | 652 | 556 | 654 |  |  |  |  |
| 4 | 奇瑞QQ6 | 365 | 666 | 325 | 123 | 354 | 587 |  |  |  |  |
| 5 | 奇瑞A1 | 654 | 989 | 662 | 634 | 662 | 354 |  |  |  |  |
| 6 | 奇瑞QQ3 | 354 | 247 | 550 | 547 | 236 | [illegible] |  |  |  |  |
| 7 | 奇瑞A5 | 662 | 967 | 123 | 325 | 254 | 527 |  |  |  |  |
| 8 | 奇瑞A6 | 156 | 254 | 666 | 325 | 123 | 354 |  |  |  |  |
| 9 | 奇瑞A3 | 357 | 662 | 247 | 550 | 547 | 236 |  |  |  |  |
| 10 | 奇瑞东方之子 | 254 | 654 | 989 | 365 | 687 | 254 |  |  |  |  |

输入

Sheet1

图 6.2.31

步骤10 拖动图表边框，调整图表大小。

步骤11 ①单击【开始】。②单击横坐标文字。③单击【字体】，选择【宋体(正文)】。④单击【字号】，选择【18】。⑤单击【字体颜色】，选择【黑色】(见图 6.2.32)。图表的纵轴和图例同样可以如此设置。

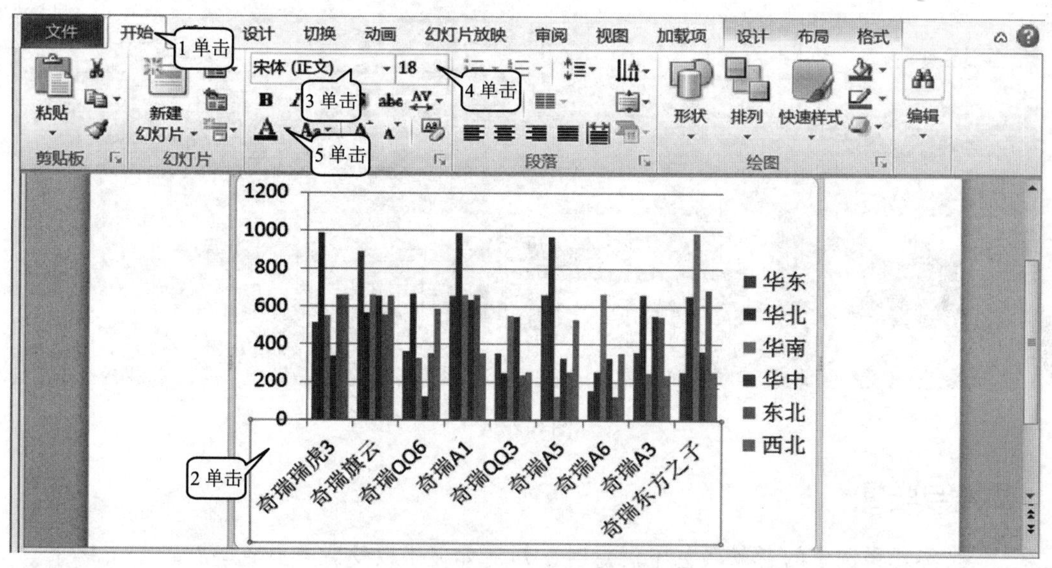


图 6.2.32

PowerPoint 提供了强大的表格功能，可以对表格的行、列进行插入、删除和设置大小，合并单元格、拆分单元格以及手绘复杂表格，其制表功能和 Word 基本一样。

## 6.2.9 任务 9：设置幻灯片背景

①单击第 7 张幻灯片。②单击【设计】。③单击【主题】中的【其他】。④单击选择【跋涉】(见图 6.2.33)。这样所有幻灯片的背景都变成了我们所选择的【跋涉】背景，结果见图 6.2.34。

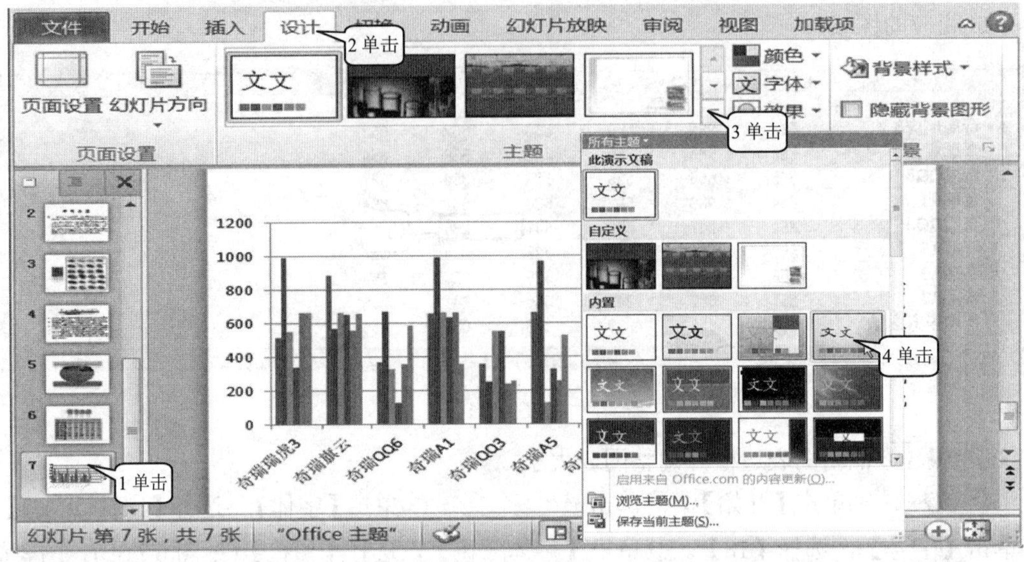


图 6.2.33

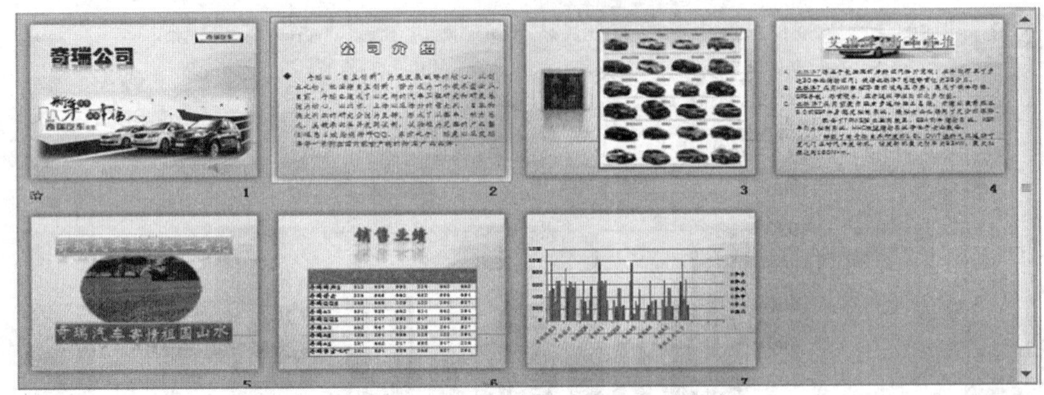


图 6.2.34

## 思考与联想

1. 当你对案例中的背景颜色不满意时，知道如何来改变背景颜色吗？

2. 销售业绩表中能够加入公式吗？

3. 如果要让这个表格增加一个【合计】项，而且【合计】项中的数据必须是计算出来的，应该如何操作？

4. 插入的音频和视频能够在 PPT 当中进行简单剪辑吗？

## 拓展练习

扫描二维码，打开案例，制作与案例相同的文档。

## 6.3 项目 3：教学幻灯片的制作

### 项目剖析

**应用场景：** 一个美观的幻灯片是离不开各种多媒体元素综合应用的。我们可以插入图片来美化幻灯片的背景和优化版面效果，还可以利用绘图工具绘制各种图形、文本框来添加文字说明，也可以插入艺术字来美化幻灯片。此外，我们能够通过插入视频、音频、Flash 动画的方式使展示的内容更加清晰，幻灯片更具有观赏性，观众能够生动形象地接收到更多的信息。

**设计思路与方法技巧：** 以一个教学幻灯片的制作为例，将文本框、图片、视频、音频、Flash 动画、绘图、表格巧妙地应用，通过图形填充效果设置、边框线效果设置、表格线效果设置和图形大小精确设定来获得更好的效果。综合应用上述元素的插入与设置方法制作出的幻灯片效果会更好、更吸引人。

**应用到的相关知识点：** 图片的层次设置；各种插入图形的设置；图片的抠图处理与大小设置；插入视频的剪辑与设置；Flash 动画的插入与设置；设置表格的线型和底纹。

### 即学即用的可视化实践环节

### 6.3.1 任务 1：图片的层次设置

**步骤 1** 打开 PowerPoint；单击【插入】；单击【图片】，在弹出的【插入图片】对话框中，选择【教材素材】\【图片】\【78】文件；双击选中的图片文件，则幻灯片中就插入了打开的图片。

**步骤 2** ①右击插入的图片。②单击【置于底层】\【置于底层】，将图片置于底层，使文本框显示在图片上方。③单击文本框。④输入【计算机组装技术】，并将其设为华文彩云、加粗、80、蓝色(见图 6.3.1)。

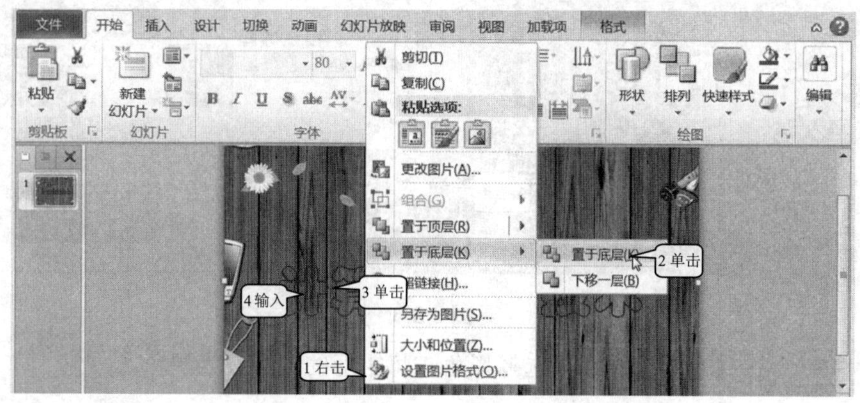


图 6.3.1

步骤3 删除多余的另一个文本框。

步骤4 复制 2 张同样的幻灯片，将其中的文本框删除。

## 6.3.2 任务 2：各种插入图形的设置

### 1. 平面图形的插入与设置

步骤1 ①单击第 2 张幻灯片。②单击【插入】。③单击【形状】。④单击【矩形】。⑤拖动鼠标，画出矩形(见图 6.3.2)。

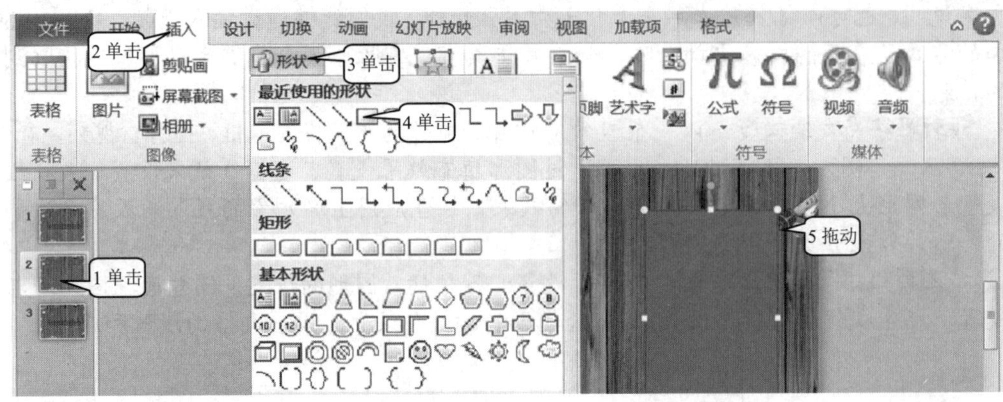


图 6.3.2

步骤2 ①单击矩形。②单击【绘图工具】\【格式】。③单击【形状填充】。④单击【纹理】。⑤单击选择【纸袋】。⑥在【形状高度】框中输入【16.5】。⑦在【形状宽度】框中输入【11】，设置好矩形的大小(见图 6.3.3)。

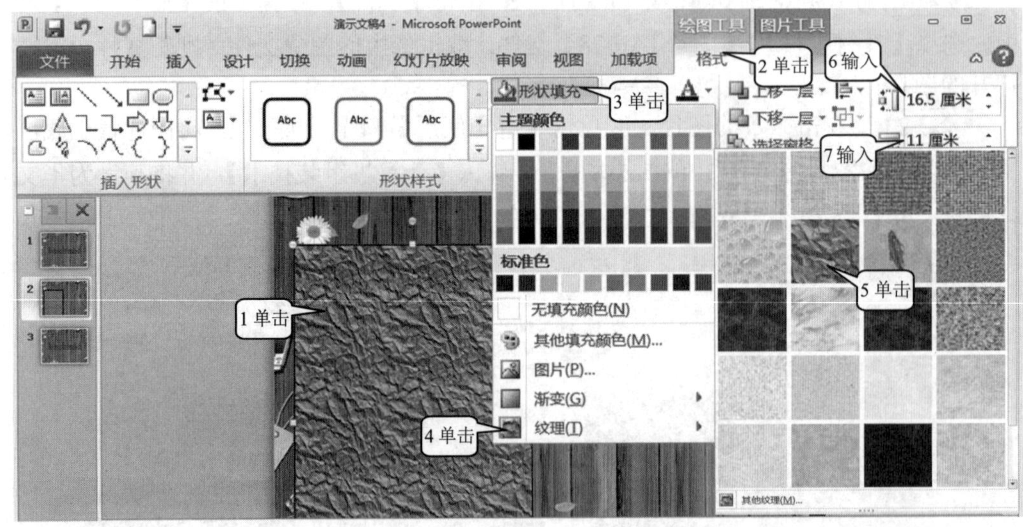


图 6.3.3

步骤3 单击【形状轮廓】，选择黑色，将矩形的边线设为黑色。

## 2. 立体图形的插入与设置

步骤1 ①单击【插入】。②按住 Ctrl 键拖动复制一个矩形。③单击【形状】。④单击选择【立方体】工具。⑤拖动画出立方体。⑥拖动控点调整大小。⑦拖动控点调整厚度(见图 6.3.4)。

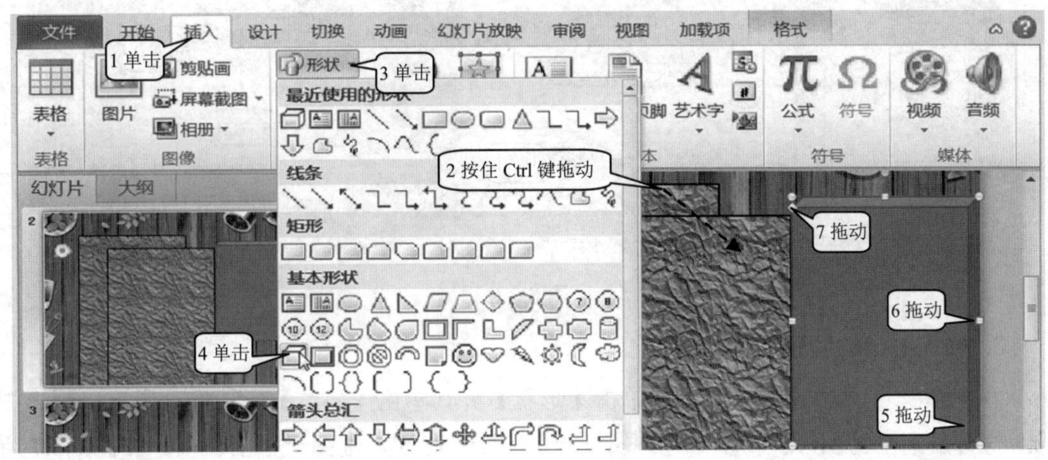


图 6.3.4

步骤2 按上述方法将复制的矩形和立方体的尺寸设为 16.5×11。

步骤3 ①单击立方体。②单击【格式】。③单击【形状填充】，选择【白色 背景色 15%】。④单击【形状轮廓】，选择【无轮廓】。⑤右击上一步复制的矩形。⑥单击【置于顶层】\【上移一层】，将其设为在立方体的上层(见图 6.3.5)。

图 6.3.5

步骤4 拖动各个图形到适当的位置，结果见图 6.3.6。

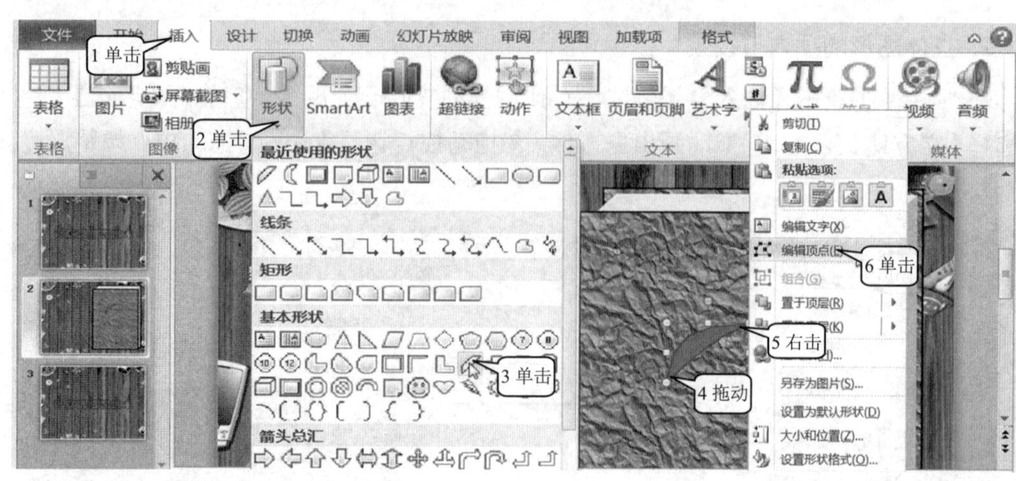


图 6.3.6

3. 插入图形的编辑

步骤 1 ①单击【插入】。②单击【形状】。③单击【斜纹】。④拖动鼠标，画出图形。⑤右击画出的图形。⑥单击【编辑顶点】(见图 6.3.6)，则图形上出现多个如图 6.3.7 所示的用于编辑调整图形的控点。

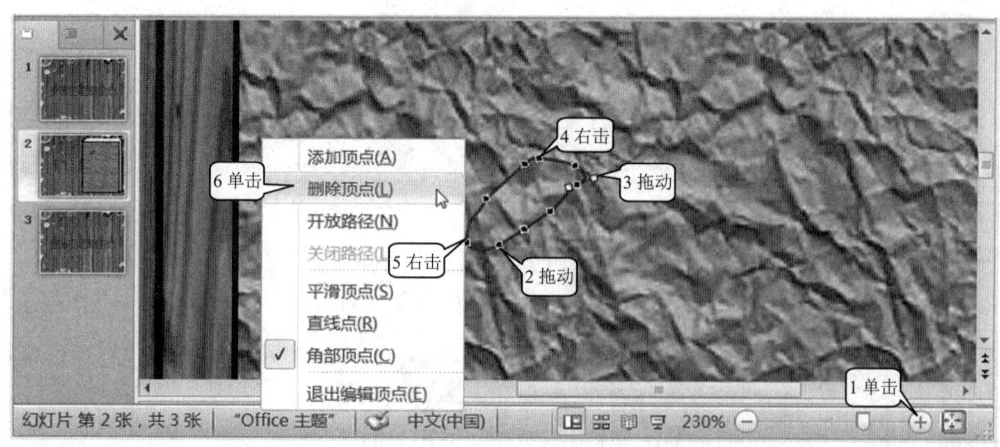


图 6.3.7

步骤 2 ①单击【放大】，将画面放大以便于对图形编辑。②拖动控点，以调整图形的形状。③单击控点，会在控点两侧出现两个白色控点，拖动白色控点调整线段的弧度。④在线上右击，增加控点以便于细调图形的形状。⑤右击控点。⑥单击【删除顶点】，将多余的顶点删除(见图 6.3.7)。通过增加、删除、拖动和调节控点弧度的方法便可绘制出任意复杂的图形。

步骤 3 将图 6.3.7 中编辑好的图形调整为图 6.3.8 所示的形状，填充设置为【纸袋】，边线设为黑色、1.5 磅。

步骤 4 右击图 6.3.7 中编辑好的图形，然后在弹出的快捷菜单中选择【置于底层】\【下移一层】。

步骤 5 再次右击图 6.3.7 中编辑好的图形，然后在弹出的快捷菜单中选择【置于底层】\【下移一层】；拖动该图形到如图 6.3.8 所示的位置。

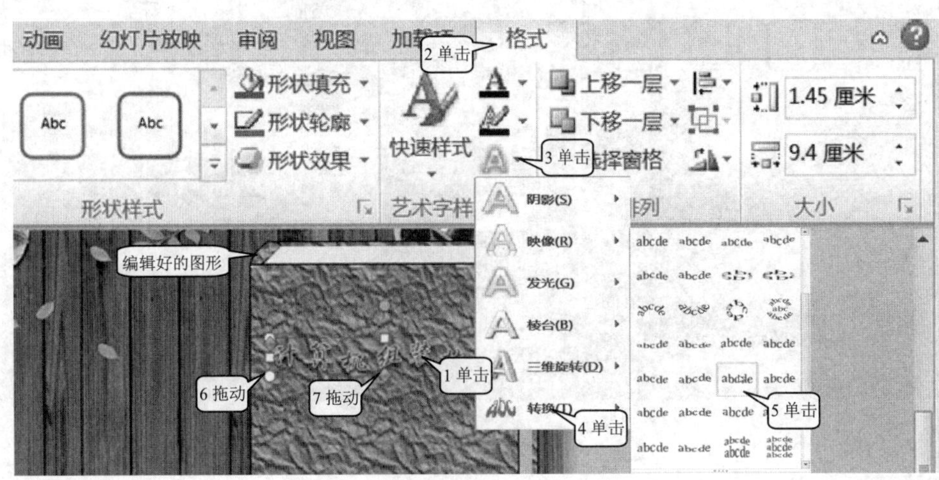


图 6.3.8

步骤6 插入艺术字【计算机组装技术】；单击【开始】；单击【字体】，选择【华文行楷】；单击【字号】，选择【24】。

步骤7 ①单击选中艺术字。②单击【格式】。③单击【文字效果】。④单击【转换】。⑤单击【双波形 1】。⑥拖动白色控点，调整大小。⑦拖动红色控点，调整形状(见图 6.3.8)。

步骤8 ①单击选中艺术字。②单击【格式】。③单击【设置文本效果格式】按钮，出现图 6.3.9 所示的【设置文本效果格式】对话框。④单击【文本填充】。⑤单击【预设颜色】。⑥单击选择【彩虹出岫】。⑦单击【关闭】(见图 6.3.9)，则艺术字就被设为了彩虹出岫样式。

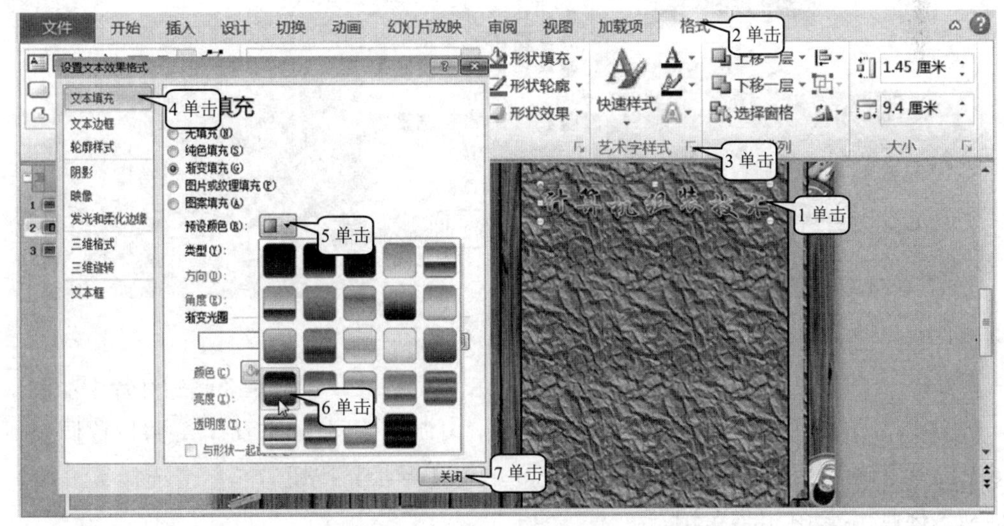


图 6.3.9

步骤9 ①单击选中艺术字。②单击【格式】。③单击【文字效果】。④单击【棱台】。⑤单击选择【角度】(见图 6.3.10)，则艺术字就被设成了立体效果。

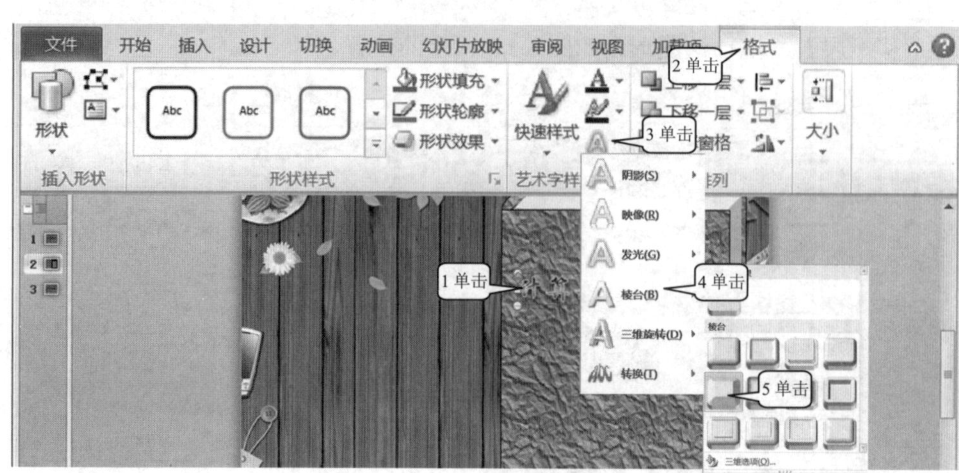


图 6.3.10

步骤10 在艺术字下面插入一个圆，将圆的边线设为点划线、6 磅宽、红色，大小为6×6。

步骤11 ①单击选中圆。②单击【绘图工具】\【格式】。③单击【形状填充】。④单击【图片】，出现图 6.3.11 所示的【插入图片】对话框。⑤单击【教材素材\图片】。⑥双击文件【65】(见图 6.3.11)，则圆中便插入了图片，见图 6.3.11。

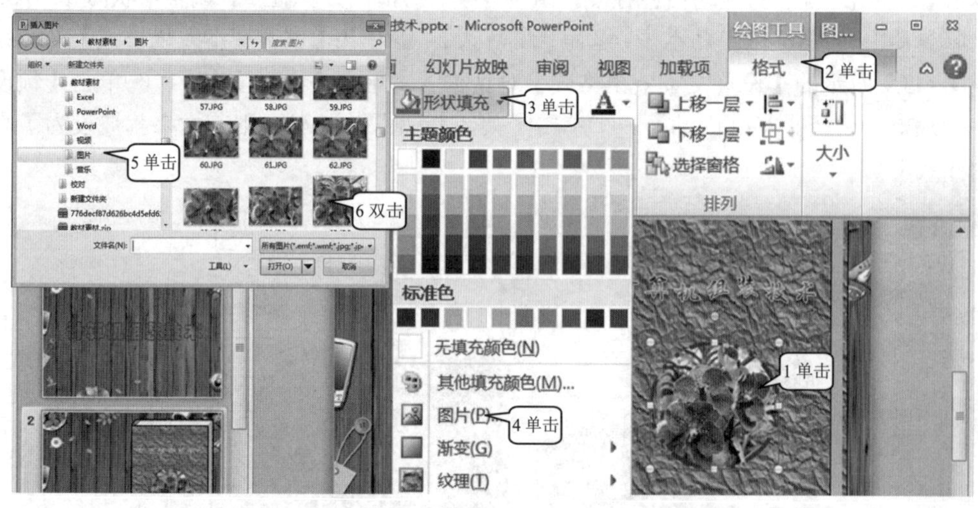


图 6.3.11

步骤12 将第 2 张幻灯片复制一张作为第 3 张幻灯片，删除第 3 张幻灯片中的圆。

步骤13 ①按住 Ctrl 键向右拖动书的封面，复制一个同样的矩形，并将位置调整到如图 6.3.12 所示的位置。②单击【插入】。③单击【形状】按钮。④单击选择【波形】。⑤拖动鼠标画出波形(见图 6.3.12)。

步骤14 ①单击图形。②单击【格式】。③单击【其他】。④单击选择【强力效果-紫色强调效果-4】。⑤拖动控点改变大小(见图 6.3.13)。

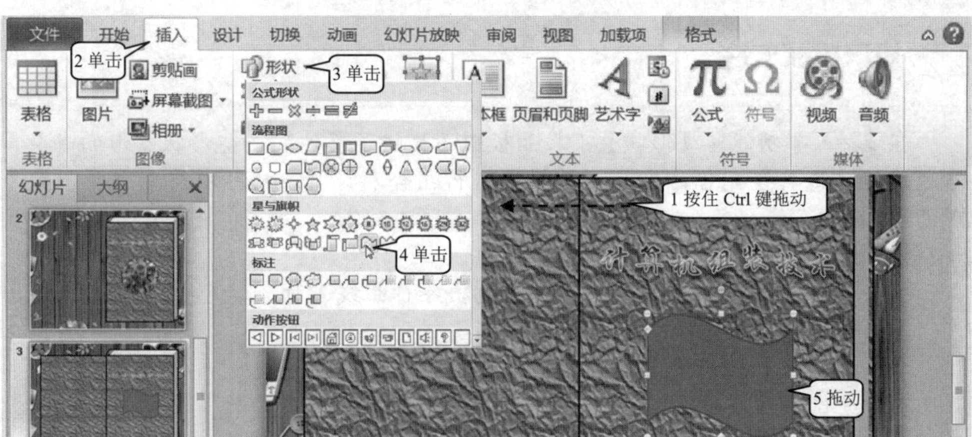


图 6.3.12

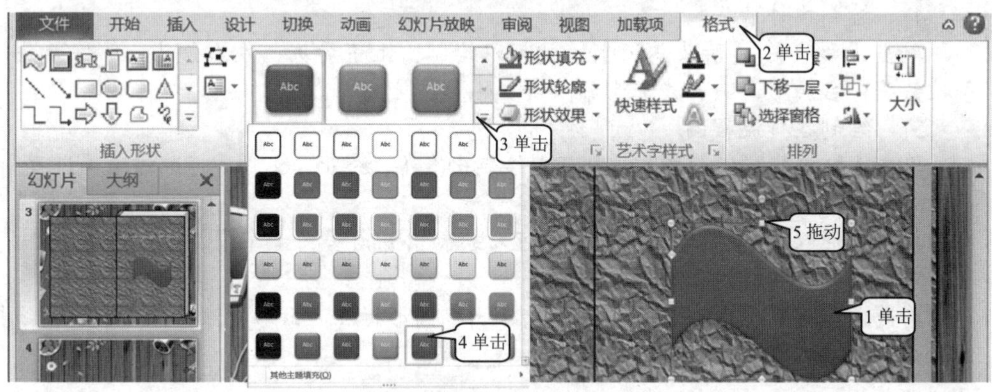


图 6.3.13

步骤 15 将【教材素材】\【图片】\【75】文件插入，并拖动图片的控点，缩小图片到图 6.3.14 所示的大小。

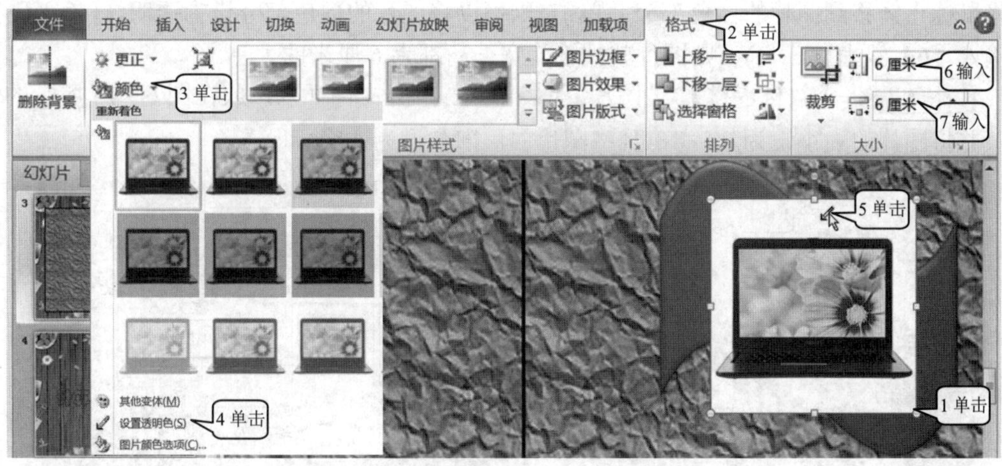


图 6.3.14

**知识拓展卡片**

在【插入】功能区【形状】下拉面板中还提供了其他的一些形状图形的工具。灵活运用这些工具绘制各种图形，并将其进行组合和设置，就可以得到更多、更为美观的图形。

1) 绘制各种线条

单击【形状】\【线条】，就可以绘制出各种曲线、箭头、直线、自由曲线。

2) 绘制各种矩形

单击【形状】\【矩形】，就可以绘制出各种矩形。

3) 绘制各种形状

单击【形状】\【基本形状】，就可以绘制出八角形、笑脸、心形、同心圆、棱台、立方体等。

4) 绘制各种箭头

单击【形状】\【箭头总汇】，就可以绘制出上下箭头、左右箭头、十字箭头、手杖箭头、右弧形箭头、左弧形箭头等。

5) 绘制各种流程图

单击【形状】\【流程图】，就可以绘制出准备、终止、文档、可选过程等流程图。

6) 绘制各种星与旗帜

单击【形状】\【星与旗帜】，就可以绘制出五角星、十字星、爆炸图等。

7) 绘制各种标注

单击【形状】\【标注】，就可以绘制出椭圆形标注、云形标注、矩形标注、线标注等。

## 6.3.3 任务 3：图片的抠图处理与大小设置

**步骤1** ①单击选中图片。②单击【格式】。③单击【颜色】。④单击【设置透明色】。⑤将鼠标指针移到图片的白色部分并单击，则可以将图片的白色部分设为透明。⑥输入【6】。⑦输入【6】(见图 6.3.14)，则图片就被设为宽、高都为 6 厘米的大小。

**步骤2** 将【教材素材】\【图片】\【花边框 17】文件插入，放在图 6.3.15 所示的位置，并将图片的大小设为 5.5×8，且将图片白色部分设为透明。

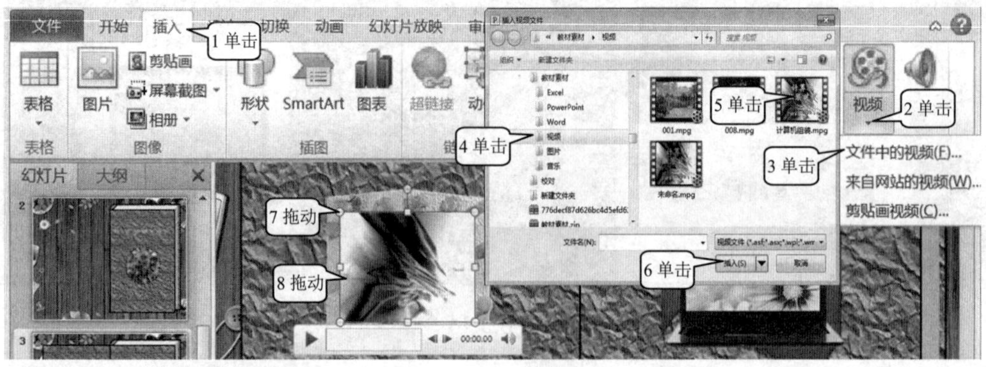


图 6.3.15

## 6.3.4　任务 4：插入视频的剪辑与设置

步骤1 ①单击【插入】。②单击【视频】。③单击【文件中的视频】。④单击【教材素材】\【视频】。⑤单击【计算机组装】文件。⑥单击【插入】按钮。⑦拖动控点调整大小。⑧拖动视频到【花边框 17】内(见图 6.3.15)。

步骤2 ①单击视频。②单击【视频工具】\【播放】。③单击【开始】，选择【自动】，表示视频在播放到这张幻灯片时会自动播放。④单击【音量】。⑤单击【高】。⑥单击【剪裁视频】，出现图 6.3.16 所示的【剪裁视频】对话框。⑦拖动结束点滑块，裁剪视频的结束点。⑧拖动开始点滑块，裁剪视频的开始点，这样视频只播放开始与结束点之间的部分。⑨单击【确定】(见图 6.3.16)。

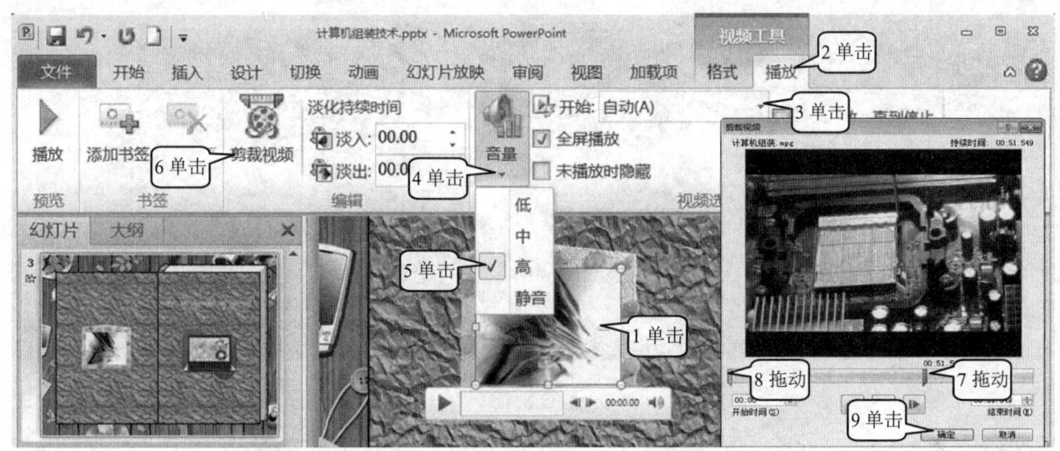


图 6.3.16

## 6.3.5　任务 5：Flash 动画的插入与设置

步骤1 ①单击【插入】。②单击【图片】，出现图 6.3.17 所示的【插入图片】对话框。③单击【教材素材】\【图片】。④按住 Ctrl 键单击 【1.gif】、【2.gif】、【动画 5.gif】三个动画文件。⑤单击【插入】，将三个动画插入，由于是同时选定的，所以三个动画图片插入后是同时处于选定状态的。⑥在其他地方单击，以使三个动画图片同时选定状态取消(见图 6.3.17)。

步骤2 将三个动画图片拖动到图 6.3.18 所示的位置，并调整其大小。

步骤3 将第 3 张幻灯片复制一张作为第 4 张幻灯片，并删除里面的动画、视频、图片，结果见图 6.3.19。

步骤4 ①按住 Ctrl 键拖动复制出一个矩形。②单击【绘图工具】\【格式】。③单击【形状填充】。④单击【图片】，出现图 6.3.19 所示的【插入图片】对话框。⑤单击【教材素材】\【图片】。⑥双击【33.jpg】。⑦输入【15.8】。⑧输入【10.8】，然后将其放到左边的书的封皮上，基本与其重合，再略向下、向右偏移一点(见图 6.3.19)。

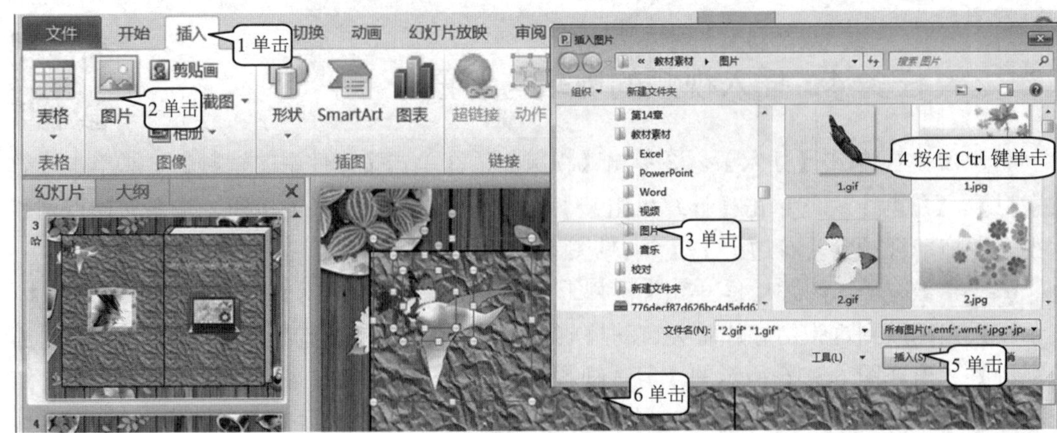


图 6.3.17

图 6.3.18

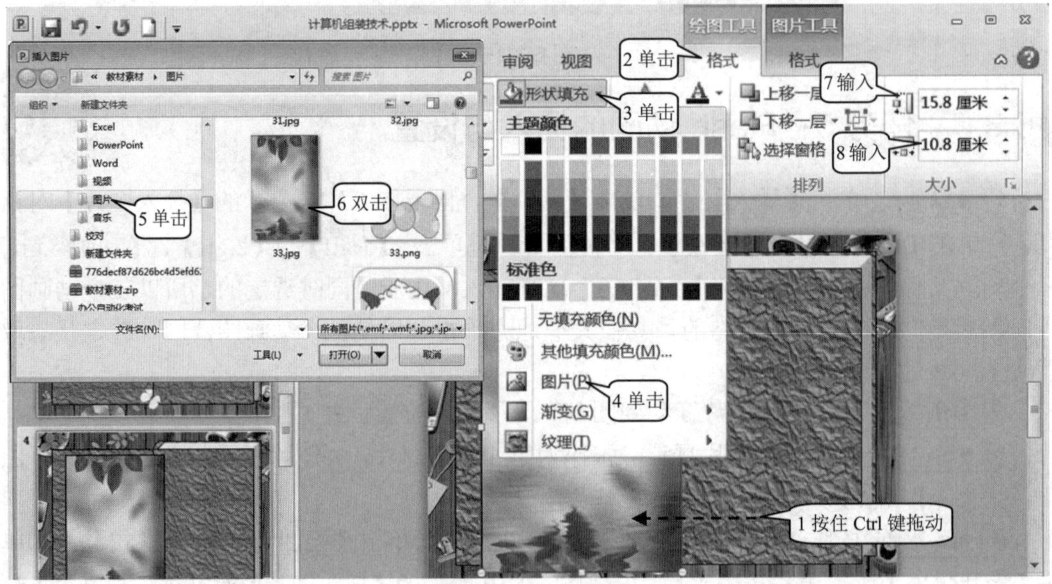


图 6.3.19

步骤 5 ①单击矩形。②单击【绘图工具】\【格式】。③单击【形状轮廓】。④单击【无轮廓】，去除轮廓线(见图 6.3.20)。

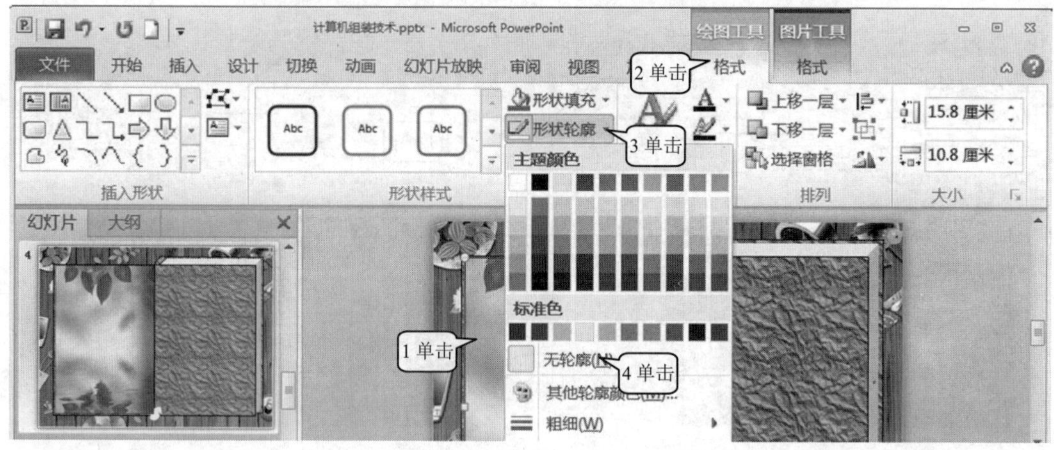


图 6.3.20

**步骤 6** 同理，将幻灯片书右侧的矩形也做同样的填充、大小、线型设置，结果见图 6.3.21。

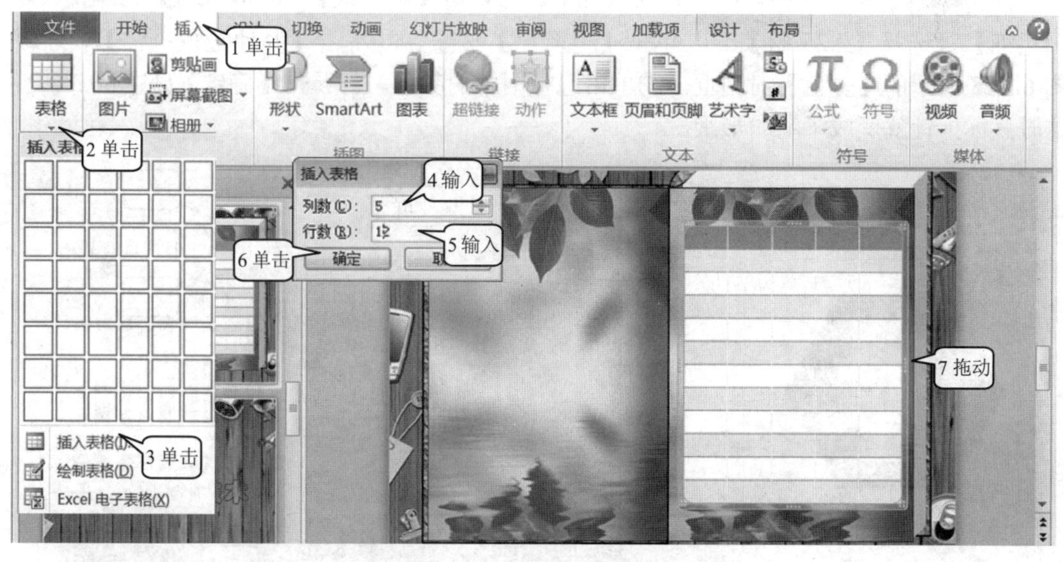


图 6.3.21

**步骤 7** ①单击【插入】。②单击【表格】。③单击【插入表格】，出现图 6.3.21 所示的【插入表格】对话框。④输入【5】。⑤输入【12】。⑥单击【确定】。⑦拖动表格到适当的位置(见图 6.3.21)。

**步骤 8** ①将鼠标指针移到表格边框，使其变为十字箭头，然后单击选中表格。②单击【表格工具】\【设计】。③单击【其他】，找到【无样式无网格】样式。④单击【无样式无网格】(见图 6.3.22)，以去除表格线。

**步骤 9** 参照图 6.3.23 输入表格内容，将第一行设为华文行楷、18、紫色；其他设为黑体、16、蓝色；并将表格文字设为居中。

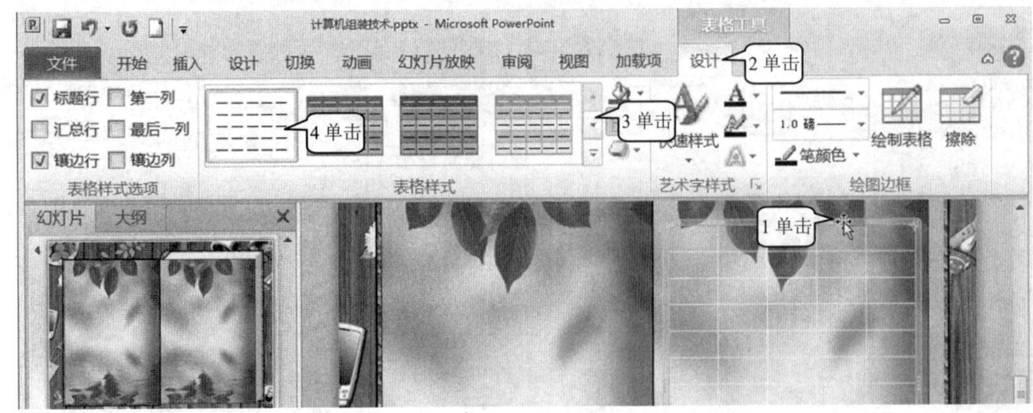


图 6.3.22

## 6.3.6 任务 6：设置表格的线型和底纹

步骤1 ①单击表格。②单击【设计】。③单击【笔样式】，选择实线。④单击【笔画粗细】，选择【2.25 磅】。⑤单击【笔颜色】按钮。⑥单击【其他边框颜色】，出现图 6.3.23 所示的【颜色】对话框。⑦单击选择图中的颜色。⑧单击【确定】(见图 6.3.23)，这时鼠标指针就变成了笔的形状。

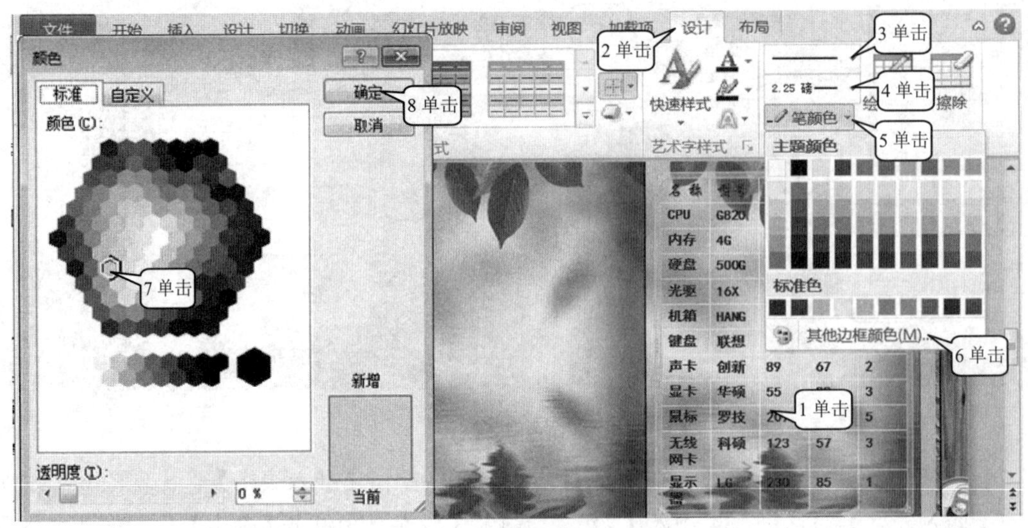


图 6.3.23

步骤2 用鼠标在 2、4、6、8、10 行的上边线上拖动，将上边线设为细浅绿线。注意拖动时不要触到竖边框上(见图 6.3.24)。

步骤3 ①单击表格。②单击【设计】。③单击【笔样式】，选择实线。④单击【笔画粗细】，选择【4.5 磅】。⑤单击【笔颜色】按钮。⑥单击【其他边框颜色】，出现图 6.3.25 所示的【颜色】对话框。⑦单击选择图中的颜色。⑧单击【确定】，这时鼠标指针就变成了笔的形状。⑨用鼠标在 2、4、6、8、10 行的下边线上拖动，将下边线设为粗的深绿线(见图 6.3.25)。

图 6.3.24

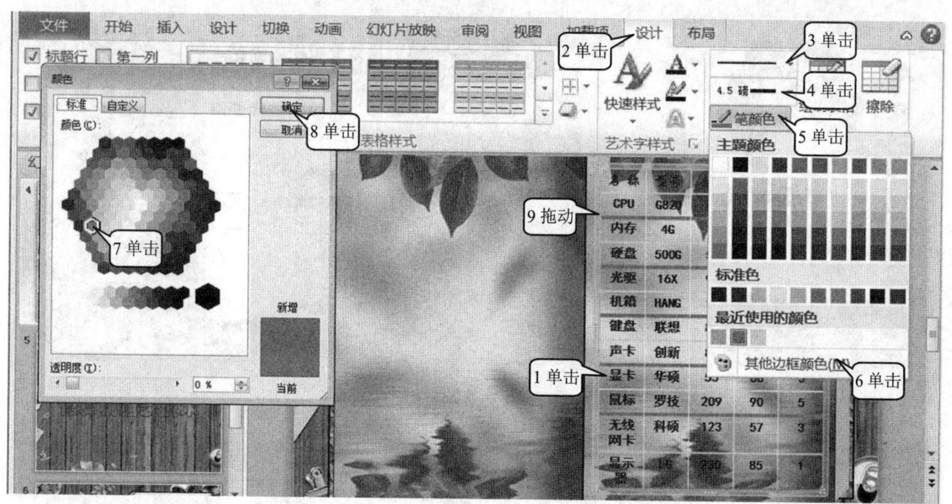


图 6.3.25

步骤 4　①拖动选定整个表格。②单击【设计】。③单击【底纹】。④单击【其他填充颜色】，出现图 6.3.26 所示的【颜色】对话框。⑤单击选择图中的颜色。⑥单击【确定】(见图 6.3.26)。

步骤 5　①单击【插入】。②单击【图表】，出现图 6.3.27 所示的【图表】对话框。③单击选择柱形图。④单击【确定】(见图 6.3.27)，会自动启动 Excel，出现图 6.3.28 所示的 Excel 界面。

步骤 6　拖动图 6.3.28 中的蓝线，改变数据区的大小，使其包含的区域为 A1:C12。

步骤 7　在 A1:C12 中输入图 6.3.29 所示的数据，则会出现图 6.3.30 所示的图表。

步骤 8　①右击图表的横轴标题文字。②输入【9】，以便缩小标题文字(见图 6.3.30)。

步骤 9　按照上述方法将纵轴和图例文字也做同样的调整，以便缩小图表。

步骤 10　拖动图 6.3.31 中图表边框线中间的控点，调整图表的大小，最终将图表调整到图 6.3.31 所示的效果。

步骤 11　单击第 5 张幻灯片，删除背景图片，将幻灯片的文本框中的字体设为宋体，字号设为 16。

步骤 12　①输入文字【更多模板下载：　http://www.wps.cn/moban/

关注官方微博：

新浪：http://t.sina.com.cn/iwps/

腾讯：http://t.qq.com/kingsoftwps/

模板分享平台：http://www.wps.cn/ index.php?mod=zhuanti&act=2010share

商务合作邮箱：template@kingsoft.com】

②将【教材素材\图片】文件夹下的【W】、【P】、【S】和【WPS】4 张图片文件插入。③单击【WPSOffice】图片。④单击【格式】。⑤输入【3】 (见图 6.3.32)。

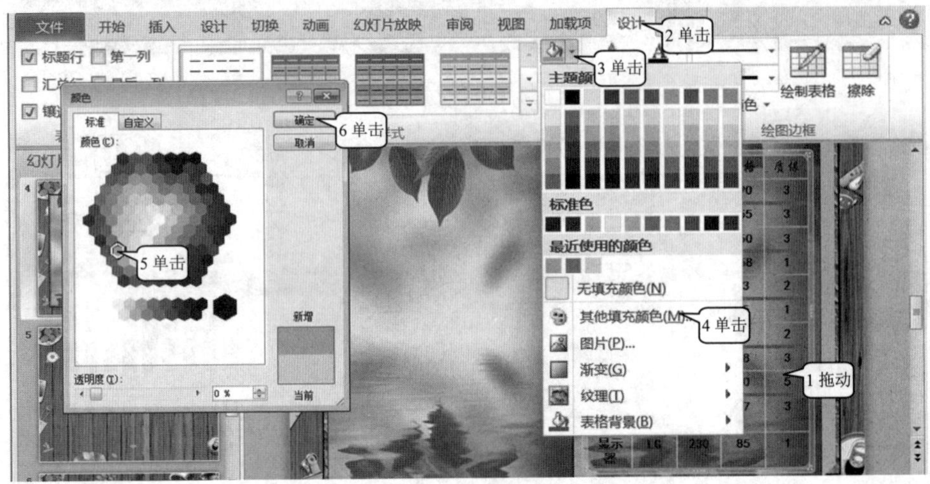


图 6.3.26

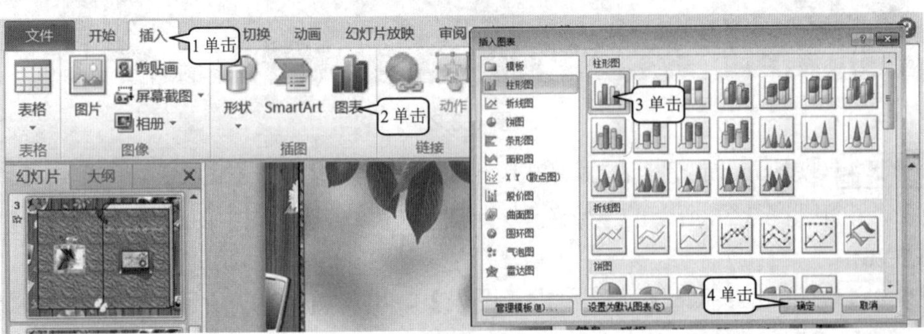


图 6.3.27

| | A | B | C | D |
|---|---|---|---|---|
| 1 | | 系列 1 | 系列 2 | 系列 3 |
| 2 | 类别 1 | 4.3 | 2.4 | |
| 3 | 类别 2 | 2.5 | 4.4 | |
| 4 | 类别 3 | 3.5 | 1.8 | |
| 5 | 类别 4 | 4.5 | 2.8 | |
| 6 | | | | |
| 7 | | | | |
| 8 | | 若要调整图表数据区域的大小 | | |
| 9 | | | | |
| 10 | | | | |
| 11 | | | | |
| 12 | | | | |
| 13 | | | | |
| 14 | | | | |

拖动

图 6.3.28

| | A | B | C | D |
|---|---|---|---|---|
| 1 | 名称 | 数量 | 价格 | |
| 2 | CPU | 66 | 390 | |
| 3 | 内存 | 79 | 155 | |
| 4 | 硬盘 | 59 | 450 | |
| 5 | 光驱 | 90 | 158 | |
| 6 | 机箱 | 10 | 43 | |
| 7 | 键盘 | 80 | 55 | |
| 8 | 声卡 | 89 | 67 | |
| 9 | 显卡 | 55 | 88 | |
| 10 | 鼠标 | 209 | 90 | |
| 11 | 无线网卡 | 123 | 57 | |
| 12 | 显示器 | 230 | 85 | |
| 13 | | | | |
| 14 | | | | |

输入

图 6.3.29

高职高专立体化教材 计算机系列

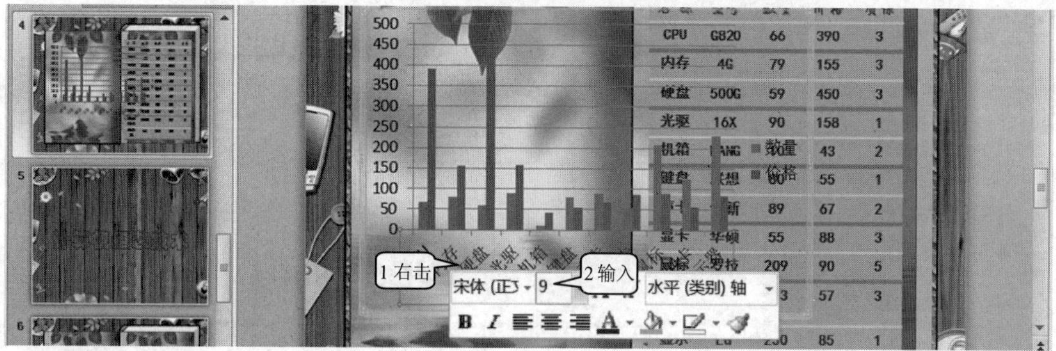


图 6.3.30

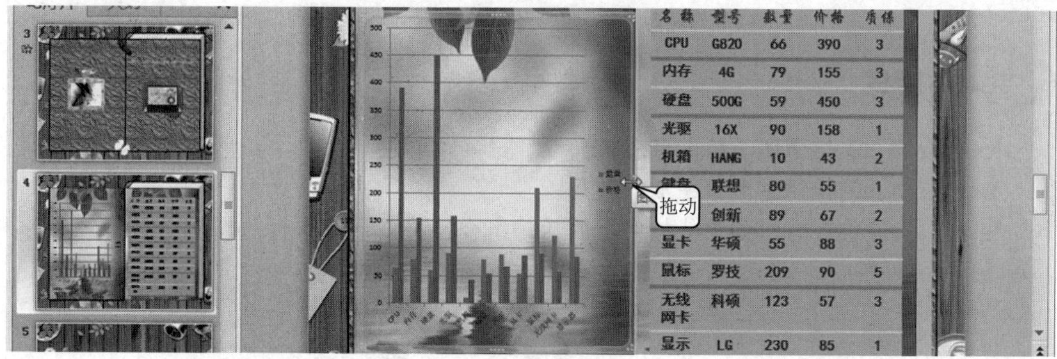


图 6.3.31

图 6.3.32

步骤 13　同理，将【W】、【P】、【S】3 张图片调整好位置，并将大小设为 2.5×2.23。

步骤 14　单击【插入】；单击【形状】，选择直线工具，画出直线。

步骤 15　①单击【格式】。②单击【其他】。③单击【粗线-强调颜色 6】(见图 6.3.33)。

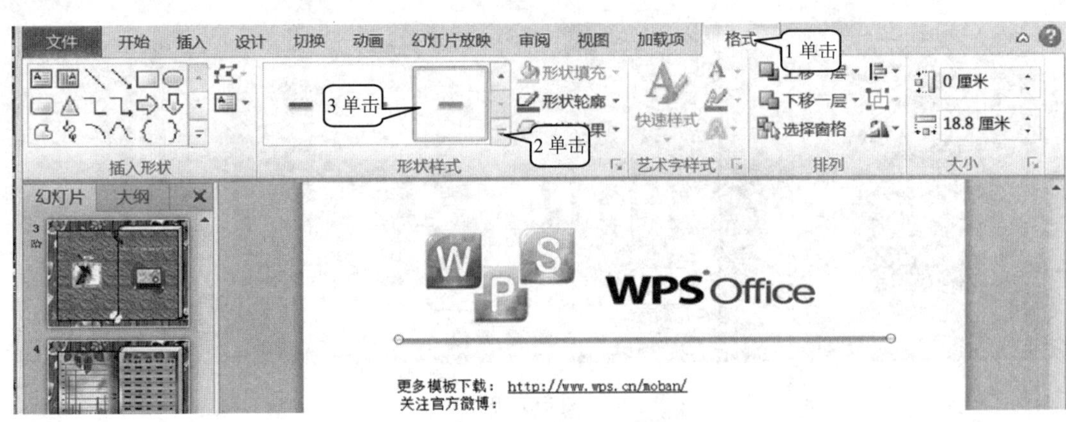


图 6.3.33

思考与联想

1. 总结一下制作立体表格的技巧。
2. 总结一下制作任意形状图形的技巧。
3. 图形能够组合吗？如果能够组合的话，组合后的图形能够拆开吗？

## 拓展练习

扫描二维码，打开案例，制作与案例相同的文档。

# 6.4 项目 4：制作含动画的幻灯片

## 项目剖析

**应用场景：** 为了提高教学效果，降低学生的理解难度，我们要将教学幻灯片中抽象的理论、概念、看不见的微观现象和难以展现的宏观现象用动画的形式加以表现。PowerPoint 提供了丰富的动画效果，它不但能对幻灯片中的文本框、图片、Flash 动画、艺术字、图形进行动画设置，而且还可以为这些动画配上声音或者音乐。我们可以利用 PowerPoint 提供的丰富动画效果，使教学幻灯片生动形象地说明问题。

**设计思路与方法技巧：** 本节以一个教学幻灯片的制作为例，通过添加与设置退出类效果动画、设置各个动画的时间顺序和动画配音、设置进入类动画、设置强调类动画以及设置动作路径类动画的综合应用，来学习和掌握 PowerPoint 提供的各种动画的特点，以及各种动画的参数设置，综合应用各种动画组合形成的特定动画效果，用以解释和说明特殊现象。

**应用到的相关知识点：** 添加与设置退出类效果动画；设置各个动画的时间顺序和动画配音；设置进入类动画；设置强调类动画；设置动作路径类动画。

## 即学即用的可视化实践环节

### 6.4.1 任务1：动画的添加

步骤1 打开【教材素材】\【PowerPoint】\【计算机组装技术】文件。

步骤2 ①单击第1张幻灯片。②在幻灯片上单击。③单击【视图】。④ 单击【显示比例】，出现如图6.4.1所示的【显示比例】对话框。⑤单击【33%】。⑥单击【确定】。⑦插入【教材素材】\【图片】下的【E摘客】、【74】、【73】、【汉王手写电脑】、【创意星人0806】、【创意星人0605】、【全能文本王】文件。⑧拖动图片，调整位置。⑨拖动控点，调整大小(见图6.4.1)，结果参见图6.4.1。

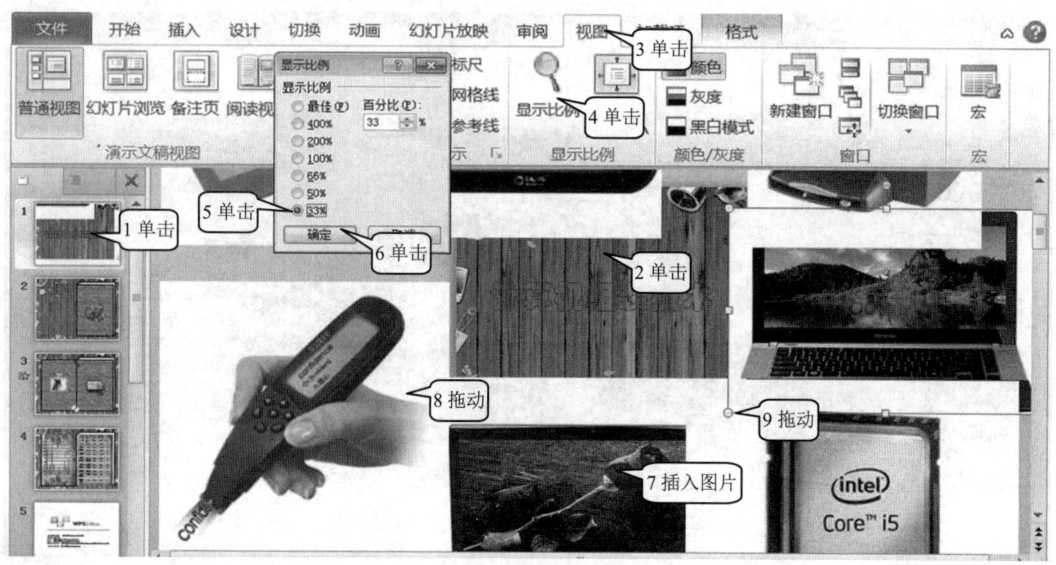


图6.4.1

步骤3 单击【图片工具】\【格式】；单击【颜色】；单击【设置透明色】；在每张图片的白色部分单击，去除图片的白底。

步骤4 ①单击【汉王手写电脑】图片。②单击【动画】。③单击【添加动画】。④单击【更多退出效果】，出现如图6.4.2所示的【添加退出效果】对话框。⑤单击【缩放】。⑥单击【确定】。⑦单击选择【与上一动画同时】，设置动画会自动开始。⑧输入【5.5】，设置动画的持续时间为5.5秒。⑨单击【效果选项】按钮。⑩单击【幻灯片中心】，设置图片动画从原位置缩小至屏幕中心消失(见图6.4.2)。

步骤5 ①单击【汉王手写电脑】图片。②双击【动画刷】按钮(动画刷同格式刷的功能一样)。③单击图片。④单击图片。⑤单击图片。⑥单击图片。⑦单击图片。⑧单击图片，这样【汉王手写电脑】图片设置的动画效果就被传递到了所有图片上(见图6.4.3)。

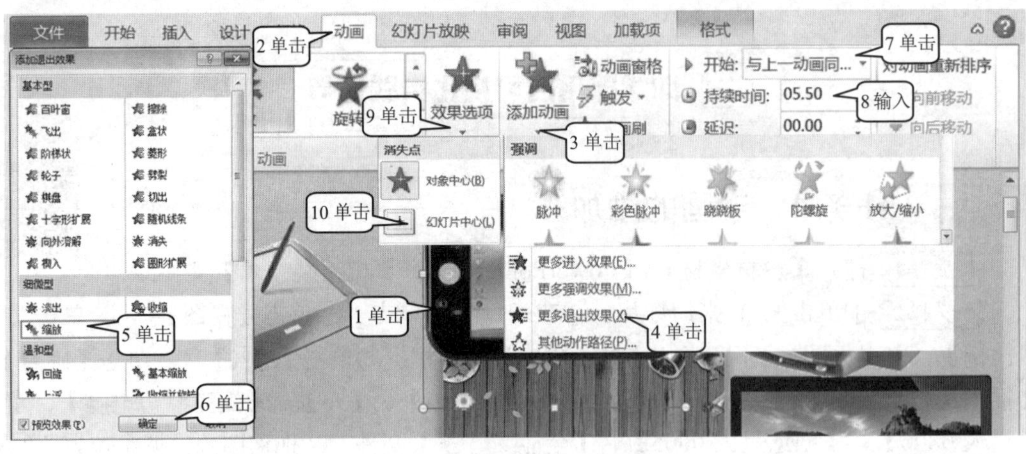


图 6.4.2

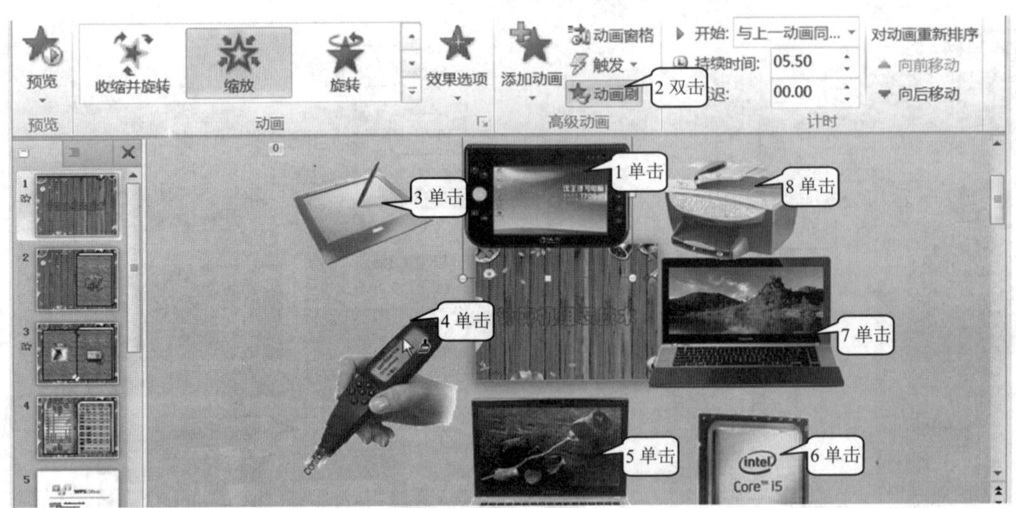


图 6.4.3

## 6.4.2 任务 2：动画的设置

### 1. 设置各个动画的时间顺序和动画配音

步骤1 ①单击【动画窗格】按钮。②拖动框线调整窗格大小。③单击【秒】按钮。④单击【缩小】，直到动画窗格中的小长方形缩小到如图 6.4.4 所示的长度。⑤拖动小长方形的左、右边线，调节动画的持续时间。⑥单击按钮，可以将小长方形区域左移。⑦向右拖动小长方形的中间部分，改变该图片动画的起始时间，将各个动画的起始时间调整到如图 6.4.4 所示的位置，从而使各个图片依次出现(见图 6.4.4)。

步骤2 ①单击【动画设置】按钮。②单击【效果选项】。③单击选择【风铃】，也可单击旁边的小喇叭按钮，为动画配上音乐。设置后图片在显示动画时，还会伴有声音或音乐。④单击【确定】(见图 6.4.5)。

### 2. 设置进入类动画

步骤1 将第 3 张幻灯片复制一张放在第 2 张幻灯片之后，删除左侧封皮中的图片、视频、鸽子。

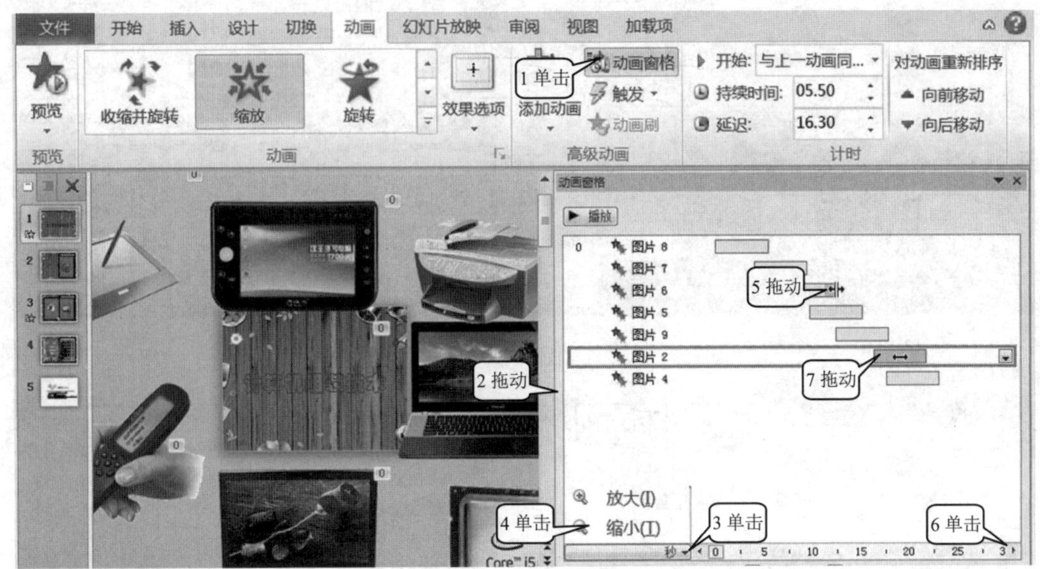


图 6.4.4

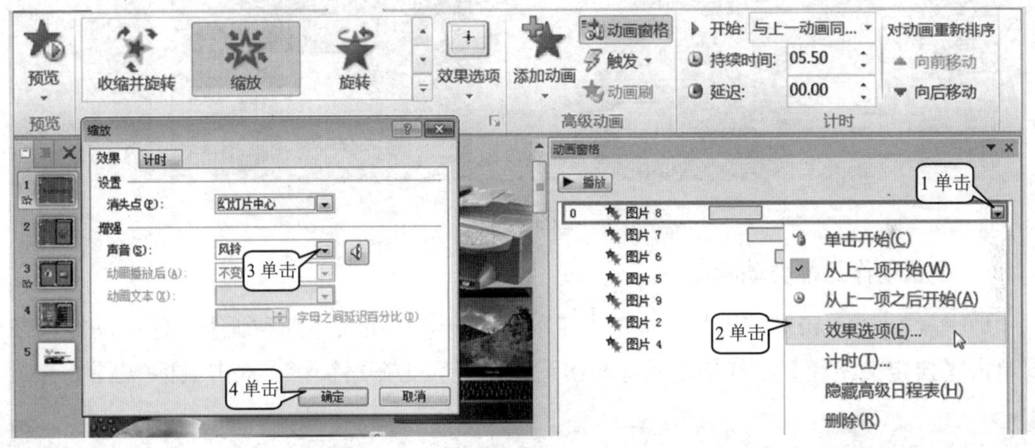


图 6.4.5

步骤 2　①单击第 3 张幻灯片。②单击书左侧的封皮。③单击【动画】。④单击【其他】按钮，选择【进入】\【伸展】(这里需要特别说明一下，Office 2010 以前版本的进入动画中有【伸展】这个特效，2010 版本中没有了这个特效。要想看到翻书效果的话，可以在 2010 以前的版本中将这个动画设置上，即可在 2010 版本中使用，并且能够在这个版本中进行各种设置)。⑤单击选择【与上一动画同时】。⑥输入【3】。⑦单击【效果选项】。⑧单击选择【自右侧】(见图 6.4.6)，以设置封皮从右侧向左翻开的动画效果。

### 3. 设置强调类动画

①单击第 4 张幻灯片。②单击书右侧封皮的笔记本图片。③单击【动画】。④单击【其他】按钮，选择【强调】\【陀螺旋】。⑤单击【效果选项】。⑥单击【顺时针】。⑦单击【完全旋转】。⑧单击选择【与上一动画同时】。⑨输入【5】(见图 6.4.7)。

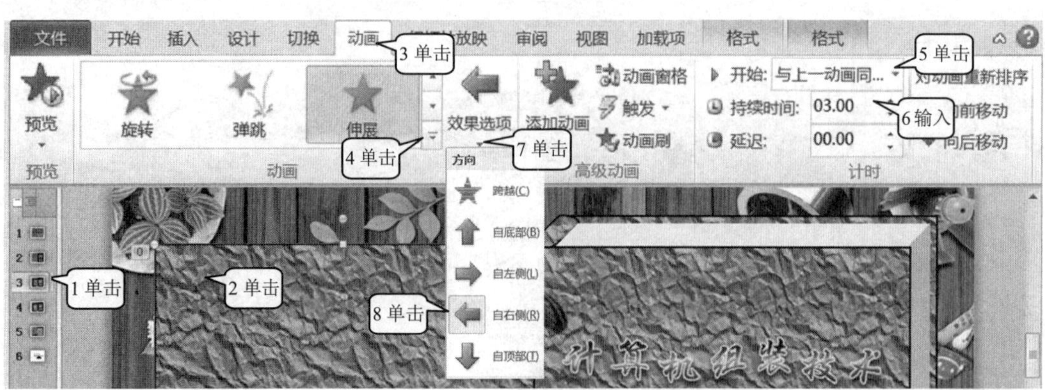


图 6.4.6

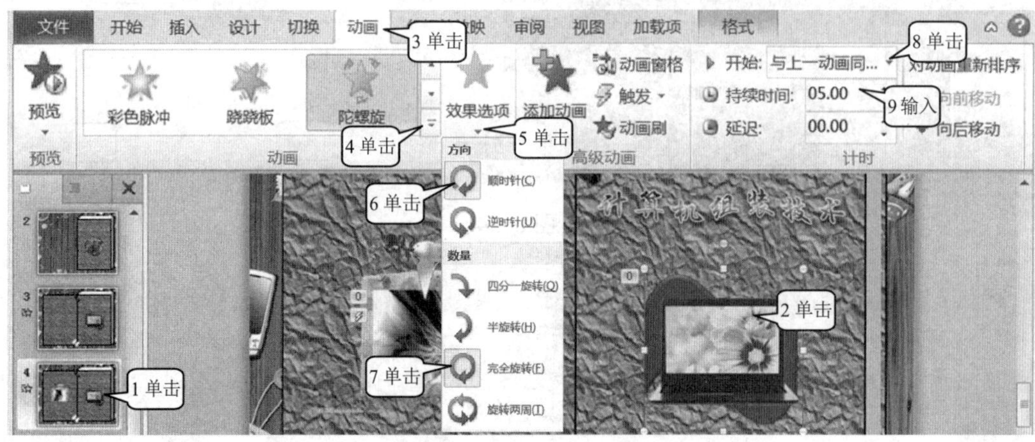


图 6.4.7

4. 设置动作路径类动画

**步骤 1** ①单击蝴蝶图片。②单击【动画】。③单击【添加动画】。④拖动滚动条。⑤单击【自定义路径】。⑥拖动鼠标画出运动路径。⑦在路径终点双击鼠标(见图 6.4.8)。

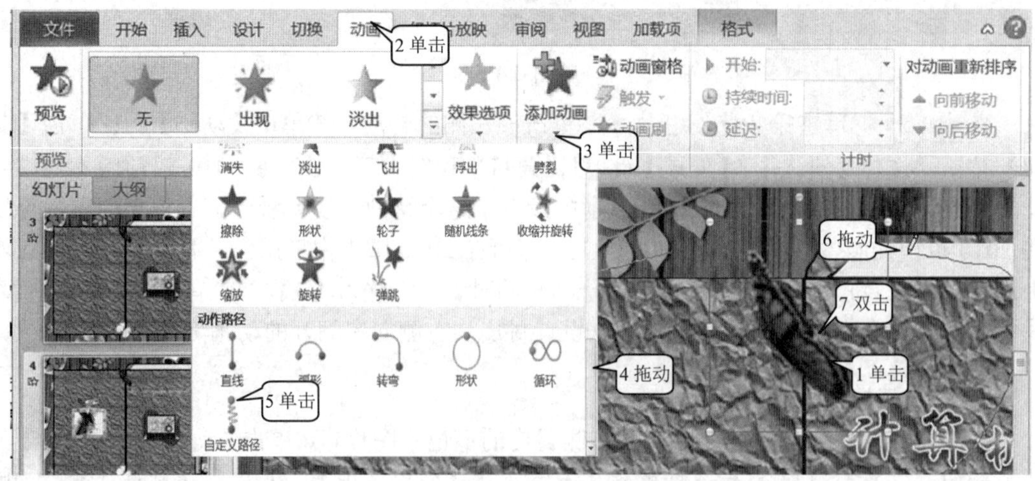


图 6.4.8

步骤 2　①单击蝴蝶图片。②单击选择【与上一动画同时】。③输入【18】(见图 6.4.9)。

图 6.4.9

步骤 3　将另一张蝴蝶和鸽子图片，也做同样的自定义路径动画设置，而路径各不相同，其他设置一样。

步骤 4　单击第 5 张幻灯片，将书左侧的绿色书页也设置一个翻页动画效果。

步骤 5　①单击第 5 张幻灯片。②单击表格。③单击【动画】。④单击【其他】按钮，选择【进入】\【翻转式由远及近】。⑤单击【效果选项】。⑥单击【按系列中的元素】，然后单击【动画窗格】，打开动画窗格。⑦向左拖动【动画】窗格框线，以放大【动画】窗格。⑧拖动【动画】窗格中的小长方形，使其依次向右排列成如图 6.4.10 所示的样子，这样可以使图表中的每个柱子依次出现。⑨单击选择【与上一动画同时】。⑩输入【5】(见图 6.4.10)。

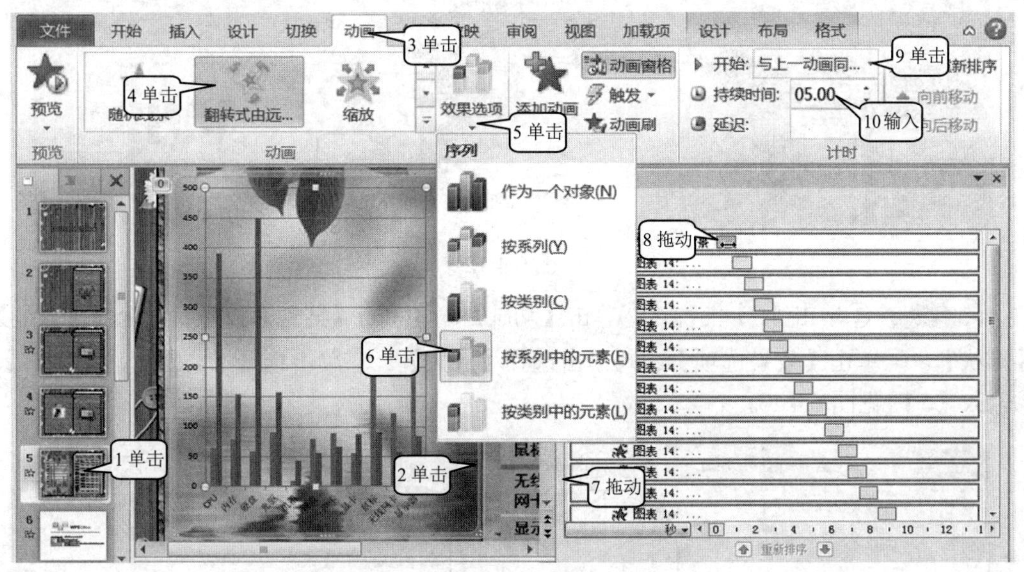


图 6.4.10

步骤 6　①单击第 6 张幻灯片。②单击【W】图片。③单击【动画】。④单击【其他】按钮。⑤单击【其他动作路径】，出现如图 6.4.11 所示的【更改动作路径】对话框。⑥单击选择【双八串接】。⑦单击【确定】。⑧单击选择【与上一动画同时】。⑨输入【5】(见图 6.4.11)。

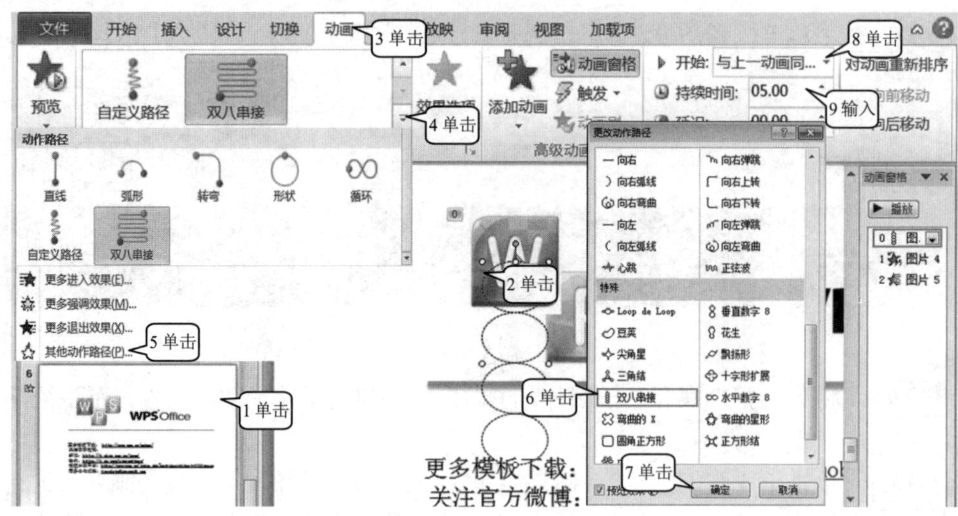


图 6.4.11

**步骤 7** ①单击【P】图片。②单击【动画】。③单击【其他】按钮，选择【退出】\【收缩并旋转】。④单击选择【与上一动画同时】。⑤输入【5】(见图 6.4.12)。

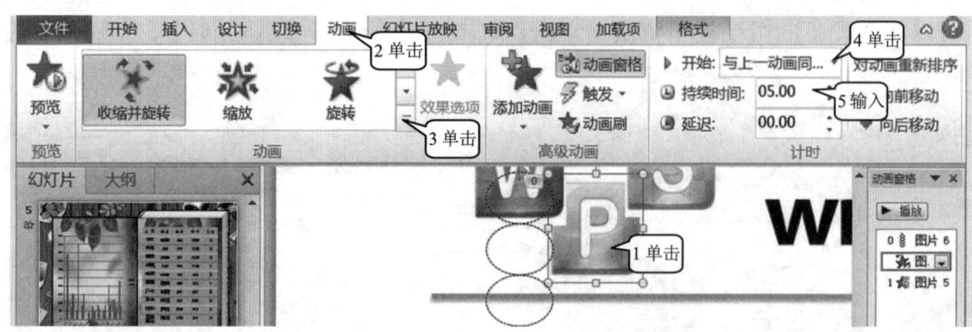


图 6.4.12

**步骤 8** ①单击【S】图片。②单击【动画】。③单击【其他】按钮，选择【退出】\【形状】。④单击【效果选项】。⑤单击选择【放大】。⑥单击选择【与上一动画同时】。⑦输入【5】(见图 6.4.13)。

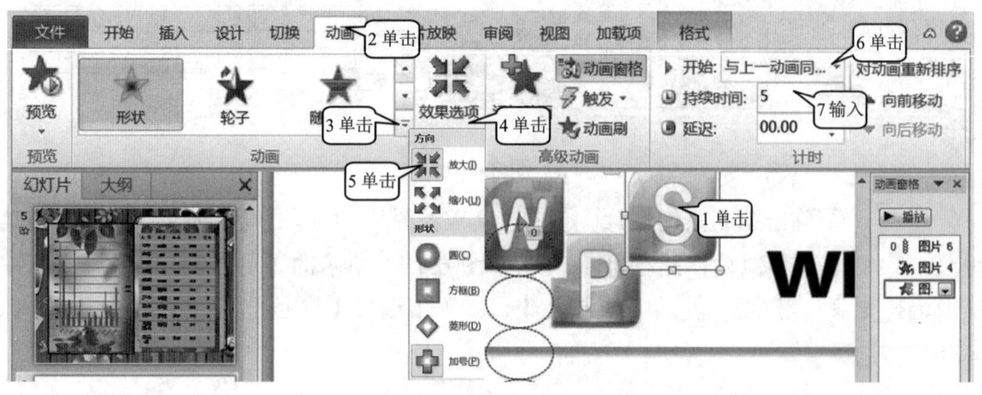


图 6.4.13

**知识拓展卡片**

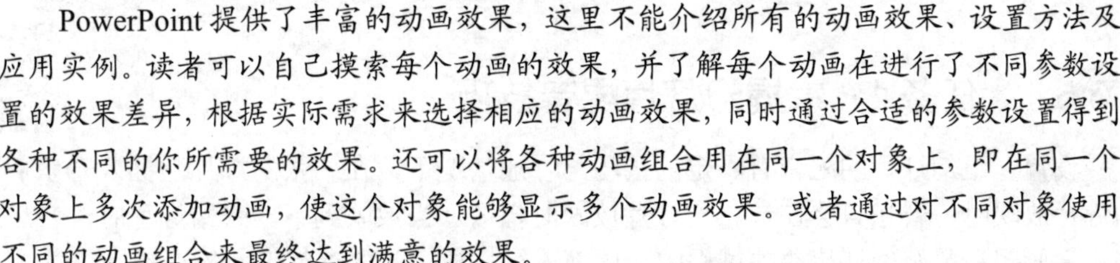

PowerPoint 提供了丰富的动画效果，这里不能介绍所有的动画效果、设置方法及应用实例。读者可以自己摸索每个动画的效果，并了解每个动画在进行了不同参数设置的效果差异，根据实际需求来选择相应的动画效果，同时通过合适的参数设置得到各种不同的你所需要的效果。还可以将各种动画组合用在同一个对象上，即在同一个对象上多次添加动画，使这个对象能够显示多个动画效果。或者通过对不同对象使用不同的动画组合来最终达到满意的效果。

**思考与联想**

1. 能够利用动画功能制作一个简单的动画小片吗？
2. 是否每个动画都能够进行参数设置以获得不同的动画效果？
3. 能够给同一个对象设置多个动画效果吗？
4. 在一张幻灯片中，如果给多个对象设置了动画，将如何控制动画播放的先后顺序和播放的时间长短？

**拓展练习**

扫描二维码，打开案例，制作与案例相同的文档。

## 6.5 项目 5：制作广告幻灯片

**项目剖析**

**应用场景：**在宣传企业形象和企业产品时，制作配乐广告幻灯片可以为幻灯片增色不少。不管是配乐还是配声，都希望音乐和声音与幻灯片内容是同步，而且在幻灯片播放时不间断；我们还希望利用 PowerPoint 对幻灯片进行单纯的音乐配音，或者是制作具有配乐解说功能的幻灯片。

**设计思路与方法技巧：**由于幻灯片插入音乐时，默认的是音乐只在插入音乐的幻灯片中播放，如果跳转到其他幻灯片时，音乐就停止。为了使得音乐能够连续不停地播放，就需要做特殊设置。同时为了使得广告幻灯片有配乐解说的效果，我们还可以利用录制旁白的功能，对每张幻灯片录制相应的解说。这样音乐和解说同时播放就构成了配乐解说的效果。由于广告是需要进行循环播放的，而我们又不能靠人工一遍遍地播放幻灯片，所以就需要利用设置幻灯片放映方式的操作将幻灯片设置为循环播放模式。这样幻灯片就能自动循环地进行播放，而无须人工控制。通过将幻灯片中插入的各种视频、音频以及动画素材进行打包，就可以将幻灯片拿到任何一台计算机上进行播放了。

**应用到的相关知识点：**跨幻灯片播放、录制幻灯片演示、设置幻灯片放映、将演示文稿打包成 CD。

即学即用的可视化实践环节

## 6.5.1 任务1：掌握幻灯片配音技巧

设置一组幻灯片的配音有一定的技巧。一般情况下，在一张幻灯片上插入音乐后，当幻灯片放映时，音乐只会在该张幻灯片放映时播放。当放映到下一张幻灯片时，音乐就会停止。要想在整个幻灯片放映过程中音乐都连续播放，就要进行下面的设置。

步骤1 打开【教材素材】\【PowerPoint】\【计算机组装技术(动画)】文件。

步骤2 ①单击第1张幻灯片。②单击【插入】。③单击【音频】。④单击【文件中的音频】，出现图6.5.1所示的【插入音频】对话框。⑤单击【教材素材】\【音乐】。⑥双击【05.MP3】(见图6.5.1)，出现图6.5.2。

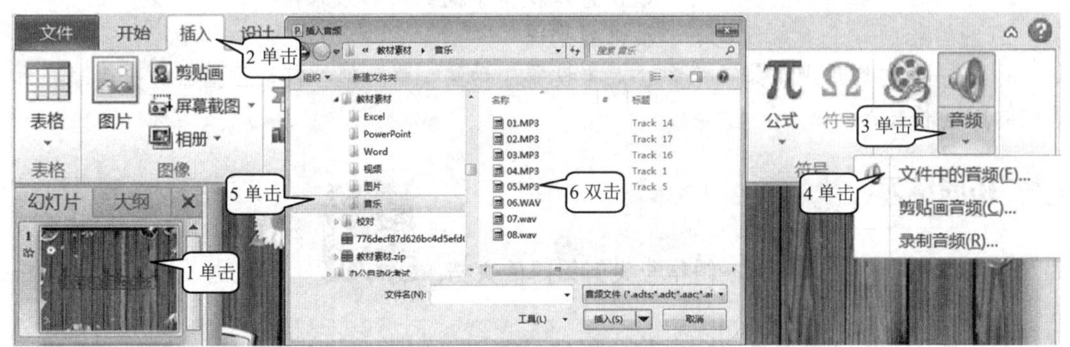


图 6.5.1

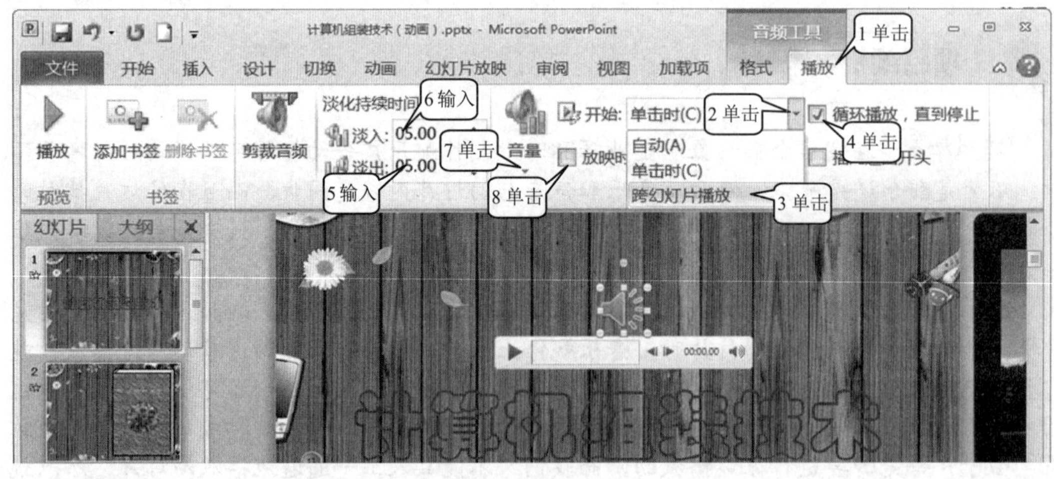


图 6.5.2

步骤3 ①单击【音频工具】\【播放】。②单击【开始】。③单击【跨幻灯片播放】，表示音频不会因为单击鼠标或播放到下一张幻灯片时停止，从而使得音乐在播放幻灯片过程中不间断，实现了对一组幻灯片用一首音乐连续配乐的目的。④单击勾选【循环播放，直到停止】，表示在幻灯片没有放完前音频会循环播放。⑤输入【5】。⑥输入【5】，表示音频开始播放时声音是由小变大的，而音频结束时声音是由大变小的。⑦ 单击【音量】，选择【高】。⑧单击勾选【放映时隐藏】，则放映时小喇叭就不会出现在屏幕上(见图 6.5.2)。

步骤4 单击【文件】\【另存为】，用【计算机组装技术(动画配乐)】作为文件名保存。

## 6.5.2 任务 2：设置幻灯片的配音解说

步骤1 打开【教材素材】\【PowerPoint】\【计算机组装技术(动画配乐)】文件。

步骤2 ①单击第 1 张幻灯片。②单击【幻灯片放映】。③单击【录制幻灯片演示】按钮。④单击【开始录制】按钮(见图 6.5.3)，出现图 6.5.4。

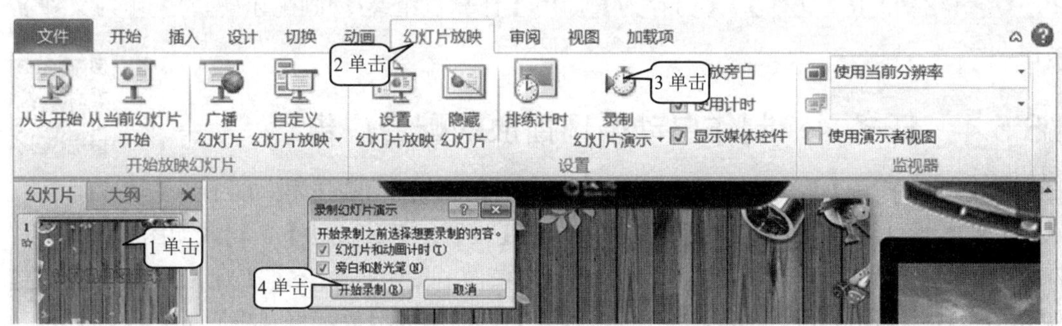


图 6.5.3

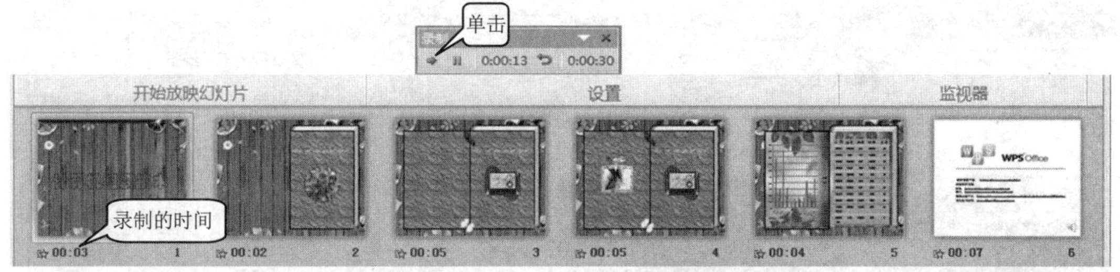


图 6.5.4

步骤3 在第 1 张幻灯片出现时，对照幻灯片的画面通过耳麦进行讲解，这样你的解说声音就被记录在这一张幻灯片中了。

步骤4 单击【下一项】，并继续进行讲解(见图 6.5.4)。

步骤5 按照这种方法，对后面的每一张幻灯片进行配音解说，直到最后一张。等待一会儿自动退出播放，出现图 6.5.4，每张幻灯片下都有数字和小喇叭。小喇叭是讲解的声音，数字是幻灯片持续的时间。

步骤6 单击【文件】\【另存为】，用【计算机组装技术(动画配乐解说)】作为文件名保存，这样就可将录制的配音解说保存到文件中。

当我们播放【计算机组装技术(动画解说)】幻灯片时，是不需要人工操作控制播放的，它会自动播放。每张幻灯片持续的时间就是你解说的时间。利用这种功能可以制作自动连续播放的广告以及自动播放的教学课件。

### 6.5.3 任务3：制作配乐解说的幻灯片

如果我们需要制作一套具有配乐解说功能的幻灯片的话，可以将录制旁白和上面所介绍的配乐方法结合起来。一边播放幻灯片，一边对照幻灯片内容进行解说，最终 PowerPoint 会将配乐与解说合成在一起，并保存在文件中。当放映时，就可以看到具有配乐解说的幻灯片了。制作方法如下。

**步骤1** 用 6.5.1 节介绍的方法制作一个配乐演示文稿。

**步骤2** 用 6.5.2 节介绍的录制旁白的方法，一边播放幻灯片，一边对照幻灯片内容用耳麦进行解说。

**步骤3** 单击【文件】\【另存为】，用【计算机组装(动画配乐解说)】作为文件名保存。

### 6.5.4 任务4：制作自动循环播放的配音广告

**步骤1** 打开【教材素材】\【PowerPoint】\【计算机组装技术(动画配乐解说)】文件。

**步骤2** ①单击【幻灯片放映】。②单击【设置幻灯片放映】，出现如图 6.5.5 所示的【设置放映方式】对话框。③单击勾选【循环放映，按 ESC 键终止】项。④单击【确定】(见图 6.5.5)。这样放映时，这个幻灯片文件就会自动循环播放，直到我们按 Esc 键时才终止放映。

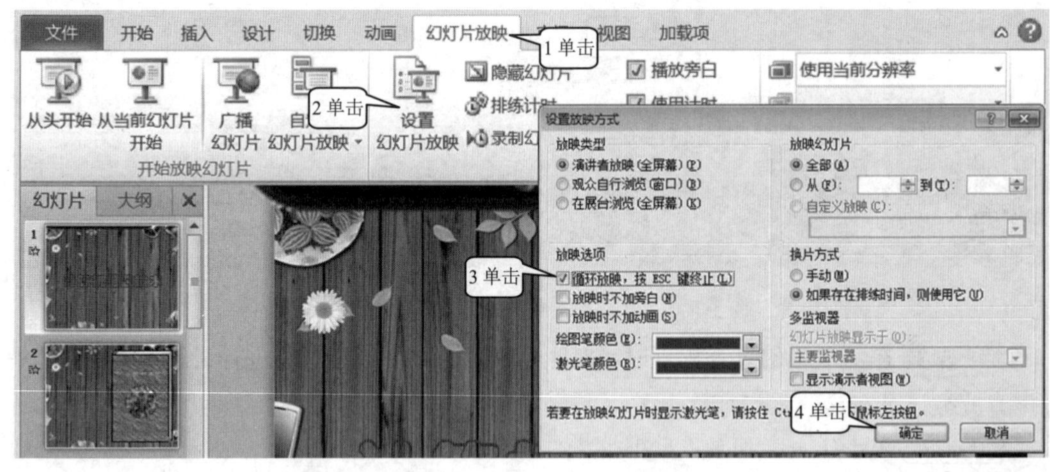


图 6.5.5

### 6.5.5 任务5：演示文稿的打包

一般演示文稿的播放是要在 PowerPoint 中进行的，在没有安装 PowerPoint 的计算机中，演示文稿文件无法播放。为了能让演示文稿在任何情况下都可以播放，我们可以将做好的演示文稿打包成可以独立播放的文件。打包的好处就是：它可以将幻灯片中所用到的音频、视频、Flash、图片等素材文件以及 PowerPoint 播放器，一同放进一个文件夹，这个文件夹就是打包后的文件夹。打包后的文件夹在任何计算机上都可以正常放映。

另外，当我们在演示文稿中加入音频、视频、Flash 等素材时，如果用该演示文稿在其他计算机上播放的话，就会发现加入的音频、视频、Flash 等均无法播放出来。其原因就是这些音频、视频、Flash 并没有被保存到演示文稿文件当中去，而只是在演示文稿文件中给出了一个调用音频、视频、Flash 文件的路径。由于其他计算机上并没有路径所指的文件，所以也无法调用到这些音频、视频、Flash 文件，因此也就无法正常播放 PowerPoint 中的音频、视频、Flash 文件。而打包功能就可以将这些音频、视频、Flash 文件及所有的素材都集中存放到一个打包文件夹中，这样在任何情况下，就都可以正常播放演示文稿中的音频、视频、Flash 文件了。打包的方法如下。

**步骤 1** 打开【教材素材】\【PowerPoint】\【计算机组装(动画配乐解说)】文件。

**步骤 2** ①单击【文件】。②单击【保存并发送】。③单击【将演示文稿打包成 CD】。④单击【打包成 CD】，出现图 6.5.6 所示的【打包成 CD】对话框。⑤输入文件夹名【打包计算机组装技术】。⑥单击【复制到文件夹】，出现图 6.5.6 所示的【复制到文件夹】对话框。⑦单击选择路径。⑧单击【确定】(见图 6.5.6)，出现图 6.5.7 所示的对话框。

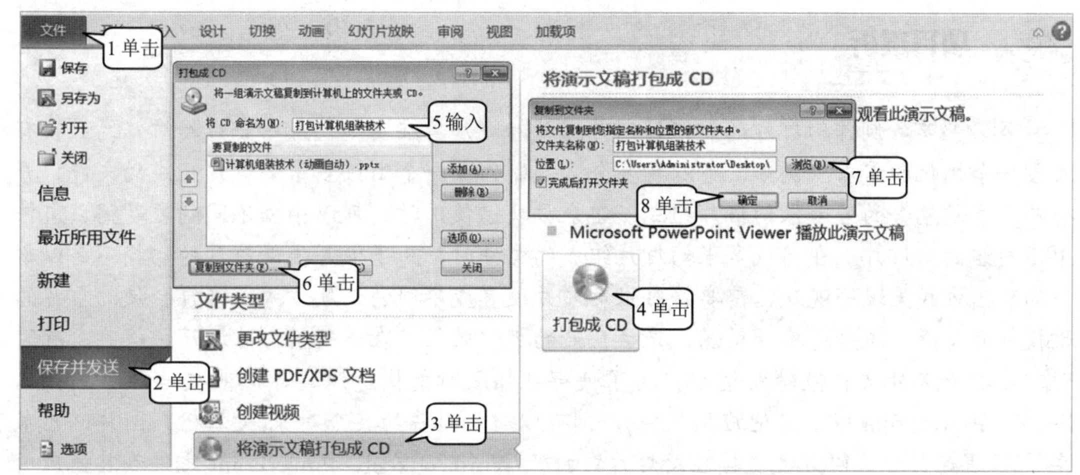


图 6.5.6

**步骤 3** 单击【是】(见图 6.5.7)，出现图 6.5.8，表示正在将幻灯片所加入的各种音频、视频文件放入文件夹。

图 6.5.7

图 6.5.8

这样计算机就将所有的文件复制到名为【打包计算机组装技术】的文件夹中。复制完成后就结束了打包工作，这样演示文稿中的所有内容就都被打包到文件夹中了。

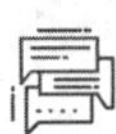

## 思考与联想

1. 在保存的演示稿文稿文件中插入的图片、视频、音乐、动画等是否都包含在该演示文稿文件中?

2. 如何保证让插入有图片、音频、视频、动画等对象的幻灯片，能够在其他的电脑上正常播放?

3. 如果一个幻灯片拿到其他电脑上播放时音频和视频无法播放，能说出原因吗?

## 拓展练习

扫描二维码，打开案例，制作与案例相同的文档。

# 6.6 项目6：形式多样的幻灯片放映手段

## 项目剖析

**应用场景：**制作幻灯片的最终目的是播放幻灯片，在实际使用中会对幻灯片的放映有着各种个性化的需求。例如，可以将多个主题制作成一个由许多张幻灯片组成的文件，并将每个主题包含的若干张幻灯片组成一组来放映。使用时，可以根据不同的主题播放文件中不同组的幻灯片。在播放多张幻灯片组成的文件时，为了使每张幻灯片的切换不是以单一的跳出方式呈现给观众，需要将每张幻灯片设置成不同的切换方式，这样会使幻灯片的切换具有动感，不显得单调枯燥，产生良好的视觉效果。在进行幻灯片演示讲解时，有时还需要打开其他文档做辅助说明，为了使得在播放时能快速地打开其他文档(如 Word、Excel、PowerPoint 以及其他应用软件)，则可以对幻灯片的某个对象(文本框、图片、艺术字等)设置超链接，以方便直接在幻灯片中打开 Word、Excel、PowerPoint 文件和其他应用软件。在幻灯片播放时，可以方便地在幻灯片之间跳转，制作出无须人工控制、自动播放的幻灯片。

**设计思路与方法技巧：**利用自定义幻灯片放映，将一个有许多张幻灯片的演示文稿进行随意分组，每组包含若干张幻灯片。这样使用时，就可以选择不同组进行播放。通过幻灯片切换设置，能使每张幻灯片切换时以不同的方式呈现给观众，产生良好的视觉效果，使幻灯片的切换具有动感。为幻灯片的某个对象(文本框、图片、艺术字等)设置超链接，即可方便地在幻灯片中打开 Word、Excel、PowerPoint 文件和其他应用软件。在幻灯片中添加动作按钮，可以实现在幻灯片播放时通过单击按钮在幻灯片之间迅速地跳转，而利用排练计时则可以制作出无须人工控制、自动播放的幻灯片。

**应用到的相关知识点：**幻灯片切换、自定义幻灯片、设置放映动作按钮、设置超链接、排练计时。

## 即学即用的可视化实践环节

## 6.6.1　任务 1：幻灯片的放映

步骤 1　打开【教材素材】\【PowerPoint】\【计算机组装技术】文件。

步骤 2　①单击【幻灯片放映】。②单击【从头开始】按钮，即可从第一张幻灯片开始放映，也可以单击右下侧的按钮放映打开的演示文稿(图 6.6.1)。

步骤 3　单击【从当前幻灯片开始】放映幻灯片，则可以从选中的幻灯片开始放映(参见图 6.61)。

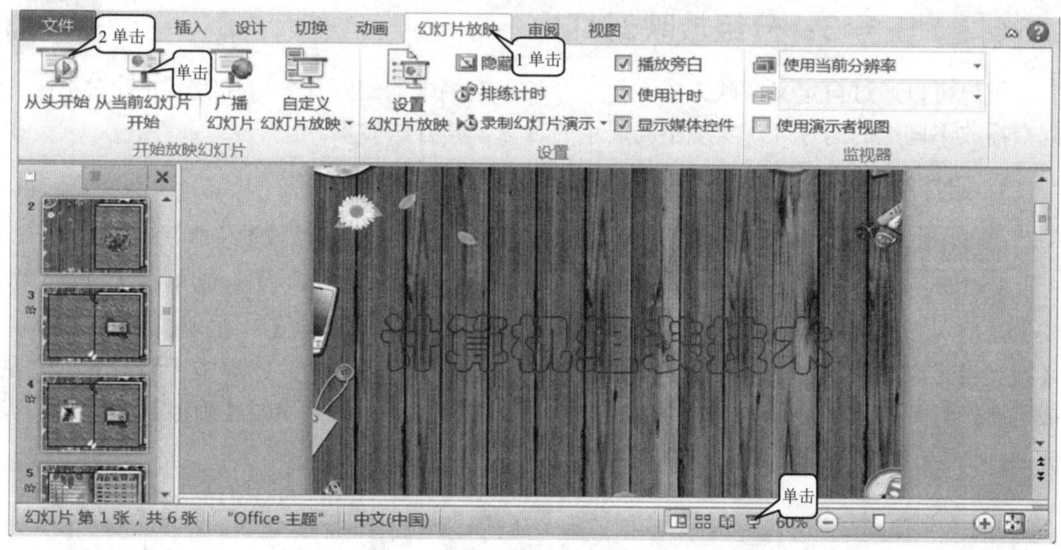


图 6.6.1

## 6.6.2　任务 2：幻灯片切换效果的设置

幻灯片切换效果是指在放映幻灯片时，从一张幻灯片切换到另一张时的幻灯片呈现的方式和给人的视觉、声音效果。

步骤 1　①单击选择要设置切换效果的幻灯片。②单击【切换】。③单击【其他】按钮，选择【涟漪】。④单击【效果选项】。⑤单击【居中】。⑥单击【声音】，选择【风铃】。⑦输入【2】，表示涟漪方式切换的时间为 2 秒(见图 6.6.2)。如果单击【全部应用】按钮，则以上幻灯片切换方案可应用于演示文稿中的全部幻灯片；若不单击【全部应用】按钮，则以上幻灯片切换方案只应用于当前幻灯片。

步骤 2　单击选择第 2 张幻灯片，参照以上方法，设置其切换方案为【淡出】，切换时间为【0.5】，切换时的声音为【激光】，换片方式为【单击鼠标】。PowerPoint 提供了多种切换形式，用同样的方法将剩下的幻灯片设置为不同的切换方式。

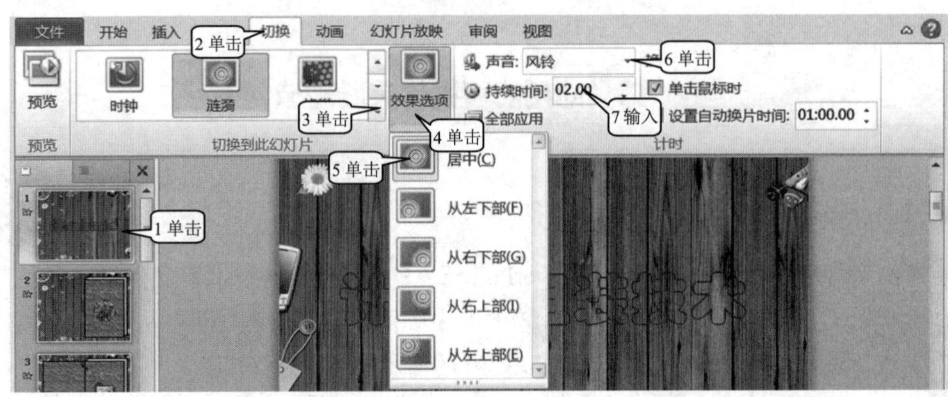


图 6.6.2

## 6.6.3 任务 3：分组放映幻灯片

用户可以通过自定义放映方式，把一个演示文稿中的幻灯片分为几组，并针对不同的观众播放不同组的幻灯片，实现不同展示的目标。其方法如下。

### 1. 幻灯片放映分组

**步骤 1** 打开【教学素材】\【PowerPoint】\【计算机组装技术】文件。

**步骤 2** ①单击【幻灯片放映】。②单击【自定义幻灯片放映】。③单击【自定义放映】，出现图 6.6.3 所示的【自定义放映】对话框。④单击【新建】，出现图 6.6.3 所示的【定义自定义放映】对话框。⑤单击选择需要分组的放映幻灯片。⑥单击【添加】。⑦完成所有幻灯片的添加后，输入该组幻灯片名称【自定义放映 1】。⑧单击【确定】(见图 6.6.3)，会回到图 6.6.4 所示的【自定义放映】对话框。

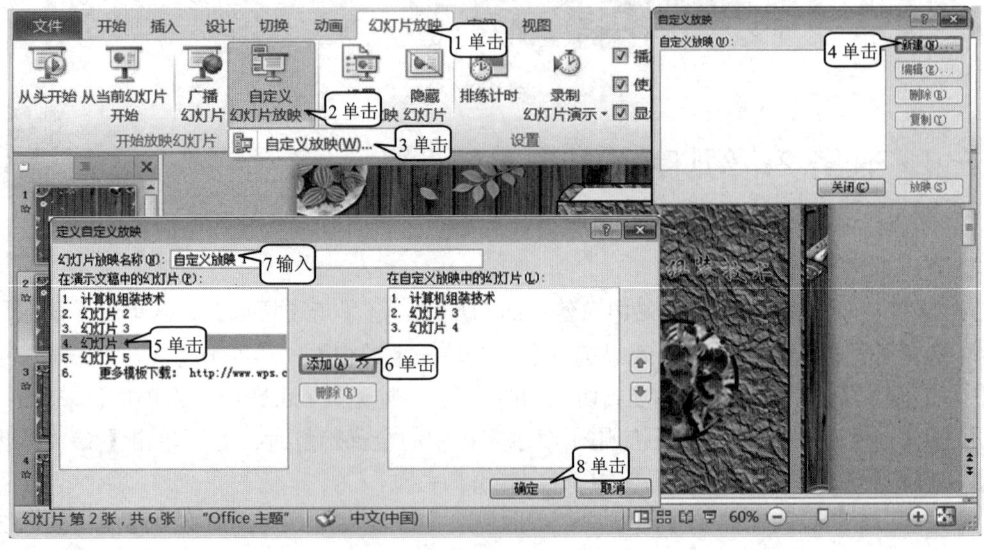


图 6.6.3

**步骤 3** 在图 6.6.4 所示【自定义放映】对话框中，再次单击【新建】，用同样的方法完成【自定义放映 2】组的设置。设置完成后，【自定义放映】对话框里面就有了如

图 6.6.5 所示的【自定义放映 1】、【自定义放映 2】两个放映组。

步骤 4　单击【关闭】(见图 6.6.5)，完成分组。

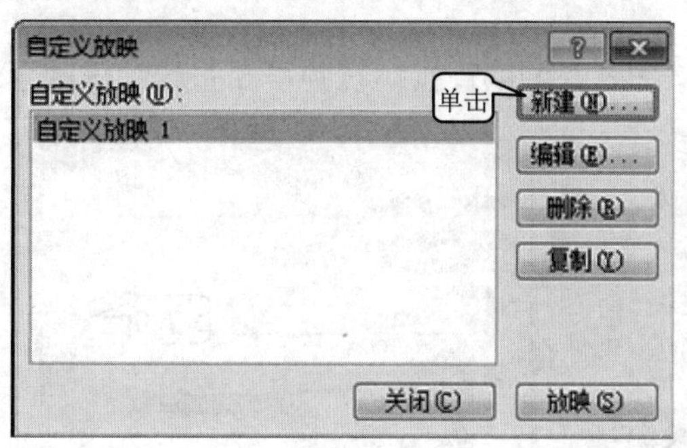


图 6.6.4

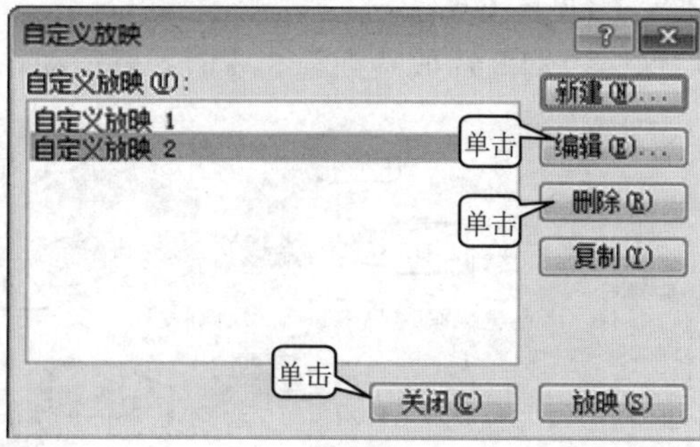


图 6.6.5

### 2. 分组放映幻灯片

①单击【幻灯片放映】。②单击【自定义幻灯片放映】。③单击【自定义放映 1】(见图 6.6.6)，就可以放映第 1 组幻灯片。

### 3. 幻灯片放映组的编辑

步骤 1　①单击【自定义幻灯片放映】。②单击【自定义放映】(参见图 6.6.3)，就会出现图 6.6.5 所示的【自定义放映】对话框。

步骤 2　单击【编辑】，可以对选定的放映组重新编组(参见图 6.6.5)。

步骤 3　单击【删除】，可以删除选定的放映组(参见图 6.6.5)。

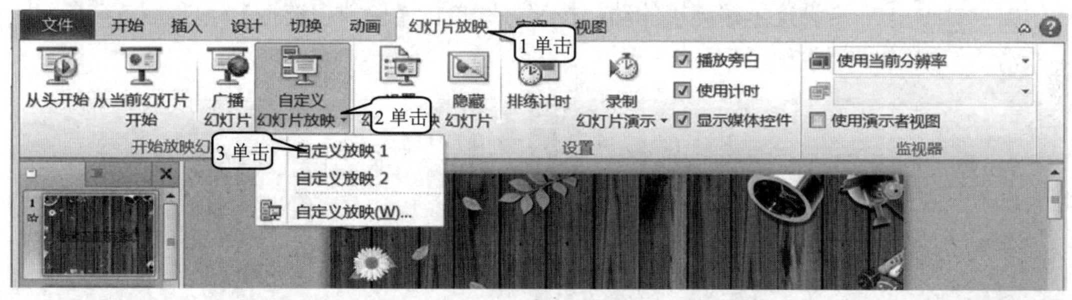


图 6.6.6

## 6.6.4　任务 4：实现幻灯片间的直接跳转

当一组幻灯片数量比较多时，为了在演示中快速地找到其中某一张特定的幻灯片，可以在某张幻灯片中加入跳转按钮，并在放映时单击该按钮跳转到所要看的那张幻灯片，设置跳转的方法如下。

### 1. 设置跳转按钮

步骤 1　打开【教材素材】\【PowerPoint】\【计算机组装】文件，单击选择第 3 张幻灯片。

步骤 2　①单击【插入】。②单击【形状】。③单击【动作按钮：前进或下一项按钮】。④在幻灯片上拖动鼠标，绘制出一个动作按钮，同时弹出【动作设置】对话框。⑤单击【超链接到】列表框右侧的三角。⑥单击【幻灯片】，会弹出图 6.6.7 所示的【超链接到幻灯片】对话框。⑦单击选择【幻灯片 5】。⑧单击【确定】，回到【动作设置】对话框。⑨单击【确定】(见图 6.6.7)。

这样当幻灯片放映到第 3 张时，单击动作按钮，就可以直接跳转到第 5 张继续放映了。

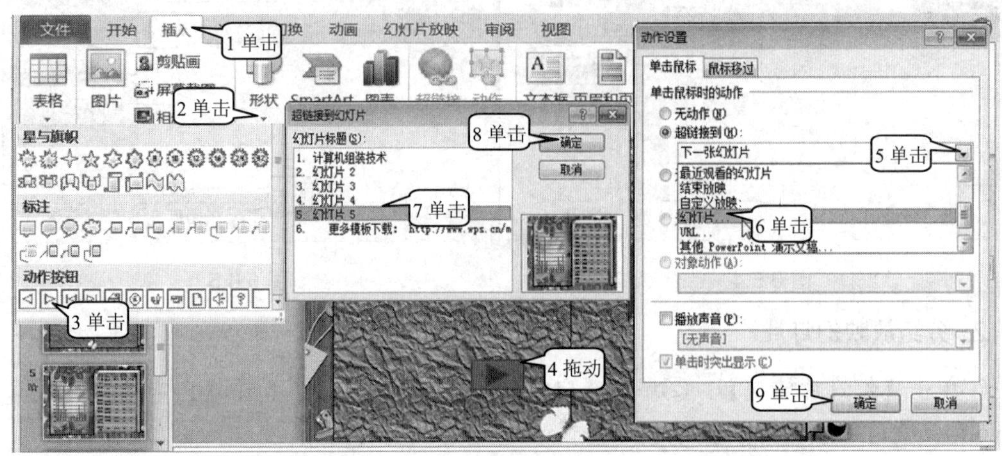


图 6.6.7

2. 编辑与取消跳转链接

**步骤1** ①右击设置了超链接的动作按钮。②单击【编辑超链接】(见图 6.6.8)，就会出现图 6.6.7 所示的【动作设置】对话框，通过这个对话框就可以像前面的操作一样来重新设置超链接。

**步骤2** ①右击设置了超链接的动作按钮。②单击【取消超链接】(参见图 6.6.8)，即可取消动作按钮的超链接。

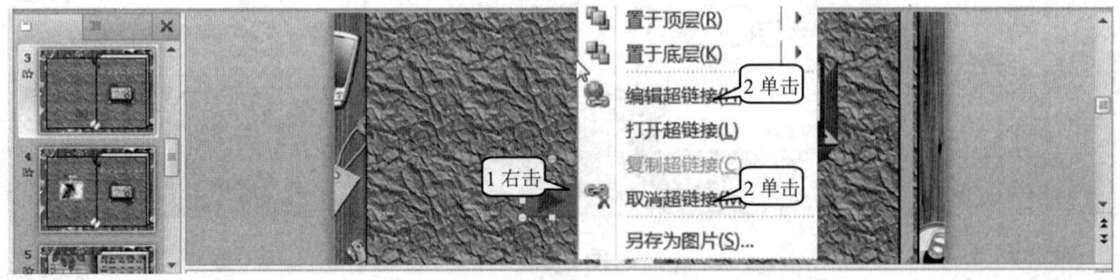


图 6.6.8

## 6.6.5 任务 5：在放映时用超链接打开其他文档

通过给幻灯片中某个对象设置超链接的方法，不但可以实现本演示文稿中幻灯片之间的跳转，还可以实现不同演示文稿之间的跳转。这一功能对制作教学课件和各种讲座是很有用的，超链接的设置方法如下。

1. 与本演示文稿内幻灯片的超链接

**步骤1** 打开【教材素材】\【PowerPoint】\【计算机组装】文件，单击选择第 3 张幻灯片。

步骤 2　①单击选中艺术字。②单击【插入】。③单击【超链接】，出现图 6.6.9 所示的【插入超链接】对话框。④单击【本文档中的位置】。⑤单击【幻灯片 2】。⑥单击【确定】(见图 6.6.9)，这样就建立了选中艺术字对象与幻灯片 2 之间的超链接。

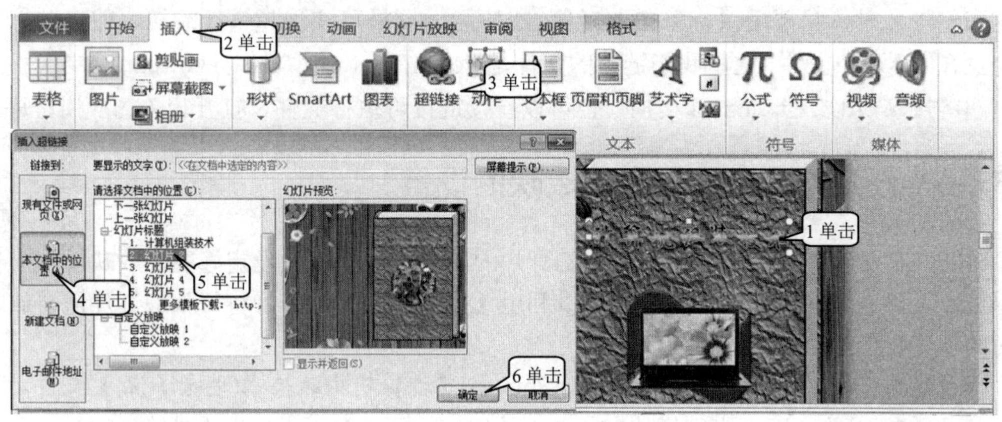


图 6.6.9

步骤 3　单击窗口右下侧的【幻灯片放映】按钮，放映设置了超链接的这张幻灯片。将鼠标指向设置了超链接的艺术字，指针就会变成一个小手形状。单击艺术字，就可实现超链接跳转，即跳转到【幻灯片 2】。

### 2. 与其他文件的超链接

步骤 1　①单击选中第 1 张幻灯片。②单击【插入】。③单击选中文本框。④单击【超链接】，出现图 6.6.10 所示的【插入超链接】对话框。⑤单击【现有文件或网页】。⑥单击选择要链接的文件所在的文件夹。⑦单击【当前文件夹】。⑧单击【企业介绍】。⑨单击【确定】(见图 6.6.10)，这样就建立了选中文本框与【企业介绍】这个文件之间的超链接。

图 6.6.10

步骤2 单击窗口右下侧的【幻灯片放映】按钮，放映设置了超链接的这张幻灯片。将鼠标指向设置了超链接的文本框，指针就会变成一个小手形状。单击该文本框，就可实现超链接跳转，自动打开【企业介绍】这个文件。如果从头开始放映该组幻灯片，当放映到这张幻灯片时，只要用鼠标单击该对象(文本框)，同样可实现超链接跳转，即自动打开【企业介绍】这个文件。这里我们链接的文件是 PowerPoint 文件，除了 PowerPoint 文件外，还可超链接 Word 文档、Excel 文档，也可以直接链接可执行文件，打开相关的应用程序。

## 6.6.6 任务6：幻灯片自动放映的设置

有时我们希望幻灯片放映时，每张幻灯片的放映时间是事先设定好的，放映过程中自动播放，无须人工控制操作。这时就可以利用【排练计时】命令，将每张幻灯片需要放映的时间事先设定好，设定的方法如下。

步骤1 打开【教材素材】\【PowerPoint】\【计算机组装技术(动画解说)】文件。

步骤2 ①单击第1张幻灯片。②单击【幻灯片放映】。③单击【排练计时】，则幻灯片开始放映，并出现图6.6.11所示的【录制】框。④单击【下一项】，跳到下一张幻灯片，再次单击【下一项】按钮，则继续向后跳。两次单击【下一项】按钮之间的时间就是该张幻灯片播放持续的时间。继续单击【下一项】按钮，直到最后一张幻灯片，然后会出现图6.6.11所示的对话框。⑤单击【是】按钮，出现图6.6.12。从图中可以看到每张幻灯片的播放时间被记录在幻灯片的左下方，下次放映时就会按每张幻灯片记录的时间自动放映，无须人工控制。

图 6.6.11

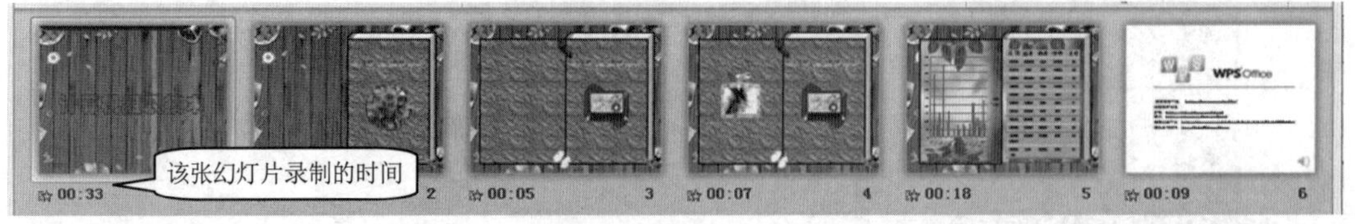


图 6.6.12

步骤3 单击【文件】\【另存为】，用【计算机组装技术(自动播放)】作为文件名保存，就可将记录的各张幻灯片的放映时间保存到文件中。

**思考与联想**

1. 谈谈分组放映是在什么情况下使用。
2. 为什么要对幻灯片中的对象设置超链接或动作按钮?
3. 设置幻灯片切换效果有什么好处?

**拓展练习**

扫描二维码，打开案例，制作与案例相同的文档。

## 6.7 项目 7：个性化的通用幻灯片的设计

### 项目剖析

**应用场景：** 很多场合下，幻灯片的布局、幻灯片内的图案元素可以是一样的；而根据不同的应用场景对同一幻灯片配以不同的色调，同样可以满足需求。所以利用图形、图片、文本框组合设计通用的幻灯片版式，就可以应用在多种场合中，可以提高幻灯片制作效率。

**设计思路与方法技巧：** 观察下面一组幻灯片会发现，除了第一张之外，后面的幻灯片的背景都是一样的，而且背景实际上是由多个图形、图片组成的，且是不能被删除、移动和改变的。在这个幻灯片文件中，因为我们在此应用了母版来设计这组幻灯片，使得在这个幻灯片文件中每增加一张幻灯片其背景都是相同的。这组幻灯片中的第一张是该母版封面，而在各张幻灯片中的图形则较多地运用了绘图工具绘制。通过对图形内部进行各种颜色、各种样式的填充以获得各种效果，同时对图形的边框线、立体效果进行各种设置，来改变原图的外观。而把各种图形有机而巧妙地组合，就构成了新的图形；把绘制的图形与图片组合也同样能构成精美的图形。通过灵活使用绘图工具和运用图形组合，就使得幻灯片画面更具有吸引力、画面更生动活泼。

**应用到的相关知识点：** 幻灯片母版、组合图形、设置图形的叠放层次、在图形中填充图片。

**即学即用的可视化实践环节**

制作图 6.7.1 所示的通用幻灯片，其具体方法与步骤扫描上面的二维码进行学习。

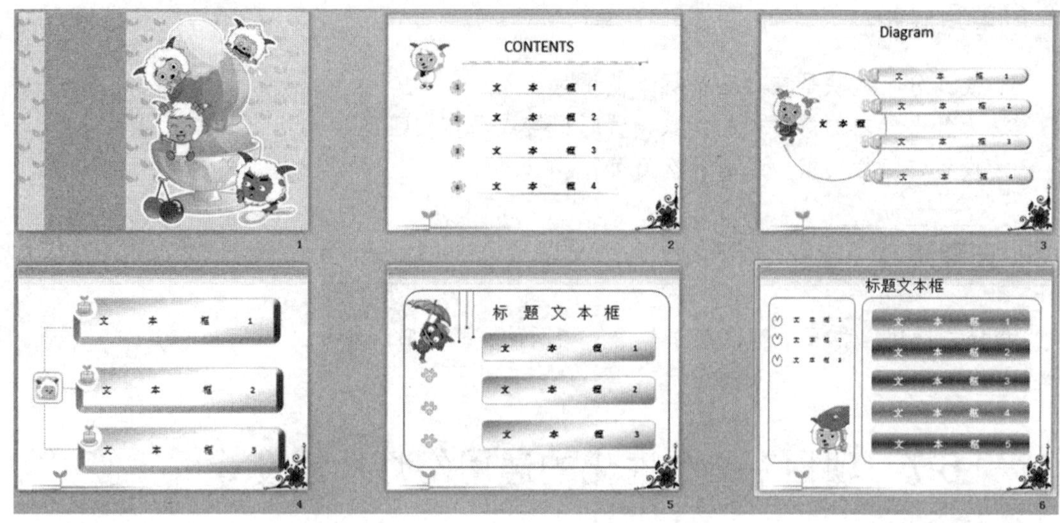


图 6.7.1

# 学习模块 7

# 网络办公

本模块学习要点：

- 网络文字资源下载。
- 网络图片资源下载。
- 网络视频资源下载。
- 搜索引擎的使用。

本模块技能目标：

- 掌握网络文字资源获取的方法。
- 学会利用网络图片资源。
- 熟练应用网络视频。
- 掌握搜索引擎的使用。

# 7.1 项目 1：网络资源下载

## 项目剖析

**应用场景：** 网络时代的来临，为日常办公应用提供了极大的方便，办公所需要的各种资料信息都可以从网络中获得。同时与他人的办公信息交流也更为快速、便捷。通过浏览器和搜索引擎，我们能从浩瀚的信息海洋中迅速找到所需要的各种资料，这些资料包括文字的、视频的、图片的、音乐的。学会将这些资料下载到自己的计算机上，就可以让这些资料在今后的办公应用中发挥重要的作用。

**设计思路与方法技巧：** 通过浏览器和搜索引擎来获取网络上的文字、图片、视频、音乐等资源的网址，再从相应的网站上下载文字、图片、视频、音乐等资源。

**应用到的相关知识点：** 浏览器、搜索引擎的使用，下载资源的网站及下载方法。

## 即学即用的可视化实践环节

### 7.1.1 任务 1：搜索引擎的使用

**步骤 1** 在 IE 地址栏输入【www.baidu.com】，按 Enter 键(见图 7.1.1)，出现如图 7.1.2 所示的【百度】搜索引擎界面。

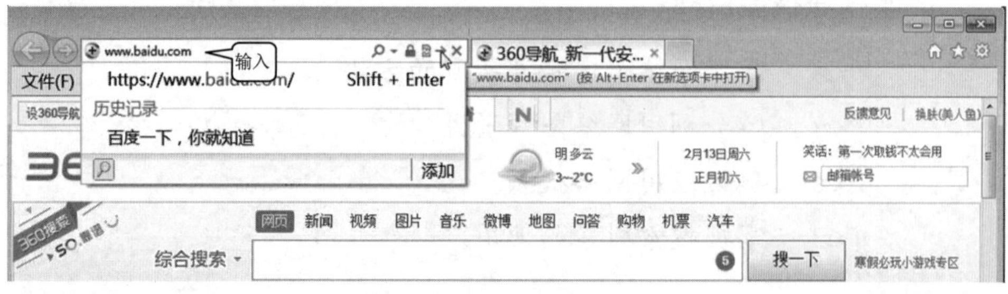


图 7.1.1

图 7.1.2

步骤 2 ①在搜索框内输入【京东商城】。②单击【百度一下】(见图 7.1.2)，就会打开如图 7.1.3 所示的【京东商城】网站主页。

图 7.1.3

步骤 3 ①在百度搜索框内输入【格力空调 玫瑰 KFR-26GW/(26587)FNAa-A1】。②单击【百度一下】，就可看到搜索的多个结果。③单击【「京东」格力 kfr-26gw，正品行货!货到付款!】(见图 7.1.4)，出现图 7.1.5 所示的京东格力空调页面。

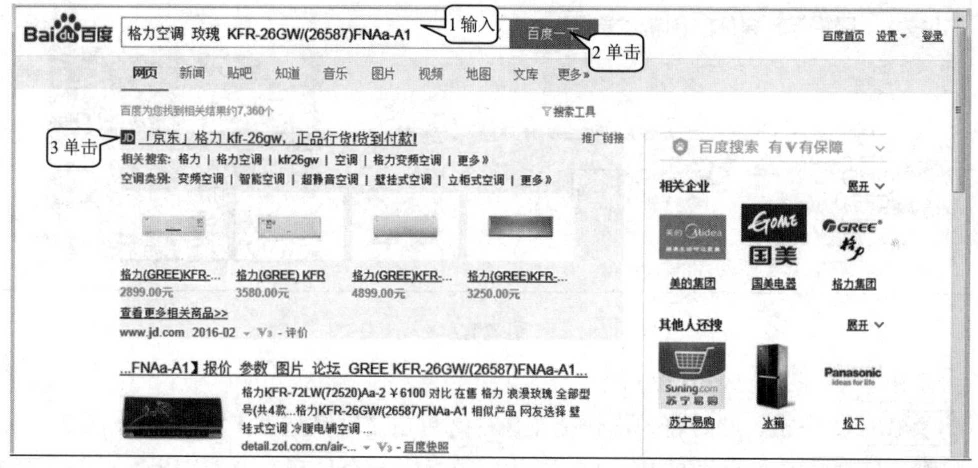


图 7.1.4

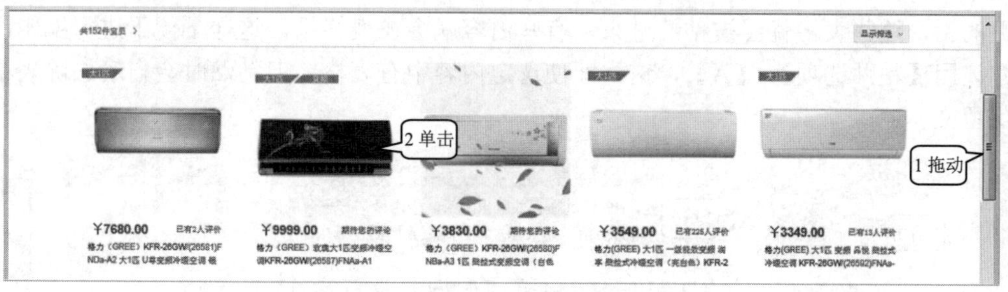


图 7.1.5

步骤 4 ①拖动滚动条，找到需要的商品。②单击商品图片，即可进入该产品的网页，见图 7.1.6。

图 7.1.6

## 7.1.2 任务 2：从网上下载资料

### 1. 下载网页上的文本资源

**步骤 1** ①拖动鼠标选定所要的文本。②右击选定的文本，此时将弹出快捷菜单。③单击【复制】命令(见图 7.1.7)。

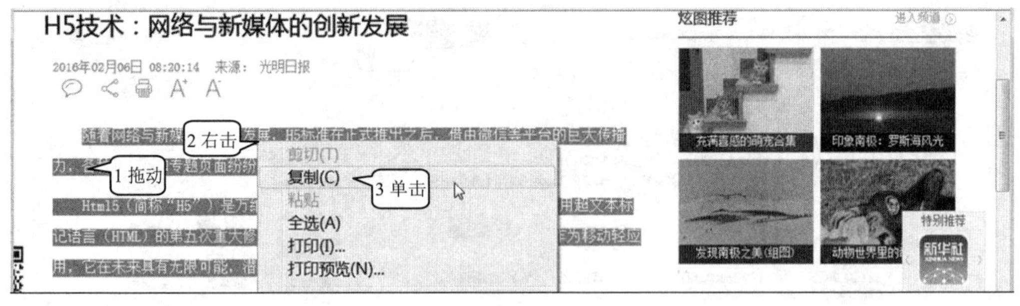


图 7.1.7

**步骤 2** 打开 Microsoft Word。

**步骤 3** ①右击，此时将弹出快捷菜单。②单击【粘贴选项】\【A】(见图 7.1.8)，就可以将刚才复制的文本粘贴到 Word 文档中。这里有一个技巧需要特别提醒：在网页上复制文本时，往往会选定较多的内容，其中可能会包含表格。如不选【粘贴选项】\【A】来粘贴的话，这些表格就会被粘贴进来，有些内容就会在表格里，这样不便于进行编辑。所以建议用【粘贴选项】\【A】，这样即使选定内容中有表格，但粘贴时会自动去除表格，只保留文本。

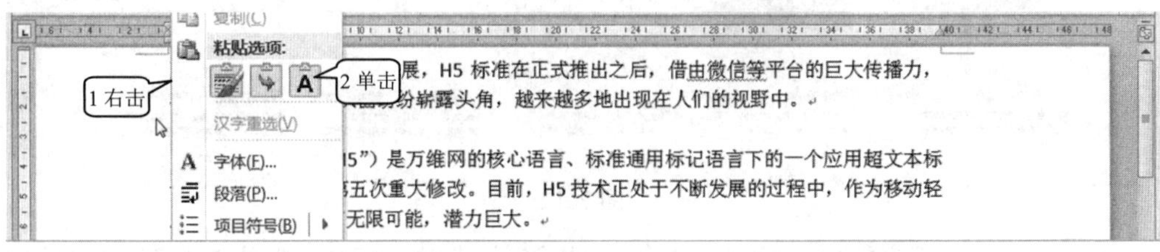


图 7.1.8

### 2. 下载网页上的图片

①右击图片，此时将弹出快捷菜单。②单击【图片另存为】命令，出现图 7.1.9 所示的【保存图片】对话框。③单击选择图片的保存位置。④输入图片文件名。⑤单击【保存】按钮(见图 7.1.9)。

图 7.1.9

### 3. 搜索、下载网上的图片

利用百度可以搜索和下载图片，方法如下。

**步骤 1** ①单击【图片】。②输入要搜索的图片名称【玫瑰】。③单击【百度一下】，即可出现图片页面(见图 7.1.10)。

图 7.1.10

**步骤 2** ①右击图片，此时将弹出快捷菜单。②单击【图片另存为】命令，出现图 7.1.11 所示的【保存图片】对话框。③单击选择图片的保存位置。④输入图片文件名。⑤单击【保存】按钮(见图 7.1.11)。

### 4. 下载网上的音乐资源

利用酷狗音乐、QQ 音乐等都可以搜索和下载音乐，方法如下。

**步骤 1** 下载并安装【酷狗音乐】，然后打开【酷狗音乐】。

**步骤 2** ①输入歌名【青春修炼手册】。②单击【搜索】按钮。③单击勾选【Tfboys -

青春修炼手册】复选框。④单击【下载】按钮，出现图 7.1.12 所示的【下载窗口】对话框。⑤单击【立即下载】按钮(见图 7.1.12)，音乐文件就被下载到图中默认的文件夹了，也可以通过单击【下载窗口】对话框中的【更改目录】铵钮来改变文件的存放地址。

图 7.1.11

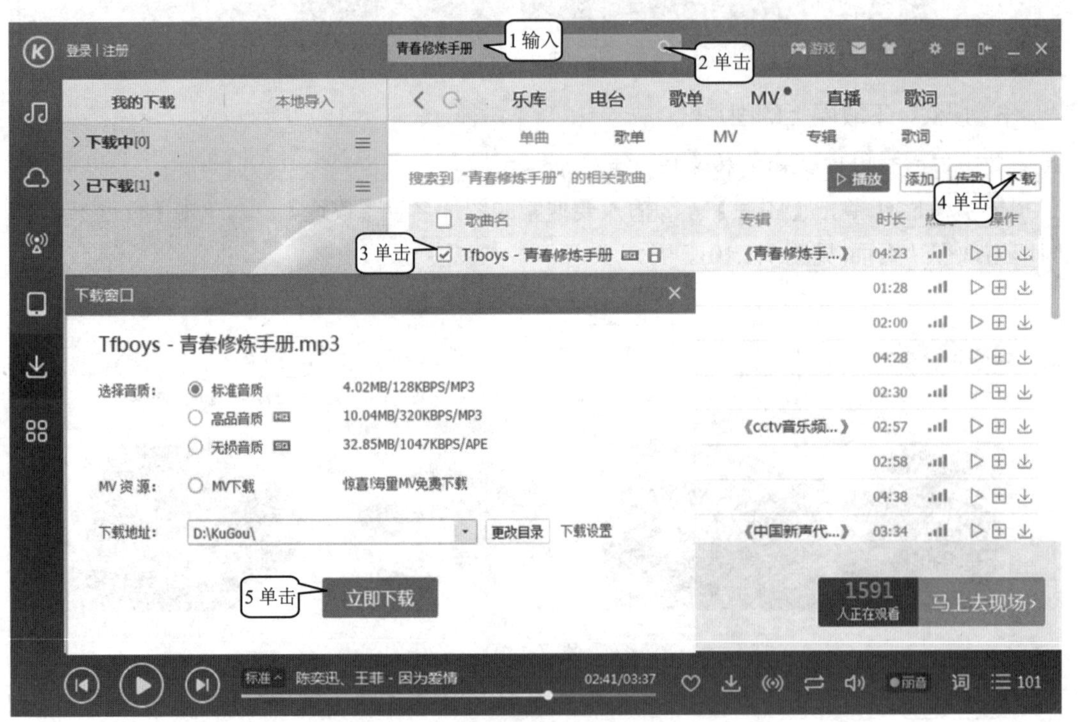


图 7.1.12

### 5. 下载和安装网上的软件

步骤 1 ①单击【网页】。②输入搜索软件的名称【优酷 PC 客户端】。③单击【百度一下】。④单击【普通下载】按钮(见图 7.1.13)，出现图 7.1.14 所示的对话框。

步骤 2 单击【运行】按钮(见图 7.1.14)，出现图 7.1.15。

步骤 3 单击【立即安装】按钮(见图 7.1.15)，出现图 7.1.16，开始安装【优酷 PC 客户端】。

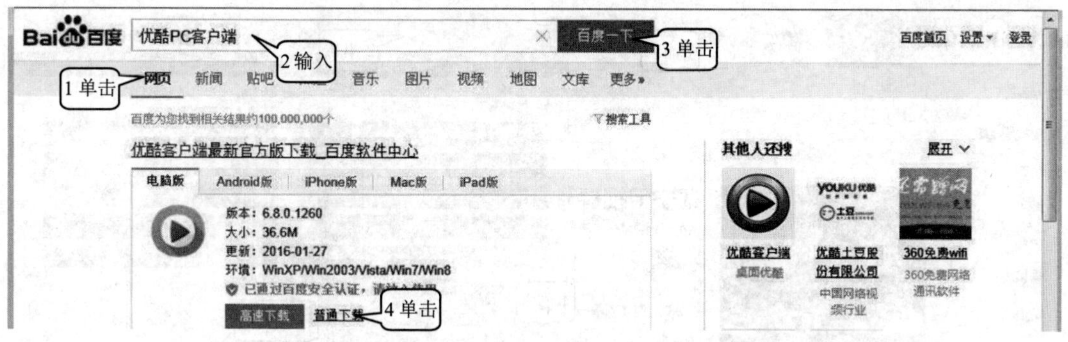


图 7.1.13

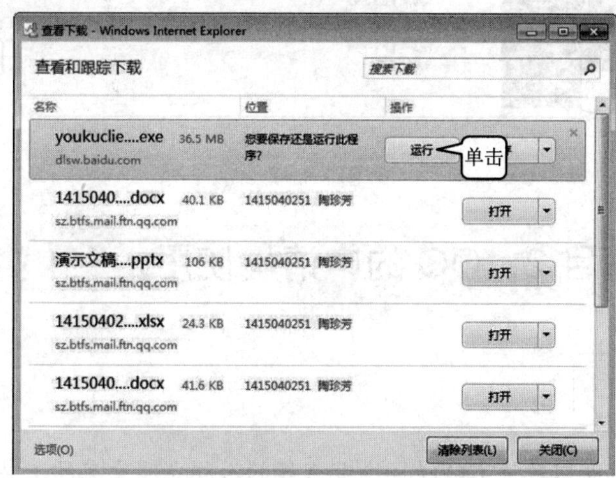


图 7.1.14

图 7.1.15

图 7.1.16

安装完成后桌面上出现优酷 PC 客户端图标。

软件下载还有其他方法，可以通过登录相关的软件下载网站，例如华军软件来下载。还可以通过安装 360 安全卫士、QQ 电脑管家、金山毒霸，在这些软件的软件管理模块中下载和卸载不要的软件。

### 6. 下载网上视频

步骤 1　打开【优酷 PC 客户端】，出现如图 7.1.17 所示的界面。

步骤 2　①输入要搜索的视频名。②单击【搜索】，便可找到视频。③单击【下载】，出现图 7.1.17 所示的新建下载对话框。④单击【标清】。⑤单击【开始下载】(见图 7.1.17)，即可将视频下载到图 7.1.17 所给定的位置。

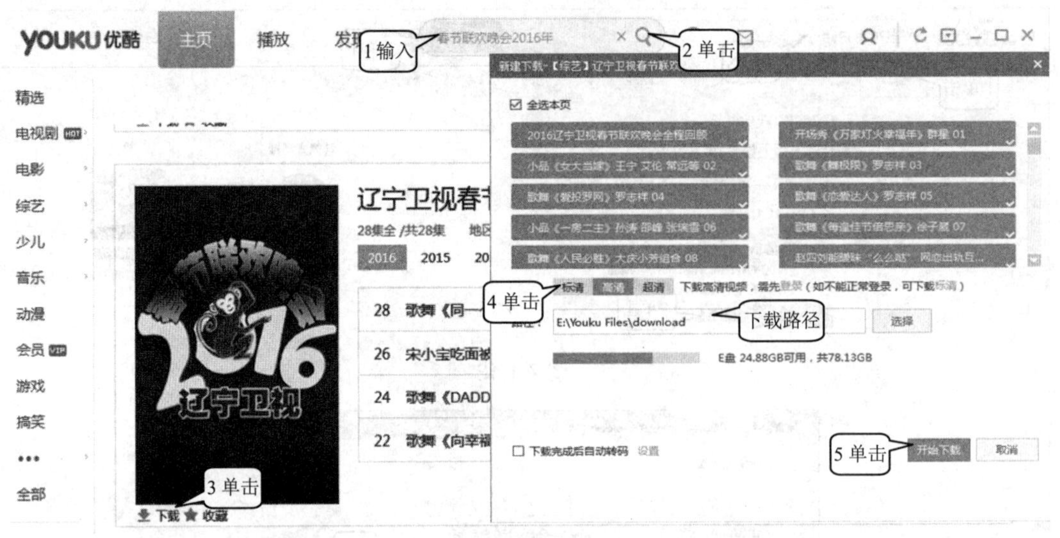


图 7.1.17

## 7.2 项目 2：QQ 的申请与使用

### 项目剖析

**应用场景：** 即时通信软件 QQ 是一个非常好的人际之间交流的工具。将 QQ 的各种功能应用于办公，会大大提高办公效率，使得单位之间、朋友之间、同学之间、同行之间的商务交流、办公交流、技术交流能够方便、及时、有效进行。而将手机 QQ 应用于这种交流，就会使其更为流畅；不会因为交流双方不在计算机旁而耽误信息的接收和传递。使用 QQ 的文字聊天可以和对方进行简单的交流，而通过语音则可以和对方进行详细交流，其效果如同电话交流一样。若将文件传送功能结合进来的话，就可以和对方较为详细地讨论诸如文章修改、技术方案、商务计划、工作计划等问题，双方在讨论中可以相互实时传送文件，并可以同时打开要讨论的文件，进行语音说明或修改，然后及时将修改的结果传送给对方。这和面对面的讨论与修改形式没有太大的差别。通过群语音或者群视频，还可以和加入群中的人召开远程会议。

**设计思路与方法技巧：** 利用 QQ 的文字聊天功能进行简单的交流，通过语音配合图片、视频、文件和对方进行详细交流，通过视频实现面对面交流。

**应用到的相关知识点：** QQ 的申请，文字、语音、视频功能的应用，文件的传送。

## 即学即用的可视化实践环节

### 7.2.1　任务 1：QQ 的申请

步骤 1　双击桌面上的 QQ 图标，出现图 7.2.1 所示的登录界面。

步骤 2　单击【注册账号】(见图 7.2.1)，出现图 7.2.2 所示的注册页面。

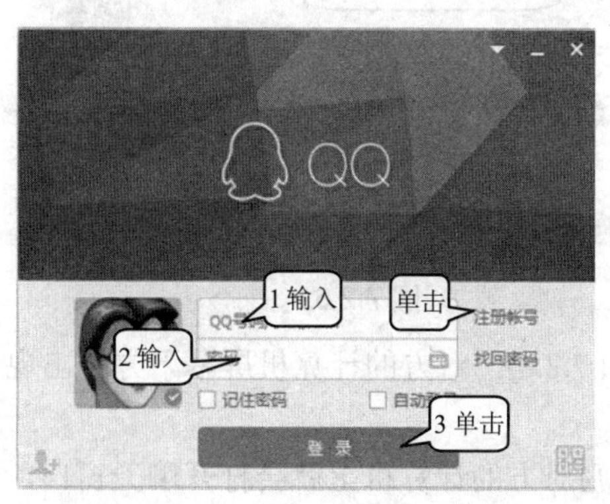


图 7.2.1

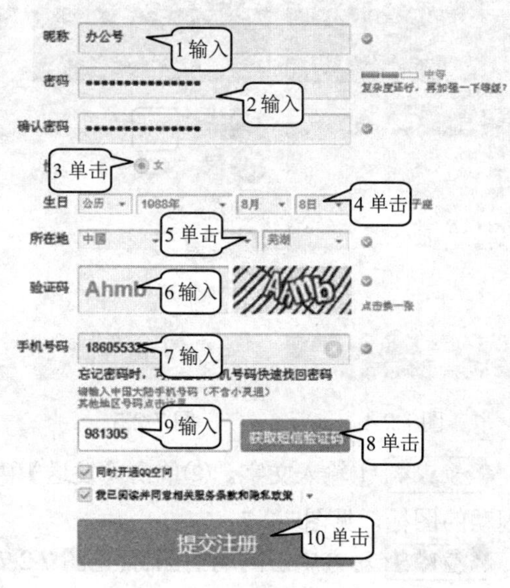


图 7.2.2

步骤 3　①输入昵称(昵称名自己定)。②输入 2 次密码。③单击选择【性别】。④单击选择【生日】。⑤单击选择所在国家、省份、城市。⑥输入验证码。⑦输入自己的手机号。⑧单击【获取短信验证码】，则自己的手机就会收到一条短信。⑨输入短信上的验证码。⑩单击【提交注册】按钮(见图 7.2.2)，出现图 7.2.3。图中有刚注册的 QQ 号连同上面输入的密码，这些都必须牢记，因为它们是自己以后使用 QQ 所必需的。申请到 QQ 号后，登录 QQ 再添加好友，就可以和好友聊天交流了。

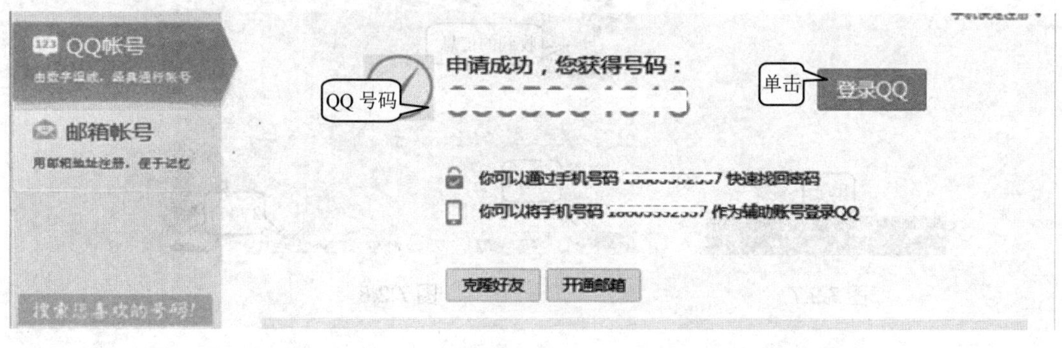


图 7.2.3

## 7.2.2 任务 2：QQ 的使用

### 1. 文字聊天

步骤1 打开 QQ，参见图 7.2.1。

步骤2 ①输入 QQ 号码。②输入密码。③单击【登录】(参见图 7.2.1)，出现图 7.2.4。

步骤3 双击要聊天的好友图标(见图 7.2.5)，出现图 7.2.6。

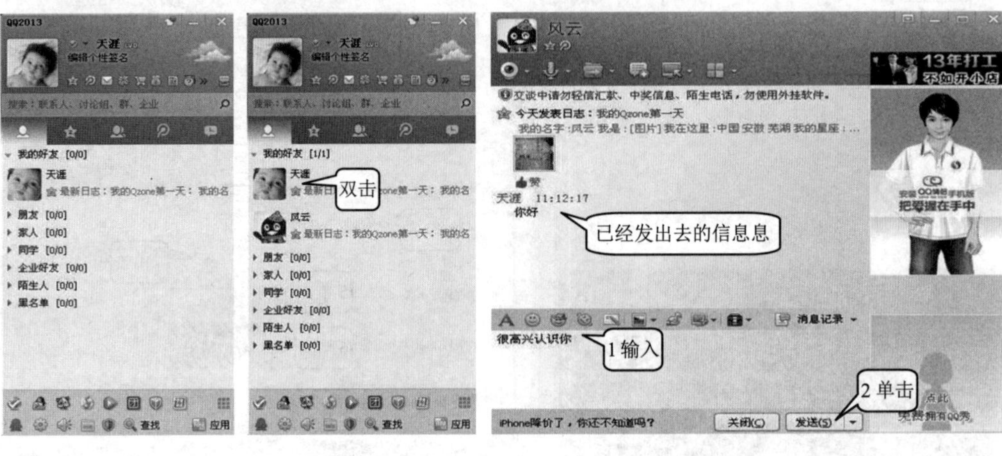


图 7.2.4　　图 7.2.5　　图 7.2.6

步骤4 ①输入文字。②单击【发送】(见图 7.2.6)，对方的计算机屏幕下方会出现一个闪动的图标，见图 7.2.7。

步骤5 对方单击闪动的图标(见图 7.2.7)，则对方的计算机上就会打开聊天窗口，见图 7.2.8，其中上面是收到的信息，下面空白处是回复信息的输入区。

步骤6 ①输入文字。②单击【发送】(见图 7.2.8)，则输入的信息就被传送到对方那里了。

图 7.2.7

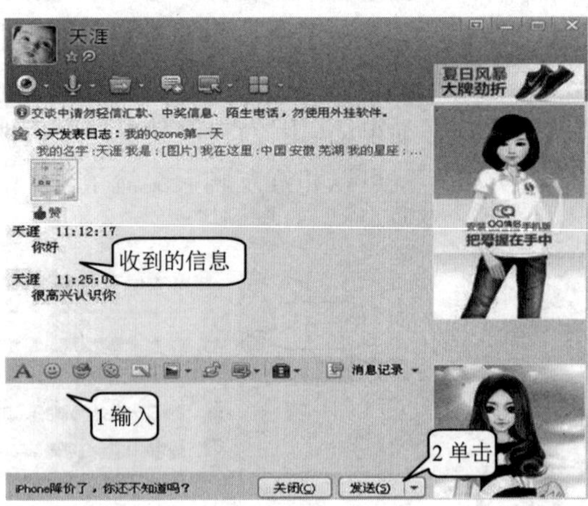


图 7.2.8

### 2. 语音聊天

步骤1 ①单击语音聊天按钮 。②单击【开始语音会话】(见图 7.2.9)，对方聊天窗口会出现【对方语音邀请中】提示，并会出现【接受】和【拒绝】两个按钮，见图 7.2.10。

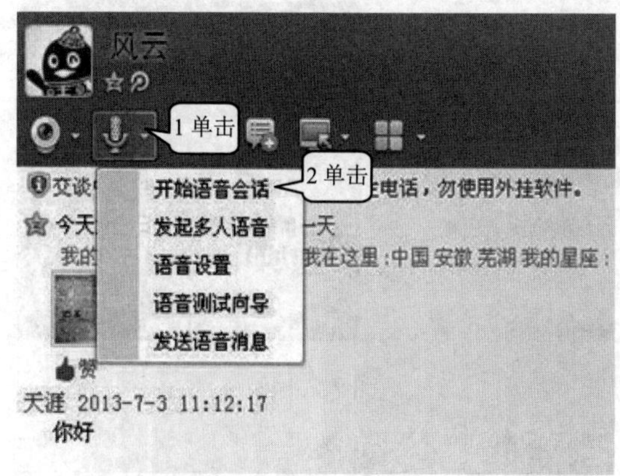


图 7.2.9

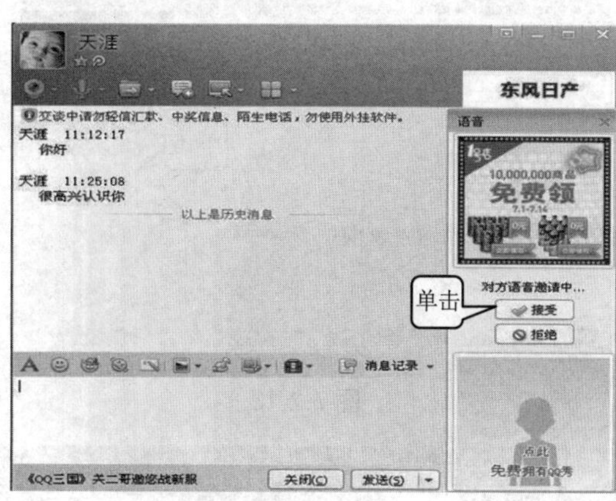


图 7.2.10

步骤2 如果对方同意，则单击【接受】(见图 7.2.10)，就会出现图 7.2.11。这样双方就可以通过耳麦进行对话聊天了。

### 3. 视频聊天

步骤1 ①单击视频聊天按钮 。②单击【开始视频会话】(见图 7.2.12)，对方聊天窗口会出现【对方视频邀请中】提示，并会出现【接受】和【拒绝】两个按钮，见图 7.2.13。

步骤2 如果对方同意，则单击【接受】(见图 7.2.13)，这样双方就可以通过摄像头互相看到对方，并互相通话了，见图 7.2.14。

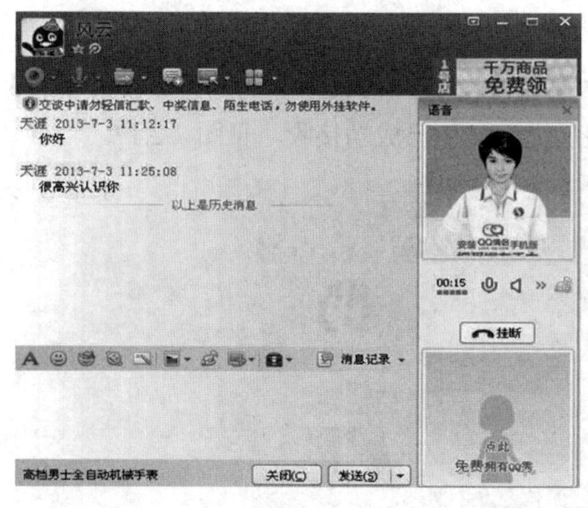


图 7.2.11

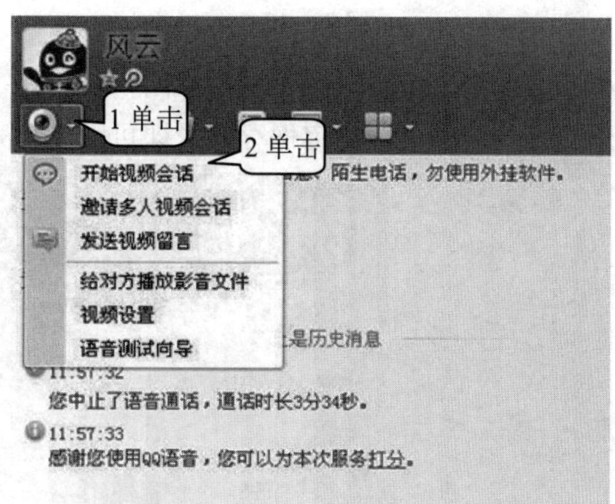


图 7.2.12

### 4. 发送文件

步骤1 ①单击传送文件按钮 。②单击【发送文件/文件夹】。③单击要传送的文件。④单击【发送】按钮(见图 7.2.15)，对方聊天窗口右侧会出现如图 7.2.16 所示的【传送文件】提示，并会出现【另存为】、【接收】等四个按钮。

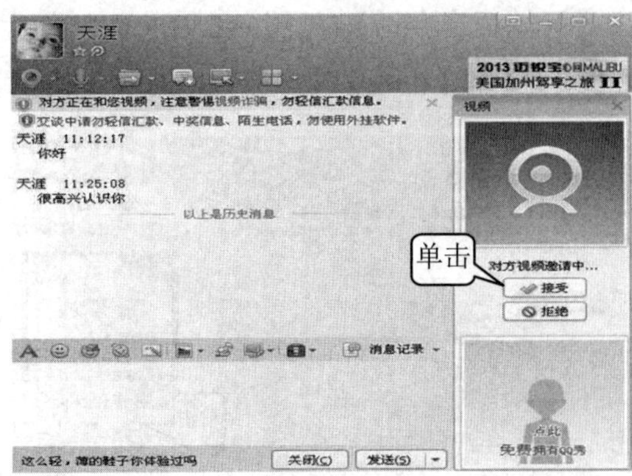


图 7.2.13

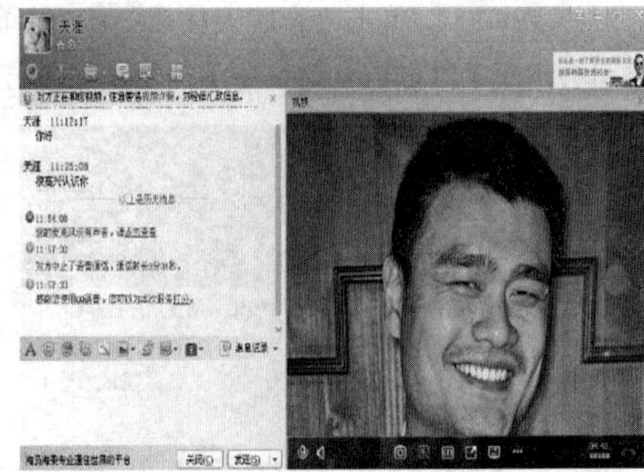

图 7.2.14

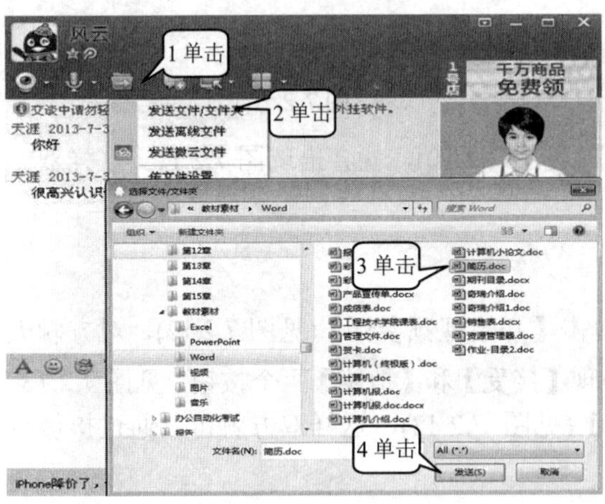


图 7.2.15

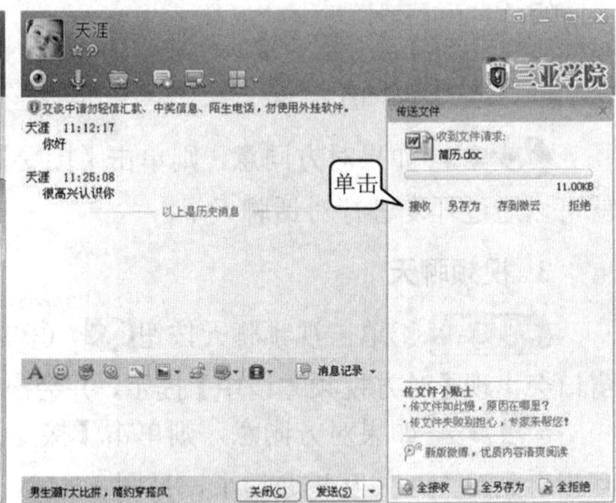


图 7.2.16

步骤 2 如果对方同意，则单击【另存为】或【接收】(见图 7.2.16)，单击【另存为】后会打开对话框，指定保存路径即可。接收完后提示文件已成功接收，见图 7.2.17。

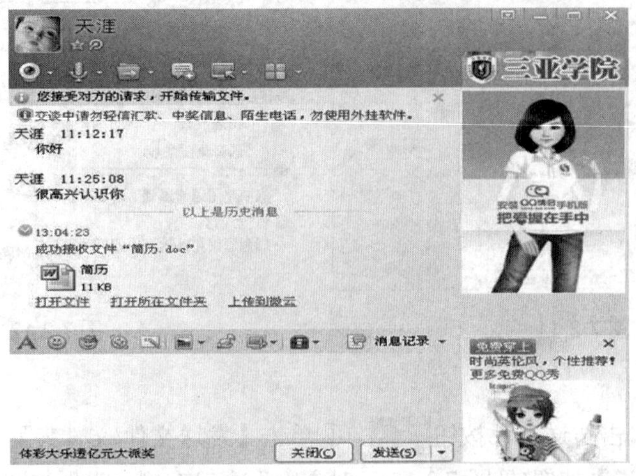


图 7.2.17

### 5. 发送语音消息

①单击【语音消息】按钮，然后对着话筒说话(注意说话的时间不要超过一分钟)。②单击【发送】按钮，即可将刚才的那段录音发送给对方。③说完之后，单击【播放】按钮(见图 7.2.18)，就可以听到刚才的录音。

### 6. 接收语音消息

当对方发送了一条语音消息后，自己的屏幕上就会出现【播放】按钮，并显示这段语音的时长。单击【播放】按钮(见图 7.2.19)，就可以听到发送过来的语音消息。

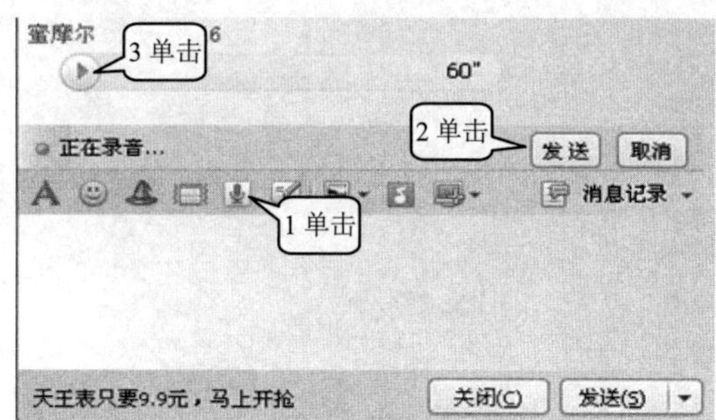


图 7.2.18

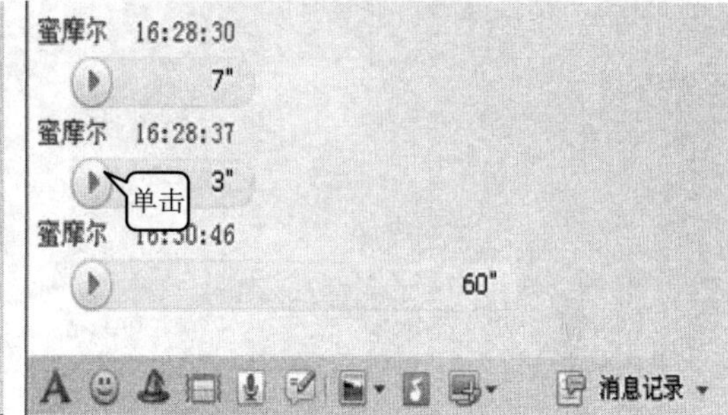


图 7.2.19

# 办公设备篇

本篇将以实际办公设备为依托，着重介绍常用的办公设备的选购技巧、硬件连接、驱动软件安装、使用方法、维护事项。掌握这些技能，会给我们步入信息社会、适应互联网+信息化的需求带来很大的帮助。熟练掌握本篇所介绍的各种办公设备的使用技巧，可以使你将来的工作更加高效快捷。

# 学习模块 8

# 打印机

本模块学习要点：

- 激光打印机的主要技术指标和选购方法。
- 激光打印机硬件和驱动程序的安装。
- 激光打印机的使用方法。
- 划伤的故障现象。
- 取出硒鼓、分离墨盒、为墨盒加粉。

本模块技能目标：

- 了解激光打印机的主要技术指标和选购方法。
- 学会激光打印机硬件和驱动程序的安装方法。
- 掌握激光打印机的使用方法。
- 了解划伤的故障现象。
- 掌握取出硒鼓、分离墨盒、为墨盒加粉的技术。

# 8.1 项目1：激光打印机的选购、使用和维护

## 项目剖析

**应用场景：** 打印机是计算机的输出设备之一，用于将计算机处理的结果打印在相关介质上。衡量打印机的好坏有三项指标：打印分辨率、打印速度和噪声。打印机有几种分类方法，按工作方式可分为针式打印机、喷墨打印机和激光打印机；按用途可分为通用、专用、商用、家用、便携式和网络打印机等。随着现代化办公水平的提高，越来越多的工作成果需要依靠打印得以体现，因此掌握打印机的正确使用、日常维护可有效提高办公效率。本章主要介绍激光打印机的选购、使用和维护。

**设计思路与方法技巧：** 了解激光打印机的主要技术指标和选购方法，掌握激光打印机的硬件安装和驱动程序的安装，学会激光打印机的使用方法。

**应用到的相关知识点：** 激光打印机的主要技术指标和选购方法、激光打印机硬件和驱动程序的安装、激光打印机的使用方法。

## 即学即用的可视化实践环节

1971年11月，被人们誉为“激光打印机之父”的盖瑞·斯塔克维在施乐公司帕克研究中心研制出了世界上第一台激光打印机。1977年，施乐公司的9700型激光打印机投放市场，标志着打印机进入了一个新的时代。

### 8.1.1 任务1：激光打印机选购

激光打印机(见图8.1.1)是一种集光、电、机一体，高度自动化的计算机输出设备。其结构比其他打印机都要复杂，当然价格相对也是最贵的。但它在打印精度、打印速度和设备的稳定性方面是办公设备中的佼佼者，深受办公用户的青睐。

图8.1.1

近几年激光打印机的性能和质量稳步提高，价格却大幅下降，目前已在办公事务中广泛使用，并逐渐进入普通家庭。

### 1. 打印机的分类

激光打印机可以分为黑白激光打印机和彩色激光打印机两大类。

从应用角度来划分，激光打印机大体可分为家用激光打印机、中小企业激光打印机和高端商用激光打印机。家用激光打印机价格低廉，对输出质量不作过高要求；中小企业激光打印机侧重于打印质量、双面打印和网络打印，价格适中；高端商用激光打印机侧重于输出速度和输出质量，一般用于专业输出的打印部门或单位。

### 2. 打印机的主要技术指标

激光打印机由于噪声小(一般低于 50 dB)、打印速度快、分辨率高，因而成为目前办公自动化和激光印刷系统的主要打印设备，同时也是计算机网络的共享打印设备。其主要技术指标如下。

1)　分辨率

一般来说，激光打印机的价格随其分辨率、幅面的不同而有很大的差别，在购买时必须首先根据实际使用激光打印机所做的工作性质来选择合适的分辨率。市场上流行的激光打印机的分辨率有 600 dpi 和 1200 dpi。如果激光打印机只用于各类办公室文件、图表、报表等，使用 600 dpi 分辨率的打印机就够了。

2)　打印速度

从打印输出速度上，可将激光打印机分成三类：印刷速度小于 20 页/分的为低速，20～80 页/分的为中速，大于 80 页/分的为高速。目前一般台式激光打印机的输出速度为 15～20 页/分。影响到打印速度的因素有主机 CPU 性能、应用软件、打印机驱动程序、数据通信方式等。

3)　内存

当进行打印时，信息总是从计算机中被读取到打印机中，如果打印内容多，打印机就不得不分步读取信息。因此，打印机内存越大，读取的内容就越多，从而可以提高打印速度。小型办公环境下，主流的激光打印机内存在 4 MB 以上。

4)　大幅面打印

激光打印机的打印幅面绝大部分都是 A4 幅面的，也有少量的激光打印机的打印幅面是 A3 的，但是这种打印机非常昂贵。

### 3. 打印机的特点

与针式打印机和喷墨打印机相比，激光打印机有下列明显的优点。

(1)　分辨率：激光打印机的打印分辨率最低为 300 dpi，还有 400 dpi、600 dpi、800 dpi、1200 dpi 以及 2400 dpi。

(2)　速度：激光打印机的打印速度一般在 15 页/分以上，有些激光打印机的打印速度可以达到 33 页/分以上。

(3)　噪声低：噪声一般在 50 dB 以下，非常适合在安静的办公场所使用。

## 8.1.2　任务 2：激光打印机的安装和使用

### 1. 打印机的安装

本教材以 Brother HL-2140 为例，其电源插座、数据线插座和电源开关均在打印机的背面。

步骤1 将打印机的电源线一端插到打印机的背部的电源插座上，另一端插到交流电源插座上，见图 8.1.2。

步骤2 将数据线一端插到打印机的数据线插口上，另一端插到计算机的 USB 接口上，见图 8.1.3 和图 8.1.4。

图 8.1.2

图 8.1.3

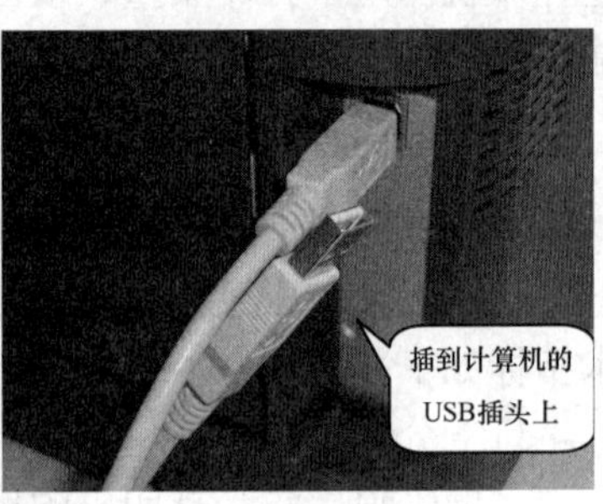


图 8.1.4

### 2. 打印机驱动程序的安装

在完成了激光打印机硬件连接之后，还必须安装驱动程序。只有正确地安装好打印驱动程序，打印机才能正常打印。安装打印机驱动程序的方法如下。

步骤1 将随机赠送的打印机驱动光盘放入光驱，会出现图 8.1.5 所示的安装界面。

步骤2 单击【HL-2140】(见图 8.1.5)，出现图 8.1.6。

步骤3 单击【选择语言　中文】(见图 8.1.6)，出现图 8.1.7。

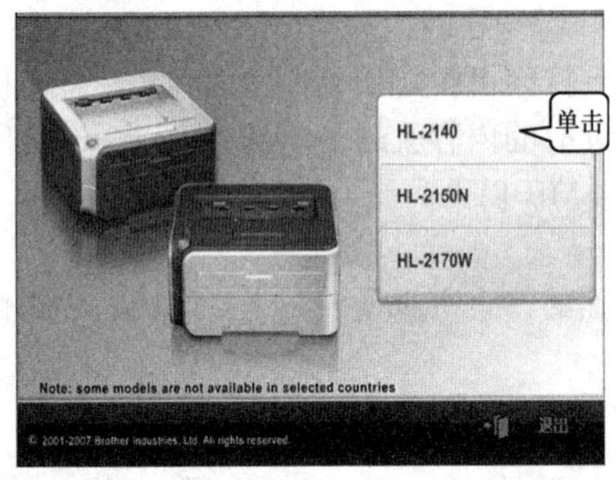


图 8.1.5

图 8.1.6

步骤4 单击【USB 电缆用户】(见图 8.1.7)，出现图 8.1.8。注意：如果此时打印机数据线是接上的，要把它暂时拔下。

步骤5 单击【安装打印驱动程序】(见图 8.1.8)，出现图 8.1.9，开始安装驱动程序。图 8.1.9 中的进度条结束后，出现图 8.1.10。

步骤6 单击【是】(见图 8.1.10)，出现图 8.1.11。图 8.1.11 中的进度条结束后，出现图 8.1.12。

步骤7 按图 8.1.12 中的要求，打开打印机电源，接好数据线，单击【下一步】按钮，出现图 8.1.13。图 8.1.13 中的进度条结束后，出现图 8.1.14。

步骤8 单击【完成】按钮(见图 8.1.14)，即完成了打印机的硬件连接和驱动程序的安装，可以使用打印机了。

图 8.1.7

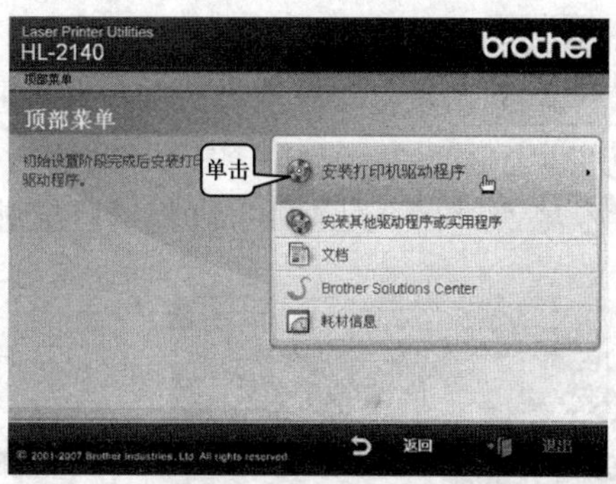


图 8.1.8

图 8.1.9

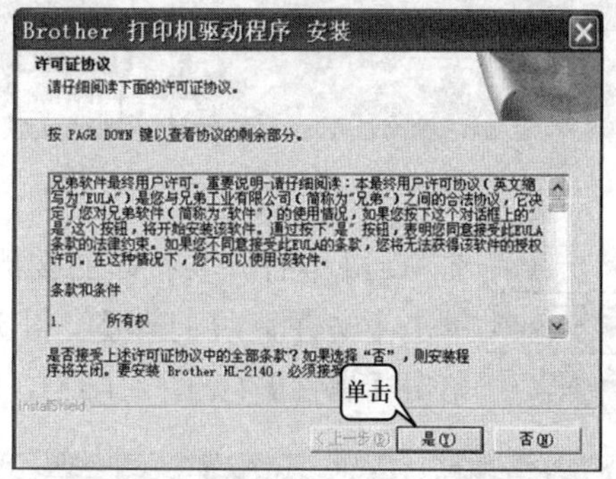


图 8.1.10

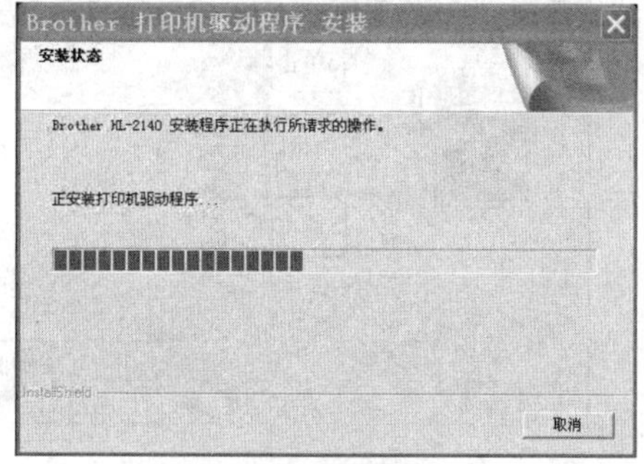


图 8.1.11

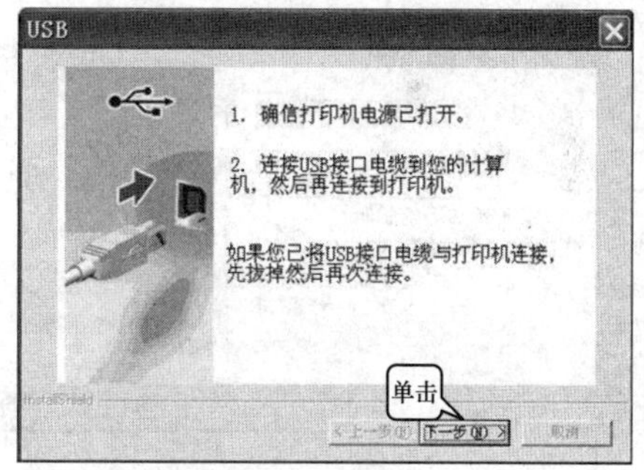


图 8.1.12

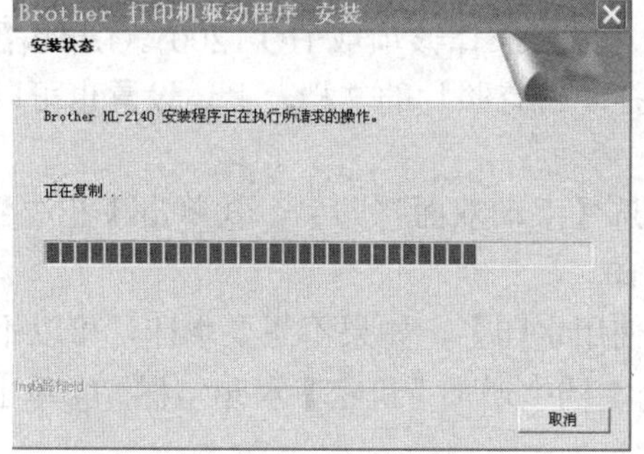


图 8.1.13

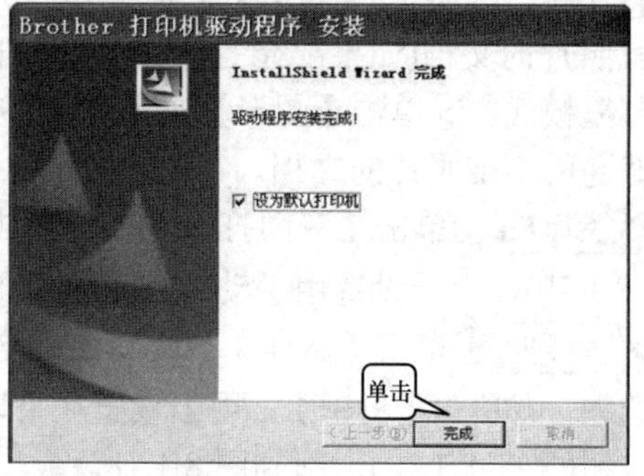


图 8.1.14

3. 打印机的使用

步骤1 打开打印机背面的电源开关，见图 8.1.15。

步骤2 ①从打印机前方底部拉开纸匣。②调整导纸板的宽度，使其与放入的纸张等宽，见图 8.1.16。

步骤3 ①放入 A4 纸。②将纸匣推进打印机，见图 8.1.17。

图 8.1.15

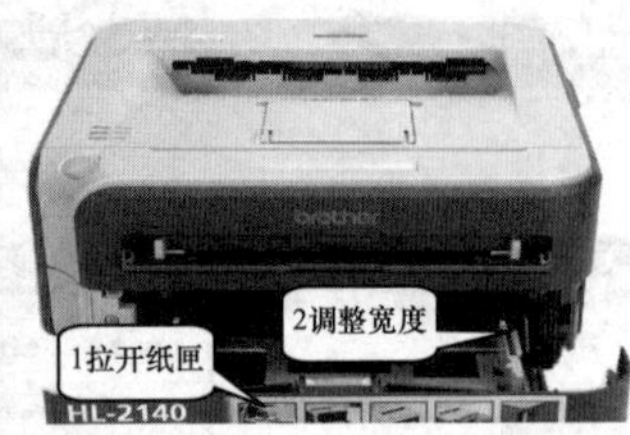

图 8.1.16

图 8.1.17

步骤4 在 Word 中打开要打印的文档。

步骤5 单击【文件】\【打印】，出现图 8.1.18。

步骤6 单击【属性】(见图 8.1.18)，出现图 8.1.19。

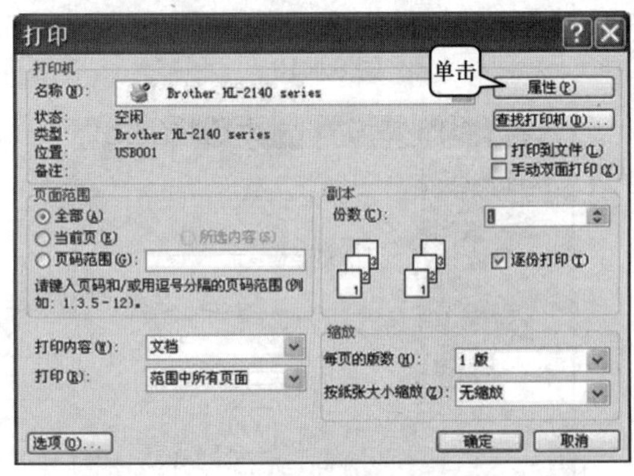

图 8.1.18

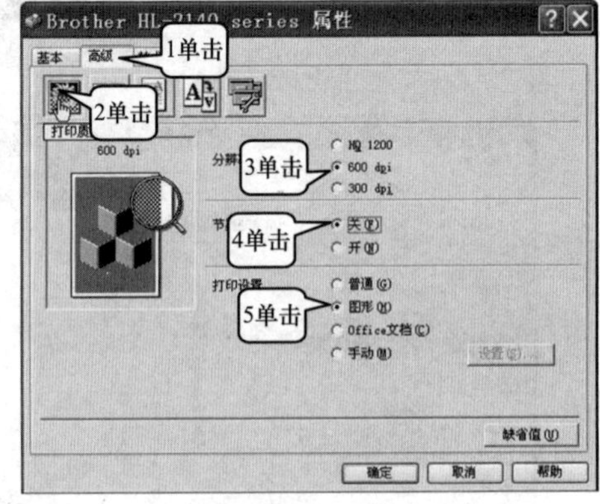

图 8.1.19

步骤7 ①单击【高级】。②单击【打印质量】。③单击【600】，用于设置可以打印带有照片的文档(如果要想打印带有照片的文档，要选择该项或 HQ 1200)。④单击【关】，关闭节墨模式。⑤单击【图形】(见图 8.1.19)，打印带有照片的文档。上述设置也可以用于打印普通的不带照片的文档。

步骤8 ①单击【双面打印】。②单击勾选【手动双面打印】。③单击【左边翻页】(见图 8.1.20)，用于设置用手动方式进行双面打印。

步骤9 ①单击【水印】。②单击勾选【使用水印】，如果不想要水印，可以不勾选此复选框。③单击【机密】，用于设置在打印的文档中增加【机密】水印字样。④单击【确定】按钮(见图 8.1.21)，回到图 8.1.18。

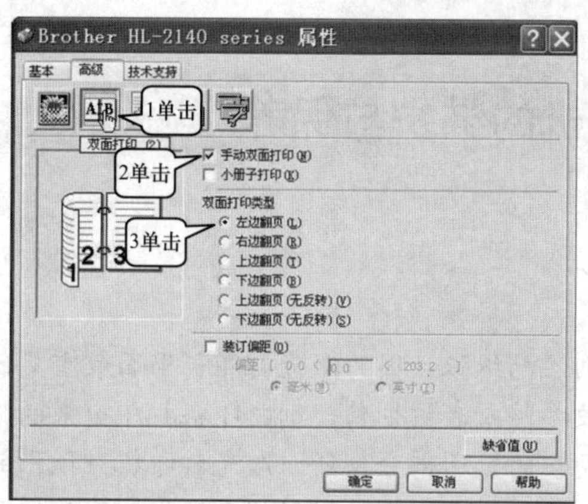


图 8.1.20

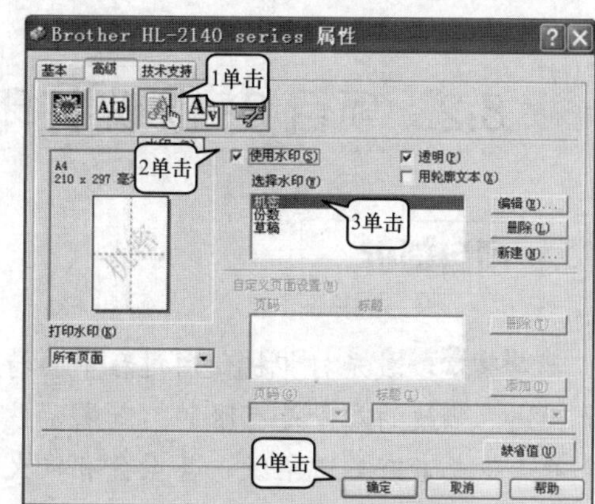


图 8.1.21

步骤 10 单击【确定】按钮(见图 8.1.18)，出现图 8.1.22。

步骤 11 单击【确定】按钮(见图 8.1.22)，则打印机开始打印偶数页，打印的稿件从打印机顶部出纸，见图 8.1.23。偶数页打印好后，出现图 8.1.24。

步骤 12 将打印好的偶数页按照图 8.1.24 提示的方向，正面朝上，重新放入纸匣，然后单击【确定】(见图 8.1.24)，打印机便开始打印另一面奇数页的内容，最终实现了双面打印。

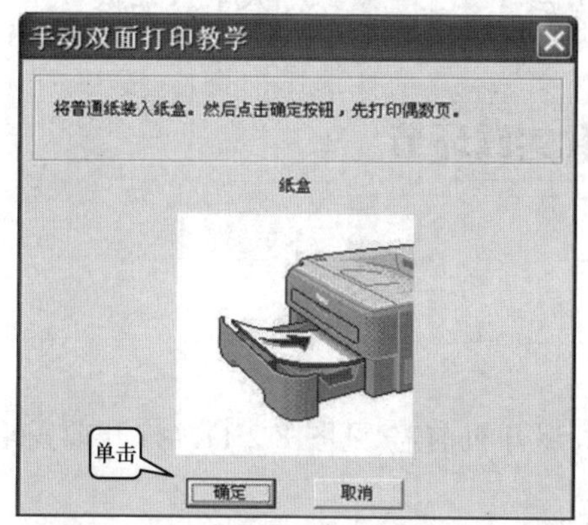


图 8.1.22

图 8.1.23

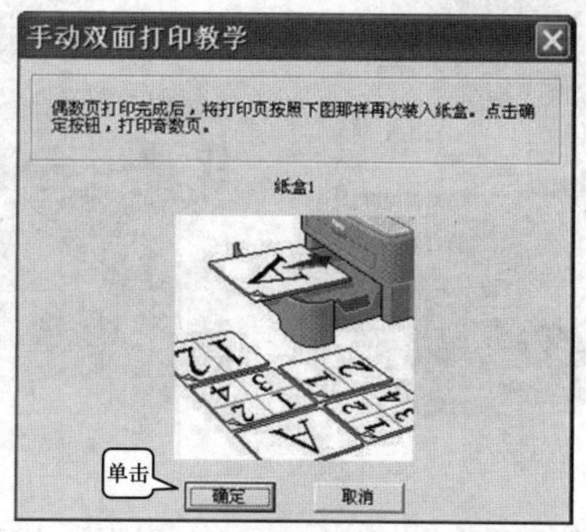


图 8.1.24

# 8.2 项目 2：激光打印机的维护与保养

## 项目剖析

**应用场景：** 激光打印机使用过程中要特别注意纸张，因为激光打印机里面最重要的部件是硒鼓，硒鼓的寿命是有限的。如果硒鼓被弄脏或者被划伤，则打印机打印出来的稿件就会不清楚或者有多道条纹，甚至会有较大面积的黑色部分。所以激光打印机对纸张的要求是比较严格的，主要要求纸张干净、光滑不能夹杂有灰尘、纸纤维和沙粒，因为这些东西都会由于静电效应被吸附在硒鼓上，或者，会划伤硒鼓。硒鼓被划伤或弄脏，在静电成像的时候就会使图像产生条纹或者斑块，打印出来的图像也会出现这种条纹和斑块。如果硒鼓表面被划伤，一般是无法修复的，只能重新更换硒鼓。更换硒鼓的代价是比较高的，一般一个硒鼓要几百元。如果发现硒鼓上粘有灰尘、纸纤维，我们可以将硒鼓取出，用专用的清洗剂和清洁布擦去表面脏物，使硒鼓恢复原来的光洁和亮度。

**设计思路与方法技巧：** 了解硒鼓被划伤的故障现象，掌握打开机盖的方法和取出、分离硒鼓、墨盒的方法，以及给墨盒加粉的方法。

**应用到的相关知识点：** 划伤的故障现象、取出硒鼓、分离墨盒、分墨盒加粉。

## 即学即用的可视化实践环节

### 8.2.1 任务 1：硒鼓的维护

清洁硒鼓的方法如下。

**步骤 1** ①两手扣住打印机前盖两侧。②向外掰开机前盖(见图 8.2.1)，打开前盖后情形见图 8.2.2。

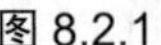

图 8.2.1

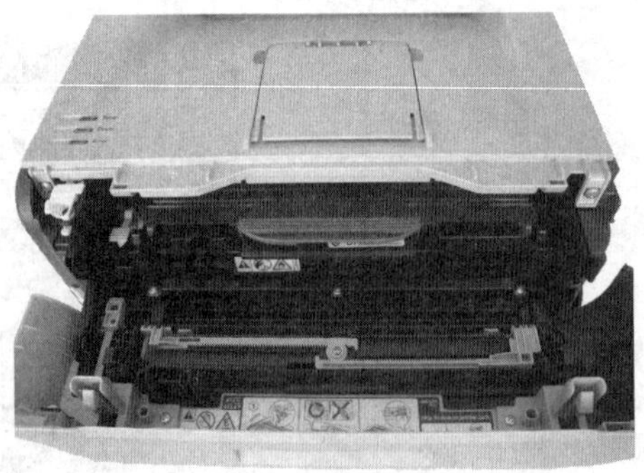

图 8.2.2

**步骤 2** 用手握住硒鼓和粉盒组件的把手，向外用力拉出硒鼓和粉盒组件(见图 8.2.3)。

步骤 3 ①按住组件左侧的小按钮。②握住粉盒的把手向上提，就可以分离硒鼓和粉盒(见图 8.2.4)，分离后的硒鼓和粉盒见图 8.2.5 和图 8.2.6。

步骤 4 用专用的清洁剂和清洁布擦拭硒鼓的表面，见图 8.2.5。

图 8.2.3

图 8.2.4

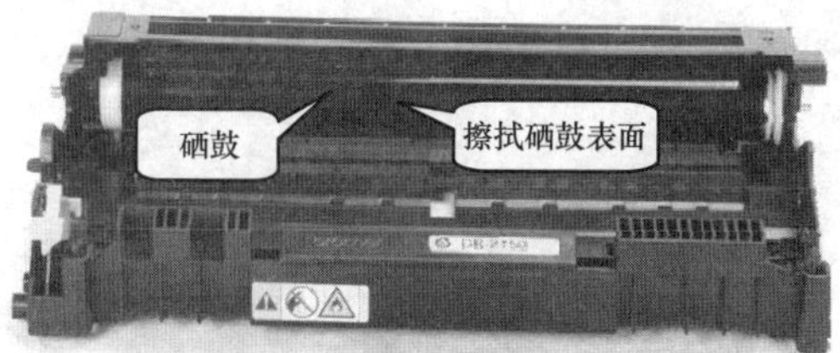


图 8.2.5

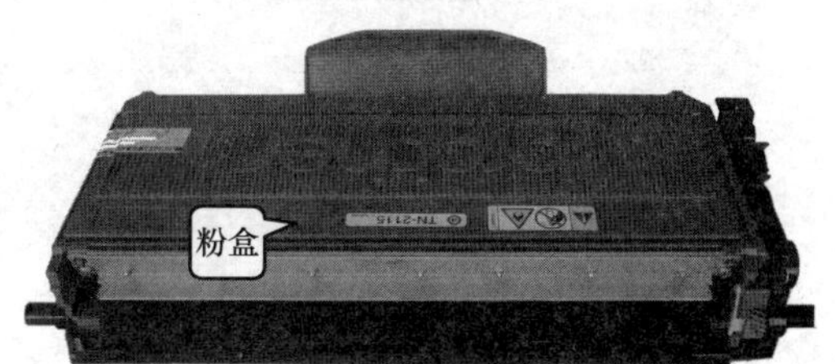


图 8.2.6

## 8.2.2 任务 2：添加碳粉

粉盒内的碳粉在使用一段时间后会被用完，这就需要我们及时添加碳粉。当我们发现打印的文稿字迹变淡，甚至是看不清楚的时候，一般来讲都是因为碳粉已经使用完。所以就需要我们及时添加碳粉，以保证打印机能继续使用。添加碳粉的方法如下。

步骤 1 按上面介绍的方法取出硒鼓和粉盒组件，并将硒鼓和粉盒分离。

步骤 2 将粉盒竖起，打开粉盒右侧的小盖，用纸做一个小漏斗，并放在粉盒的加粉口(见图 8.2.7)上，将碳粉倒入小漏斗(见图 8.2.8)，最后盖上小盖。再将粉盒水平拿在手上摇动几下，使粉盒内的碳粉均匀地平铺在粉盒内。

图 8.2.7

## 8.2.3 任务 3：卡纸故障的排除

卡纸是打印机使用中常遇到的故障，所以学会排除卡纸是非常必要的，下面就介绍卡纸故障的排除方法。

步骤1 打开激光打印机上部的前盖，见图 8.2.2。

步骤2 取出硒鼓和粉盒组件，见图 8.2.3。

步骤3 用手或者是镊子取出被卡在打印机内部的纸张，见图 8.2.9。

步骤4 将硒鼓和粉盒组件还原，并盖上前盖。

图 8.2.8

图 8.2.9

# 学习模块 9

# 数码复印机

本模块学习要点：

- 数码复印机的分类与主要技术指标。
- 给数码复印机装纸。
- 数码复印机复印。
- 数码复印机复印参数设置。

本模块技能目标：

- 了解数码复印机的分类与主要技术指标。
- 学会给数码复印机装纸。
- 熟练掌握数码复印机复印方法。
- 掌握数码复印机复印参数设置。

# 9.1 项目1：数码复印机的选购与使用

## 项目剖析

**应用场景：**现代办公和学习是免不了通过各种手段来获取信息的，包括文字信息及图片信息。在办公中，各种文稿的复制是最常用的，也是办公人员最常见的工作任务。将原稿图片、文字复印多份来进行资料保存和信息传送，也是我们日常办公中司空见惯的。所以办公人员必备的复印机也是帮助我们对现有的文档进行备份保存的重要工具。通过使用复印机，我们可以将企业宣传、产品开发、技术资料留存和发放。

**设计思路与方法技巧：**了解数码复印机的分类与主要技术指标，掌握数码复印机装纸的方法，学会数码复印机的复印技术以及参数设置方法。

**应用到的相关知识点：**数码复印机的分类、主要技术指标，数码复印机装纸的方法、数码复印机的复印技术、数码复印机的参数设置方法。

## 即学即用的可视化实践环节

数码复印机(见图9.1.1)是20世纪80年代发展起来的新一代复印机。与传统的模拟式复印机不同，它应用了数字化图像处理技术，因此使复印机具有了一些新的特殊功能。它是通过电荷耦合器件(CCD)将原稿的模拟图像信号通过光电转换成为数字信号，然后将经过数字处理的图像信号输入到激光调制器，调制后的激光束对被充电的感光鼓进行扫描，在感光鼓上产生静电潜像，再经过显影、转印、定影等步骤，完成整个复印过程。数码复印机相当于把扫描仪和激光打印机的功能融合在一起。同样由于它是通过激光扫描成像的，因此它既是一台独立的复印设备，又可作为输入/输出设备与计算机以及其他办公自动化设备联机使用，或成为网络的终端。数码复印机的出现是对传统复印概念的突破，为复印技术的发展开辟了新路。常见的数码复印机品牌有夏普、佳能、施乐、美能达、东芝、理光和京瓷等。

图9.1.1



### 9.1.1 任务1：数码复印机的选购

#### 1. 数码复印机的分类

数码复印机按颜色可分为单色和彩色两种。按成像原理可分为数码复印机和模拟复印机两种。其中模拟复印机已渐渐地退出市场，取而代之的是功能更强大的数码复印机。

2. 数码复印机的特点

(1) 一次扫描，多次复印：数码复印机只需对原稿进行一次扫描，便可一次复印达 999 次。因减少了扫描次数，所以减少了扫描器产生的磨损及噪声，同时减少了卡纸的机会。

(2) 整洁、清晰的复印质量：具有文稿、图片/文稿、图片、复印稿、低密度稿、浅色稿等多种模式，充分保证了复印品的整洁、清晰。

(3) 电子分页，一次复印：分页可达 999 份。

(4) 先进的环保系统设计：无废粉、低臭氧、自动关机节能，图像自动旋转，减少废纸的产生。

(5) 强大的图像编辑功能：具有自动缩放、单向缩放、自动启动、双面复印、组合复印、重叠复印、图像旋转、黑白反转等功能，并具有 25%～400%缩放倍率。

3. 数码复印机的主要技术指标

(1) 复印速度：中档数码复印机复印速度一般在 25～35 张/分钟，低档的一般在 15 张/分钟。因此购买之前应分析一下大概的复印量是多少、复印高峰期每小时要复印的份数有多少，这些数据将决定购买何种档次的复印机，然后根据分析结果来选购机型。

(2) 复印精度：决定复印精度的因素包括扫描分辨率和输出分辨率，扫描分辨率可以保证输出原稿的清晰度，对于黑白数码复印机来说，扫描分辨率一般为 600 dpi。目前的数码复印机的输出分辨率都达到 600 dpi 以上，高档数码复印机已经达到了 1200 dpi，甚至 2400 dpi。其中 600 dpi 已经可以满足普通文本和图像的复印输出了，而 1200 dpi 的分辨率对于日常办公来说已经是绰绰有余了。

(3) 复印幅面：主流的数码复印机都具有 A3 以上幅面的复印能力，而目前低档便携式复印机的复印幅面多为 A4，还有 A0 幅面的机器可以复印工程类图纸。

(4) 特殊功能：有些数码复印机具有按特定比例缩放复印、双面复印、多份原稿一次性成套复印、送稿器、双面器、分页装订器等特殊功能。

4. 数码复印机的价格

数码复印机的价格差异较大，从几千元到几万元，直至十万元不等。机器的价格会因为复印速度(价格 10 万元的复印速度可达 A4：82 张/分钟)、复印精度(价格 10 万元的复印分辨率可达 1800×600 dpi)、是否自动翻页、是否双面复印、缩放比例大小、是否有送稿器、连续复印数(价格 10 万元的可达 1～9999 张)、纸盒有多少(价格 10 万元的可达 500 张纸盒×2 个、1500 张纸柜×2 个、100 张手送纸盒)等而不同。

## 9.1.2 任务 2：数码复印机的使用

下面以京瓷 KM-2050 数码复印机为例介绍复印机的使用方法。

1. 装纸

复印前，请在适当的纸盒中放置复印纸。该款复印机有两个纸盒，分别是可以放置 A3 复印纸的 A3 纸盒，以及放置 A4 复印纸的 A4 纸盒，见图 9.1.2。

步骤 1 拉出 A4 纸盒，见图 9.1.2。

步骤2 ①将A4纸放入纸盒当中，注意要将纸张整齐地放在盒内。②调整纵向导纸板，使其紧贴复印纸。③调整横向导纸板，使其紧贴复印纸(见图9.1.3)。

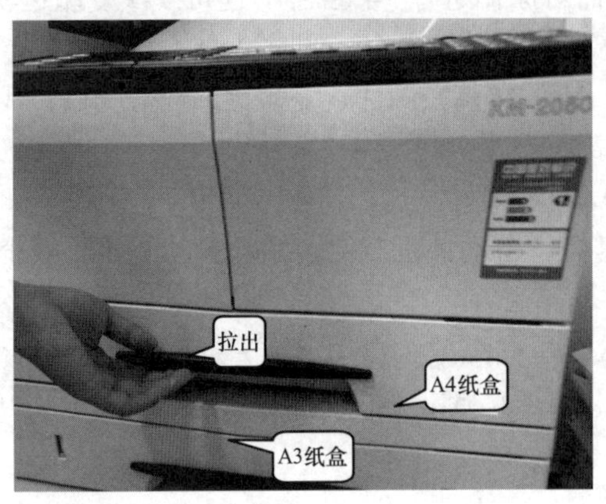


图9.1.2

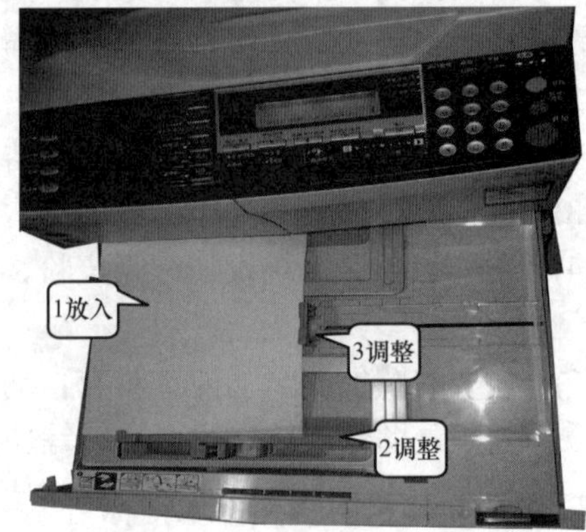


图9.1.3

步骤3 拉出A3纸盒，见图9.1.4。

步骤4 ①将A3纸放入纸盒当中，注意要将纸张整齐地放在盒内。②调整纵向导纸板，使其紧贴复印纸。③调整横向导纸板，使其紧贴复印纸(见图9.1.4)。

步骤5 关闭A3、A4纸盒。

2. 复印

步骤1 打开电源开关，使复印机预热25秒左右。

步骤2 ①打开复印机上盖。②将要复印的原稿有内容的一面朝下，放在复印机的玻璃稿台上，然后盖上复印机上盖，见图9.1.5。注意要把原稿的左上角与玻璃稿台的左上角对齐。这样可以确保复印后的稿件内容在复印纸的正中位置，确保不会发生复印后的稿件在复印纸上发生偏离，或者是只复印了稿件的一部分的现象。

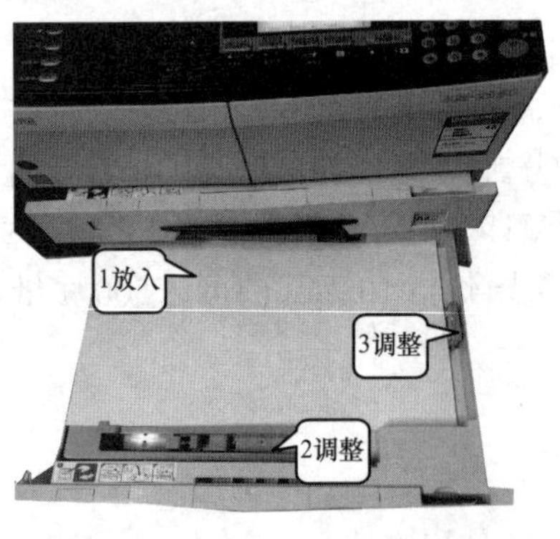


图9.1.4

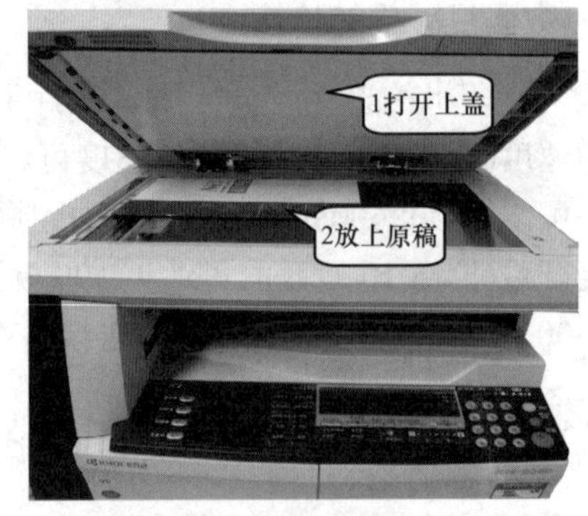


图9.1.5

步骤3 按数字键盘上的数字键，输入相应的份数(见图9.1.7)，则液晶显示器上就会显示出要复印的份数，见图9.1.6。图9.1.7中【停止/清除】键的作用是在输入的数字不对的情况下，通过按【停止/清除】键清除刚刚输入的数字。这个键还可以用在复印过程当中人为地中止复印。而【复位】键的作用是在我们做好各项复印前的设置后，开始复印前，发现设置有较大错误，可以通过按【复位】键，回到接通电源时的初始状态，以便重新进行各项设置。

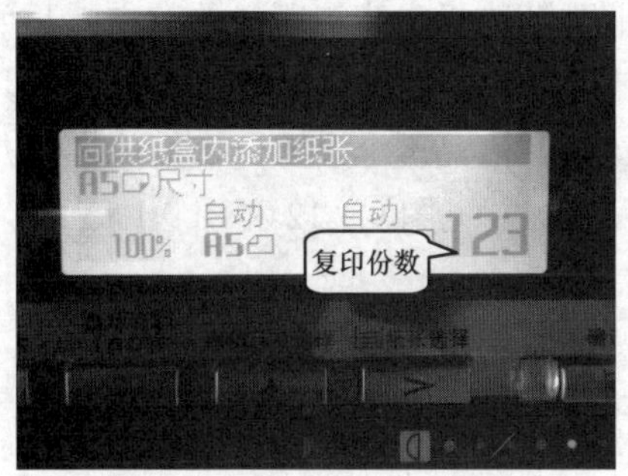

图 9.1.6

图 9.1.7

**步骤 4** ①按【纸张选择】键，用于选择是用 A4 纸盒中的纸，还是用 A3 纸盒中的纸来复印稿件，注意原稿的大小不能大于用户所选择的纸盒中纸张的大小。②按【原稿尺寸选择】键。③按【▲】和【▼】键，用来选择原稿的尺寸，以告诉复印机原稿的尺寸大小，同时液晶屏上会显示原稿尺寸，如图 9.1.9 所示。④按【确认】键(见图 9.1.8)。

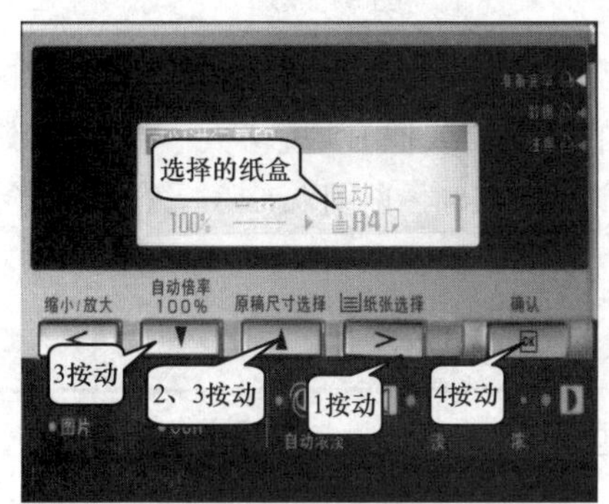


图 9.1.8

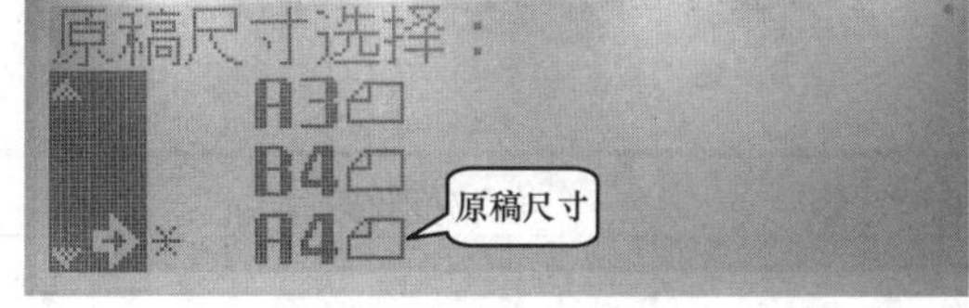


图 9.1.9

**步骤 5** ①按【缩小/放大】键(见图 9.1.10)。②按【＞】键，可以连续增加缩放比例(25%～200%)，见图 9.1.11。③按【＜】键，可以连续减小缩放比例(25%～200%)。我们可以根据需要用上述两个键来设定原稿的放大或缩小比例。如果对原稿没有放大或者缩小要求的话，可以将放大和缩小比例设为 100%。④按【确认】键(见图 9.1.10)。

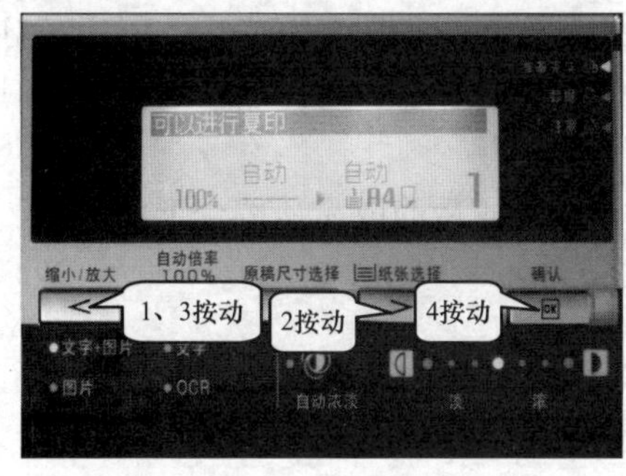


图 9.1.10

图 9.1.11

步骤6 ①按【缩小/放大】键。②按【自动倍率】键。③按【▼】键(自动倍率)，可以对原稿进行分等级缩小，具体有下列几个等级：100%、86%、81%、70%、50%、25%。按该键，液晶屏上会有一个箭头在这几个固定等级上跳动选择，箭头所指的数字就是所设定的缩小比例等级。④按【▲】键(原稿尺寸选择)，可以对原稿进行分等级的放大，具体有下列几个等级：115%、122%、141%、200%。按该键，液晶屏上会有一个箭头在这几个缩放等级上跳动，箭头所指的数字就是所设定的放大等级，见图9.1.12和图9.1.13。

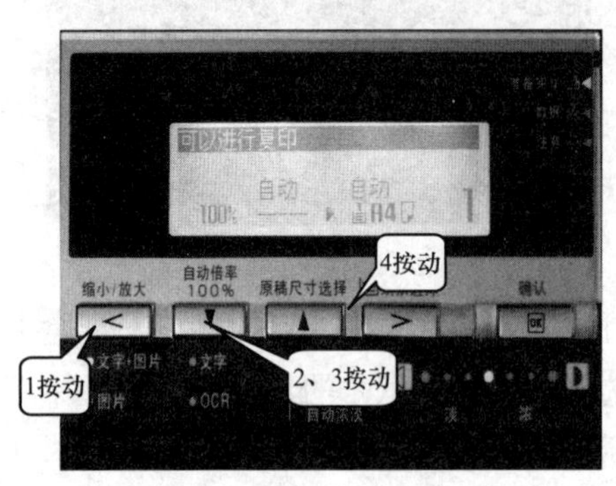


图9.1.12

图9.1.13

用分级设置放大缩小，可以方便我们对原稿按常用纸张规格进行放大和缩小。例如我们要把A4规格大小的图像放大复印到A3规格大小的纸上，或把B5规格大小的图像放大复印到B4规格大小的纸上，我们就可以将分级比例设为141%，见图9.1.13。表9.1.1给出了各个缩放等级对应的规格变化规律。

表9.1.1

| 缩放等级 | 规格变化规律 | 缩放等级 | 规格变化规律 |
| --- | --- | --- | --- |
| 200% | A5→A3 | 86% | A3→A4，A4→B5 |
| 141% | A4→A3，B5→B4 | 81% | B4→A4，B5→A5 |
| 122% | A4→B4，A5→B5 | 70% | A3→A4，B4→B5 |
| 115% | B4→A3，B5→A4 | | |

步骤7 ①按【浓】键，可以使复印出来的稿件比原稿深。②按【淡】键，可以使复印出来的稿件比原稿浅。我们可以根据需要来设置复印件的深浅，如果原稿的深浅符合要求，就不需要进行浓淡设置了。面板上有表示浓淡大小的6个指示灯，当中间的指示灯亮时，表示对原稿的复印既不加深也不变浅。当右边的灯亮时表示加深，当左边的灯亮时表示变浅(见图9.1.14)。

步骤8 按图9.1.7中的【开始】键，开始复印，复印后的成品从稿台下面送出，见图9.1.15。

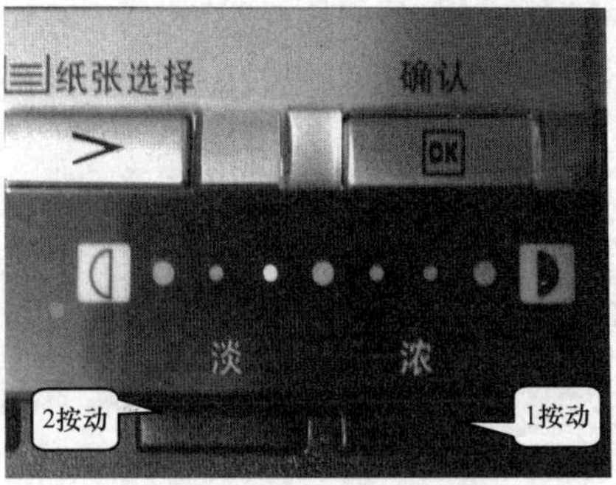

图 9.1.14

图 9.1.15

## 9.2 项目 2：数码复印机的维护

### 项目剖析

**应用场景：** 数码复印机是集光学、机械、电子技术为一体的精密办公设备，使用的是颗粒很小的静电墨粉。机器内部的传动部件、光学部件以及高压部件上容易附着纸屑、漂浮的墨粉等，这些会影响复印的质量。所以用户需要对复印机进行日常性的维护和保养。

**设计思路与方法技巧：** 掌握稿台玻璃、盖板的清洁方法。了解清洁内部机电系统、更换部件的渠道。掌握复印机的耗材墨粉和纸的特性以及对复印质量的影响。学会处理卡纸故障的方法。

**应用到的相关知识点：** 稿台玻璃、盖板清洁方法，内部机电系统的清洁，部件的更换，耗材墨粉和纸的特性，处理卡纸故障的方法。

### 即学即用的可视化实践环节

下面介绍数码复印机日常维护和保养的几个方面及注意事项。

#### 1. 清洁盖板

由于盖板接触各种原稿和被手抚摸，洁白的塑料衬里会变黑，造成复印件的边角出现黑色污迹；可以用棉纱布蘸些洗涤剂反复擦拭衬里，然后用清水擦拭，再擦干。注意：不要用酒精、乙醚等有机溶剂擦拭清洁。

#### 2. 清洁稿台玻璃

由于稿台玻璃容易受到稿件和手的沾污，同时也容易被划伤，所以应定期清洁保养，才能保证良好的复印效果。在工作中，要避免用手直接接触稿台玻璃，如有装订，应将原稿上的大头针、曲别针、订书钉等拆掉，并放在指定位置。涂改后的原件一定要等到涂改液干了以后再复印。清洁稿台玻璃时，应避免用有机溶剂擦拭。因为稿台玻璃上涂有透光涂层和导电涂层，这些涂层不溶于水，而溶于有机物质。

3. 清洁内部机电系统

内部机电系统因长时间在高压下工作，吸附了大量的粉尘，从而造成电子元件间的电阻率降低，会引起电流击穿电子元件，烧毁线路板，也会造成光学系统、机械系统、进纸系统、出纸系统的各种故障，所以需要定期进行清洁；另外，还需要在必要的部件上加注润滑油。以上的这些清洁工作应请专业技术人员定期进行。

4. 更换部件

复印机中有一些易耗性零件(如清洁刮片、电极丝、分离爪(片)、搓纸轮等，这些零件在保修期内不属于免费更换部件)在复印到一定张数后，由于磨损，可能需要进行必要的更换。而这类维修及零备件费用的支出是正常的，不应认为是设备的质量问题。另外，复印机的硒鼓也是有寿命的，当印数达到一定张数后复印的质量就会严重下降，稿件上会出现黑色条纹或大面积的黑色斑块，这时就可以考虑更换硒鼓。由于硒鼓的价格较为昂贵，所以更换时要准确地判断故障的原因是否是由于硒鼓老化所致。

5. 复印机的耗材

墨粉是放在复印机的粉盒中的，由于粉盒是有一定容量的，所以在使用一段时间后墨粉就会被使用完。当我们发现复印的字迹变淡时，应及时添加墨粉。添加墨粉的方法也很简单，只要打开复印机的前盖，将墨粉盒取出再将墨粉倒入粉盒即可。另外，复印纸的选用也很重要，一定要选专用的优质复印纸，不要选用普通纸张和劣质的复印纸。因为专用的复印纸是经过一定处理的，上面不会有纸屑和灰尘，更不会有沙砾，可以保护复印机的硒鼓。由于复印纸上的纸屑、灰尘和沙砾会通过静电的作用吸附到硒鼓上，造成硒鼓的污染，甚至会划伤硒鼓，使得复印稿件上出现各种条纹，所以选用优质的复印纸是非常重要的。另外，还需要注意的是，复印纸一定要放在干燥的地方，如复印纸含水量过大，墨粉就不能完全粘在纸上，造成复印品的图像暗淡。复印机对复印纸的挺度也有一定要求，挺度是指复印纸的质地坚挺程度，是保证复印过程中不发生卡纸的重要因素。挺度过低，会使纸张在复印传输过程中起皱，阻塞通道，出现卡纸故障。

6. 卡纸故障的处理方法

卡纸是常见的故障，复印纸的湿度过大、不平整、挺度不够等原因都会造成卡纸。只有及时排除卡纸，才能使复印机正常工作。排除卡纸故障的方法也比较简单，只要打开复印机的侧板或者是抬起复印机的机头，就可以看到卡在复印机中的纸张。取出这些卡住的纸张，就可以使复印机正常工作。如果发现是纸张质量问题造成卡纸，要及时更换纸张。

# 学习模块 10

# 投影机

本模块学习要点：

- 投影机的主要技术指标和选购方法。
- 投影机的分类。
- 投影机的安装。
- 投影机的操作。
- 投影机的设置。

本模块技能目标：

- 了解投影机的主要技术指标和选购方法。
- 知道投影机的分类。
- 学会投影机的安装。
- 掌握投影机的操作。
- 掌握投影机的设置。

# 10.1 项目 1：投影机的选购与使用

## 项目剖析

**应用场景：** 投影机是用于将计算机、VCD、DVD、手机上的视频信号(显示信息)投射到大屏幕上的显示设备，主要用于需要大屏幕显示信息的场合，例如教学、宣传、演示、播放影片、播放电视等。在办公中主要用于做产品演示宣传、各种报告讲演、专业技术培训等。

**设计思路与方法技巧：** 了解投影机的主要技术指标和选购方法，掌握投影机的硬件安装方法，学会投影机的使用方法和参数设置。

**应用到的相关知识点：** 投影机的主要技术指标和选购方法、投影机接线和安装、投影机的使用方法和参数设置。

## 即学即用的可视化实践环节

投影机的外观如图 10.1.1 所示，它是一款常用的投影机。

图 10.1.1

## 10.1.1 任务 1：投影机的选购

### 1. 投影机的分类

目前市场上广泛使用的投影机绝大部分都是液晶投影机和数字光处理器投影机。液晶投影机又简称为 LCD 投影机，数字光处理器投影机又简称为 DLP 投影机。目前市场上投影机的品牌还是比较多的，大致可分为国内品牌和国外品牌。国外品牌主要有爱普生、三星、索尼、日立、奥图码、夏普、松下、富可视、三洋、优派、明基等。国内品牌主要有联想、海尔、纽曼、长虹等。

2. 投影机的主要技术指标

1) 分辨率

投影机的分辨率通常指该投影机内部核心成像器件的物理分辨率。投影机的物理分辨率(又称真实分辨率)一般有 SVGA(800 像素×600 像素)、XGA(1024 像素×768 像素)、SXGA(1280 像素×1024 像素)这几种。分辨率越高，表示投影机显示精细图像的能力越强。而分辨率越高，投影机的价格也越高。选择什么样的分辨率，要根据具体的应用场合而定。在一般的应用于产品演示、播放影片、教学的场合，只要选用分辨率为 SVGA(800 像素×600 像素)的机型即可；如果是用于三维动画教学、CAD 的教学，则最好选用分辨率为 XGA(1024 像素×768 像素)或 SXGA(1280 像素×1024 像素)的机型。

2) 亮度

投影机表示亮度的国际标准单位是流明(Lm)。随着投影机产品的发展，投影机的亮度大多数已经达到 1800 流明以上，亮度最高的可以达到 20000 流明，可以投影出 600 英寸的大画面。在一般情况下，投影机的亮度越高，投射到屏幕上的相同尺寸的图像越明亮，图像也就越清晰，但是亮度越高，其投影机的价格也就越高。用户应当根据自己投影机使用的环境条件，选择合适的亮度。除了要根据空间大小来选择亮度指标外，还要考虑使用环境的光线条件、屏幕类型等因素。同样的亮度，不同环境光线条件和不同的屏幕类型，会产生不同的显示效果。在同样的亮度环境下，采用金属幕的效果就比采用普通玻珠幕效果要好，但是金属幕的价格要比普通玻珠幕高很多。另外，画面亮度还与投影幕到投影机的距离有关，两者的距离越短，亮度也就越高；投影画面的大小也与距离有关，距离越短，投影的画面越小。

3) 对比度

对比度是亮区对暗区的比例，对比度反映了一个画面明暗变化的范围大小，好的对比度使得画面显得有很高的分辨率。对比度越大，效果越细微。目前大多数 LCD 投影仪产品标称的对比度都在 500∶1 左右，而大多数 DLP 投影仪标称的对比度都在 2000∶1 以上。

4) 均匀度

任何投影机射出的画面都会有中心区域与四角的亮度不同的现象。均匀度就是反映边缘亮度与中心亮度的比值，均匀度越高，画面的一致性就越好。

5) 灯泡

灯泡作为投影机主要的消耗材料，是选购投影机时必须考虑的重要因素。目前投影机普遍采用的是金属卤素灯泡、UHP 灯泡、UHE 灯泡这三种光源。金属卤素灯泡的优点是价格便宜，缺点是半衰期短，一般使用 1000 小时左右，亮度就会降低到原先的一半，并且由于发热高，对投影机散热系统要求高，不宜长时间连续使用。UHP 灯泡(超高压汞灯泡)的优点是使用寿命长，价格适中，一般可以正常使用 4000 小时以上，并且亮度衰减很小。UHE 灯泡价格适中，是目前中档投影机中广泛采用的光源，是一种理想的冷光源，使用寿命一般能达 3000 小时以上。在工作时间达到 2000 小时后，亮度几乎不衰减。因此，选购时一定要了解清楚灯泡的寿命和更换成本。建议购买使用冷光源的投影机，这样既保障投影机的使用效果，同时节省了投资。由于不同品牌、不同型号投影机使用的灯泡一般不能互换使用，因此购买灯泡时应选择同品牌同型号的投影机灯泡，以免造成不必要的浪费。

### 3. 投影机的价格

投影机的价格从 3000 元到几十万元不等，3000 元的投影机其分辨率通常为 800 像素×600 像素、标称对比度为 2500∶1、标称光亮度为 2000 流明。而几十万元的投影机其分辨率通常为 1400 像素×1050 像素、标称对比度为 3000∶1、标称光亮度为 20000 流明。

## 10.1.2 任务 2：投影机的使用

下面以明基(BenQ)MP515 为例，来说明投影机的使用方法。

### 1. 投影机的安装

桌上正投：投影机位于屏幕的正前方，见图 10.1.2。这是放置投影机的最常用方式，安装快速且移动方便，只需要调节投影角度。该投影机配备有一个快速装拆调节支脚和一个后调节支脚。这些调节支脚可以调节图像的高度和投影角度。调整投影机角度的方法如下。

①按快速装拆按钮，并将投影机的前部抬高，把图像调整好。②释放快速装拆按钮，以便将支脚锁定到位。③旋转后调节支脚以微调水平角度(见图 10.1.3)。要收回支脚的话，可抬起投影机，并按下快速装拆按钮，然后慢慢向下压投影机。接着按反方向旋转后调节支脚。如果投影机放置于不平坦的物体表面或者屏幕与投影机之间未处于垂直方向，则会导致投影图像变成梯形。要校正此问题，详情见后文对应的操作。

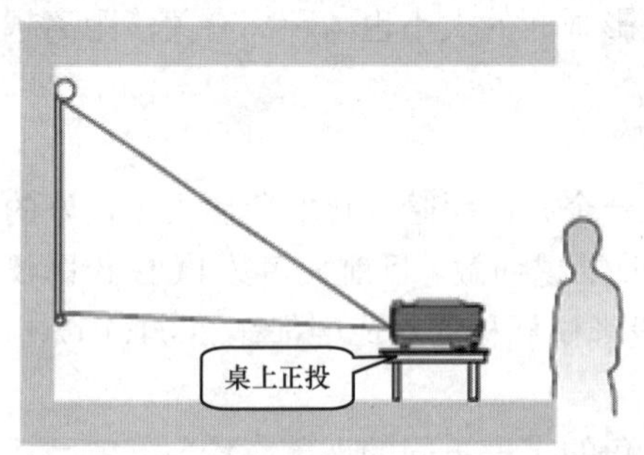


图 10.1.2

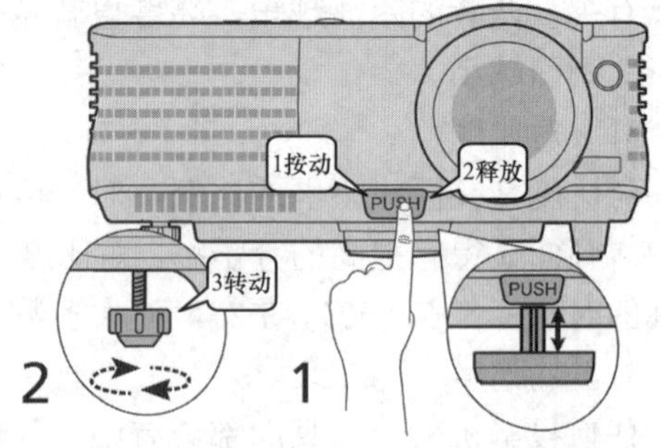


图 10.1.3

吊装正投：投影机倒挂于屏幕正前方的天花板上，见图 10.1.4 和图 10.1.26。这种方法需要购买专用投影机吊架，将投影机安装在天花板上。

### 2. 投影机的信号线连接

图 10.1.4 给出了投影机与计算机、摄像机、DVD 等设备的信号线连接图。从图 10.1.5 中可以看出计算机的显卡输出，通过图 10.1.6 所示的 VGA 线连接到了图 10.1.7 所示的投影机 VGA 输入端。同时图 10.1.7 所示的投影机的 VGA 输出端，则通过 VGA 线连接到了显示器。这样从计算机输出的 VGA 信号就会同时被送到投影机和显示器。因此我们就可以同时从投影机和显示器上看到计算机上的图像了。这种接法是将投影机作为计算机的显示设备来使用的。如果将投影机作为摄像机或者是 DVD 的显示设备，只需要将摄像机的视频信号和音频信号通过 AV 线接到图 10.1.8 所示的投影机的 VIDEO 端和 AUDIO 端即可。

在连接好信号线以后，只要接上图 10.1.9 所示的投影机电源线，即完成了投影机的连接。

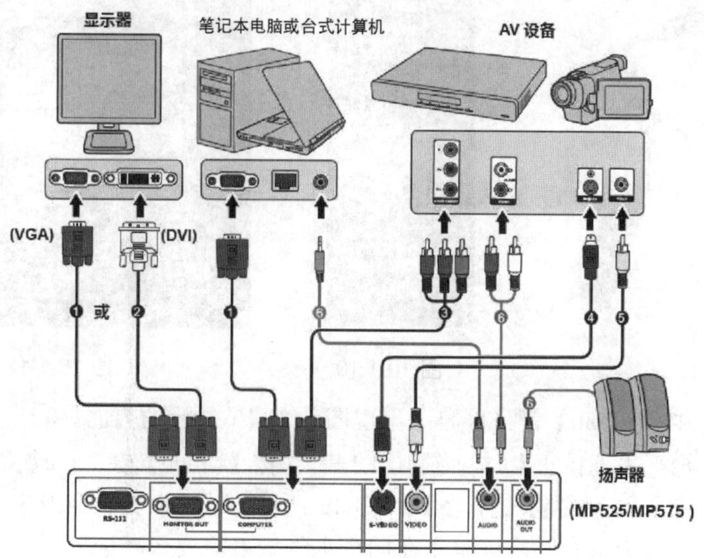


图 10.1.4

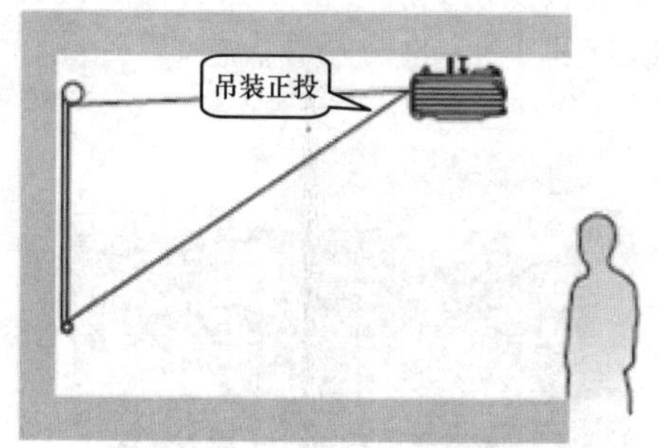


图 10.1.5

图 10.1.6

图 10.1.7

图 10.1.8

### 3. 投影机的操作

投影机的操作可以通过投影机上的按钮来进行，也可以通过图 10.1.10 所示的遥控器来进行，两者的使用方法是一样的。下面就以遥控器的操作为例，说明投影机的操作方法。

**步骤 1** 按电源按钮(见图 10.1.10)，则投影机电源打开，开始预热，经过几秒钟后屏幕上就可以看到投影出的图像了。

**步骤 2** ①转动调焦圈，以使屏幕上的图像清晰。②转动缩放圈(见图 10.1.11)，用以放大或缩小画面。

图 10.1.9

图 10.1.10

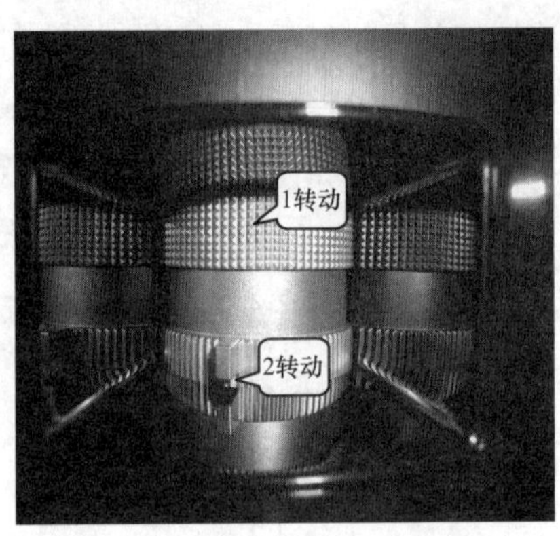


图 10.1.11

步骤 3 ①按【Menu】键，屏幕上出现图 10.1.13 所示的界面。②按【▼】键，使矩形线框跳到【梯形失真校正】，见图 10.1.14。③按【Mode】键，出现图 10.1.15 所示的界面。④按【▲】和【▼】键，如图 10.1.12 所示，就可以校正梯形失真。这里需要说明的一点是：由于投影机有时与屏幕不在同一水平线上，要么高于屏幕，要么低于屏幕，所以投射到屏幕上的图像往往会出现梯形失真，呈现出上大下小或者是上小下大的现象，这就是所谓的梯形失真。本步所作的调整就是解决投射到屏幕上画面的梯形失真问题，通过本步的调整，可以使投射到屏幕上的画面恢复到 4∶3 的长方形状态。

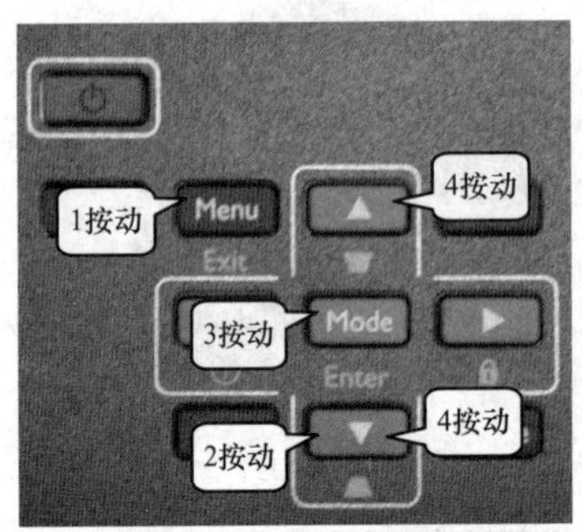


图 10.1.12

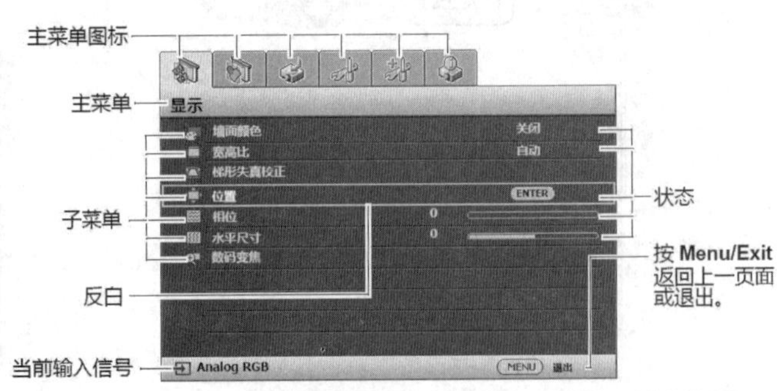


图 10.1.13

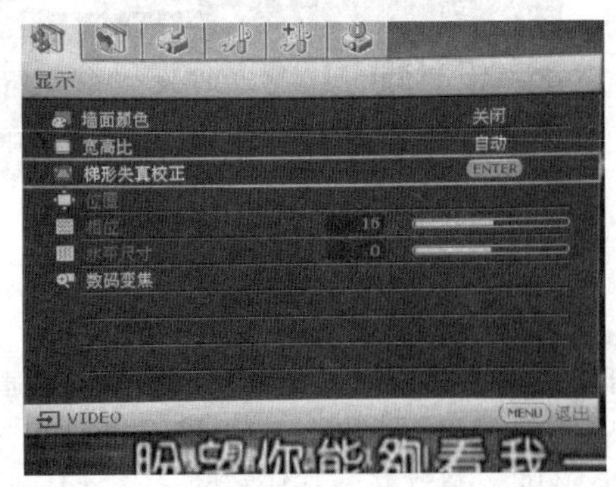


图 10.1.14

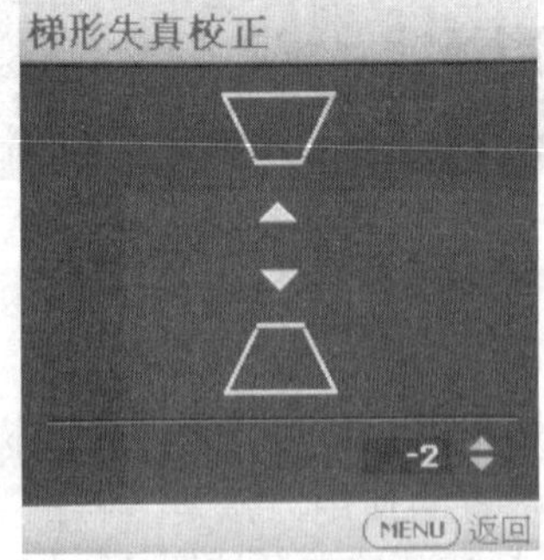


图 10.1.15

步骤 4 ①按【Menu】键，屏幕上出现图 10.1.16 所示的界面。②按【▶】键，出现图 10.1.17 所示的界面。③按【▼】键，使矩形的线框跳到【图像模式】，见图 10.1.17。

④按【◀】键，把【图像模式】调到【用户 1】，见图 10.1.17。在【用户 1】模式下，我们可以对亮度、色彩、对比度等进行调节。⑤按【▼】键，使矩形线框跳到【亮度】，如图 10.1.18 所示。⑥按【◀】和【▶】键，调整亮度大小(上述操作见图 10.1.16)。

步骤 5 ①按【▼】键，使矩形线框跳到【对比度】，如图 10.1.20 所示。②按【◀】和【▶】键，调整对比度大小。③按【▼】键，使矩形线框跳到【色彩】，见图 10.1.21。④按【◀】和【▶】键，调整色彩浓淡。⑤按【▼】键，使矩形线框跳到【锐度】，见图 10.1.22。⑥按【◀】和【▶】键(上述操作见图 10.1.19)，调整锐度大小。通过以上调整，就可以将屏幕画面的色彩、对比度、亮度及锐度调整好，从而得到最佳的界面。

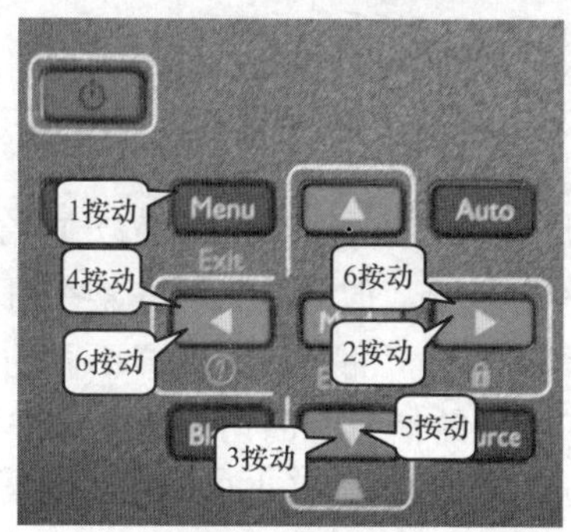

图 10.1.16

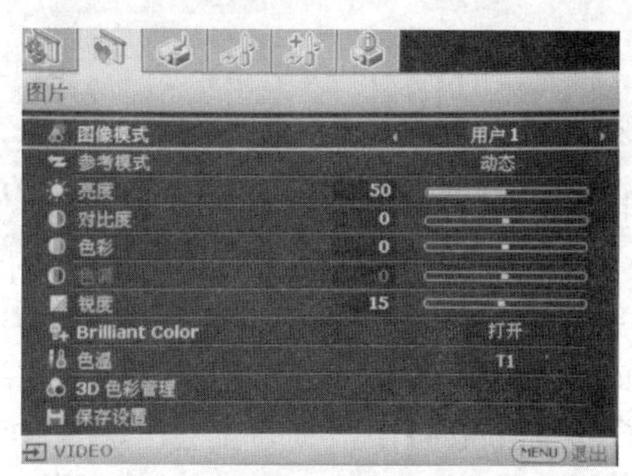

图 10.1.17

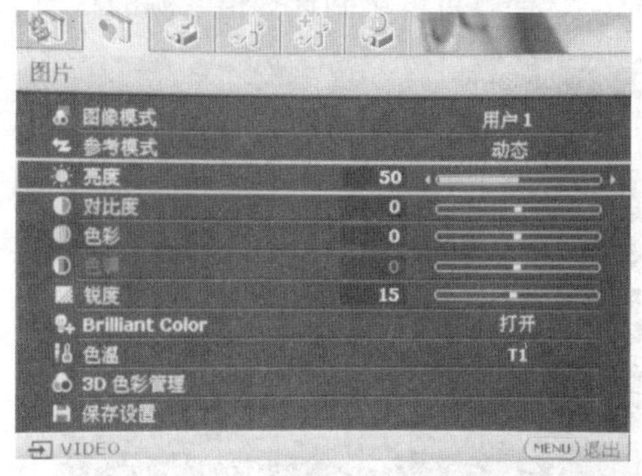

图 10.1.18

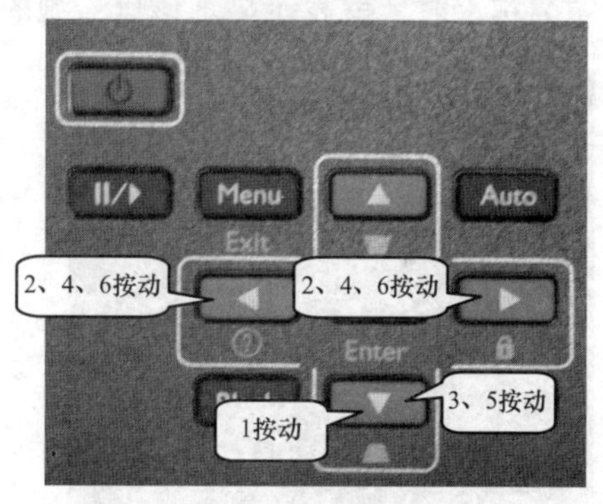

图 10.1.19

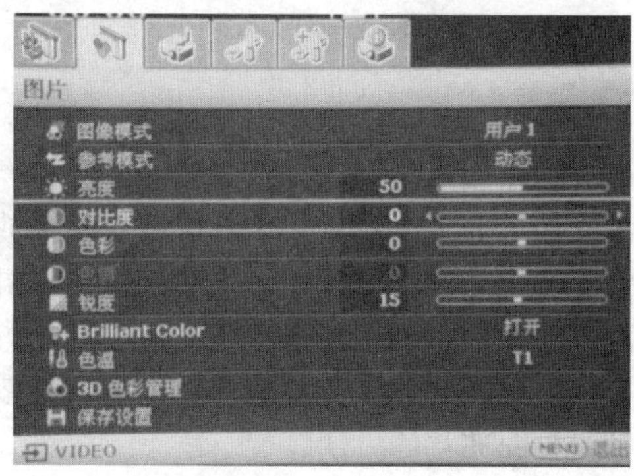

图 10.1.20

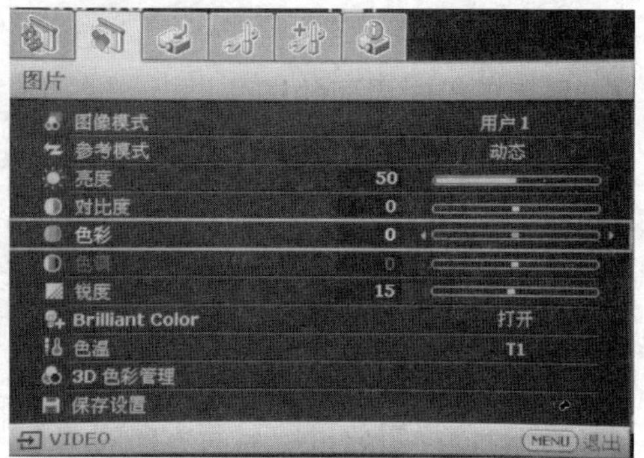

图 10.1.21

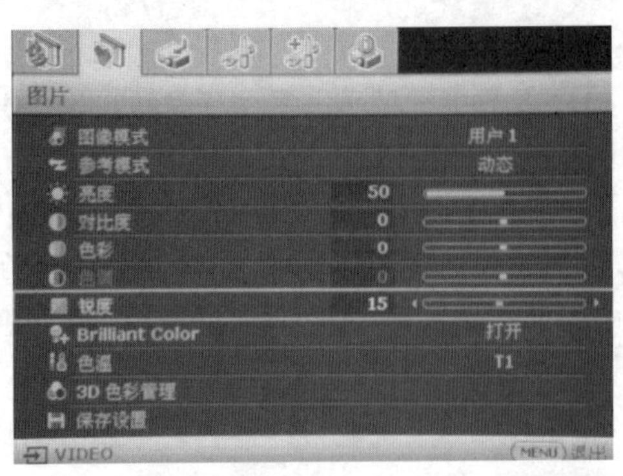


图 10.1.22

#### 4. 投影机信号源的切换

投影机通常可以同时连接几个信号源，例如可以同时接一台计算机、一台 DVD 和一台 VCD，也就是说这三种设备的信号可以同时接到投影机上。但是投影机在某个时刻只能显示某一个设备的信号，我们可以通过遥控器或者是投影机上的按钮来选择不同的显示信号，即人工控制屏幕上显示的信号内容，这就是我们所说的信号源的切换，其方法如下。

①按【Source】键，屏幕上会出现图 10.1.23 所示的信号源选择小口。②按【▲】和【▼】键(上述操作见图 10.1.24)，矩形框会在上述 4 个信号源之间跳动，当矩形框落在某个信号源名称上时，就表示显示该信号源的信息，这样就可以达到选择信号源的目的了。

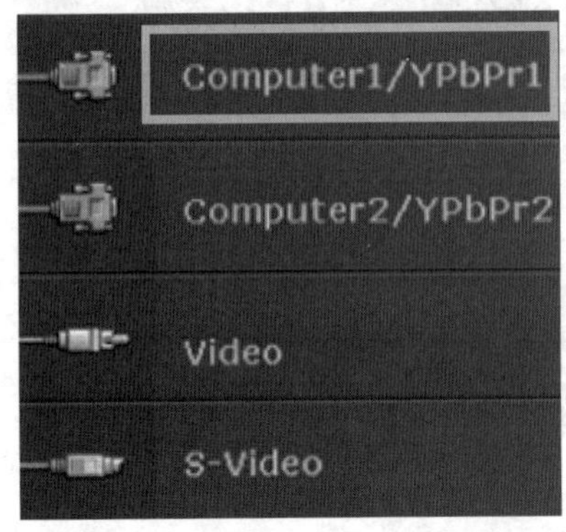


图 10.1.23

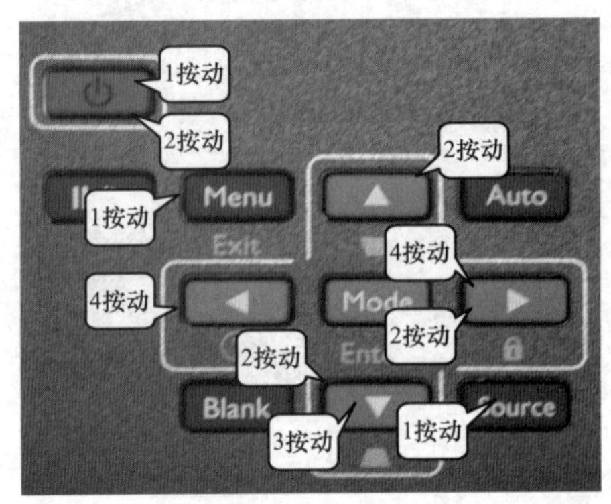


图 10.1.24

#### 5. 吊装正投时界面的调整

投影机一般是正放在桌面上使用的，这种方式通常用于小型的报告和产品演示。但投影机还可以被底朝上放于吊架上进行吊装，这种安装方式通常都是用于教学或者是播放电影。为了方便各种安装方式的使用，投影机设置了界面方向调整功能。当我们把投影机从正放在桌上使用改成吊装使用，界面就会上下颠倒、左右颠倒，所以就必须进行界面方向调整。如果我们的投影机是从吊装使用状态变为桌上使用状态，同样界面也会上下颠倒、左右颠倒，也同样需要进行界面方向的调整。界面方向调整的方法如下。

①按【Menu】键，屏幕上出现图 10.1.24 所示的界面。②按【▶】键 3 次，出现图 10.1.25 所示的界面。③按【▼】键，矩形框跳到【投影机位置】。④按【◀】和【▶】键(以上操作见图 10.1.24)，可以在【桌上正投】、【吊装正投】、【吊装背投】和【桌上

背投】之间切换，同时投影机界面的方向也会发生相应的变化。当我们把投影机放在桌上使用时，应该选择【桌上正投】。我们把投影机的底朝上吊装时，应该选择【吊装正投】。吊装正投的安装方式见图 10.1.26。

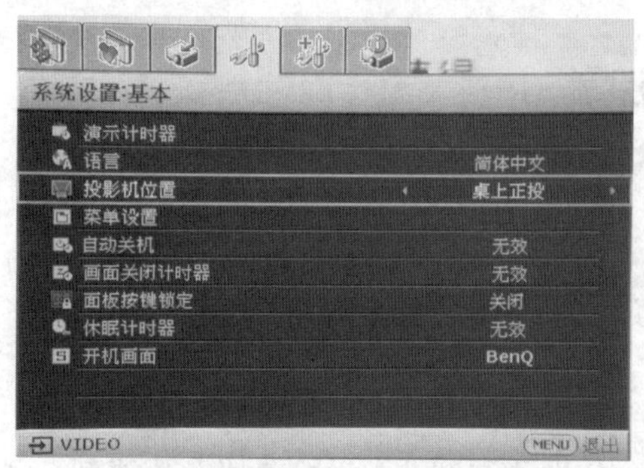


图 10.1.25

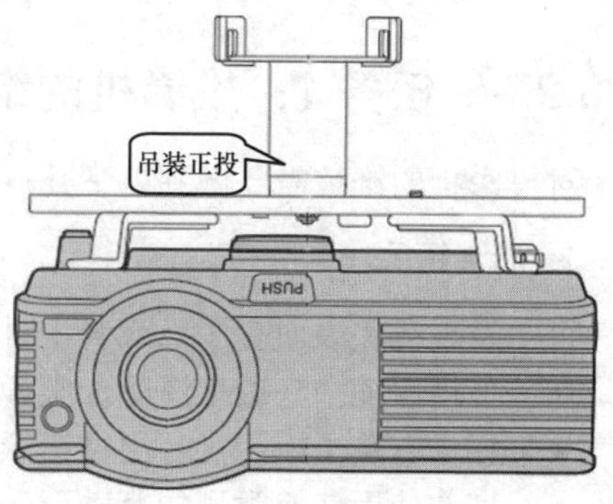


图 10.1.26

6. 关闭投影机

①按电源按钮，屏幕上会出现询问是否关机的对话框。②再次按动电源按钮(以上操作见图 10.1.24)，投影机便关闭。

这里要特别说明的是：在投影机关闭之后，不能立刻切断投影机的交流电源，需要等待 3～5 分钟。因为这时投影机内部的灯泡还是处于高热状态，需要由机内的风扇给它散热。这时的投影机内部的风扇还必须旋转，如果这时切断交流电源，投影机内部的风扇不能正常工作，这就使得投影机的灯泡不能得到正常的散热，可能会使投影机的灯泡损坏。所以投影机使用过程中切忌突然断电，也千万不要用遥控器关闭投影机后，马上切断交流电源。

## 10.2 项目 2：投影机的维护与保养

### 项目剖析

**应用场景：** 投影机在使用过程中除了要按正常的操作程序关闭电源外，还要经常对投影机进行维护，这样才能保证投影机长时间使用时而不出故障。这些维护工作包括清洁镜头、滤网清洁和投影机外壳清洁、保护灯源部分的方法，更换灯泡等。

**设计思路与方法技巧：** 掌握投影机正常的关机操作程序，了解投影机哪些部分需要进行维护，以保证投影机长时间使用时而不出故障。了解清洁镜头的方法和途径，学会滤网清洁、镜头清洁、投影机外壳清洁，知道灯源部分的保护手段，了解更换灯泡的途径。

**应用到的相关知识点：** 投影机正常的关机操作程序、滤网、镜头、外壳的清洁、更换灯泡。

## 即学即用的可视化实践环节

## 10.2.1 任务 1：投影机的维护与保养

对投影机的维护需要做到以下几点。

### 1. 清洁镜头

可在发现镜头表面有污点或灰尘时清洁镜头，清洁的方法如下。

- 使用压缩空气罐来清除灰尘。
- 如果有灰尘或污点，用拭镜纸或湿软布蘸些清洁剂轻轻擦拭镜头表面。
- 切勿使用任何类型的磨砂百洁布、碱性/酸性清洁剂、去污粉或挥发性溶剂，例如酒精、苯、稀释剂或杀虫剂。使用这类物质或长时间接触橡胶或乙烯物质，会对投影机表面和箱体材料造成损坏。

### 2. 清洁投影机外壳

清洁外壳之前，要按正确关闭程序关闭投影机，并拔掉电源线。

- 要除去污垢或灰尘，请使用柔软、不起毛的布料擦拭外壳。
- 要去除牢固的污垢或斑点，可用水和中性 pH 的清洁剂打湿软布，然后擦拭外壳。
- 切勿使用蜡、酒精、苯、稀释剂或其他化学清洁剂，这些物质会损坏外壳。

### 3. 搬运时严防强烈的冲撞和震动

因为强震能造成液晶片的位移，影响放映时三片 LCD 的会聚，出现 RGB 颜色不重合的现象；光学系统中的透镜、反射镜也会产生变形或损坏，影响图像投影效果；变焦镜头在冲击下会使轨道损坏，造成镜头卡死，甚至镜头破裂无法使用。

### 4. 灯源部分的保护

投影机在点亮状态时，灯泡两端电压为 60～80V，灯泡内气体压力大于 10kg/cm$^2$，温度则有上千度，灯丝处于半熔状态。因此，在开机状态下严禁震动、搬移投影机，防止灯泡炸裂；停止使用后不能马上断开电源，要让机器散热完成后自动停机，在机器散热状态断电造成的损坏是投影机最常见的返修原因之一。另外，减少开关机次数对灯泡寿命有益。投影机灯泡属于易耗品，正常使用的情况下可用 3000～4000 小时或 2000～3000 小时。

## 10.2.2 任务 2：更换灯泡

务必在更换灯泡前关闭投影机并拔掉电源线。为降低严重灼伤的风险，在更换灯泡前至少让投影机冷却 45 分。为确保投影机发挥最优性能，建议购买与投影机配套的灯泡更换。更换灯泡的步骤如下。

步骤 1 用螺钉旋具松开投影机底部灯泡罩上的螺钉，见图 10.2.1 和图 10.2.2。

步骤 2 取下投影机上的灯泡罩，见图 10.2.3。

图 10.2.1

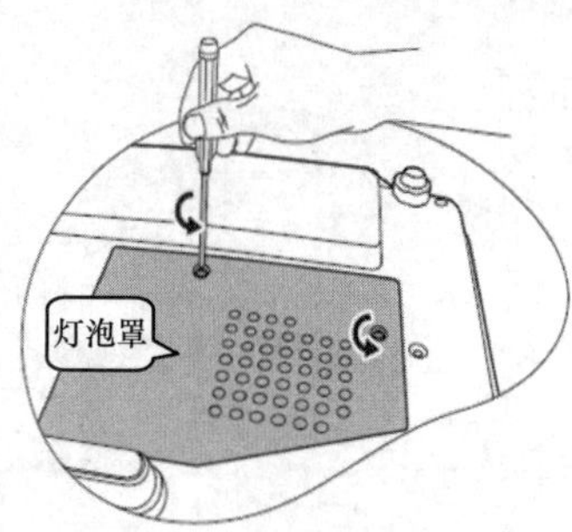


图 10.2.2

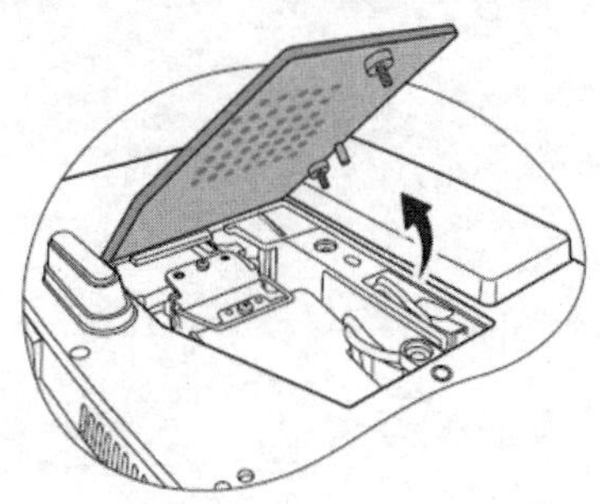

图 10.2.3

步骤 3 松开紧固灯泡的螺丝，见图 10.2.4。

步骤 4 将灯泡连接器从灯泡舱的槽中拉出，并将其与投影机断开连接，见图 10.2.5。

步骤 5 提起把手，使其立起，使用把手慢慢地将灯泡拉出投影机，见图 10.2.6。

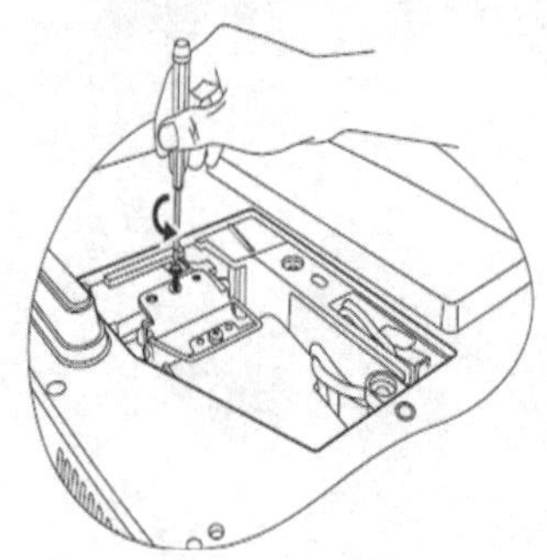

图 10.2.4

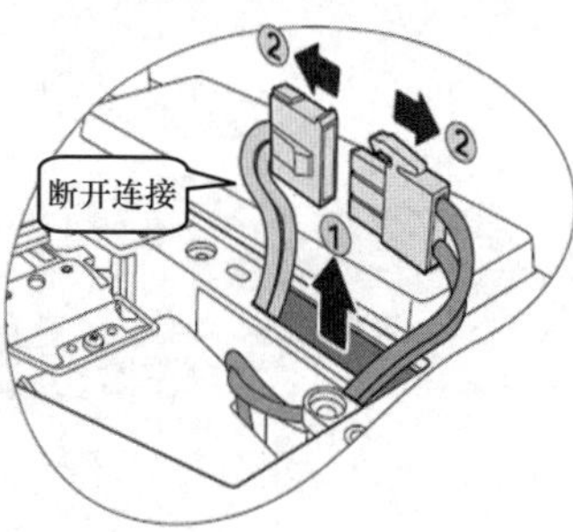


图 10.2.5

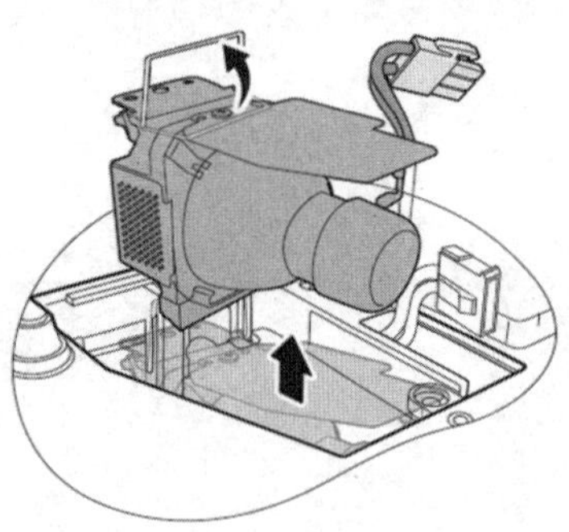

图 10.2.6

步骤 6 ①将新灯泡插入灯泡舱，确保在投影机中安装到位。②重新接上灯泡连接器，再插回到槽中，与投影机平齐，见图 10.2.7。

步骤 7 固定锁紧灯泡的螺钉，确认把手完全放平，并锁到位，见图 10.2.8。

步骤 8 灯泡罩放回到投影机上，见图 10.2.9。

步骤 9 固定灯泡罩的螺钉，见图 10.2.2。

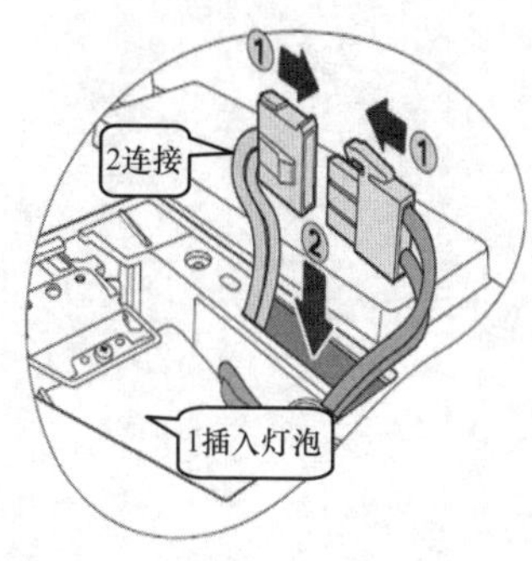


图 10.2.7

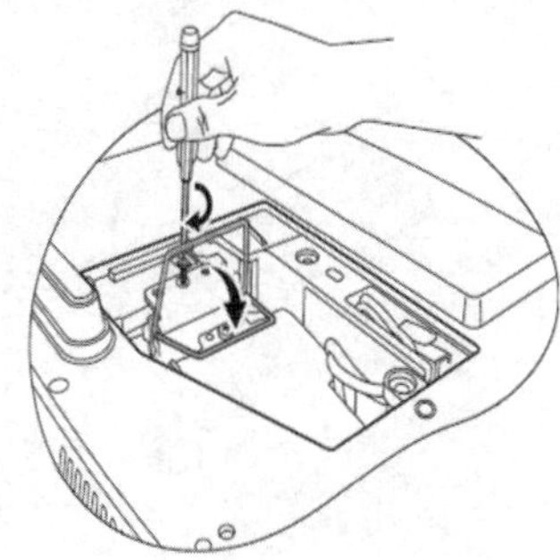

图 10.2.8

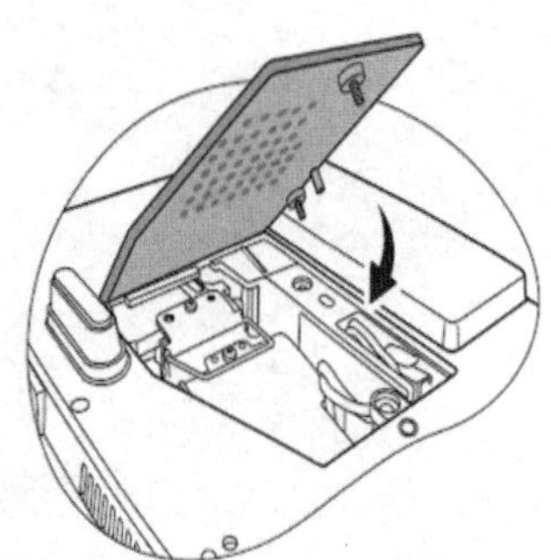

图 10.2.9

# 学习模块 11

# 数码相机

本模块学习要点：

- 数码相机的分类和主要指标。
- 数码相机的镜头安装。
- 设置时间和日期。
- 设置对焦方式和图像画质。
- 设置拍摄方式。
- 手动调整光圈与速度。
- 数码相机的维护与保养。

本模块技能目标：

- 了解数码相机的分类和主要指标。
- 能安装数码相机的镜头。
- 会设置时间和日期。
- 掌握对焦方式和图像画质设置。
- 熟练设置拍摄方式。
- 学会手动调整光圈与速度。
- 了解数码相机的维护与保养。

# 11.1 项目 1：数码相机的选购与使用

## 项目剖析

**应用场景：**数码相机主要用于拍摄静态图像或者是视频图像，可以用于教学、宣传、娱乐活动、会议、技术资料的留存等。数码相机在办公中可以用来记录各种活动现场的静态图像或视频，拍摄培训用教学片和各种技术资料片，对企业的宣传、产品开发、技术资料留存有着重要的作用。

**设计思路与方法技巧：**了解数码相机的分类与主要技术指标，掌握电池的安装与充电方法，学会运用数码相机参数设置调整其状态以满足拍摄需求，熟练掌握拍摄的常用技巧，并能对数码相机进行维护与保养。

**应用到的相关知识点：**数码相机的主要技术指标和选购方法、数码相机的使用方法和参数设置。

## 即学即用的可视化实践环节

## 11.1.1 任务 1：数码相机的选购

1. 数码相机的分类

数码相机简称 DC，如图 11.1.1 和图 11.1.2 所示。我们通常根据数码相机的用途，将其分为单反数码相机、普通数码相机、长焦数码相机三类。在日常生活中普遍使用的是普通数码相机。下面就简单介绍一下上述三类数码相机。

图 11.1.1

图 11.1.2

1)　单反数码相机

单反数码相机指的是单镜头反光数码相机，英文缩写为 DSLR，是数码相机中的高端产品，一般为摄影专业人士所用。单反数码相机最大的特点就是镜头可拆卸，可以换上不同规格的镜头，使其具有不同的性能，例如换上广角镜头，焦距短，视角较宽，而景深却很深，比较适合拍摄较大场景的照片，如建筑、风景等题材；如果换上长焦镜头，又可以用来拍摄较远的景物。这一点是单一镜头的普通数码相机所不能比拟的。

2)　普通数码相机

普通数码相机不是专业的照相设备，分为普通机型和卡片机。卡片机镜头小，成像质量会比普通机型差一点，不过普通用户是分辨不出来的。

3)　长焦数码相机

长焦数码相机指的是具有较大光学变焦倍数的机型。其光学变焦倍数越大，能拍摄的景物就越远。长焦数码相机和望远镜的原理相似，均是通过镜头内部镜片的移动而改变焦距。镜头越长的长焦数码相机，内部的镜片和感光器移动空间就越大，变焦倍数也更大。

**2. 数码相机的主要指标**

1)　像素

像素是衡量数码相机的最重要指标之一。像素指的是构成数码相机中一幅图像的点，如图 11.1.3 所示。数码相机中一幅图像就是由很多整齐排列的像素点构成的。

相机里的光电传感器上有很多光敏器件，一个光敏器件对应一个像素点，光敏器件数目越多对应的像素点就越多，图像也就越清晰。因此像素越大，意味着光敏器件越多，相应的成本就越大。一般数码相机中使用的成像器件有 CCD(电荷耦合器件)和 CMOS(互补金属氧化物半导体)。真实的感光器件图片如图 11.1.4 所示。

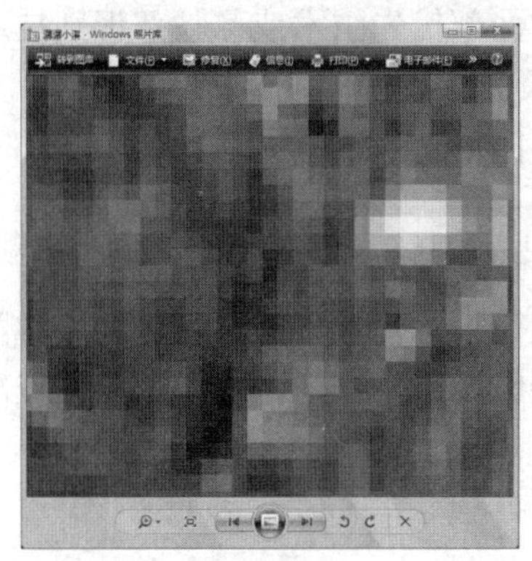

图 11.1.3

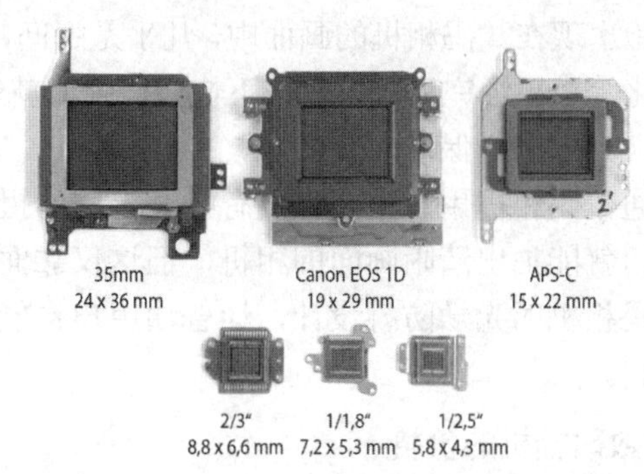


图 11.1.4

在数码相机的像素数指标中，表示方法有两种：一是物理像素，它指的是数码相机所选用的 CCD 上面的感光单元个数，也称为 CCD 像素数；二是有效像素数，由于镜头设计等方面的原因，CCD 上面的所有像素只有部分被利用，利用的这部分像素数目称为有效像素数。数码相机最后的成像由有效像素决定，表示为照片长宽两边的像素数的乘积，中文全称为图像元素。

像素是构成数码影像的基本单元，通常以像素每英寸(ppi)为单位来表示影像分辨率的大小。

例如 1200×1200 ppi 分辨率，即表示水平方向与垂直方向每英寸长度上的像素数都是 1200，也可表示为一平方英寸内有 1200×1200 像素。

2)　镜头

数码相机镜头的变焦倍数直接关系到数码相机对远处物体的抓取水平。数码相机变焦越大，能拍清楚的物体就越远，反之亦然。数码相机变焦分为光学变焦(物理变焦)和数码变焦。其中真正起作用的是数码相机的光学变焦，数码相机数码变焦只是使被摄物体在取景器中显示放大，对物体的清晰程度没有任何作用，要注意区分。数码相机镜头口径也需要注意，口径小的数码相机，即使再大的像素，在光线比较暗的情况下也拍摄不出好的效果来。

3) 液晶取景器

数码相机液晶取景器主要的要求就是亮度要够高，像素要够大，还有面积也要大，现在比较流行的是 2.5 英寸到 3 英寸。

### 3. 数码相机的新特点

随着数码相机技术的高速发展，普通数码相机除了大家所知道的机型小巧、携带方便、机身超薄等特点之外，那些以往只配备于专业单反数码相机的高端的技术与性能，也已经成为今天消费数码相机用户的主流配置。

1) 液晶显示面积增大

目前数码相机的液晶屏实现了真正的大画面，有效地解决了视角和显示的问题，方便拍摄和回放。当然大屏幕也有负面的影响，尺寸的变大使得功耗上升，影响了数码相机拍摄的时间。

2) 脸部识别技术成标配

以佳能为代表的厂商采用了面部优先技术。所谓面部优先技术或称脸部识别技术，即只要人脸出现在数码相机的画面中，几乎是瞬间，图像引擎就能识别出来。与此同时，对焦、图像优化等也已经完成，只需按下快门，瞬间就能拍下所需要的画面，几乎没有时滞。

3) 光学防抖保清晰

普通数码相机用户大多都没有经过专门的摄影培训，因此他们需要的是一台能够随时按下快门就能拍出清晰画面的相机，但这仅靠面部优先技术仍然不够，还需要光学防抖技术。数码相机的光学防抖设计，让普通用户也能像摄影高手一样，张张相片都焦点准确，清晰锐利。

### 4. 数码相机的价格

普通数码相机的价格差异与其品牌有很大的关系。国外的知名品牌以日系厂商为主，如佳能、尼康、索尼、富士、松下，还有韩国的三星等。这些品牌的普通消费级自动相机的主流机型的价位一般在 1000～4000 元。专业使用的数码相机价格在 5000～60000 元。大家在选购数码相机的时候，应该购买最适合自己的，而不要盲目追求品牌。

## 11.1.2 任务 2：数码相机的基本使用

本教材以佳能 EOS M2 微型单反数码相机为例进行讲解。

### 1. 安装镜头

步骤 1 取下镜头保护盖和机身上的镜头保护盖。

步骤 2 将镜头上白色安装标志与相机机身上的白色安装标志对齐，顺时针旋转镜头直到听到“咔嚓”一声，镜头卡到位。左右旋转镜头，镜头不会转动，这表明镜头已经卡到位(见图 11.1.5)。

### 2. 拆卸镜头

按下镜头释放按钮的同时逆时针旋转镜头，即可取下镜头。

### 3. 安装存储卡与电池

数码相机拍摄的照片或视频是存储在存储卡里的，常用的存储卡有 SD 卡等，所以使用数码相机前要先装存储卡。

SD 卡中文翻译为安全数码卡，是一种基于半导体快闪记忆器的新一代记忆体，拥有高记忆容量、快速数据传输率、极大的移动灵活性以及很好的安全性。

步骤1 向图 11.1.6 箭头所指的方向滑动，打开存储卡/电池仓盖。

图 11.1.5

图 11.1.6

步骤2 将电池的金属触点端朝下，与电池仓盖内的金属触点对准，电池的 Canon 标志面朝相机的前面插入电池，直到发出“咔嚓”声，电池锁定到位。

步骤3 将存储卡的标签面朝向相机的前面，向下按压直到锁定。

步骤4 关闭存储卡/电池仓盖，向左推动电池仓盖，锁住仓盖。

### 4. 取出电池与存储卡

步骤1 关闭电源。

步骤2 打开存储卡/电池仓盖。

步骤3 推动图 11.1.7 中的电池锁定扣，电池弹出，拔出电池即可。

步骤4 向下按压存储卡，存储卡就会向上弹出，拔出存储卡即可(见图 11.1.7)。图 11.1.8 是该相机的电源开关、拨盘、外接闪光灯的位置。

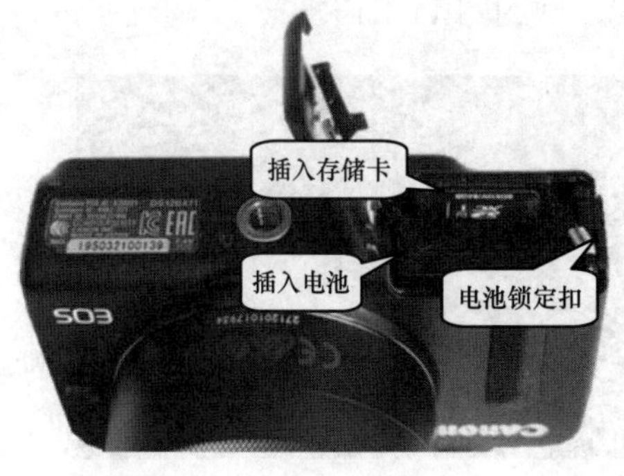


图 11.1.7

图 11.1.8

5. 设置时间和日期

步骤1 将转盘拨到图 11.1.9 中的【场景智能自动模式】位置【 】。

步骤2 按机身上的【MENU】按钮(见图 11.1.10)，出现图 11.1.11。

图 11.1.9

图 11.1.10

步骤3 ①点按【 】。②点按【日期/时间/区域】(见图 11.1.11)，出现图 11.1.12。

步骤4 ①点按【年】。②点按【 】按钮，改变年；同理，月、日、时、分、秒的设置方法同年的设置方法相同。③点按【确定】，回到图 11.1.11(见图 11.1.12)。

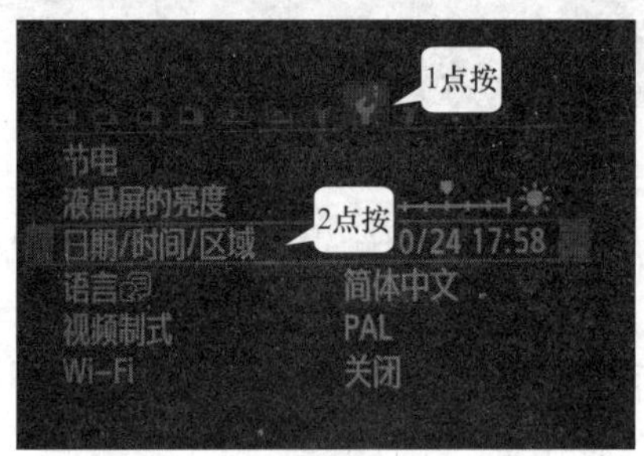


图 11.1.11

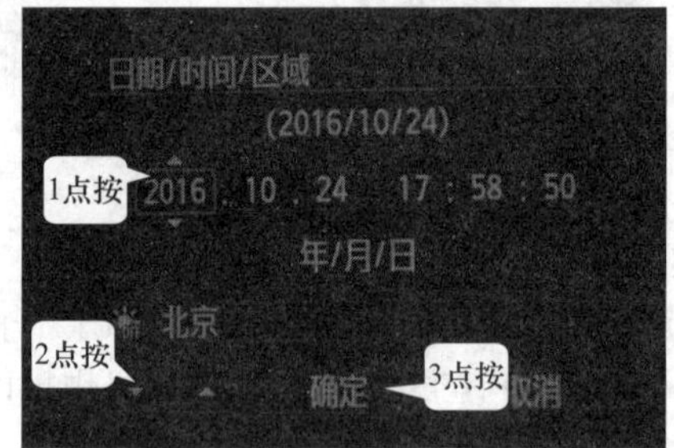


图 11.1.12

步骤5 按图 11.1.10 中机身上的【MENU】按钮，完成设置。

6. 设置自动对焦方式

步骤1 将转盘拨到图 11.1.9 中的【场景智能自动模式】位置【 】。

步骤2 按机身上的【MENU】按钮(见图 11.1.10)，出现图 11.1.13。

步骤3 ①点按【 】。②点按【自动对焦方式】(见图 11.1.13)，出现图 11.1.14。

步骤4 点按【自由移动 AF】(见图 11.1.14)，回到图 11.1.13。

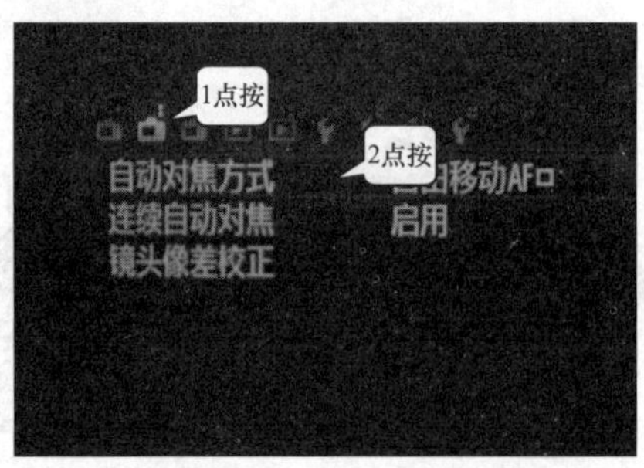


图 11.1.13

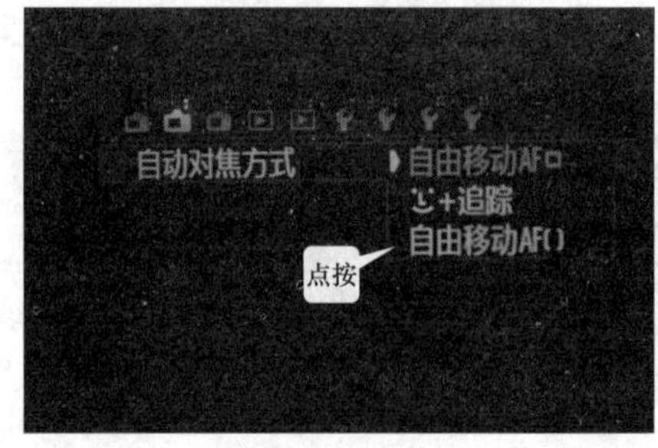


图 11.1.14

步骤5 按图 11.1.10 中机身上的【MENU】按钮，完成设置，出现图 11.1.15。

步骤6 用手拖动图 11.1.15 中的对焦框，对准画面中的对焦物体，相机就会以画面中的该物体为对焦点来进行对焦，确保我们所拍摄的物体清晰。

### 7. 设置图像画质

相机拍摄照片的分辨率是可以设置的，照片的分辨率也就是图像的画质，画质越高，分辨率越高。而高分辨率的照片，文件容量就大，点击图中不同的图标，就可以设置不同的分辨率。

步骤1 将转盘拨到图 11.1.9 的【场景智能自动模式】位置【】。

步骤2 按机身上的【MENU】按钮(见图 11.1.10)，出现图 11.1.16。

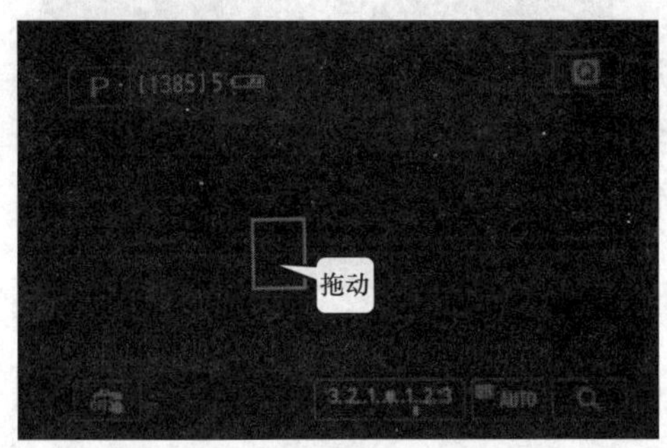


图 11.1.15

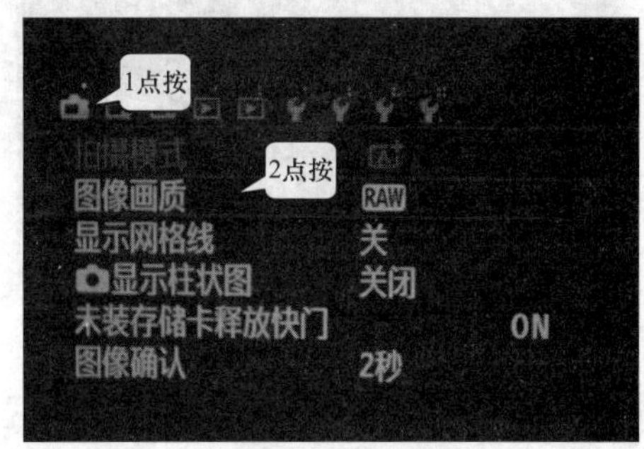


图 11.1.16

步骤3 ①点按【】。②点按【图像画质】(见图 11.1.16)，出现图 11.1.17。

步骤4 ①点按【RAW】，就可以将分辨率设为 5184×3456，在此分辨率下照片的文件大小为 18 MB，是最高的画质。②点按【OK】(见图 11.1.17)，回到图 11.1.16。

步骤5 按图 11.1.10 中机身上的【MENU】按钮，完成设置。

### 8. 设置图像确认时间

为了能够在显示器上看到拍摄的照片效果，我们可以设置拍摄后的图像在显示器上停留的时间，方法如下。

步骤1 将转盘拨到图 11.1.9 中的【场景智能自动模式】位置【】。

步骤2 按机身上的【MENU】按钮(见图 11.1.10)，出现图 11.1.18。

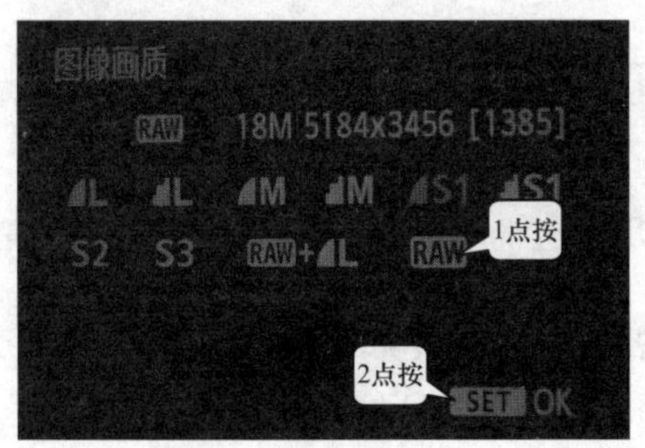


图 11.1.17

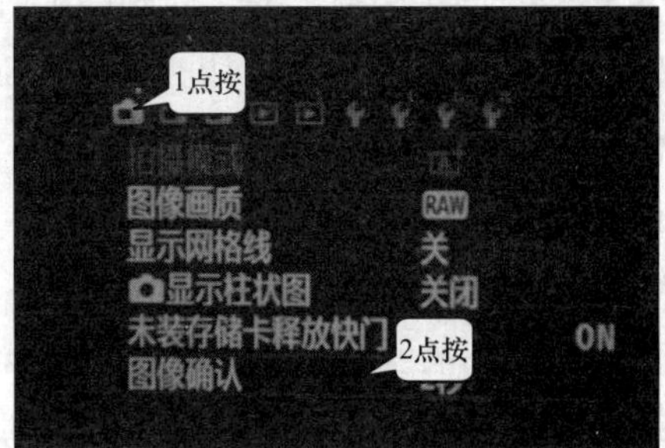


图 11.1.18

步骤3 ①点按【】。②点按【图像确认】(见图 11.1.18)，出现图 11.1.19。

步骤 4 点按【2 秒】，就可以使拍摄后的图像在显示器上停留两秒(见图 11.1.19)，回到图 11.1.19。

步骤 5 按图 11.1.10 中机身上的【MENU】按钮，完成设置。

9. 删除图像

步骤 1 将转盘拨到图 11.1.9 中的【场景智能自动模式】位置【】。

步骤 2 按机身上的【MENU】按钮(见图 11.1.10)，出现图 11.1.20。

步骤 3 ①点按【】。②点按【删除图像】(见图 11.1.20)，出现图 11.1.21。

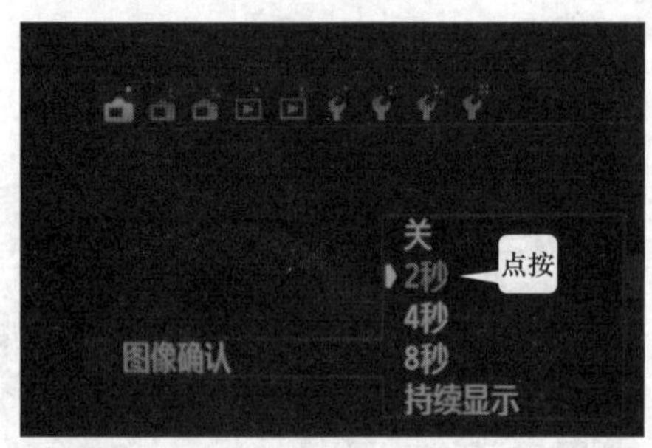


图 11.1.19

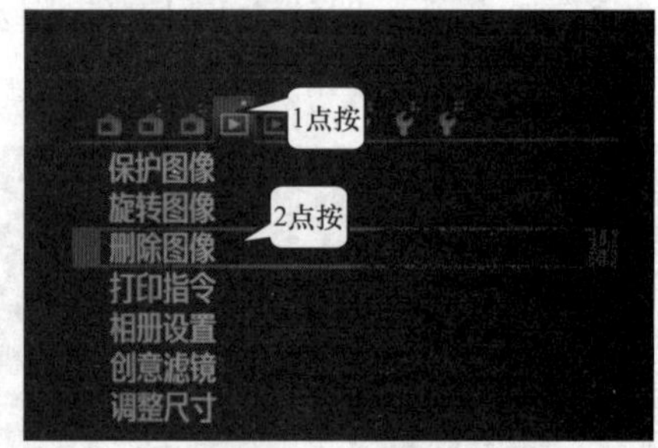


图 11.1.20

步骤 4 点按【选择并删除图像】(见图 11.1.21)，出现图 11.1.22。

图 11.1.21

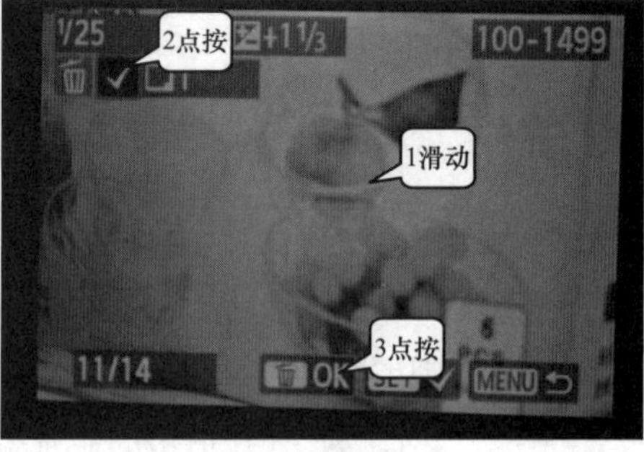


图 11.1.22

步骤 5 ①用手指在屏幕上滑动，找到要删除的图像。②点按【删除】。③点按【OK】，出现图 11.1.23。

步骤 6 点按【确定】，回到图 11.1.21。

步骤 7 按图 11.1.10 中机身上的【MENU】按钮，完成设置。

10. 设置视频制式

数码相机也可以用来拍摄视频，由于中国使用的电视制式为 PAL 制式，所以在拍摄时应该把视频制式设为 PAL 制式。

步骤 1 将转盘拨到图 11.1.9 中的【场景智能自动模式】位置【】。

步骤 2 按机身上的【MENU】按钮(见图 11.1.10)，出现图 11.1.24。

步骤 3 ①点按。②点按【视频制式】(见图 11.1.24)，出现图 11.1.25。

步骤 4 点按【PAL】(见图 11.1.25)，回到图 11.1.24。

步骤 5 按图 11.1.10 中机身上的【MENU】按钮，完成设置。

### 11. 自动方式拍摄

拨到图 11.1.9 所示的【场景智能自动模式】位置【】，数码相机处于场景智能自动模式，这样无须调整光圈速度即可拍摄。

步骤1 将转盘拨到图 11.1.9 中的【场景智能自动模式】位置【】。

步骤2 旋转图 11.1.26 中镜头变焦的变焦环，可以将被摄体拉近或者是推远，使其达到满意的程度。

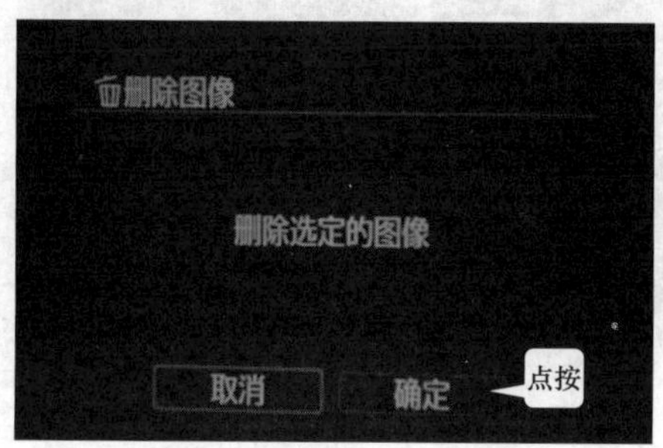


图 11.1.23

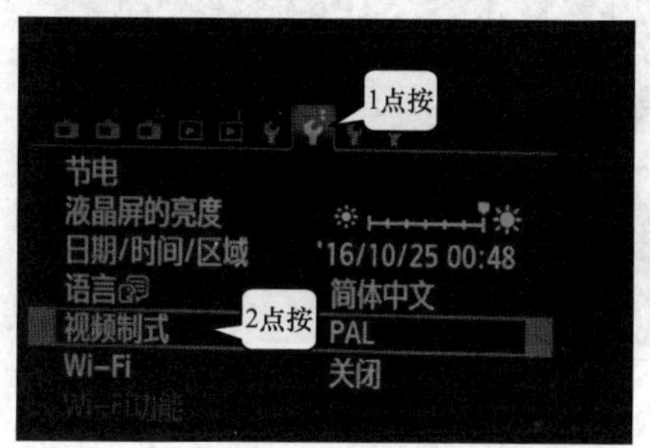


图 11.1.24

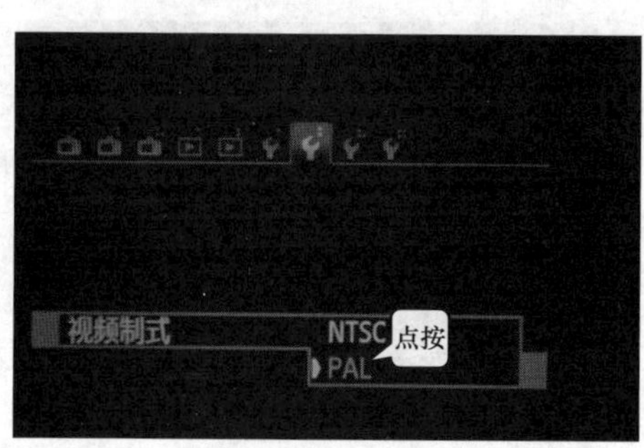


图 11.1.25

图 11.1.26

步骤3 半按图 11.1.26 中的快门按钮(半按快门是指将快门按下一点，但不要按到底)，这时屏幕上会出现一个图 11.1.15 所示的对焦小方框。拖动小方框到画面中要对焦的部分，再次半按住快门，直到小方框变成绿色。小方框变成绿色表示对焦完成，然后将快门按到底。

### 12. 查看照片

步骤1 按图 11.1.10 中的【回放】按钮，屏幕上就会出现拍摄的图像。

步骤2 用手左右滑动，即可翻看拍摄的照片。

## 11.1.3 任务 3：数码相机的高级应用

### 1. 根据不同场景拍摄

数码相机为缺乏摄影技术的用户设置了多种场景模式，用户可以根据所处的不同场景，选择对应的模式来拍摄，从而获得最佳的拍摄效果。

步骤1 将转盘拨到图 11.1.9 中的【场景智能自动模式】位置【】。

步骤2 按机身上的【MENU】按钮(见图 11.1.10)，出现图 11.1.24。

步骤3 ①点按【】。②点按【拍摄模式】(见图 11.1.27)，出现图 11.1.28。

步骤4 点按【】(见图 11.1.28)，出现图 11.1.29。

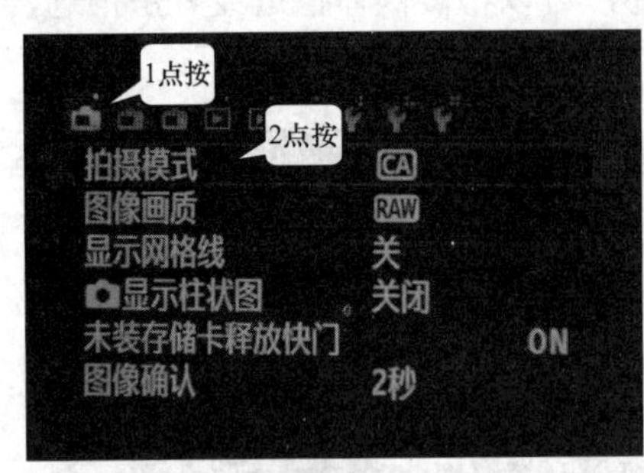


图 11.1.27

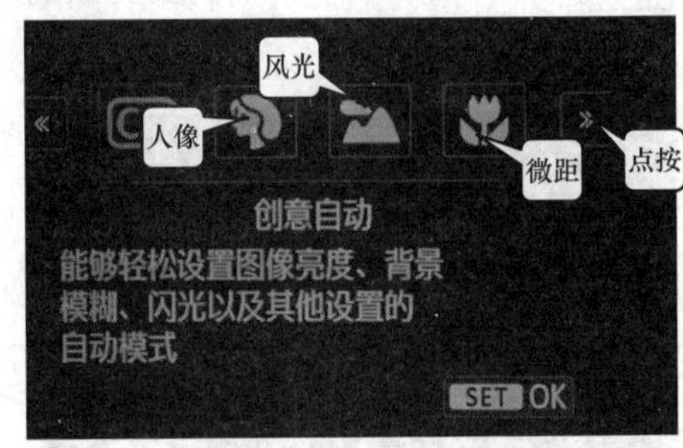


图 11.1.28

步骤5 点按【】(见图 11.1.29)，出现图 11.1.30。

步骤6 ①点按【HDR 逆光控制】。②点按【OK】(见图 11.1.30)。

步骤7 按图 11.1.10 中机身上的【MENU】按钮，完成设置。

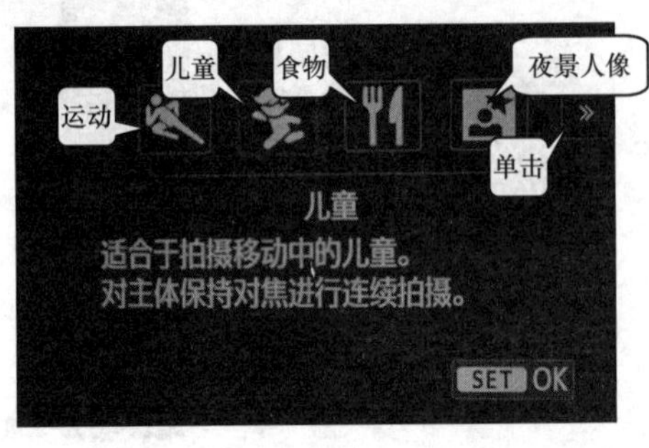


图 11.1.29

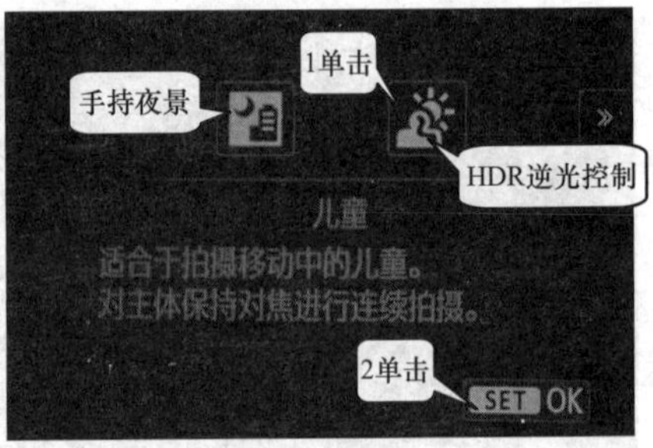

图 11.1.30

上述各种模式的使用方法如下。

- 人像：适合于拍摄人物，以使背景模糊，主题突出，肤色和头发显得平滑。
- 风光：可以拍摄景深广阔(前景与背景均合焦)清晰的图像。
- 微距：适合于花卉等较小的物体的微距拍摄，拍摄时尽可能靠近物体。
- 运动：适合于拍摄移动中的物体，对物体保持对焦，进行连续拍摄。
- 食物：用于美食的摄影，让实物看起来鲜艳悦目。
- 儿童：适用于拍摄移动中的儿童，对主体保持对焦进行连续拍摄。
- 夜景人像：用于在夜景下拍摄主体，需要闪光灯，并建议使用三脚架。
- 手持夜景：在夜景中不用三脚架，而用手持相机的方式拍摄，相机可连续拍摄四张。
- HDR 逆光控制：在逆光条件下拍摄，即拍摄的物体背对着光，可连续拍摄三张。

### 2. 设置手动对焦模式

步骤1 将转盘拨到图 11.1.9 中的【场景智能自动模式】位置【】。

步骤2 按机身上的【MENU】按钮(见图 11.1.10)，出现图 11.1.31。

步骤3 ①点按▣。②点按【对焦模式】(见图 11.1.31)，出现图 11.1.32。

步骤4 ①点按【MF】，相机被设置成手动对焦状态(点按【AF】，相机被设置成自动对焦状态；点按【AF+MF】，相机被设置成既可以自动对焦，同时也可在自动对焦后再进行手动对焦)。②点按【OK】(见图 11.1.32)。

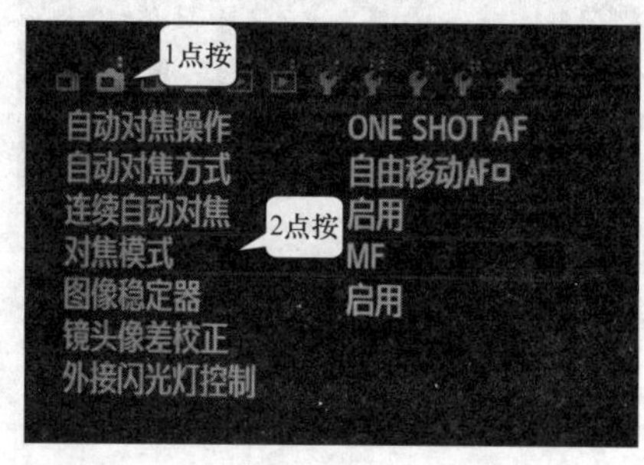


图 11.1.31

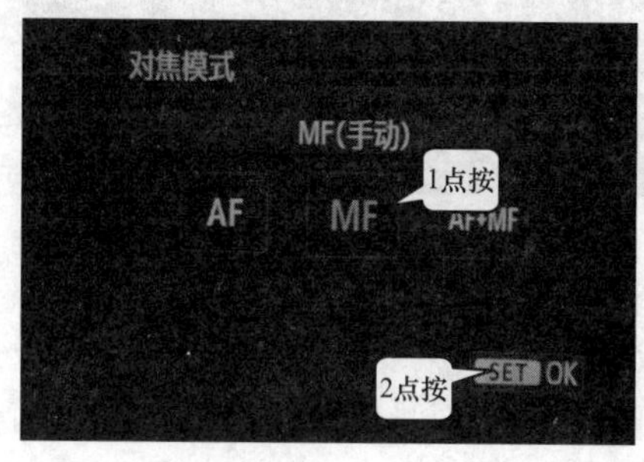


图 11.1.32

步骤5 按图 11.1.10 中机身上的【MENU】按钮，完成设置。

在拍摄时，旋转镜头前面的对焦环来进行对焦，它适合于拍摄很近的物体、用自动对焦的方式不能够清晰对焦的情形。

3. 手动调整光圈与速度

为了充分发挥摄影者的创作技巧，该相机还允许摄影者不使用自动设置的模式，而采用手动方式来设置光圈与速度，达到发挥摄影者创作意识，拍出最佳效果的目的。

步骤1 将转盘拨到图 11.1.9 中的【创意拍摄区模式】位置【▣】。

步骤2 按机身上的【MENU】按钮(见图 11.1.10)，出现图 11.1.33。

步骤3 ①点按▣。②点按【拍摄模式】(见图 11.1.33)，出现图 11.1.34。

步骤4 ①点按【M】，相机被设置成手动曝光状态。②点按【OK】(见图 11.1.34)，回到图 11.1.33。

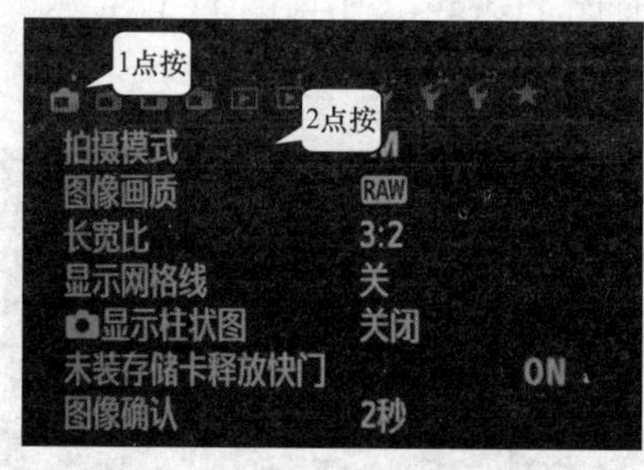

图 11.1.33



图 11.1.34

步骤5 按图 11.1.10 中机身上的【MENU】按钮，完成设置，出现图 11.1.35。

步骤6 点按【速度】(见图 11.1.35)，出现图 11.1.36。

步骤7 ①点按【▶】，设置速度。②点按【↩】(见图 11.1.36)，出现图 11.1.37。

步骤8 ①点按【光圈】。②点按【▶】，设置光圈值。③点按【↩】(见图 11.1.37)，返回图 11.1.35 拍摄状态。

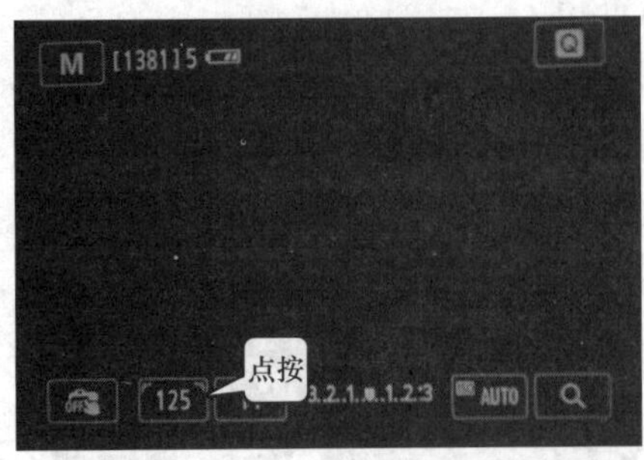


图 11.1.35

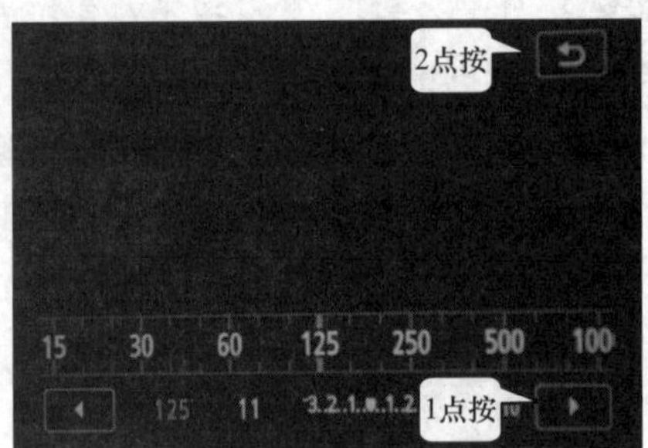


图 11.1.36

4. 设置液晶屏节电

该相机是使用液晶屏取景的，在取景拍摄时液晶屏必须打开。但是不取景时，开着的液晶屏会大量耗电，所以相机可以设置液晶屏的开启时间，只有按下快门时，液晶屏才打开，并保持开启一定的时间。设置较小的开启时间可以节电。

步骤 1 将转盘拨到图 11.1.9 中的【创意拍摄区模式】位置【 】。

步骤 2 按机身上的【MENU】按钮(见图 11.1.10)，出现图 11.1.38。

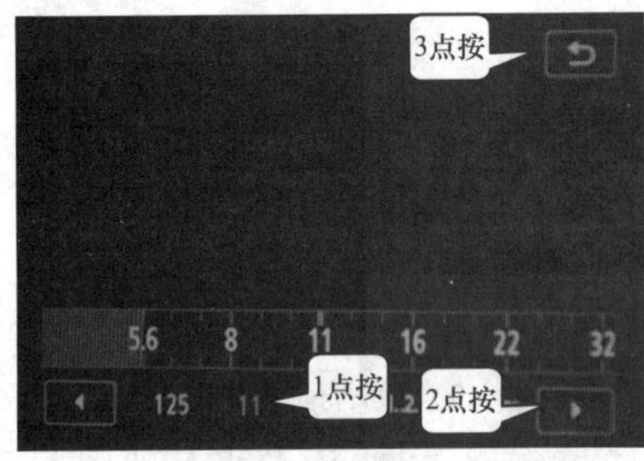


图 11.1.37

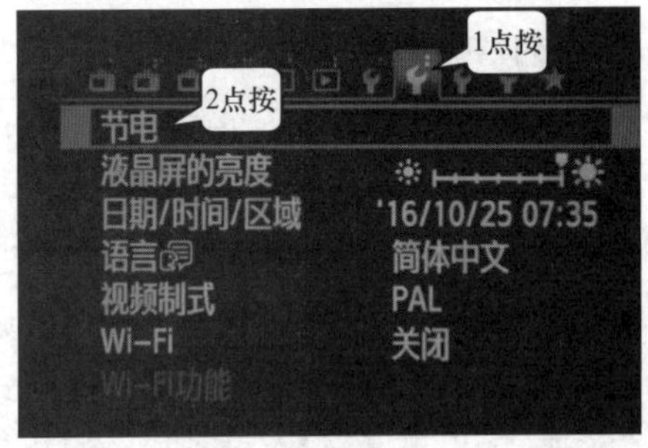


图 11.1.38

步骤 3 ①点按【 】。②点按【节电】(见图 11.1.38)，出现图 11.1.39。

步骤 4 点按【液晶屏自动关闭】(见图 11.1.39)，出现图 11.1.40。

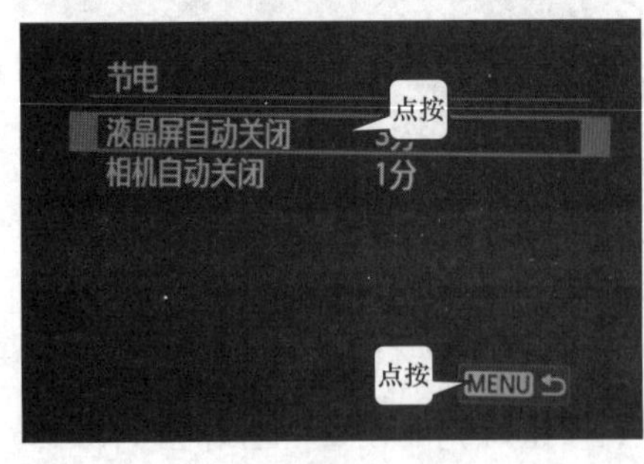


图 11.1.39

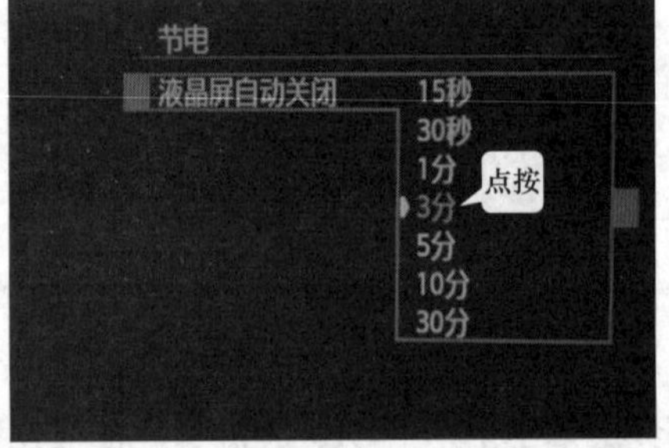


图 11.1.40

步骤 5 点按【3 分】(见图 11.1.40)，回到图 11.1.39。

步骤 6 点按【MENU】(见图 11.1.39)，完成设置。

5. 设置启用闪光灯

步骤1 将转盘拨到图11.1.9中的【创意拍摄区模式】位置【】。

步骤2 按机身上的【MENU】按钮(见图11.1.10)，出现图11.1.41。

步骤3 ①点按【】。②点按【外接闪光灯控制】(见图11.1.41)，出现图11.1.42。

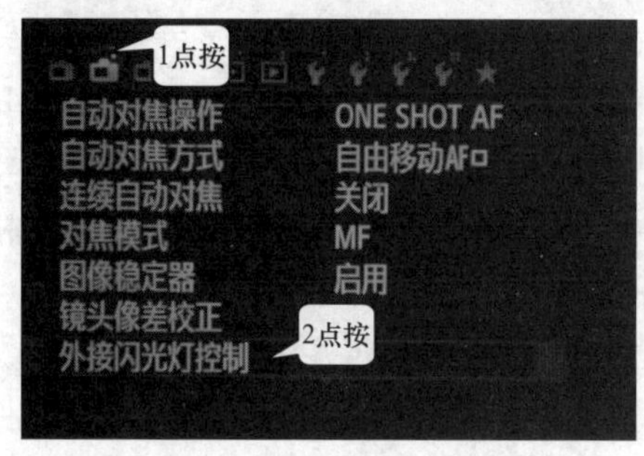


图 11.1.41

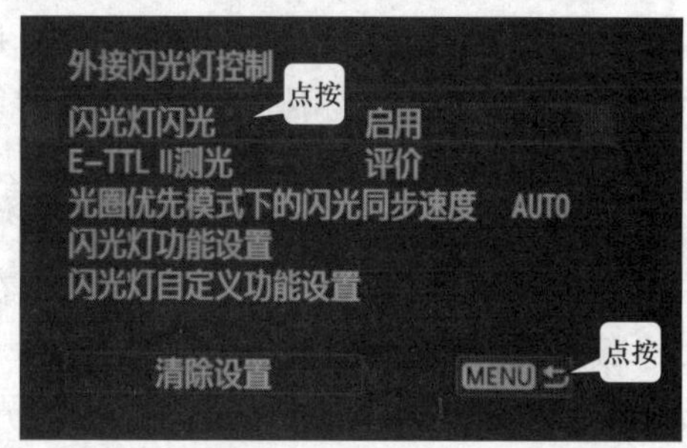


图 11.1.42

步骤4 点按【闪光灯闪光】(见图11.1.42)，出现图11.1.43。

图 11.1.43

步骤5 点按【启用】(见图11.1.43)，回到图11.1.42。

步骤6 点按【MENU】(见图11.1.42)，完成设置。

## 11.2 项目2：数码相机的维护与保养

### 项目剖析

**应用场景：** 数码相机使用过程中是需要进行维护和保养的。掌握维护和保养的方法，对于延长数码相机的使用寿命，使其更好地发挥作用，有着重要的意义。

**设计思路与方法技巧：** 了解数码相机的维护和保养常识。在日常使用中，注意按照规定要求来维护保养数码相机。

**应用到的相关知识点：** 镜头保护、镜头防霉处理、正确选购电池、电池的保养。

## 即学即用的可视化实践环节

数码相机是精密仪器，使用时需要注意以下几点。

(1) 大家平时在使用完数码相机之后，是不是拿在手上，或者揣进兜里？其实这样做都是不好的。我们可以为相机配备一个摄影包，用来装相机、数码存储卡、电池套件、辅助镜头等，而且最好为数码相机的液晶显示屏配置专门的皮套。

(2) 在使用、携带和保管数码相机的过程中，都应当注意避免剧烈震动，并防热、防晒、防尘以及有害气体。长期不用的相机，在梅雨季节，应把相机和皮盒分开。

(3) 镜头是任何一款相机最主要的部件。镜头的光学玻璃硬度不高，不能碰撞，不能随便擦拭。应尽量避免灰尘、水滴、指印等弄脏镜头。如果有灰尘，可用吹气球鼓风吹掉，或者用软毛刷轻轻拂拭。在万不得已时，要选用好的镜头纸或脱脂棉哈气后轻轻擦拭。

(4) 霉菌在生长过程中分泌的酸性物质，可以腐蚀透镜玻璃和其他金属部分。保持相机的干燥状态，是防止霉菌的根本方法，最好放一些干燥剂。冬季携带相机进入温暖的室内，如果立刻打开相机，镜头表面会生成一层微小水珠，温差大水珠也随之增多。只能待镜头水珠自然挥发，不能在火炉或暖气旁烘烤。

(5) 只能使用推荐的电池和推荐的电源。不配套的电池和电源可能会伤害相机本身。长期不用相机，应取出电池，因为电池可能漏液，会影响电路连接，使相机无法正常工作。电池即使不使用，也应当充满电，并每 1～2 个月充一次电。保持电池处于满的状态，有助于延长电池的使用寿命。不要拆开或改装相机。

# 学习模块 12

# 数码摄像机

本模块学习要点：

- 数码摄像机的分类与主要技术指标。
- 电池的安装与充电。
- 摄像机参数设置。
- 拍摄视频和图片。
- 导出拍摄的视频和图片。
- 摄像技巧的运用。
- 摄像机的维护与保养。

本模块技能目标：

- 了解数码摄像机的分类与主要技术指标。
- 学会电池的安装与充电。
- 掌握摄像机参数设置。
- 熟练掌握拍摄视频和图片。
- 会导出拍摄的视频和图片。
- 掌握摄像技巧的运用。
- 学会摄像机的维护与保养。

# 12.1 项目 1：数码摄像机的选购与使用

## 项目剖析

**应用场景：** 数码摄像机在拍摄视频的同时也具有数码相机的功能，也就是说还可以拍摄静态的数码照片。数码摄像机在办公中可以用来记录各种活动的现场视频，拍摄培训用教学片和各种技术资料片，对单位的宣传、产品开发、技术资料留存有着重要的作用。

**设计思路与方法技巧：** 了解数码摄像机的分类与主要技术指标，掌握电池的安装与充电方法，学会运用摄像机参数设置调整摄像机状态以满足拍摄需求，熟练掌握拍摄视频和图片的常用技巧，并能导出拍摄的视频和图片，能对摄像机进行维护与保养。

**应用到的相关知识点：** 数码摄像机的分类、主要技术指标、摄像机参数设置、拍摄视频和图片、导出拍摄的视频和图片。

## 即学即用的可视化实践环节

### 12.1.1 任务 1：数码摄像机的选购

在影像产品中，数码相机和扫描仪作为图像捕捉设备，其作用都是生成静态的图像。而数码摄像机(见图 12.1.1)则是集数字信号处理技术、大规模集成电路设计制造技术和精密机械技术等高科技于一体的机电产品，主要用于捕捉景物的连续活动，生成活动图像即电视图像。所以说数码摄像机是用来拍摄电视的专用设备，但是许多现在非专业的数码摄像机在拍摄视频的同时也具有数码相机的功能。

图 12.1.1

#### 1. 数码摄像机的分类

数码摄像机从外观形状可简单分为两种类型：专业摄像机和微型掌中宝式摄像机。微型掌中宝式机型是家用摄像机中最常见的机型，摄像者可以右手持机，左手进行辅助调节。

目前存储卡已是摄像机记录视频图像的主流载体，它是将拍摄的视频信号进行数字化处理以后，再进行压缩编码最后生成视频数据文件，保存在摄像机所自带的各类存储卡中，存储卡的容量一般为 8～128 GB。

从记录图像的清晰度上分，数码摄像机又可分为高清数码摄像机、标清数码摄像机、4K 数码摄像机。高清数码摄像机拍摄的图像可以达到高清晰度电视的标准，而标清数码摄像机所拍摄的图像只能达到普通电视的清晰度标准，4K 数码摄像机拍摄的图像可以达到超清 4K 电视的标准。

### 2. 主要技术指标

1)　光学变焦

数码摄像机光学变焦从 10～35 倍不等，光学变焦倍数越大，其所能拍摄的景物就越远，也就是说镜头推拉的距离越大，性能越好。

2)　格式标准

格式标准是数码摄像机清晰度的指标，如果格式为标清，则视频分辨率为 720 像素×576 像素。如果格式为高清，则视频分辨率为 1920 像素×1080 像素。如果格式为超清 4K 电视，则视频分辨率达到 3840 像素×2160 像素。

3)　存储介质

数码摄像机的存储介质目前主流为存储卡，64 GB 的存储卡能记录 120～280 分钟的视频。

4)　文件格式

目前各类数码摄像机上都采取压缩文件格式，即我们最常见的 MPEG2、MPEG4、MOV 格式，这种格式的文件可以十分方便地在计算机中利用视频处理软件进行编辑和处理。

5)　动态有效像素

数码摄像机的动态有效像素为 200 万～600 万，像素越高图像越清晰。

### 3. 数码摄像机的价格

数码相机的价格根据其用途和性能差别很大，普通家用数码摄像机的价格通常为 2000～10000 元，而专业的数码摄像机其价格在一万元至十几万元之间。

## 12.1.2　任务 2：数码摄像机的使用

本教材以索尼数码摄像机 SONY HDR-CX610E 为例，介绍数码摄像机的使用方法，其他数码摄像机的使用方法与此数码摄像机使用方法类似。

### 1. 电池的安装与充电

步骤1　将电池按图 12.1.2 所示箭头的方向装入，注意电池有金属触点的一端对着机身有金属触点的位置。

步骤2　取出电池时，只要向左滑动图 12.1.3 中的锁扣，然后推出电池即可。

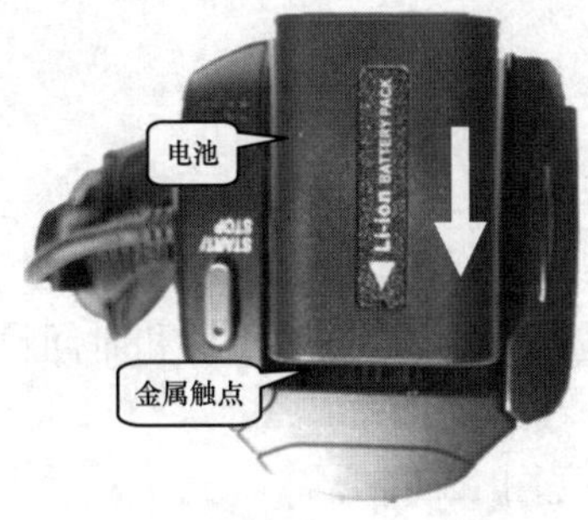

图 12.1.2

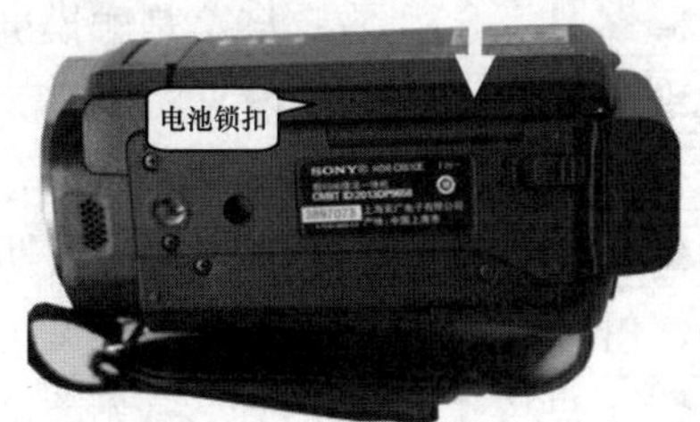

图 12.1.3

步骤3 ①装入电池。②将 USB 延长线与摄像机的 USB 线连接(见图 12.1.4)。

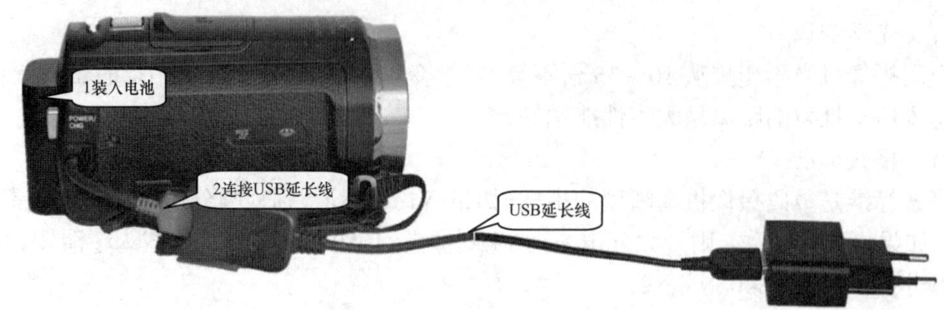


图 12.1.4

步骤4 将 USB 延长线另一端与充电器连接，并插到交流电源上即可充电。

### 2. 存储卡的安装

本机自带存储卡，如果自带存储卡存满时可插入外接存储卡，使用外接存储卡记录。

步骤1 打开存储卡盖子(见图 12.1.5)。

图 12.1.5

步骤2 插入存储卡，向里按压存储卡，直到发出“咔嚓”声(见图 12.1.5)。

步骤3 合上盖子。在拍摄前要选择好是用自带的存储卡还是用插入的外接存储卡。

### 3. 设置日期和时间

步骤1 打开显示屏(该屏幕是触摸屏，操作时直接用手点按即可)。

步骤2 点按【MENU】(见图 12.1.6)，出现图 12.1.7。

步骤3 点按【设置】(见图 12.1.7)，出现图 12.1.8。

步骤4 ①点按【▲】，找到【日期和时间设置】。②点按【日期和时间设置】(见图 12.1.8)，出现图 12.1.9。

步骤5 点按【日期和时间】(见图 12.1.9)，出现图 12.1.10。

步骤6 ①点按【年】位置。②点按【▲】按钮，调整年。月、日、时、分的调节用同样方法。③点按【OK】(见图 12.1.10)，完成设置。

图 12.1.6

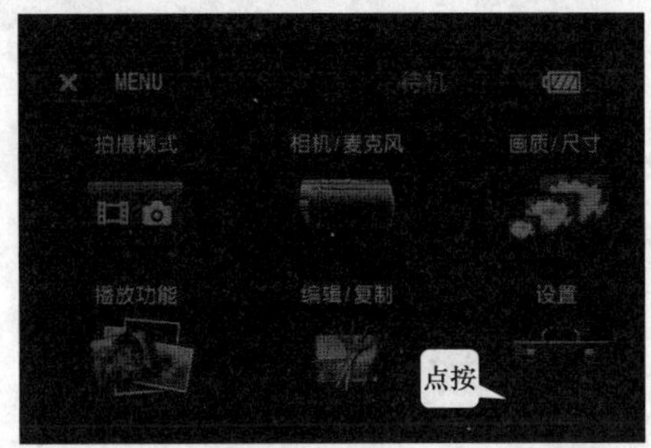


图 12.1.7

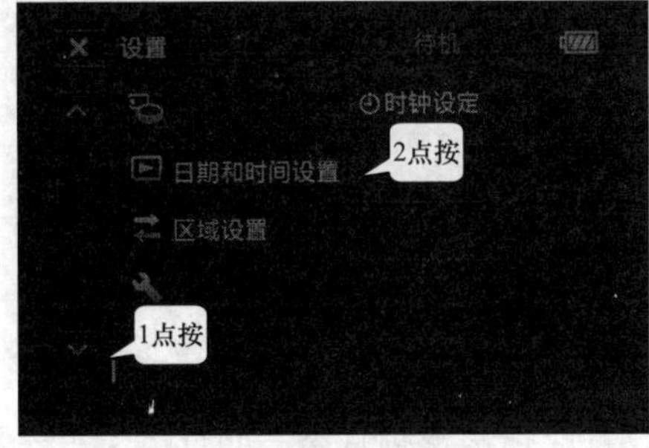


图 12.1.8

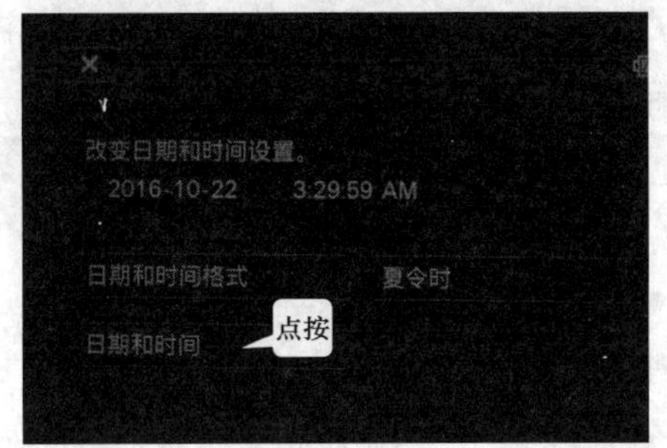


图 12.1.9

## 4. 存储卡的选择

步骤1 点按【MENU】(见图 12.1.6)，出现图 12.1.7。

步骤2 点按【设置】(见图 12.1.7)，出现图 12.1.11。

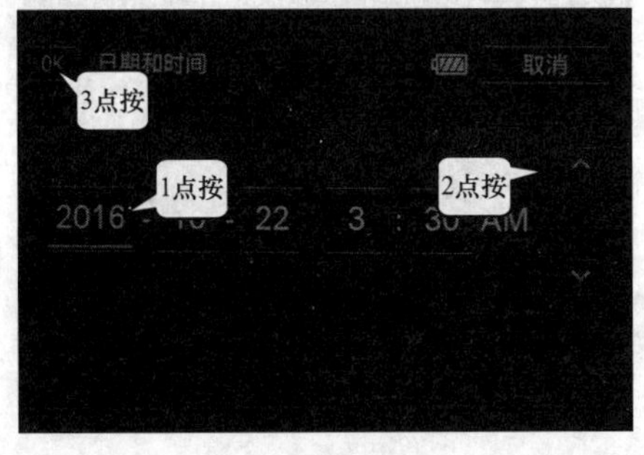


图 12.1.10

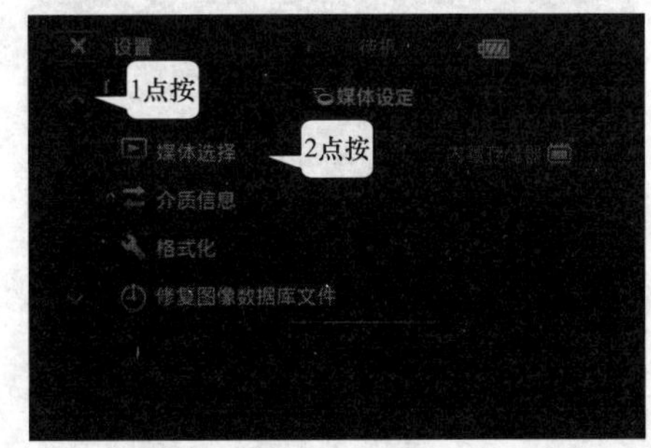


图 12.1.11

步骤3 ①点按【 】，找到【媒体选择】。②点按【媒体选择】(见图 12.1.11)，出现图 12.1.12。

步骤4 ①点按【内置存储器】，表示用内置存储器；如点按【存储卡】则表示用插入的存储卡。②点按【×】(见图 12.1.12)，完成设置。

## 5. 拍摄画质设置

步骤1 点按【MENU】(见图 12.1.6)，出现图 12.1.7。

步骤2 点按【设置】(见图 12.1.7)，出现图 12.1.13。

图 12.1.12

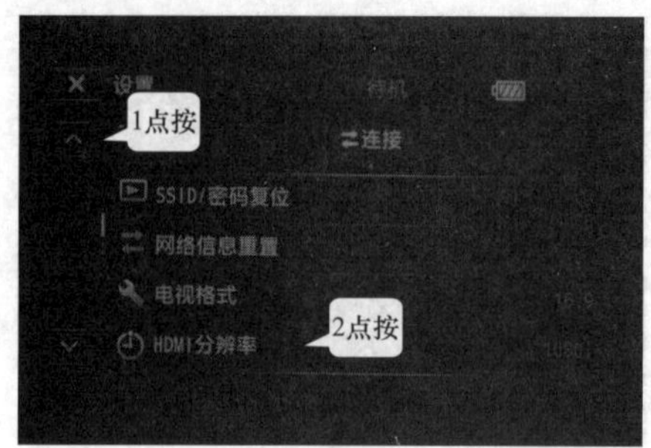


图 12.1.13

步骤 3 ①点按【^】，找到【HDMI 分辨率】。②点按【HDMI 分辨率】(见图 12.1.13)，出现图 12.1.14。

步骤 4 ①点按【1080i】。②点按【×】(见图 12.1.14)，完成设置。

### 6. 拍摄模式设置

步骤 1 点按【MENU】(见图 12.1.6)，出现图 12.1.7。

步骤 2 点按【拍摄模式】(见图 12.1.15)，出现图 12.1.16。

步骤 3 ①点按【动画】，表示将摄像机设置成拍摄视频状态；如点按【照片】，表示将摄像机设置成拍摄照片状态(见图 12.1.16)。②点按【×】，完成设置。

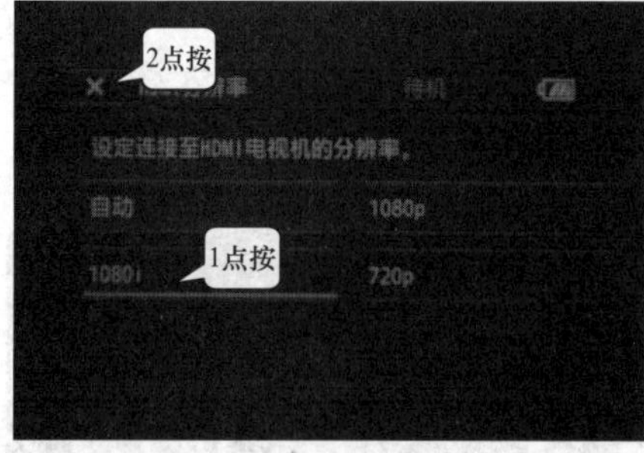


图 12.1.14

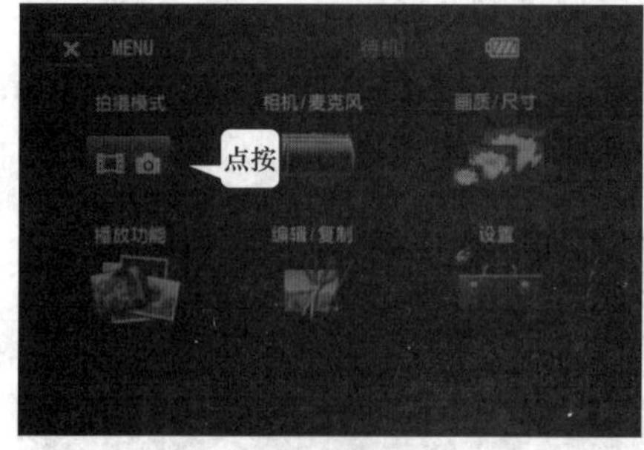


图 12.1.15

### 7. 拍摄视频

步骤 1 打开显示屏。

步骤 2 按图 12.1.17 所示的【STAR/STOP】，开始拍摄。

图 12.1.16

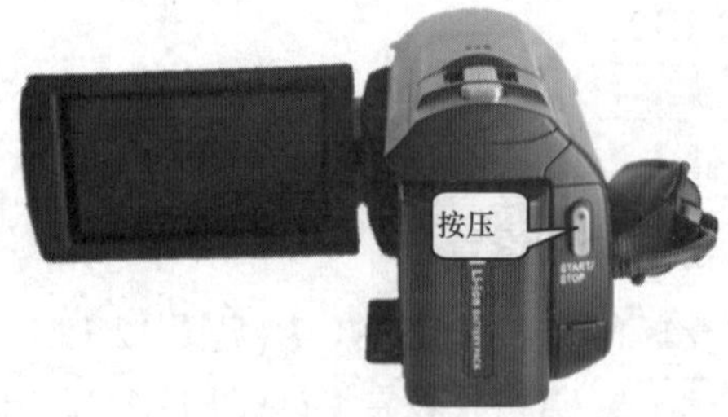


图 12.1.17

步骤3 按照图 12.1.18 中箭头所示的方向扳动电动变焦控制杆，可以推拉镜头。

步骤4 再次按图 12.1.17 所示的【STAR/STOP】按钮，则暂停拍摄。

8. 拍照片

步骤1 打开显示屏。

步骤2 轻按图 12.1.18 中的【PHOTO】按钮，开始对焦。对焦后图像清晰，然后将【PHOTO】按钮按到底，即可完成照片拍摄。

9. 播放视频和照片

步骤1 打开显示屏。

步骤2 点按图 12.1.19 所示的【播放】按钮，显示屏出现图 12.1.20 所示的界面。

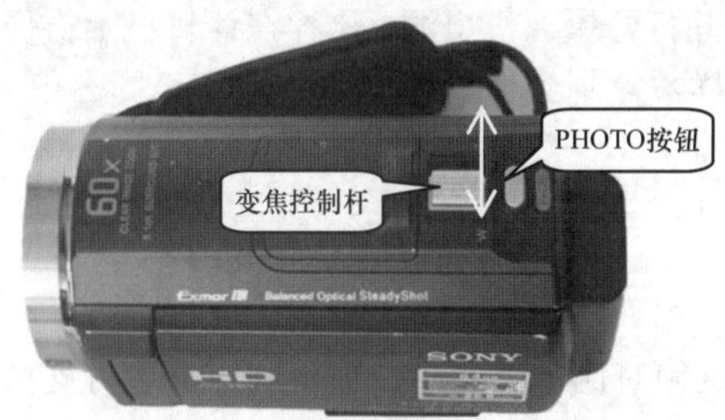


图 12.1.18

图 12.1.19

步骤3 ①点按【 】，找到拍摄时间。②点按显示屏中间的图片部分(见图 12.1.20)，出现图 12.1.21。

图 12.1.20

图 12.1.21

步骤4 ①点按【 】按钮，找到要看的照片或视频部分。②点按要看的照片或视频，即可播放相应的照片或视频(见图 12.1.21)。

10. 连接电视播放

步骤1 打开存储卡盖子。

步骤2 将 HDMI 线插入图 12.1.22 所示的【HDMI OUT】中，将 HDMI 线的另一端插入电视机的【HDMI】插口。

11. 导出拍摄的视频和图片

如果选择将拍摄的视频和图片存储到外接存储卡上，则只要取出存储卡，然后将存储卡放入读卡器，即可在计算机上对拍摄的视频和图片进行播放和后期编辑处理。

图 12.1.22

如果选择将拍摄的视频和图片存储到【内置存储器】上，则需要按图 12.1.4 的接法，用 USB 延长线将摄像机与计算机连接起来，并打开摄像机电源，这样在计算机上摄像机中的视频和图片文件就可以像 U 盘中的文件一样被复制到计算机上进行处理了。

## 12.1.3 任务 3：摄像技巧的运用

### 1. 拿稳摄影机

拍摄时最好是用两只手来把持摄像机，这绝对比单手要稳，也可利用身边可支撑的物品或使用摄像机机架，无论如何做其目的都是尽量减轻画面的晃动。尽量避免边走边拍的方式，这也是许多人常犯的毛病。边走边拍的拍摄方式只是在特殊情况下才运用的，千万记住画面的稳定是动态摄影的第一要件。

### 2. 固定镜头

简单地说，固定镜头就是镜头对准目标后，做固定点的拍摄，即不做任何移动进行拍摄，一般也不做镜头的推近拉远动作或上下左右的扫动拍摄。平常拍摄时以固定镜头为主，不需要做太多变焦动作，以免影响画面稳定性。拍摄全景时摄像机靠后一点，想拍其中某一部分时，摄影机就往前靠一点。对一个物体的拍摄，可以根据需要采用变换位置的方法，如从侧面、高处、低处等不同的位置进行拍摄。这样拍摄后呈现的效果也就不同，画面也会更丰富。如果因为场地的因素无法靠近所拍摄的物体时，就要用到变焦镜头，将物体画面拉近或给予特写。但是切记不要固定站在一个点上，用变焦镜头不停地拉近推远拍摄。

### 3. 正确运用镜头

在对活动物体或者是人物拍摄的时候，不要将镜头始终跟随其移动。因为这样拍摄出来的画面会使人有晃动感。如果要拍摄的对象移动到另外一个位置，可以先暂停摄像机的拍摄，然后再移动摄像机对准被测物体开始拍摄。对一个物体拍摄的时间一般不要少于 8 秒，因为时间过短，拍摄的画面在播放时就会给人以一闪而过的感觉。不要逆光拍摄，因为逆光拍摄会使被拍摄物体发黑，以至于看不清楚所拍摄的物体。例如当一个人站在窗口时，如果我们正对着这个人进行拍摄，那么拍摄的结果会使人的脸部轮廓十分暗淡，看不清楚。解决的方法是变换拍摄角度，不要让镜头正面迎向较强的光线。

一般情况下，拍摄大都是采用自动对焦。但是在特殊情况下，如隔着铁丝网、玻璃，摄像机与目标之间有人物不停地移动等，往往会让画面焦距一下清楚一下模糊，因为在自动对焦的情形下，摄像机是依据前方物体反射回来的信号判断距离，然后调整焦距的，所以才会发生上述的情形。因此只要将自动对焦切换到手动，将焦距锁定在固定位置(由于各品牌显示及调整的方式有所不同，具体方法请参照说明书)，焦距就不会变来变去了。

如果需要拍摄扫动镜头，摄像机的扫动(运动)一定要慢。切忌不停地来回扫动或者是快速扫动，扫动的速度标准可以这样来确定：例如当我们的镜头要扫动 90° 时，其扫动的时间要大于 10 秒，否则拍摄出来的效果就会使人有一闪而过的感觉。

4. 各种拍摄位置的运用

如果要拍摄地面上的物体，可以采取卧拍的方式，即俯卧在地面上进行拍摄；如果要拍摄仰视效果，就可以蹲在地上，将摄像机拿到与脚面等高的位置，将摄像机的液晶显示器旋转，使液晶面朝上，以便于拍摄者方便地观看显示器中的图像(见图 12.1.23)。如果要拍摄游行或者是活动场面，可以利用人体作为支架进行俯拍，也就是将摄像机举过头顶，液晶显示器旋转使其面朝下，这样拍摄者就能够仰头看到画面进行拍摄(见图 12.1.24)。

图 12.1.23

图 12.1.24

## 12.2 项目 2：数码摄像机的维护与保养

### 项目剖析

**应用场景：**数码摄像机属于精密设备，无论是电路还是机械都比其他电器产品精密得多，使用上也应更加注意，以防故障的发生，延长使用寿命。

**设计思路与方法技巧：**高度的潮湿会造成摄像机内部的金属部分生锈、电路部分短路、镜头部分的镜片发霉等。较强烈的震动有时会造成机械错位，镜头在不使用时，最好盖上镜头盖。清洗镜头时，先使用软刷和吹气球去除尘埃颗粒，然后再使用镜头清洗布擦拭。

**应用到的相关知识点：**防潮、防震动、防电击、清洗镜头、电池的使用方法。

### 即学即用的可视化实践环节

数码摄像机属于精密设备，一般在使用中应特别注意以下几点。

(1) 注意防潮：潮湿是摄像机的大敌，高度的潮湿会造成摄像机内部的金属部分生锈、电路部分短路、镜头部分的镜片发霉等。因此摄像机应随时注意防潮，在存放摄像机的包里最好能放一点防潮剂。冬天将摄像机从寒冷的环境带入温暖的环境里时，最好将机器放置 30 分钟再使用。在海边、河边以及雨天使用时，应避免机器溅水。

(2) 注意防震：震动会对摄像机的机械部分产生不良影响。现在的数码摄像机机械部分十分精密，有的机械元件厚度不到 0.5 毫米，而其导柱的定位精度是以微米计算的，较强烈的震动有时会造成机械错位，甚至电路板松脱。因此使用时应尽量避免强烈的震动，特别要防止机器摔到地上。

(3) 注意防电击：乍听起来有点不可思议，摄像机还能被电击？的确如此。摄像机不同于其他电器，要经常与监视设备如电视、记录设备如录像机进行连接，现在的数码摄像机还经常和计算机进行连接。如果所连接的设备漏电，那么在连接的过程中极易将摄像机烧毁，严重时甚至会造成摄像机报废。因此连接上述设备时最好能在其电源插头拔掉的情况下进行，以免造成不必要的损失。

(4) 镜头在不使用时，最好盖上镜头盖，以保护镜头不被污染，减少清洗的次数。清洗镜头时，先使用软刷和吹气球去除尘埃颗粒，然后再使用镜头清洗布。滴一小滴镜头清洗液擦拭(注意不要将清洗液直接滴在镜头上)，然后用一块干净的镜头纸擦净镜头，直至镜头干爽为止。如果没有专用的清洗液，那可以在镜头表面哈口气，虽然效果不如清洗液，但同样能使镜头干净。注意：务必使用镜头纸，而且在擦洗时，不要用力挤压，因为镜头表面覆有一层比较易受损的涂层。另外，大家千万别用硬纸、纸巾或餐巾纸来清洗镜头。这些产品都包含有刮擦性的木质纸浆，会严重损害镜头上的易损涂层。在清洗摄像机的其他部位时，切勿使用溶剂苯、杀虫剂等挥发性物质，以免机器变形甚至溶解。

(5) 不管在什么情况下，不要使用非厂家指定的电源以及电池。特别是市场上销售的一些电池、电瓶，尽管其标称的电压符合摄像机的供电要求，但一些电池刚刚充满时的空载电压很高，在接入摄像机的瞬间极易将机器烧毁。

电池的充电要求：充电时间，取决于所用充电器和电池以及使用电压是否稳定等因素。通常情况下，给第一次使用的电池(或好几个月没有用过的电池)充电，锂电池一定要超过 6 小时，尽量不要重复充电，以确保电池寿命。

电池的使用：使用过程中要避免出现过放电情况。过放电就是一次消耗电能超过限度。否则即使再充电，其容量也不能完全恢复，对于电池是一种损伤。由于过放电会导致电池充电效率变低，容量降低，为此摄像机均设有电池报警功能。所以在出现此类情况时应及时更换电池，尽量不要让电池耗尽而使摄像机自动关机。

电池的保存：如果打算长时间不使用数码摄像机，必须将电池从数码摄像机中或是充电器内取出，并将其充满电，然后存放在干燥、阴凉的环境。

# 学习模块 13

# 多功能一体机

本模块学习要点：

- 多功能一体机的分类和主要技术指标。
- 多功能一体机硬件和驱动程序的安装。
- 多功能一体机的使用方法。
- 取出、分离、安装墨粉盒的方法。
- 清洁玻璃板和机器内部的方法。

本模块技能目标：

- 了解多功能一体机的分类和主要技术指标。
- 学会多功能一体机硬件和驱动程序的安装。
- 掌握多功能一体机的使用方法。
- 掌握取出、分离、安装墨粉盒的方法。
- 掌握清洁玻璃板和机器内部的方法。

# 13.1 项目1：多功能一体机的选购与使用

## 项目剖析

**应用场景：** 目前，大多数办公工作都与打印、复印、扫描、传真、电话密切相关，如果有一台办公器材集成了打印、复印、扫描、传真、电话等多种功能，那么它就能在完成办公工作的基础上大大节约办公的空间。多功能一体机就是集成了打印、复印、扫描、传真、电话中两种或两种以上功能的办公器材，它一般是以打印、扫描与复印的分辨率、打印速度、多页复印、扫描方式等指标来衡量其好坏。多功能一体机有多种不同的分类方法，按照扫描技术可分为馈纸式和平台式；按照打印方式可分为激光多功能一体机和喷墨多功能一体机；按照产品主导功能可分为打印主导型、复印主导型、传真主导型、扫描主导型。本节以 HP M1005 MFP 为例介绍了多功能一体机的硬件安装、驱动程序安装和使用方法，熟练掌握这些方法对提高办公效率有一定的作用。

**设计思路与方法技巧：** 了解多功能一体机的分类和主要指标，掌握多功能一体机驱动程序安装和硬件安装，学会多功能一体机的使用方法。

**应用到的相关知识点：** 多功能一体机的分类；多功能一体机的主要指标；多功能一体机的硬件和驱动安装；多功能一体机的使用方法。

**即学即用的可视化实践环节**

## 13.1.1 任务1：多功能一体机的选购

多功能一体机(Multi Function Perherial，MFP)或称为多功能事务机，可集成打印、复印、扫描、传真、电话等多种功能。一般集成了两种以上功能的即可称为一体机。常用的一体机大多数是打印、复印、扫描三功能合为一体的机型，价格范围在 300～4000 元。应用较广的产品多集中在 350～2000 元。

### 1. 一体机的分类

按照扫描技术，一体机可分为馈纸式、平台式两种。馈纸式一体机是从传真机发展而来的，采用传真机最常见的馈纸扫描方式：图像传感器固定而原稿移动，加上一个简单的自动进纸器，它就可以连续扫描批量原稿(见图 13.1.1)。平台式一体机是把原稿放在玻璃平台上，由图像传感器移动获得完整的图像。它最大的优势在于扫描的原稿范围可以很宽，只要能够放在玻璃平台上的物体都可以留下自己的影像(见图 13.1.2)。

一体机根据打印方式可分为激光多功能一体机和喷墨多功能一体机。喷墨多功能一体机使用墨盒、墨水，购买一次性投入小，打印速度慢，长时间不用容易导致喷头堵塞。激光多功能一体机使用硒鼓、墨粉(或称“碳粉”，本书统称“墨粉”)，购买一次性投入较大，但是其打印速度快，维护简单方便，打印负荷量大，单位使用成本低，适合企事业单位用户使用。一般来说，激光多功能一体机的文档常规打印质量要优于喷墨多功能一体机。

图 13.1.1

图 13.1.2

按产品主导功能分类，一体机分为打印主导型、复印主导型、传真主导型、扫描主导型。

(1) 以打印为主的多功能打印机打印质量高，输出速度快，具有很好的纸张处理能力，适合一般的办公用户和家庭用户。

(2) 以复印为主的多功能复印机，通常具有连续复印、缩放尺寸调整、纸张版式设定等功能，可以脱离计算机独立完成操作，适合复印量大的用户。

(3) 突出传真性能的多功能传真机，一般配备有调制解调器(Modem)，有完善的控制面板，例如显示屏、数字键盘等，并且还带有相当容量的内存，能够在无纸的情况下连续接收、存储传真文件，同样可以脱离计算机独立运行，适合有大量传真通信的企业和机关单位。

(4) 以扫描为主体的多功能扫描仪，适合扫描要求较高的用户。

### 2. 一体机的主要指标

一体机的选购主要根据预算和用途选择，综合考虑价格、功能、性能指标、品牌、服务等因素。选购一体机时应注意以下主要性能指标。

1) 打印分辨率、扫描分辨率与复印分辨率

打印分辨率是指每英寸打印多少个点，单位为 dpi，它直接关系到打印机输出图像和文字的质量好坏。打印分辨率一般为 600×600 dpi，它的数值体现了一体机的打印质量和清晰度，还会影响到复印分辨率。

扫描分辨率是一体机扫描对象每英寸可以被表示成的点数。单位为 dpi，值越大，扫描的效果也就越好。光学分辨率一般为 600×600 dpi，而增强的一般可达 4800×4800 dpi。

复印分辨率是指每英寸复印对象是由多少个点组成的，单位为 dpi，一般为 600×600 dpi，它直接关系到复印输出文字和图像质量的好坏。

2) 打印速度

它是指在一分钟时间内能够打印 A4 幅面的打印纸的数量，单位为 ppm，一般为 24 ppm。要指出的是，平常看到的厂商宣传资料中提到的打印速度往往指的是理论速度，实际打印速度一般要比理论速度低。

3) 多页复印

指对同一复印原稿不需要进行多次设置，可以一次连续完成复印的最大数量。常见的产品都具备 1～99 张的连续复印，高端产品的连续复印可以达到 999 张。

4) 扫描方式

一体机的扫描单元分为馈纸式和平板式。馈纸式体积小巧，有自动进纸功能，十分方便，不过其扫描分辨率较比平板式低，应付传真和普通文字复印绰绰有余，精细的扫描则效果差。而平板式扫描效果要细致得多，扫描速度快，可以扫描不规则实物。平板式已逐步成为一体机的标准配置。

#### 3. 一体机的价格

喷墨多功能一体机价格在 350～4000 元。根据打印质量和打印速度的不同，价格也不同。例如侧重打印黑白文档的相对便宜，能够打印高精度照片或打印速度快的价格较高。激光多功能一体机一般在 850～9000 元，而主流办公用黑白激光一体机价格一般在 850～4000 元，彩色激光一体机价格一般在 3000～9000 元。

## 13.1.2 任务 2：一体机的使用

一体机集成了打印、复印、扫描等多种功能，各功能模块的使用和普通单一功能的打印机、复印机、扫描仪基本一致。本节以 HP M1005 MFP 为例讲解一体机的安装与使用步骤。

#### 1. 安装驱动软件

HP 一体机安装驱动程序时，先不要将机器连接到计算机，也不要打开一体机电源。将随机提供的光盘插入光盘驱动器，光盘一般会自动运行并出现安装提示窗口(见图 13.1.3)。或在资源管理器中打开光盘，双击 Setup.exe 文件，即可运行安装程序。具体步骤如下。

步骤1 将随机提供的光盘插入光盘驱动器，出现图 13.1.3 所示的提示窗口。

步骤2 单击【安装】(见图 13.1.3)。

步骤3 单击【下一步】按钮(见图 13.1.4)，出现图 13.1.5 所示的许可协议对话框。

图 13.1.3

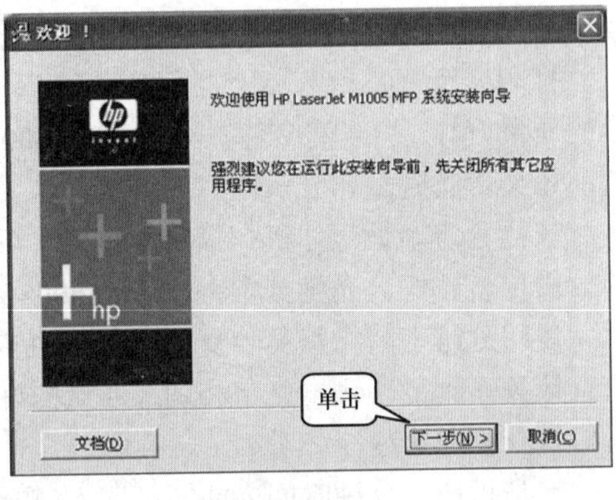

图 13.1.4

步骤4 单击【是】按钮(见图 13.1.5)，出现图 13.1.6 所示的设置信息对话框。

步骤5 单击【下一步】按钮(见图 13.1.6)，出现图 13.1.7 所示的提示连接一体机和计算机对话框。

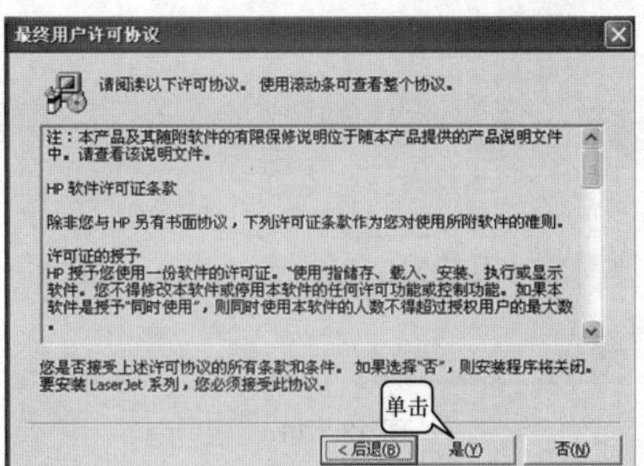


图 13.1.5

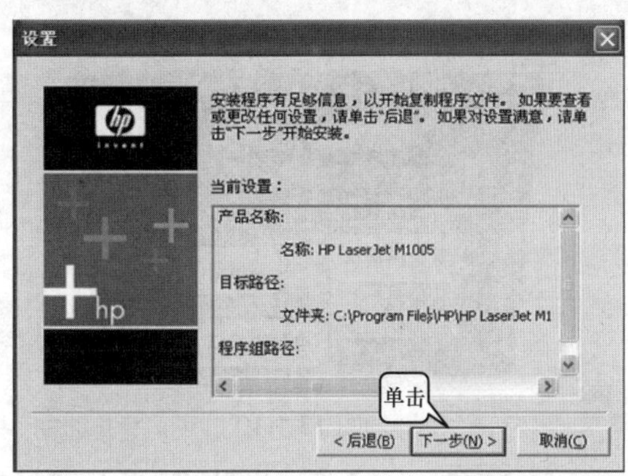


图 13.1.6

**注意**：部分计算机在图 13.1.6 中单击【下一步】按钮之后、图 13.1.7 出现之前，可能会出现自动安装.netframework 或配置 C++ Redistributable 等提示(见图 13.1.8)，这是因为 HP 一体机的运行需要相应的软件环境。不同的计算机已安装软件不同，驱动程序根据需要自动配置软件环境，这些程序自动安装完成后将出现图 13.1.7。

**步骤 6** 根据提示，连接一体机和计算机。将 USB 数据线分别接入一体机和计算机，将随机附带的三相电源线的一端插入一体机交流电插口，另一端插入电源插座，打开一体机电源。各种接头见图 13.1.9，一体机背面接口见图 13.1.10。连接完成后图 13.1.7 消失，出现图 13.1.11 所示的安装提示。提示消失后，出现“是否安装扩展功能”的提示，见图 13.1.12。

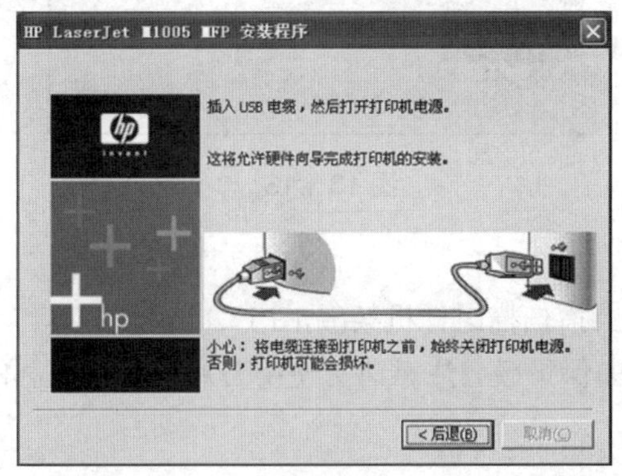


图 13.1.7

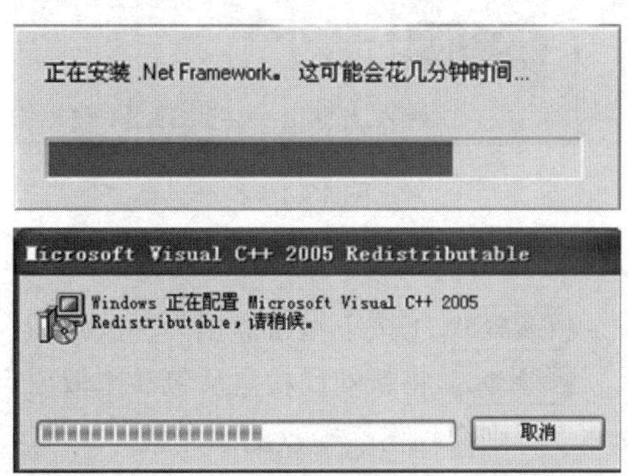


图 13.1.8

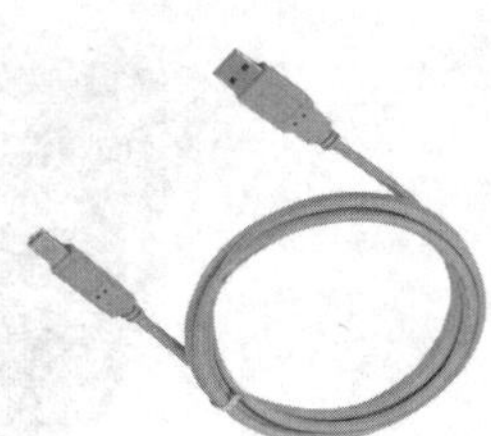

图 13.1.9

图 13.1.10

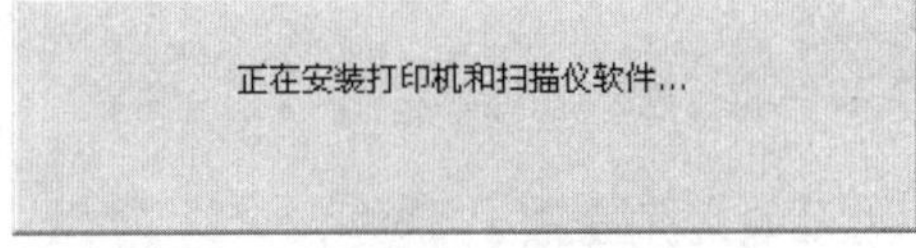


图 13.1.11

**步骤 7** 单击【下一步】按钮，安装扩展功能(见图 13.1.12)，安装结束后出现图 13.1.13。若选中【不要安装 HP 扩展功能】选项，并单击【下一步】按钮，则直接出现图 13.1.13。

**步骤 8** 安装完成(见图 13.1.13)。若有需要，可勾选【联机注册 Laser Jet 系列】复选框，注册完成后回到本图所示对话框。若单击【完成】按钮，安装全部完成，并自动打印一张测试页。

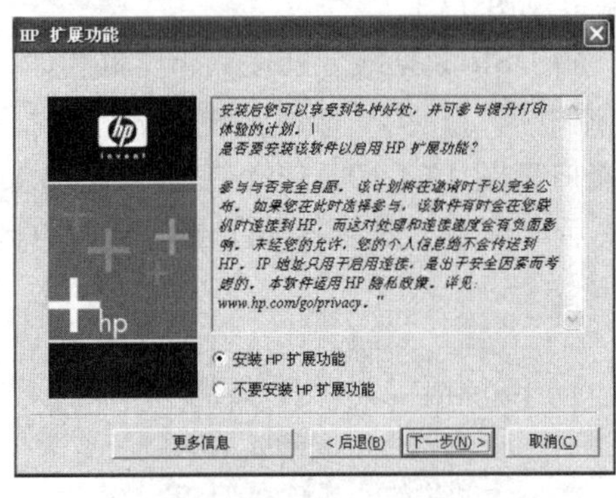


图 13.1.12

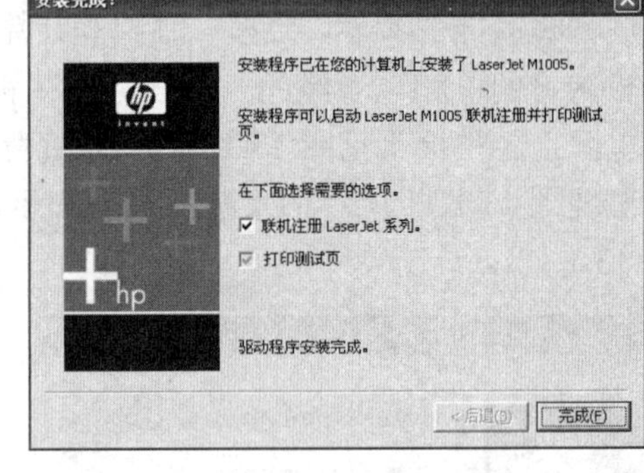


图 13.1.13

### 2. 安装墨粉盒

**步骤 1** ①按下墨粉盒挡门释放按钮。②上抬扫描组件机架(见图 13.1.14)。

**步骤 2** 将新的墨粉盒从包装中取出，撕去保护膜。注意请勿使用刀片或其他锐利的物体，否则会划伤墨粉盒的感光鼓。

图 13.1.14

步骤3 轻轻摇动墨粉盒，使墨粉盒中的墨粉均匀分布。充分摇匀墨粉盒，可以确保每个墨粉盒达到最大复印量。

步骤4 将墨粉盒插入机器(见图 13.1.15)，直至完全卡入到位。

步骤5 按下扫描组件机架(见图 13.1.16)，使之复位，并确保关紧。

图 13.1.15

图 13.1.16

3. 装纸

步骤1 拉开纸盘(见图 13.1.17)。

步骤2 ①将纸放入纸盘。M1005 MFP 有主进纸盘和优先进纸盘。优先进纸盘最多能容纳 13 页重达 80g/m 的介质，或者一个信封、一张投影胶片或卡片。主进纸盘最多能容纳 150 页重量为 80g/m 或 20 磅的纸张，或少量更重的介质。将打印介质顶端朝前装入设备，需要打印的一面朝上。②调节纸张侧导板，使之贴近纸张。③调节后部导板(见图 13.1.18)，使之贴近纸张。

图 13.1.17

图 13.1.18

4. 打印文档

步骤1 打开要打印的文档。

步骤2 单击【文件】\【打印】(操作命令界面见 Word 软件操作相关章节)，出现图 13.1.19 所示的【打印】对话框。

步骤3 ①在【页面范围】栏中，单击【全部】、【当前页】或【页面范围】以确定是打印全部，还是当前页或是某一页码范围的文档。还可以设置打印份数、是否双面打印等。②单击【属性】，出现图 13.1.20 所示的打印属性对话框。可根据需要修改页面设置、纸张来源、完成方式和打印质量。③单击【选项】(见图 13.1.19)，出现图 13.1.21 所示的选项设置对话框，在对话框中可根据需要勾选打印选项、附加信息、默认纸盒等调整设置。例如若需要装订方便，可在【打印选项】中选择【逆页序打印】，表示从最后一页开始打印，打印完成后第一页正好在打印好的纸叠最上面。

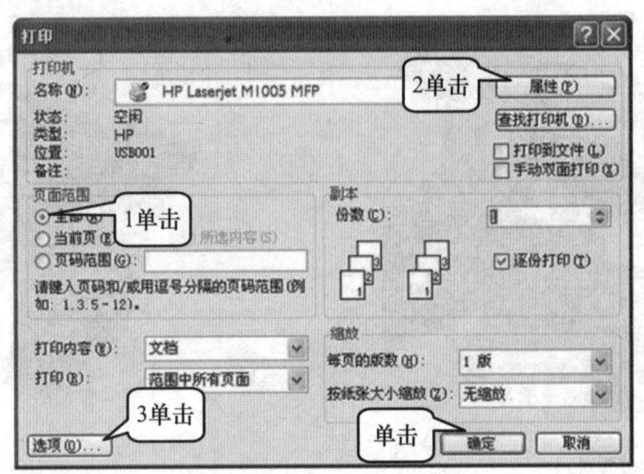


图 13.1.19

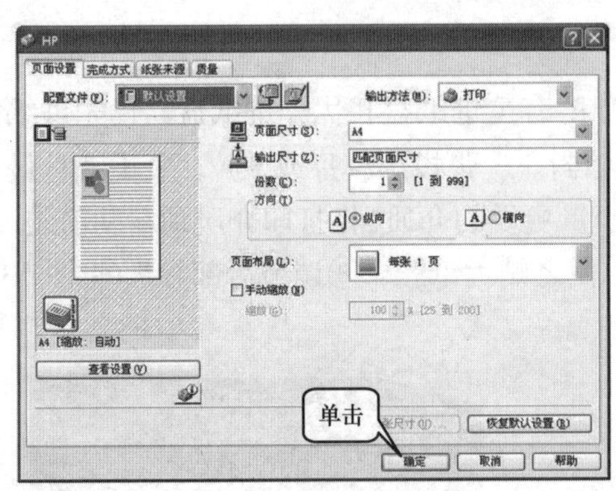


图 13.1.20

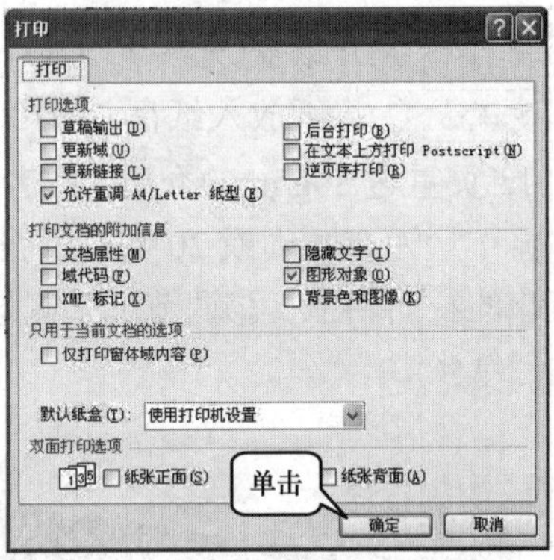

图 13.1.21

步骤4 单击【确定】按钮(见图 13.1.20)，退回到图 13.1.19 所示的【打印】对话框。

步骤5 单击【确定】按钮(见图 13.1.21)，退回到图 13.1.19 所示的【打印】对话框。

步骤6 单击【确定】按钮(见图 13.1.19)，开始打印。

### 5. 复印文档

步骤1 打开一体机盖板(见图 13.1.22)。

步骤2 将文档正面朝下放在玻璃板上(见图 13.1.23)，将文档与玻璃左上角的定位指示对齐。

步骤3 关闭文档盖板(见图 13.1.24)。

步骤4 ①按【份数】，设置复印份数。②按【调淡/加深】，用于调淡或加深复印件。③按【更多复印设置】，控制面板显示屏显现设置选项菜单，按【◀ ▶】键循环出现一级菜单 Reduce/Enlarge(缩放比例)、Copy Quality(复印质量)、Copy Light/Dark(亮度)等，按【OK】键(菜单/确定按钮)选定需要设置的菜单，再按【◀ ▶】键直到出现需要的选项，按【OK】键选定。例如将复印件缩小为原稿的 91%，则按【◀ ▶】键直到菜单显示【Reduce/Enlarge】，按【OK】键，显示屏出现各种设定的缩放比例，然后按【◀ ▶】键直到出现【Full page = 91%】，再按【OK】键选定，显示屏出现【ready】，即完成对缩放比例的设定。④按【开始复印】(见图 13.1.25)，开始复印。显示屏显示正在进行复印。要取消复印作业，按设备控制面板上的【取消】。

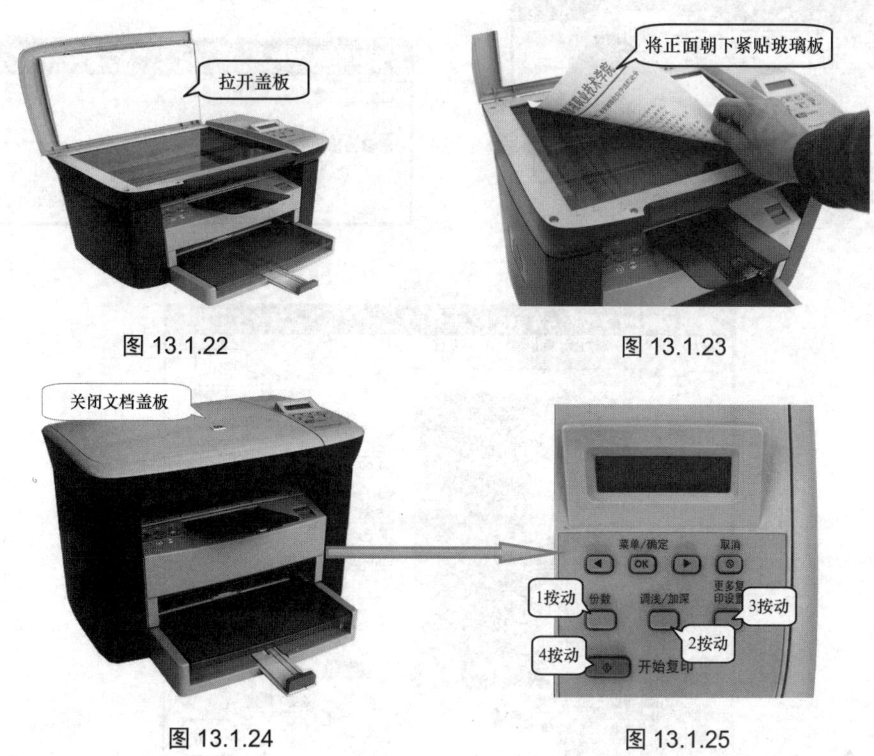


图 13.1.22　　图 13.1.23

图 13.1.24　　图 13.1.25

### 6. 扫描文档

步骤1 ①打开一体机盖板。②将文档正面朝下放在玻璃板上(见图 13.1.26)，将文档与玻璃左上角的定位指示对齐。

步骤2 关闭文档盖板，小心不要移动文档。

步骤3 双击桌面上的扫描软件图标，出现图 13.1.27，或单击【开始】\【所有程序】\【HP】\【HP LaserJet M1005 MFP】\【Scan to】。

图 13.1.26

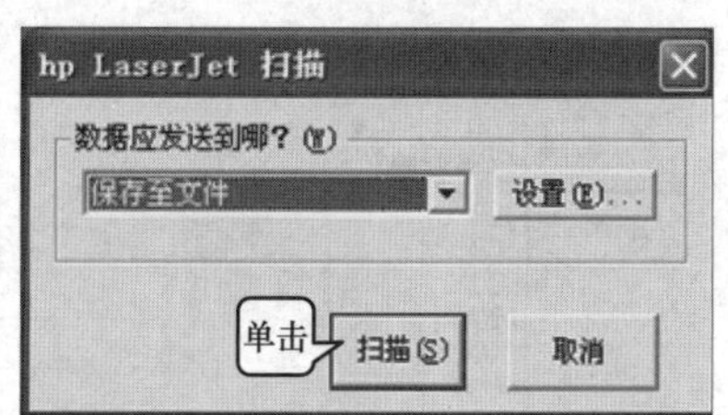


图 13.1.27

步骤4 单击【扫描】按钮(见图 13.1.27)，出现图 13.1.28。

步骤5 ①选择保存路径。②输入文件名。③单击选择扫描图片保存类型。④单击【保存】按钮(见图 13.1.28)，出现【正在扫描到 预览】对话框(见图 13.1.29)。扫描到预览完成后，出现图 13.1.30。

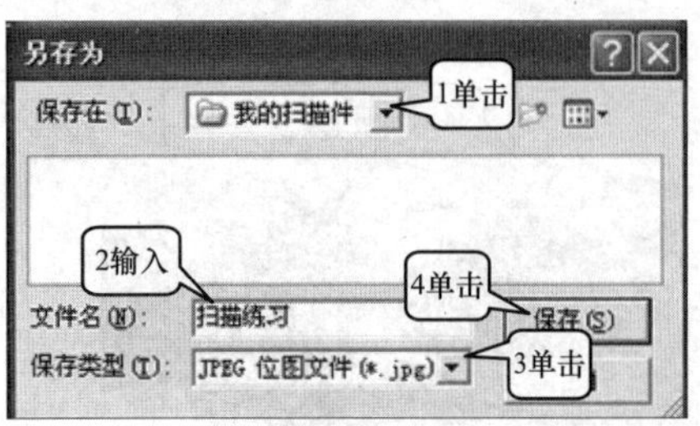


图 13.1.28

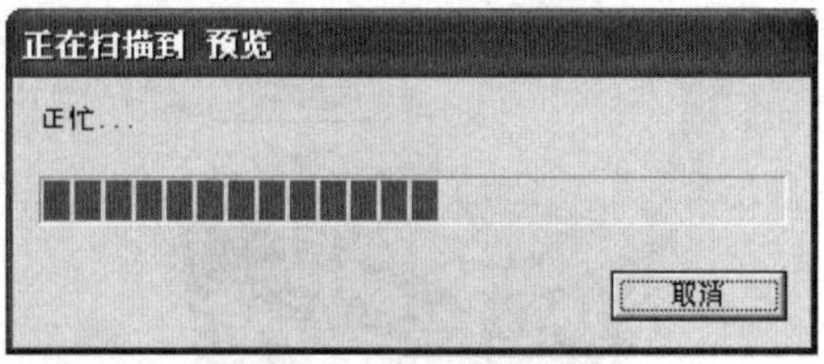

正在扫描到 预览

正忙...

取消

图 13.1.29

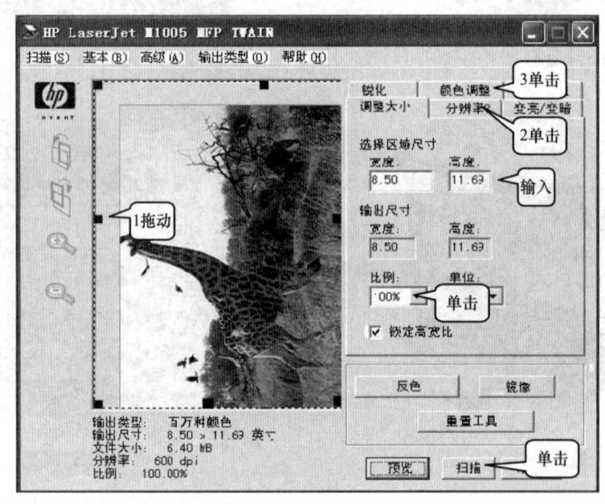


图 13.1.30

步骤6 ①拖动控点，调整实际扫描的区域，如要精确调整实际扫描的区域，则可在【调整大小】选项卡的【选择区域尺寸】框中输入数字精确设定扫描范围。在【输出尺寸】框中设定图像缩放的比例。②单击【分辨率】标签，出现图 13.1.31。根据需要设置分辨率，一般扫描图片选择设置为 300dpi 以上。③单击【颜色调整】标签，出现图 13.1.32，拖动滑块或填入数值，调整色彩饱和度及图片的偏色(使其偏红、偏蓝或偏绿)。

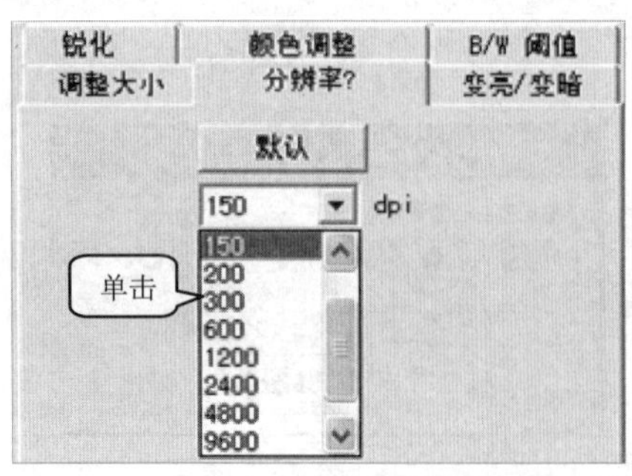


图 13.1.31

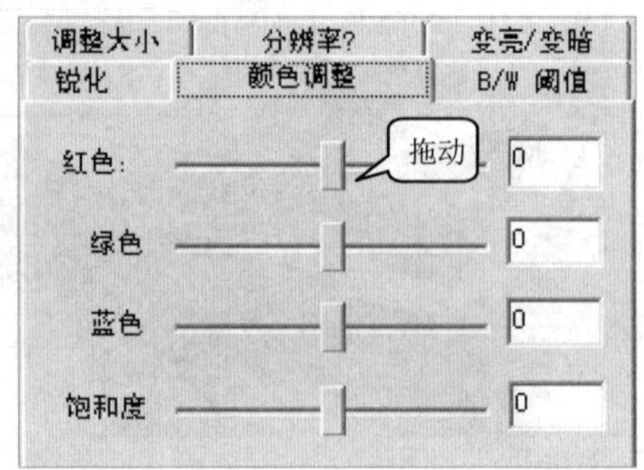


图 13.1.32

步骤7 单击【扫描】按钮(见图 13.1.30)，开始扫描选定的图像。扫描完成后，出现图 13.1.33，根据需要单击【是】或【否】按钮。若单击【是】按钮，则继续扫描下一张；若单击【否】按钮，扫描结束，自动跳转到保存扫描结果的文件夹。

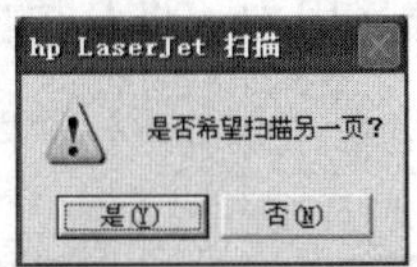


图 13.1.33

## 13.2 项目 2：一体机的维护与保养

### 项目剖析

**应用场景：** 多功能一体机在使用过程中，墨粉盒内的墨粉量会逐渐较少，灰尘、污迹和污点会慢慢积聚在机器外部和内部，这些情况无疑会使打印件出现字体不清晰、白色条纹、墨粉斑点或污点等现象，严重影响多功能一体机的打印质量。要想保证多功能一体机的打印质量，除了妥善存放墨粉盒之外，还要按照步骤更换墨粉盒、清洁玻璃板和机器内部。

**设计思路与方法技巧：** 掌握去除、分离、安装墨粉盒的方法，掌握清洁玻璃板和机器内部的方法。

**应用到的相关知识点：** 更换墨粉盒；清洁玻璃板；清洁机器内部。

### 即学即用的可视化实践环节

一体机集成了多种功能，应注意维护以减少故障。一般应注意以下维护事宜。

### 13.2.1 任务 1：墨粉盒的更换

墨粉盒的使用寿命取决于打印作业需要的墨粉量。打印常规文本，一个新墨粉盒平均能打印 3000 页。实际可打印页数因打印页密度而异，如果打印大量图形，可能需要更频繁地更换墨粉盒。

要使墨粉盒能够充分利用，应注意妥善存放墨粉盒。墨粉盒应存放在与机器相同的环境中；为防止损坏墨粉盒，不要长时间置于阳光直射处；如果不是立即使用，不要将墨粉盒从包装中取出。

墨粉盒将达到使用寿命时，打印件中会出现白色条纹或字迹变淡的现象。摇匀墨粉盒内的剩余墨粉，可以暂时恢复打印质量。

墨粉盒用完后，很多型号的产品可以自行灌粉。但一体机厂商一般将使用重新灌粉的墨粉盒而引起的损坏排除在机器保修范围之外，灌粉之前应向专业人员确认是否影响正常使用。自行加粉时参照前文激光打印机相关部分。

如果墨粉彻底用完，发送打印作业后，机器只能打印出空白页。这时需要更换墨粉盒，先停止打印、复印，关闭一体机电源，更换步骤如下。

**步骤1** 按下墨粉盒释放按钮(见图 13.2.1)，抬起扫描组件机架，露出墨粉盒。

**步骤2** 向下轻按墨粉盒，向外略用力，将其拔出(见图 13.2.2)。

图 13.2.1

图 13.2.2

**步骤3** 拆开新墨粉盒的包装(见图 13.2.3)，拉开墨粉盒封条或保护膜；将墨粉盒沿水平方向轻轻晃动，使墨粉在墨粉盒内均匀分布；妥善保存包装盒和塑料袋，以便存放、回收废旧墨粉盒。

图 13.2.3

**步骤4** 插入新墨粉盒至锁定(见图 13.2.4)。

**步骤5** 压下扫描组件机架使之复位(见图 13.2.5)。

打印量达到指定的页数后，即需要更换易损部件，使机器保持最高的性能，避免因磨损部件带来的打印质量问题和进纸问题。部件的更换应由专业维修人员完成。

图 13.2.4

图 13.2.5

## 13.2.2 任务 2：一体机的清洁

一体机的外部清洁应使用柔软且不起毛的湿布，注意擦除设备外部的灰尘、污迹和污点。软布可用水稍微蘸湿，但注意不要让水滴到机器上或滴入机器内。

### 1. 清洁玻璃板

一体机的文档扫描玻璃板保持清洁有助于扫描、复印获得最佳的效果。清洁扫描玻璃板的步骤如下。

步骤1 关闭设备电源，从电气插座上拔下电源线，然后掀起盖板。

步骤2 使用蘸有非磨蚀玻璃清洁剂的软布或海绵清洁玻璃板。

步骤3 用软皮或纤维海绵擦干玻璃板，以免留下污点。

步骤4 关闭文档盖板。

### 2. 清洁机器内部

在一体机使用过程中，纸张、墨粉和灰尘颗粒会堆积在机器内部，如盖板下的白色文档盖板衬底上或墨粉盒腔内。这些东西的积聚会造成打印质量问题，如出现墨粉斑点或污点。清洁机器内部能够减少这类问题。清洁一体机内部的步骤如下。

步骤1 关闭设备电源，从电气插座上拔下电源线，然后掀起盖板，等待机器冷却。

步骤2 清洁文档盖板衬底，使用浸有温和的中性肥皂水的软布或海绵清洁白色文档盖板衬底。

步骤3 打开机架，拔出墨粉盒，将其轻轻放下。操作参见前述“墨粉盒的更换”。

步骤4 擦拭墨粉盒腔，用无绒的干布将墨粉盒位置和墨粉盒腔内的灰尘与洒出的墨粉擦掉。

步骤5 重新安装墨粉盒，关上盖子，插入电源线，打开机器。

# 学习模块 14

# 传真机

**本模块学习要点：**

- 传真机的分类和主要技术指标。
- 传真机的安装方法。
- 传真机的使用方法。
- 传真机对安装和使用环境的要求。
- 传真机的清洗方法。
- 传真纸的保存和使用方法。

**本模块技能目标：**

- 了解传真机的分类和主要技术指标。
- 学会传真机安装。
- 掌握传真机的使用方法。
- 了解传真机对安装和使用环境的要求。
- 掌握传真机的清洗方法。
- 掌握传真纸保存和使用的方法。

## 14.1 项目1：传真机的选购与使用

### 项目剖析

**应用场景：** 在现代办公过程中，经常需要与异地企业交互一些难以用文字表示的图标和照片信息，而这些信息中有部分要求直观、准确地再现真迹，传真机能够很好地实现这些目标。此外，用传真机传递信息比用连接网络的计算机传递信息更加安全，能够避免双方信息传递的失误，在一定程度上能有效提高办公的效率。

**设计思路与方法技巧：** 了解传真机的分类、主要指标和特点，掌握传真机的安装方法，学会传真机自动接收传真、手动接收传真和发送传真的方法。

**设计思路与方法技巧：** 传真机的分类、主要指标和特点；传真机的安装方法；自动接收传真的方法；手动发送、接收传真的方法。

### 即学即用的可视化实践环节

本节内容请扫描右侧的二维码阅读。

## 14.2 项目2：传真机的维护与保养

**应用场景：** 传真机是利用扫描和光电变换技术将静止图像转换成电信号，再将信息传送至接收端以记录的形式进行复制的办公通信设备。传真机内的影像扫描模块、感热式打印头模块以及传真纸对传真机复制信息的效果有直接影响。为了提高传真机信息的传输质量，用户需要按要求保存、使用传真纸以及安装、使用、清洗传真机。

**设计思路与方法技巧：** 了解传真机的安装要求和使用注意事项，掌握传真纸的使用和保存方法，学会传真机的清洗方法。

**设计思路与方法技巧：** 传真机的安装要求和使用注意事项；传真机清洗；传真纸的使用和保存。

### 即学即用的可视化实践环节

本节内容请扫描右侧的二维码阅读。

# 学习模块 15

# 一体化速印机

本模块学习要点：

- 一体化速印机的主要技术指标和基本组成。
- 自动模式制版印刷和手动模式制版印刷。
- 一体化速印机调速、图像浓度和缩放设置方法。
- 一体化速印机的安装和安全使用。
- 一体化速印机的清洗方法。

本模块技能目标：

- 了解一体化速印机的主要技术指标和基本组成。
- 学会自动模式制版印刷和手动制版印刷。
- 掌握一体化速印机调速、图像浓度和缩放设置方法。
- 了解一体化速印机的安装和安全使用。
- 掌握一体化速印机简单故障排除的方法。
- 学会清洗一体化速印机的方法。
- 学会更换版纸和油墨的方法。
- 学会一体化速印机简单故障排除的方法。

## 15.1 项目1：一体化速印机的选购与使用

### 项目剖析

**应用场景：** 众所周知，复印机可以对文件进行复印，但利用其印制小批量文件、试卷、问卷等，就会存在成本高、速度慢等问题。一体化速印机利用数字扫描、热敏制版成像的方式制版，再利用制作的底版进行印刷，印刷速度快，成本低，适合小批量印制文件的场合。本节以 Gestetner(基士得耶)CP6454C 为例，介绍一体化速印机的自动模式制版印刷、手动模式制版印刷以及调速、调整图像浓度和缩放设置方法。

**设计思路与方法技巧：** 了解一体化速印机的主要指标和基本组成，掌握一体化速印机调速、调整图像浓度和缩放设置方法，学会一体化速印机的基本使用方法。

**设计思路与方法技巧：** 一体化速印机的主要指标；一体化速印机的基本组成；一体化速印机调速、图像浓度和缩放设置方法；一体化速印机的基本使用方法。

### 即学即用的可视化实践环节

本节内容请扫描右侧的二维码阅读。

## 15.2 项目2：一体化速印机的维护与保养

**应用场景：** 由于一体化速印机具有一定的自检功能，一旦在工作过程中发生故障就会在提示面板显示故障代码，为了让一体机保持较高的打印质量和打印速度，使用人员除了要学会定期维护和保养速印机的方法外，还应该掌握简单故障排除的方法。

**设计思路与方法技巧：** 了解一体化速印机的安装和安全使用，掌握一体化速印机简单故障排除的方法，学会清洗一体化速印机的方法以及更换版纸和油墨的方法。

**设计思路与方法技巧：** 一体化速印机的安装和安全使用；一体化速印机的清洗方法；更换版纸和油墨的方法；简单故障排除的方法。

### 即学即用的可视化实践环节

本节内容请扫描右侧的二维码阅读。

# 参考文献


[1] 教育部考试中心. 全国计算机等级考试(一级教程)[M]. 北京：高等教育出版社，2008.

[2] 黎剑锋，邵杰. 计算机应用基础[M]. 2 版. 北京：教育科学出版社，2016.

[3] 邵杰. 计算机应用基础：入门与精通创新特色教程[M]. 合肥：安徽大学出版社，2008.

[4] 邵杰. 计算机应用基础可视化实训教程(修订版)[M]. 合肥：合肥工业大学出版社，2011.

[5] 邵杰. 办公自动化技术[M]. 北京：北京出版社，2014.

[6] 邵杰. 办公自动化技术[M]. 合肥：安徽教育出版社，2010.

[7] 邵杰. 计算机应用基础可视化教程[M]. 大连：大连理工大学出版社，2012.

[8] 贾如春，李瑞英等. 办公自动化案例教程(Windows 7+Office 2016)[M]. 北京：清华大学出版社，2018.

# 参考文献


[1] [illegible]

[2] [illegible]

[3] [illegible]

[4] [illegible]

[5] [illegible]

[6] [illegible]

[7] [illegible]

[8] [illegible]